動物
有機物を摂取して生活する従属栄養生物で，すべて多細胞生物。

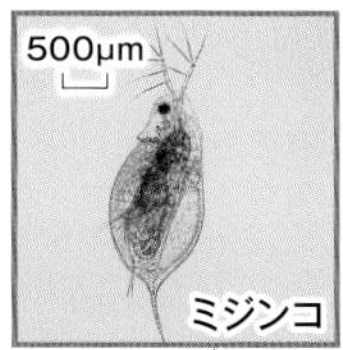

約3mm

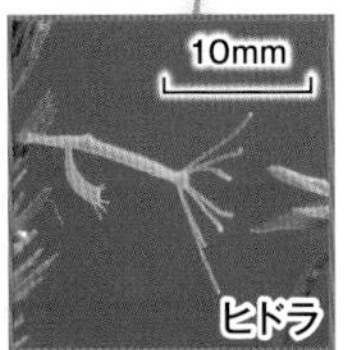

約10mm

脊椎動物
脊椎をもつ動物。哺乳類，鳥類，爬虫類，両生類，魚類が含まれる。

菌類
栄養分を体外で分解して吸収する従属栄養生物。ほとんどが多細胞生物。

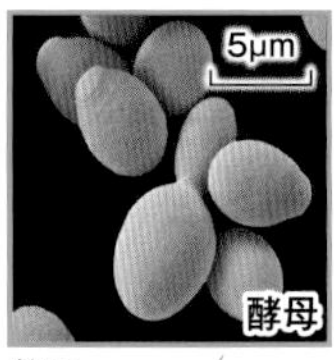

約5μm

約50μm

細菌
バクテリアともよばれ，おもに分裂によって増殖する。

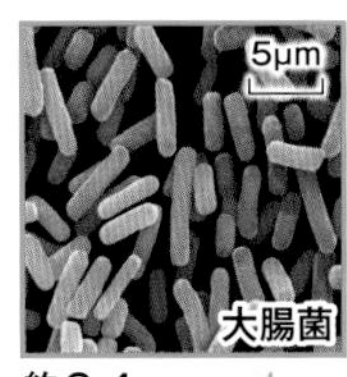

約2-4μm

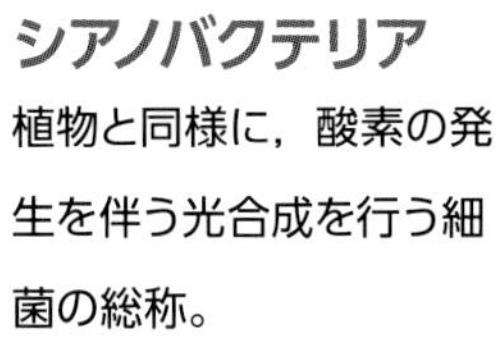

シアノバクテリア
植物と同様に，酸素の発生を伴う光合成を行う細菌の総称。

約3-6μm（写真は，多数の個体が集まった群体を示す。）

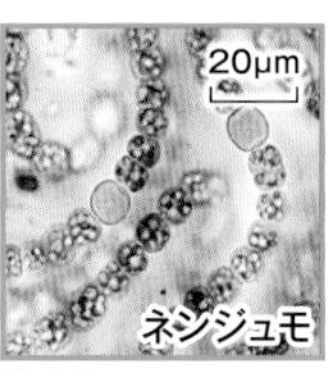

約10μm

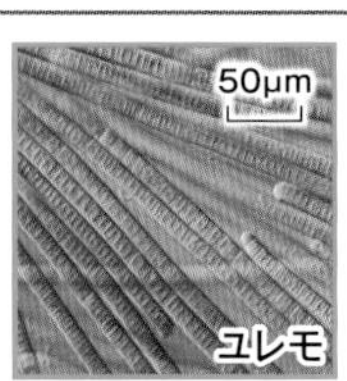

約10μm

本書の特徴と構成

本書の特徴

本書は，**中学**の復習から**大学入学共通テスト**の演習までの段階的な構成で，高等学校「生物基礎」の学習内容の定着をはかる，これまでにないタイプの問題集です。教科書「生物基礎」の構成・配列に合わせて，全体を4章12節に分けました。授業・教科書との併用はもちろんのこと，到達目標を大学入学共通テストに設定していることから，その対策問題集としても使うことができます。

本書の構成

◎中学理科Check	各章のはじめに設定。その章に関連する中学理科の内容を空欄補充形式でまとめました。「生物基礎」の学習に入る前に，中学の内容が確実に定着しているか確認することができます。
◎要点Check	節ごとに設定。「生物基礎」の学習事項を，図表を豊富に用いて，わかりやすく整理しています。定期試験前などに学習事項を復習する場合はここを見て確認することができます。
◎正誤Check	節ごとに設定。「生物基礎」の学習事項に関する文の正誤を判断し，誤っている場合には正しい用語に変更する問いです。入試で頻繁に出題される「…についての記述として最も適当なもの(誤っているもの)を選べ」といった形式の**内容正誤問題**対策として効果を発揮します。
◎標準問題	節ごとに設定。入試に頻出する標準的な問題のうち，**知識問題**を中心に取り上げています。授業・教科書との併用をふまえ，また，学習内容の定着の確認のために，選択式の問題だけでなく，記述式の問題や簡単な計算問題，論述式の問題も取り上げています。わからない，あるいは，間違った際，すぐに学習事項を確認できるように，問題の右側に，要点Check・正誤Checkの参照ページがついており，効率的に学習を進めることができます。
◎演習問題	節ごとに設定。入試に頻出する**実験考察・計算問題**を中心に取り上げています。その中でもとくに思考力・判断力・表現力等が必要とされる問題には?マークをつけています。
◎大学入学共通テスト特別演習	大学入学共通テストを想定した2回分のテスト(各解答時間30分，配点50点)を収録しました。共通テストの出題形式や時間配分に慣れることができます。

別冊解答

2色刷りの詳しい解答・解説です。標準問題では，ベストフィットで各問題の解法のポイントを示しています。演習問題では，リード文Checkとしてリード文を掲載し，問題を読み解く上で重要な用語や事象についてベストフィットで説明しています。また，参考では，各章に関連する話題や，問題の理解を深める参考的な内容をコラム形式で扱っています。

ベストフィット生物基礎

contents

目次

1章 生物の特徴

□ **1** 生物のからだは(　　　　)からできている。	1. 細胞
□ **2** 植物と動物の細胞に共通してみられるのは，(　　　　)と細胞膜である。	2. 核
□ **3** 顕微鏡で細胞を観察するとき，染色液(酢酸オルセインまたは酢酸カーミン)でよく染まるものは(　　　　)である。	3. 核
□ **4** 植物の細胞には(　　　　)壁があり，からだを支えている。	4. 細胞
□ **5** 植物の細胞には(　　　　)体や液胞がみられる。	5. 葉緑
□ **6** 液胞の中には，細胞の活動によって作られた物質や(　　　　)が貯蔵されている。	6. 水（不要な物質）
□ **7** 植物細胞の(　　　　)は，成長に伴って大きくなる。	7. 液胞
□ **8** 細胞の細胞壁と核以外の部分をまとめて(　　　　)という。	8. 細胞質

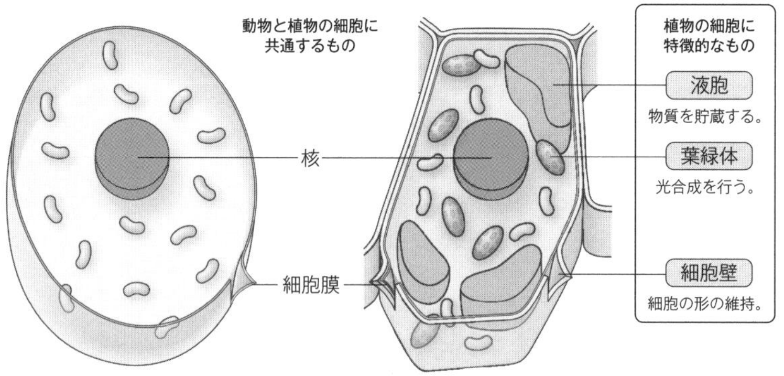

図1　動物細胞と植物細胞の模式図

□ **9** 細胞の(　　　　)や形や数は，生物の種類やからだの部分によって異なる。	9. 大きさ
□ **10** ニワトリの卵は直径3～5cmの(　　　　)個の細胞である。	10. 1
□ **11** 細胞の大きさを，不等号で表すと次のようになる。 ヒトの精子(　ア　)ヒトの卵(　イ　)ゾウリムシ	11. ア < イ <
□ **12** 植物は，(　　　　)のエネルギーを使って水と二酸化炭素からデンプンなどの養分を作る。このしくみを光合成という。	12. 光
□ **13** 光合成は植物細胞の(　　　　)で行われる。	13. 葉緑体
□ **14** 光合成で使う(　ア　)は葉の気孔から，(　イ　)は根から取り込まれる。	14. ア 二酸化炭素 イ 水
□ **15** 光合成によって生じる(　　　　)は植物細胞の呼吸に使われ，残りは葉の気孔から放出される。	15. 酸素
□ **16** 植物が光合成で作った養分は，果実，種子，茎，葉，(　　　　)などに蓄えられる。	16. 根

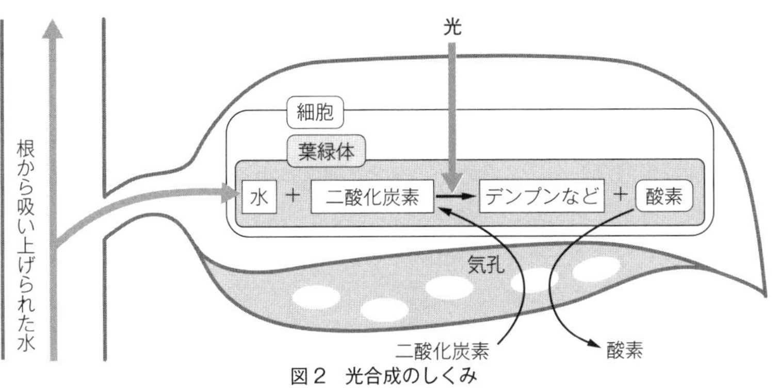

図２　光合成のしくみ

□ **17** 動物は無機物から(　　　　)を作ることができないので，食物から養分を取り込み，それを細胞で使って生活する。　17. 有機物

□ **18** 植物も動物も，呼吸によって酸素を取り入れてエネルギーを作り，(　　　　)を放出している。　18. 二酸化炭素

□ **19** 光合成は植物が光の当たる日中行っているが，(　　　　)は植物も動物も一日中行っている。　19. 呼吸

□ **20** 食物に含まれる有機物には(　　　　)，タンパク質，脂肪などがあり，カルシウムや鉄などは無機物という。　20. 炭水化物

□ **21** ヒトは有機物である養分と空気中から取り込んだ(　　　　)を使って，活動するためのエネルギーを得ている。　21. 酸素

□ **22** ヒトは肺で(　　　　)を血液に取り込み，小腸で養分を吸収して血液に取り込んで，全身の細胞に送っている。　22. 酸素

□ **23** 細胞における(　　　　)とは，細胞に取り込まれた酸素を使って養分を分解し，エネルギーを取り出すことである。　23. 呼吸

□ **24** 細胞が呼吸を行うと，エネルギーのほかに，二酸化炭素と(　　　　)ができる。　24. 水

□ **25** 食物は消化液に含まれる消化(　　　　)の働きで分解されて，吸収されやすい物質になる。　25. 酵素

□ **26** 食物に含まれる成分ごとに，分解を行う(　　　　)が決まっている。　26. 消化酵素

□ **27** デンプンは，だ液に含まれる消化酵素の(　　　　)で分解されて，おもにグルコース(ブドウ糖)が２分子結合したものになる。　27. アミラーゼ

□ **28** タンパク質は，胃液中の消化酵素の(　　　　)や，すい液中のトリプシンなどの働きにより分解される。　28. ペプシン

□ **29** 脂肪は，(　　　　)の働きで脂肪酸とモノグリセリドに分解される。　29. リパーゼ

□ **30** 食物に含まれる養分は，各種消化酵素により分解され，(　　　　)の壁から吸収される。　30. 小腸

1節 生物の多様性と共通性

▶1 生物の多様性

現在，地球上には，約 214 万種の生物が確認されており，海や川，森林や砂漠など，それぞれの環境に適した形態や機能をもった多様な生物が生活している。

●**種**　生物の分類の最も基本的な単位であり，共通する特徴をもつ個体の集まりのこと。同種内では，受精などによって生殖能力のある子を残し世代を継続できる。

●**進化と系統**　生物の形態や機能が世代を重ねていく過程で変化していくことを**進化**という。生物は共通の祖先から進化し，共通性を保ちながら多様化した。生物の進化に基づく類縁関係を**系統**といい，系統を樹木のように図示したものを**系統樹**という。

▶2 生物の共通性

生物に共通した特徴には，次のようなものがある。

細胞	生物のからだは**細胞**を基本単位としている。
代謝と ATP	生体内での化学反応を**代謝**といい，生物は代謝によって放出されるエネルギーを用いて生命活動を営む。エネルギーの受け渡しには **ATP** が用いられる。
生殖と DNA	生物は自分と同じ特徴をもつ個体を新たに作る。これを**生殖**といい，このとき新個体に遺伝情報をもつ **DNA** が受け渡される。
恒常性	生物は体内の状態を一定に保つように調節している。これを**恒常性**という。

▶3 原核細胞と真核細胞

生物は，**原核細胞**からなる原核生物と，**真核細胞**からなる真核生物に大別される。ウイルスは DNA または RNA を遺伝物質としてもつが，生物として扱われていない。

原核細胞	核膜がなく，細胞小器官がない原始的な細胞。細菌が該当する。
真核細胞	核膜で囲まれた核をもち，細胞小器官がみられる細胞。
ウイルス	細胞膜をもたない。自ら代謝を行わず，宿主となる細胞内で増殖する。

▶4 真核細胞の構造

明確な形態と機能をもつ細胞内構造を**細胞小器官**という。

●おもな細胞小器官　　※植物細胞にだけみられる構造

核	核膜	核の最外層にあり，細胞質と核を隔てる膜。
	染色体	遺伝情報をもつ **DNA**(デオキシリボ核酸)とタンパク質からなる。
細胞質	細胞膜	細胞の内外を隔てる膜。
	細胞質基質	細胞小器官の間を埋める液状部分。
	ミトコンドリア	呼吸の場。独自の DNA をもつ。
	葉緑体※	**光合成**の場。**クロロフィル**を含む。独自の DNA をもつ。
	液胞	アントシアンなどを貯蔵。**植物細胞**の成長とともに発達。
細胞壁		細胞を保護し，形を維持する。植物の場合，主成分は**セルロース**。

●動物細胞と植物細胞の構造

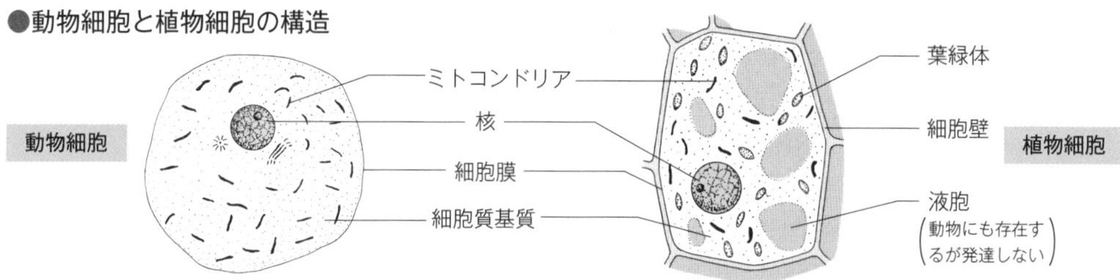

▶5 原核細胞の構造

原核細胞には核膜がなく，DNA は細胞質基質中にむき出しになっている。複雑な細胞小器官もない。

●原核細胞の構造

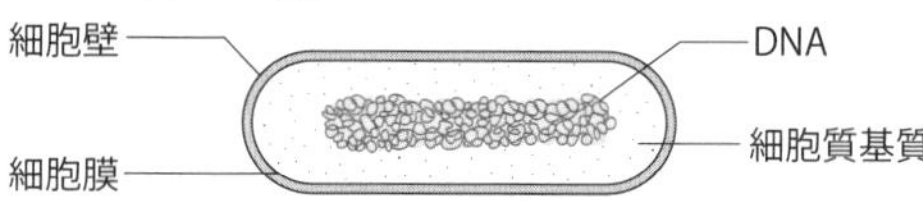

●細胞内構造の比較　　○：存在する，×：存在しない

		DNA・RNA	核(核膜)	細胞膜	ミトコンドリア	葉緑体	液胞	細胞壁
ウイルス		○	×	×	×	×	×	×
原核細胞(細菌)		○	×	○	×	×	×	○
真核細胞	菌類	○	○	○	○	×	○	○
	植物	○	○	○	○	○	○	○
	動物	○	○	○	○	×	○	×

▶6 細胞を構成する物質

細胞はおもに水，タンパク質，DNA・RNA，脂質，炭水化物から構成されている。細胞を構成する物質の種類は，真核細胞と原核細胞でほぼ同じである。

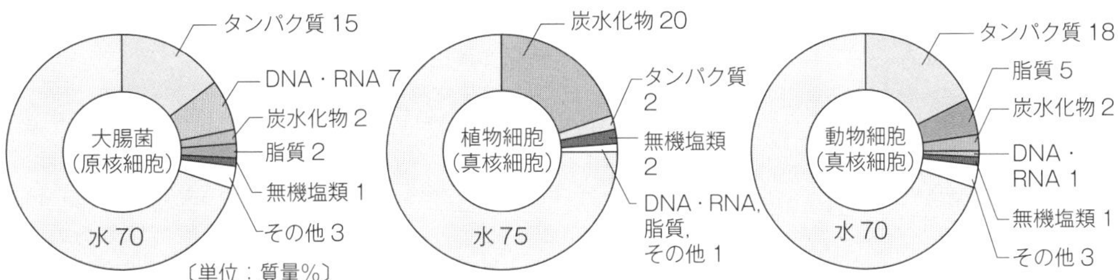

〔単位：質量%〕

▶7 単細胞生物と多細胞生物

生物は，**単細胞生物**と**多細胞生物**に大別される。

単細胞生物	1個の細胞で生命活動のすべてを行う生物。特殊な細胞小器官が発達しているものがある。細菌，酵母，ゾウリムシなど。
多細胞生物	1個体が多数の分化した細胞からなる生物。同じ構造と機能をもつ細胞が集まって**組織**を形成し，組織が集まって一定の働きをもつ**器官**を形成する。植物・動物など。

●ゾウリムシの構造

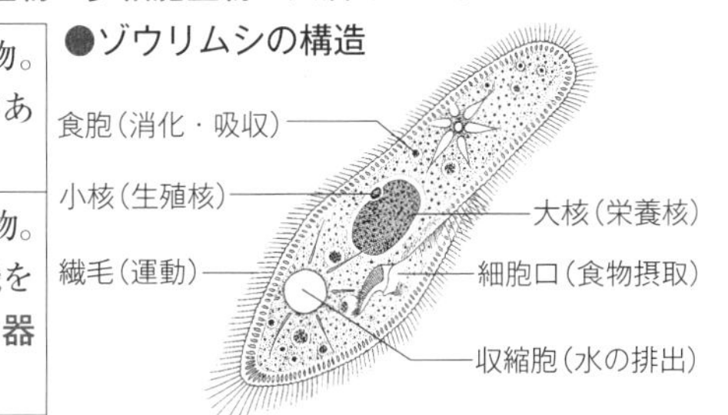

▶8 細胞の大きさ

2点がそれぞれ独立した点として区別できる最短の距離を**分解能**という。

●肉眼と顕微鏡の比較

比較項目	肉眼	光学顕微鏡	電子顕微鏡
波　長	可視光線を利用	可視光線を利用	電子線を利用
分解能	0.1mm	0.2μm	0.2nm

1 mm ＝ 10^{-3}m(1/1000m)
1 μm ＝ 10^{-6}m(1/1000mm)
1 nm ＝ 10^{-9}m(1/1000μm)

●細胞などの大きさ

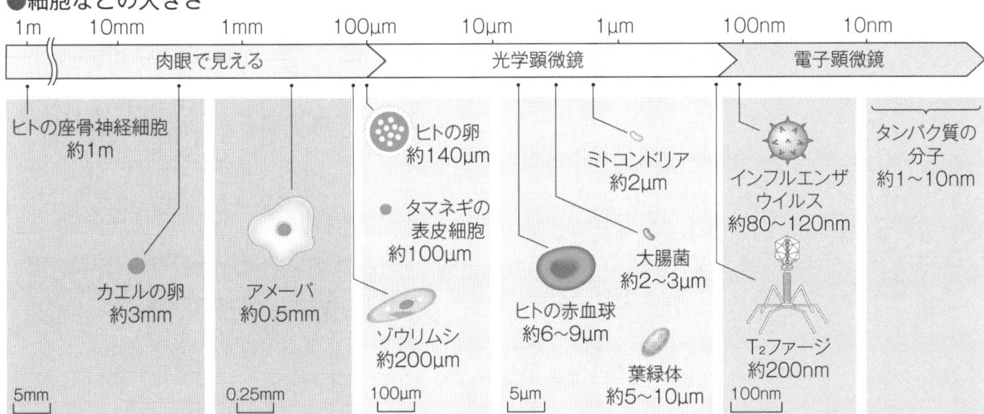

▶9 細胞学の歴史と顕微鏡　顕微鏡の発明によって17世紀に細胞が発見された。

(1)細胞の発見と細胞説　「細胞が生物の基本単位である」という考え方を**細胞説**という。

西暦	研究者	業績
1665年	フック(英)	コルク薄片を観察し，**細胞(cell)**を発見した。
1831年	ブラウン(英)	細胞内に**核**を発見した。
1838年	シュライデン(独)	**植物**について細胞説を提唱した。
1839年	シュワン(独)	**動物**について細胞説を提唱した。
1855年	フィルヒョー(独)	「すべての細胞は細胞から生じる」と提唱。1858年細胞説の確立。

ただし，フックが観察したものは死細胞で，細胞構造を支える**細胞壁**のみであった。

(2)顕微鏡　顕微鏡の発達によって，細胞内の構造まで観察できるようになった。

●光学顕微鏡の構造

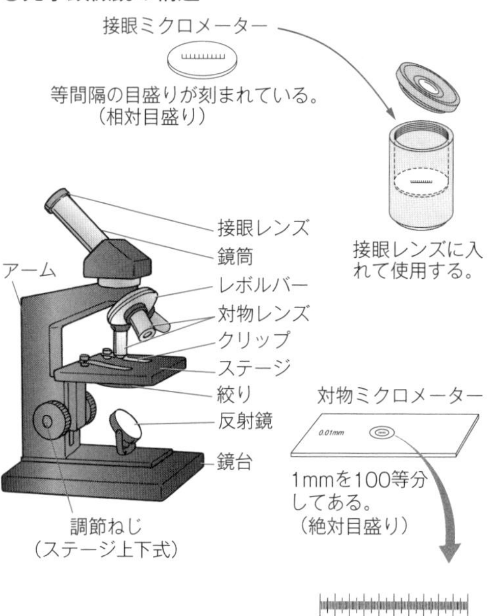

●光学顕微鏡の操作手順

①アームをしっかりもち，鏡台に手を添え運搬する。
②水平で直射日光の当たらない場所に設置する。
③**接眼**レンズ→**対物**レンズの順に取り付ける(取りはずす際は逆の手順)。
④レンズを**最低**倍率にして，反射鏡と絞りで視野の明るさを調節する。
⑤プレパラートをステージにのせる。
⑥対物レンズの先端を横から見ながら，調節ねじでプレパラートに近づける。
⑦接眼レンズをのぞきながら，調節ねじを動かし遠ざけながらピントを合わせる。
⑧観察したい部分を視野の中央に移し観察する(観察像は上下左右とも**逆転**している)。
⑨必要に応じて，レボルバーを回し徐々に高倍率のレンズに変える。
⑩反射鏡を平面から凹面に変えたり，絞りを調節して，見やすい明るさにする。

●ミクロメーターによる大きさの測定

①接眼レンズに接眼ミクロメーターを入れる。
②対物ミクロメーターをステージにのせる。
③対物ミクロメーターの目盛りにピントを合わせる。
④両者の目盛りを平行にし，目盛りが重なり合う2点を探して，それぞれの目盛り数を読み取る。
⑤接眼ミクロメーター1目盛りが示す長さを求める。

対物ミクロメーター
20目盛り
20　30　40　50
接眼ミクロメーター
16目盛り

$$\frac{20\times10(\mu m)}{16}=12.5\ (\mu m)$$

$$\text{接眼ミクロメーター1目盛りの長さ}(\mu m)=\frac{\text{対物ミクロメーターの目盛り数}\times10(\mu m)}{\text{接眼ミクロメーターの目盛り数}}$$

⑥対物レンズの倍率をかえ，各倍率で接眼ミクロメーター1目盛りが示す長さを求める。
⑦試料を検鏡し，接眼ミクロメーターの目盛り数から大きさを計算する。

正誤 Check

次の各文のそれぞれの下線部について，正しい場合は○を，誤っている場合には正しい語句を記せ。

1	生物が世代を重ねるうちに変化することを進化という。	1 ○
2	生物が進化してきた道筋を反映し，生物間の類縁関係を表した図を分類図という。	2 ×→系統樹
3	生物のからだは細胞からできている。	3 ○
4	細胞内におけるエネルギーの受け渡しにはDNAが用いられる。	4 ×→ ATP
5	原核細胞には，ミトコンドリアや葉緑体は存在しない。	5 ○
6	ウイルスはDNAやRNAなどの遺伝物質をもたない。	6 ×→もつ
7	細胞内の細胞小器官の間を埋める部分を細胞質という。	7 ×→細胞質基質
8	葉緑体に含まれる ア クロロフィルは，有機物の イ 分解にかかわる。	8 ア○ イ×→合成
9	植物細胞が成長するにつれて，核が大きくなる。	9 ×→液胞
10	植物細胞の液胞に含まれるアントシアンは，花の色や紅葉に関係する。	10 ○
11	すべての生物の細胞で，細胞質の最も外側にあるのは細胞壁である。	11 ×→細胞膜
12	生物のからだは，遺伝物質であるタンパク質の情報をもとに作られる。	12 ×→ DNA
13	動物細胞には，細胞壁，葉緑体，小さな液胞がみられない。	13 ×→大きな
14	動物細胞を構成する物質のうち最も多いのは水で，次に多いのはDNA・RNAである。	14 ×→タンパク質
15	多細胞生物の細胞には核膜があるが，単細胞生物の細胞には核膜がない。	15 ×→あるものとないものがある
16	多細胞生物はさまざまな種類の細胞から構成されており，それぞれの細胞は，同じ特徴をもつ細胞が集まって器官を形成している。	16 ×→組織
17	電子顕微鏡の分解能は ア 0.2μm程度で，この値は光学顕微鏡の分解能の約 イ 1/1000に相当する。	17 ア×→ 0.2nm イ○
18	ア 16世紀にイギリスの イ レーウェンフックはコルクの切片を観察し，細胞を発見した。	18 ア×→ 17世紀 イ×→フック
19	シュライデンは ア 動物について，シュワンは イ 植物について，そのからだは細胞を基本単位にしていることを提唱した。	19 ア×→植物 イ×→動物
20	ドイツのフィルヒョーは ア 核は細胞から生じることを提唱し，イ 細胞説の発展に大いに貢献した。	20 ア×→細胞 イ○
21	光学顕微鏡の観察像は視野の左右方向だけ逆転している。	21 ×→上下左右とも
22	絞りは，視野が明るすぎる場合には ア 絞って，暗すぎる場合には イ 開いて，見やすい明るさに調節する。	22 ア○ イ○
23	接眼ミクロメーター1目盛りが示す長さは顕微鏡の拡大倍率によって ア 変わるが，対物ミクロメーターの1目盛りの長さは イ 変わらない。	23 ア○ イ○

標準問題

1 [生物の共通性] 次の文章を読み，下の問いに答えよ。

地球上には，深海，高山，熱帯雨林，砂漠など様々な環境がある。それぞれの環境には，a 大きさや形態の異なる多種多様な生物が生息しており，現在地球上には，約214万種❶の生物が確認されている。その一方，生物には，b 生物としての共通性が認められる。たとえば，すべての生物は，[ア]を基本単位とし，生命活動を行うために[イ]によって産生されたエネルギーを，[ウ]として一時的に蓄え，必要に応じて利用している。[エ]によって，自己と同じ特徴をもつ個体を作り，種を維持している。また，異なる外部環境下にあっても，体内環境を一定の状態に保つ[オ]を備えている。

❶ p.4
要点Check▶1

(1) 文中の**ア**～**オ**にあてはまる最も適切な語句を，それぞれ次の①～④のうちから一つずつ選べ。

ア	① 組織	② 分子	③ 細胞	④ タンパク質
イ	① 代謝	② 光合成	③ 同化	④ 消化
ウ	① DNA	② RNA	③ AMP	④ ATP
エ	① 生殖	② 分裂	③ 複写	④ 発芽
オ	① 安定性	② 緩衝性	③ 恒常性	④ 定常性

(2) 下線部**a**のように，生物が多様である理由を簡潔に述べよ。

(3) 下線部**a**について，多様な生物の系統関係を表した図のことを何というか。

(4) 下線部**b**のように多様な生物に共通性❷がみられる理由を簡潔に述べよ。

❷ p.4
要点Check▶2

(2017 大東文化大改)

2 [細胞の構造] 次の文章を読み，下の問いに答えよ。

細胞には，核をもたない[ア]細胞と，核をもつ[イ]細胞がある。a [ア]細胞でできた生物を[ア]生物，[イ]細胞でできた生物を[イ]生物と呼ぶ。すべての細胞は細胞質❶をもち，細胞質の最も外側は[ウ]である。植物の細胞や[ア]細胞には，さらにその外側に[エ]があるが，植物細胞と[ア]細胞では b その成分が異なる。細胞質は様々な構造物と，そのあいだを満たす[オ]と呼ばれる液状の成分でできている。[オ]は水やタンパク質などを含む。いずれの細胞も内部にDNAをもつ。[ア]細胞にはDNAを取り囲む膜，すなわち核膜がみられず，DNAは[オ]中に存在する。一般に，[ア]細胞は[イ]細胞に比べて c 大きさが小さく，内部の構造は比較的単純である。

❶ p.4
要点Check▶4

(1) 文中の**ア**～**オ**に適語を入れよ。

(2) 下線部**a**の生物を以下の選択肢からすべて選べ。

① イシクラゲ　② クラミドモナス　③ ゾウリムシ
④ ミドリムシ　⑤ 酵母　⑥ インフルエンザウイルス

(3) 植物細胞における下線部**b**の成分を一つあげよ。

(4) 下線部**c**に関して，[ア]細胞の大きさは，一般的にどれくらいか。次の①～⑤のうちから最も適当なものを一つ選べ。

① 0.01～0.1μm　② 0.1～1μm　③ 1～10μm
④ 10～100μm　⑤ 100～1000μm

(2018 愛知学院大改)

3 ［細胞の構造と機能］ 図は，ある細胞の模式図❶である。下の問いに答えよ。

❶ p.4
要点Check▶4

(1) ア～キの細胞内の構造の名称を答えよ。

(2) 次の①～⑤の特徴をもつ細胞小器官としてあてはまるものを図中のア～キのうちから一つずつ選べ。

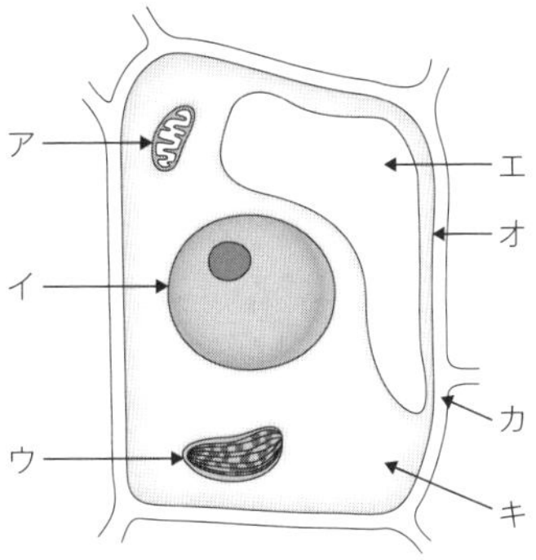

① 光合成を行い，クロロフィルをもつ。

② 細胞内の水分や物質の濃度の調節や，老廃物の貯蔵に関与する。

③ 細胞小器官の間にある液状の部分で，化学反応の場となる。

④ 呼吸に関する酵素を含み，有機物からエネルギーを取り出す。

⑤ セルロースを主成分とし，細胞の形態を保持する。

ア
イ
ウ
エ
オ
カ
キ

(3) 図のような細胞をもつ生物を，次の①～④のうちから一つ選べ。

① 動物　② 植物　③ 菌類　④ 細菌類

(4) (3)の判断理由を簡潔に述べよ。

(5) ヒトなどの動物細胞の構成成分を分析すると，質量比で水が最も多くを占めている。水の次に多く含まれる成分として最も適当なものを，次の①～④のうちから一つ選べ。

① タンパク質　② 炭水化物　③ DNA・RNA　④ 無機塩類

（2006 神奈川大改，2020 センター）

4 ［細胞内構造の比較］ 次の文章を読み，下の問いに答えよ。

真核生物❶の細胞には，一般的に次に述べるような**構造体ア～エ**がみられる。

❶ p.4
要点Check▶4

構造体ア　細胞膜の外側にみられる構造体で炭水化物であるセルロースやペクチンなどがその主成分である。

構造体イ　光エネルギーを用いて，二酸化炭素と水から有機物が作られる。

構造体ウ　呼吸により，ATP が作られる。

構造体エ　この中には真核細胞の DNA の大部分が包まれている。

表❷は，**構造体ア～エ**の有無などからみた特徴により細胞を a ～ d に分類したものである。ただし，+，－はそれぞれ構造体の有無を示す。

❷ p.5
要点Check▶5

	ア	イ	ウ	エ
a	+	+	+	+
b	－	－	+	+
c	+	－	+	+
d	+	－	－	－

(1) **構造体ア～エ**の名称をそれぞれ答えよ。

(2) a ～ d のそれぞれにあてはまる細胞をもつ生物を，次の①～⑥のうちからすべて選べ。

① アメーバ　② 大腸菌　③ ユキノシタ
④ ヒト　⑤ イモリ　⑥ 酵母

(3) ミドリムシは a ～ d のどれにも該当しない。ミドリムシにおける**構造体ア～エ**の有無を示したものとして最も適当なものを，次の①～④のうちから一つ選べ。

	アイウエ
①	－－－＋
②	＋＋＋－
③	＋＋－＋
④	－＋＋＋

（2009 九州大改，2003 東北大改）

5 ［単細胞生物，多細胞生物］ 生物の特徴に関する次の文章を読み，下の問いに答えよ。

生物には，aゾウリムシのように，一つの細胞内ですべての生命活動を行っている単細胞生物❶もいれば，複数の細胞でからだを構成している多細胞生物❷もいる。b多細胞生物のからだを形づくるには，細胞が分裂して細胞数を増やすことが必要である。多細胞生物では，これらの増えた細胞が分化し，似た細胞が集まって［ア］を形成する。さらに複数の［ア］が相互に関連をもってまとまることで，複雑な働きをする［イ］となる。

❶❷ p.5 要点Check▶7

高校生の山田さんは，原核生物❸と真核生物❹，単細胞生物と多細胞生物の関係について考察し，学習した生物を次に示す表に基づいて分類することを試みた。たとえば，ヒトは，真核生物でかつ多細胞生物であるため，次の表の(iv)に分類されることになる。

❸❹ p.4 要点Check▶3

	単細胞生物	多細胞生物
原核生物	(i)	(ii)
真核生物	(iii)	(iv)

(1) 文中の**ア**，**イ**に適語を入れよ。

(2) 表の(ii)，(iii)にあてはまる最も適当なものを，次の①～⑥のうちから一つずつ選べ。

① アメーバ，酵母　② 乳酸菌，ネンジュモ　③ ミドリムシ，ゼニゴケ
④ 大腸菌，ゾウリムシ　⑤ インフルエンザウイルス，イシクラゲ
⑥ あてはまる生物はない

(3) 下線部**a**に関して，ゾウリムシの平均的な長径と，ゾウリムシの体内の構造物の働きについて述べた文として最も適当なものを，次の①～⑥のうちから一つ選べ。

① 長径は約 0.02mm で，おもに食胞で食物を消化している。
② 長径は約 0.2mm で，おもに食胞で食物を消化している。
③ 長径は約 2.0mm で，おもに食胞で食物を消化している。
④ 長径は約 0.02mm で，おもに細胞口から水・老廃物を排出している。
⑤ 長径は約 0.2mm で，おもに細胞口から水・老廃物を排出している。
⑥ 長径は約 2.0mm で，おもに細胞口から水・老廃物を排出している。

(4) 下線部**b**に関する記述として**誤っているもの**を，次の①～④のうちから一つ選べ。

① 生きた細胞だけでなく，死んだ細胞も多細胞生物の構成要素となる場合がある。
② ヒトの細胞の中には，核をもたないものもある。
③ カエルの組織は，複数の器官が集まってできている。
④ シダ植物の根端には，細胞分裂を繰り返し行う未分化な細胞の集まりである分裂組織がある。

（2019 名古屋学芸大改，2019 東邦大改）

6 [細胞の大きさ] 細胞などの大きさについて，下の問いに答えよ。

❶ ❷ p.5
要点Check ▶8

(1) 2点を2点として識別できる最小の距離を分解能といい，肉眼の分解能はおよそ0.1mmである。光学顕微鏡，電子顕微鏡の分解能を，次の①～⑨のうちから一つずつ選べ。

① 0.2μm　② 2.0μm　③ 20μm　④ 0.2nm　⑤ 2.0nm
⑥ 20nm　⑦ 0.2mm　⑧ 2.0mm　⑨ 20mm

(2) ヒトの卵(直径140μm)とヒト免疫不全ウイルス(直径100nm)を比べたとき，ヒトの卵の直径はヒト免疫不全ウイルスの直径の何倍か求めよ。

(3) 次の①～⑫のうち，肉眼でみえるものをすべて選べ。

① 酵母　② 葉緑体　③ 乳酸菌　④ ゾウリムシ
⑤ 白血球(ヒト)　⑥ 赤血球(ヒト)　⑦ ネンジュモの細胞
⑧ 座骨神経(ヒト)　⑨ 花粉粒子(マツ)　⑩ ナトリウム原子
⑪ インフルエンザウイルス　⑫ 2本鎖DNA分子

(4) (3)の①～⑫のうち，光学顕微鏡を用いても観察できないものを三つ選べ。

(5) 次の**ア**～**エ**のそれぞれについて，サイズの大きいほうを一つずつ選べ。

ア ① ミトコンドリア　② 葉緑体
イ ① ブドウ球菌　② エイズウイルス
ウ ① ヒト赤血球　② ヒトの卵
エ ① ゾウリムシ　② ヒトの精子(全長)

(2019 広島国際大改，2016 駒澤大改)

7 [細胞の発見] 細胞に関する次の文章を読み，下の問いに答えよ。

❶ p.6
要点Check ▶9

1665年，[　A　]は手製の顕微鏡で[　ア　]の薄い切片を観察し，多数の中空の構造を発見して，cell(細胞)と名づけた。顕微鏡が改良され，1831年に[　B　]が細胞に核があることを明らかにした。1838年に[　C　]が植物について，1839年に[　D　]が動物について，細胞は生物の構造と機能の単位であるという[　イ　]を発表した。その後[　E　]はすべての細胞は細胞から生じると唱えた。こうして，生命の単位としての細胞という考えが確立された。

(1) 文中の[　A　]～[　E　]にあてはまる人名を次の①～⑩のうちから選べ。

① モーガン　② グリフィス　③ サットン
④ シュペーマン　⑤ シュライデン　⑥ シュワン
⑦ フィルヒョー　⑧ フック　⑨ ブラウン
⑩ レーウェンフック

(2) ゾウリムシやミドリムシは，「微生物学の父」とも呼ばれるオランダの科学者が自作の顕微鏡を駆使して発見した。この人名を(1)の①～⑩のうちから一つ選べ。

(3) 文中の**ア**，**イ**に適語を入れよ。

(2016 駒澤大学改)

8 **［細胞を構成する物質］** 図は，トウモロコシ，大腸菌，ヒトの細胞を構成する物質の割合❶を示している。下の問いに答えよ。

❶ p.5
要点Check ▶ 6

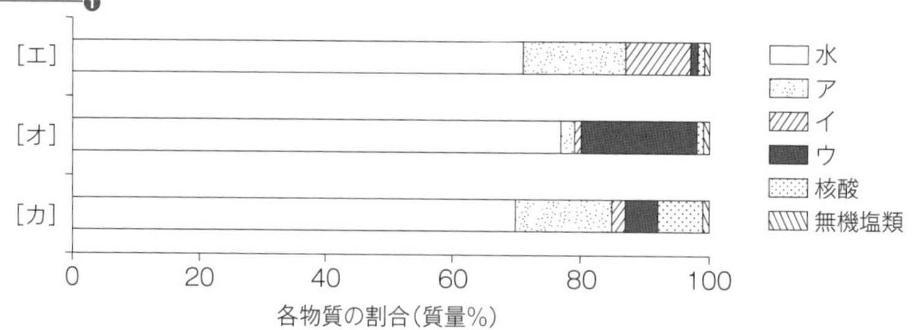

(1) 図の**ア**，**イ**，**ウ**は炭水化物，タンパク質，脂質のいずれかである。それぞれにあてはまる物質を答えよ。

(2) 図の**エ**，**オ**，**カ**は，トウモロコシ，大腸菌，ヒトのいずれであるか。それぞれにあてはまる生物を答えよ。

（2017 甲南大改）

9 **［光学顕微鏡の操作］** 顕微鏡❶の操作と細胞の観察について，下の問いに答えよ。

❶ p.6
要点Check ▶ 9
p.7
正誤Check 21，22，23

(1) 図1の光学顕微鏡の各部の名称 a ～ h をそれぞれ答えよ。

(2) 図1の光学顕微鏡の使用方法について**誤っているもの**を，次の①～⑤のうちから一つ選べ。

① 顕微鏡を持ち運ぶときには，片手でアームをしっかりもち，もう一方の手を鏡台にそえる。

② 顕微鏡を直射日光のあたらない明るい場所の平らな机の上に置く。

③ 観察するときには，まず低倍率でピントを合わせ，そののち見たい物を中央に移動させ，d を回して高倍率にし，c をゆっくりと回してピントを合わせる。

④ 高倍率で観察するときや光の量が少ない場合には，h の凹面鏡を用いる。

⑤ e とプレパラートの間の距離を大きく離しておき，c で距離を縮めながらピントを合わせる。

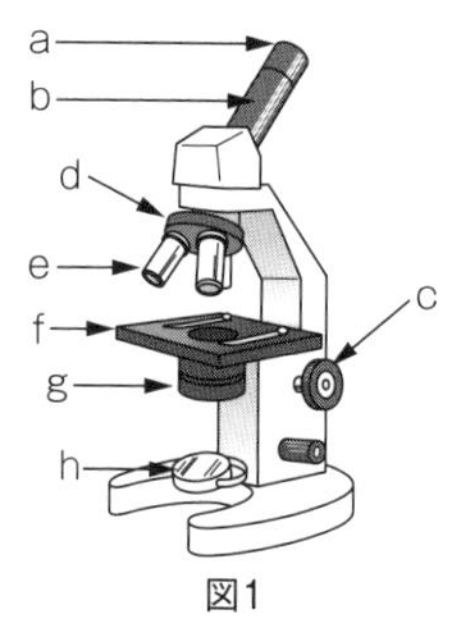
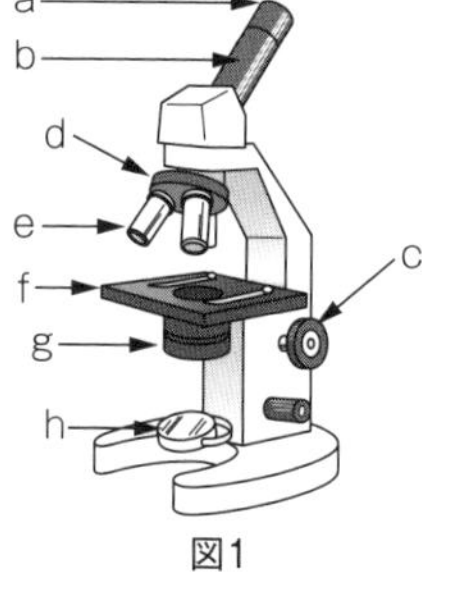

図1

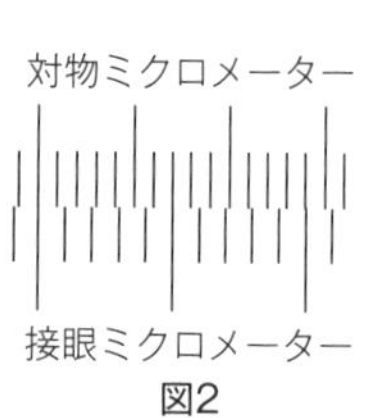

図2

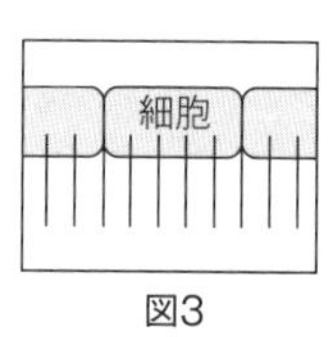

図3

(3) ある倍率の e がついた顕微鏡をのぞいたところ，対物ミクロメーターの目盛りと接眼ミクロメーターの目盛りが図2のように見えた（対物ミクロメーターには 1 mm を 100 等分した目盛りがついている）。この接眼ミクロメーターである植物細胞の長径を測定したところ図3のようになった。この細胞の長さは何 μm か。

(4) (3)の条件で，e を高倍率のものに変えた場合，接眼ミクロメーターの1目盛りが示す長さはどうなるか，簡潔に答えよ。

(5) (3)の条件で，プレパラートを「↖」の方向に動かしたとき，視野中の試料はどの方向に移動するか。最も適当なものを，次の①～④のうちから一つ選べ。

① ↖　② ↗　③ ↘　④ ↙

（2002 和歌山大改，2008 センター追改）

■ 演習問題

10 ［細胞の構造と機能］ 細胞の構造と機能に関する次の問いに答えよ。

問1 以下に示す**ア**～**シ**は，真核細胞の各構造について述べたものである。真核細胞の各構造にあてはまる記述を過不足なく含むものを，下の①～⑥のうちから一つ選べ。

ア 細胞液を包む膜である。
イ セルロースを主成分とする。
ウ 有機物を分解してエネルギーを取り出す。
エ DNA を含む。
オ アントシアンを含む。
カ クロロフィルを含む。
キ 二酸化炭素を発生する。
ク 動物細胞には存在しない。
ケ 酢酸カーミンで染色される。
コ ATP を合成する。
サ サフラニンで赤色に染色される。
シ 動物細胞にまれにみられるが発達しない。

	構造	記述		構造	記述		構造	記述
①	核	**エキケ**	②	ミトコンドリア	**ウキコ**	③	葉緑体	**エカクコ**
④	液胞	**オコシ**	⑤	細胞膜	**アイ**	⑥	細胞壁	**イサシ**

問2 **問1**の**ア**～**シ**にいずれも**あてはまらない**細胞内構造を，次の①～⑤のうちから一つ選べ。

① 細胞質基質　② 細胞質　③ 細胞膜　④ 細胞壁　⑤ 液胞

問3 次に示すすべての細胞でみられる構造を，**問1**の①～⑥のうちから一つ選べ。

ヒトの赤血球　筋細胞　大腸菌　精子

11 ［原核生物と真核生物］ 次の文章を読み，下の問いに答えよ。

様々な生物の細胞を調べると，構造や機能についてほとんどすべての細胞で共通した部分と，細胞の種類によって異なる部分がある。たとえば，共通した部分としては，DNA と［ア］をもち，a細胞の構成成分がほぼ等しいことがあげられる。異なる部分としては，bDNA が膜に包まれているかいないか，［ア］の外側に，c［イ］という構造をもつかもたないかなどがある。

成分＼細胞	**ウ**の細胞（%）	哺乳類の細胞（%）	**エ**の細胞（%）
水	70	71	77
オ	15	16	2
カ	4	1	18
キ	3	10	1
DNA・RNA	7	1 以下	1 以下
無機塩類	1	1	1

問1 文中の**ア**・**イ**に入る語を，次の①～⑥のうちからそれぞれ一つずつ選べ。

① 染色体　② 細胞壁　③ ミトコンドリア　④ 液胞　⑤ 葉緑体　⑥ 細胞膜

問2 下線部**a**について，表中の**ウ**～**キ**に入る語を，次の①～⑦のうちからそれぞれ一つずつ選べ。

① 炭水化物　② タンパク質　③ 脂質　④ 大腸菌　⑤ ハツカネズミ
⑥ トウモロコシ　⑦ インフルエンザウイルス

問3 下線部**b**について，DNA が膜に包まれていない細胞からなる生物の説明として適当なものを，次の①～④のうちから一つ選べ。

① エネルギーの受け渡しに ATP が使われる。　② ミトコンドリアをもつ。
③ ゾウリムシや酵母などの単細胞生物が含まれる。　④ 葉緑体をもつ。

問4 下線部**c**について，**イ**をもつ生物を過不足なく含むものを，下の①～⑧のうちから一つ選べ。

ク 酵母　**ケ** ソメイヨシノ　**コ** ヒキガエル　**サ** スギゴケ　**シ** バフンウニ
ス イチョウ　**セ** ハツカネズミ　**ソ** ニワトリ　**タ** ネンジュモ　**チ** ベニシダ

① **ク，タ**　② **ク，サ，チ**　③ **シ，セ，ソ**　④ **ケ，サ，ス，チ**　⑤ **コ，シ，セ，ソ**
⑥ **ク，コ，シ，セ，ソ**　⑦ **ク，ケ，サ，ス，タ，チ**　⑧ **ク，コ，シ，セ，ソ，タ**

12 ［細胞の発見, ウイルス］ 次の文章を読み，下の問いに答えよ。

細胞は光学顕微鏡でコルク片を観察していた ［ア］ によって発見された。この発見後，「細胞が生物体を作る基本単位である」という細胞説を唱えたのは，植物については ［イ］ であり，動物については，［ウ］ であった。今日では，すべての生物のからだは細胞でできていることがわかっている。顕微鏡の性能の向上に伴い，細胞には様々な大きさがあることがわかり，また，細胞内部の微細な構造も観察できるようになった。

図は，様々な細胞やウイルスの大きさについて示したものである。すべての細胞には，DNA と，細胞内部を外界から仕切る細胞膜，様々な生命活動を行う細胞質基質が備わっている。しかし，$_{a}$ウイルスには生物の細胞にある基本構造がそろっていない。したがって，$_{b}$ウイルスは生物と無生物の中間と考えられる。

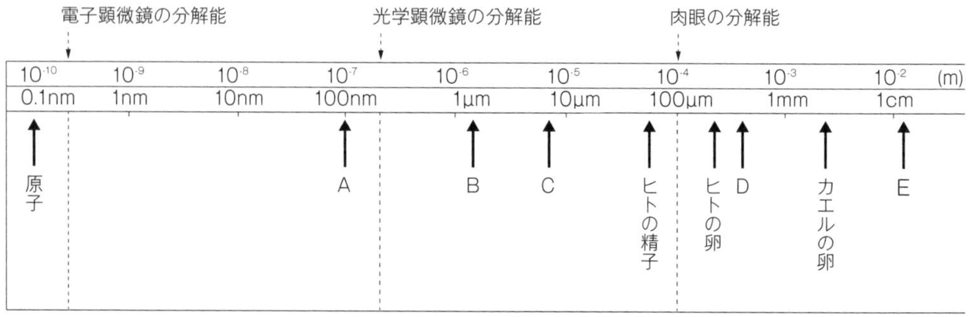

電子顕微鏡の分解能　光学顕微鏡の分解能　肉眼の分解能

10^{-10}	10^{-9}	10^{-8}	10^{-7}	10^{-6}	10^{-5}	10^{-4}	10^{-3}	10^{-2} (m)
0.1nm	1nm	10nm	100nm	1µm	10µm	100µm	1mm	1cm

原子　A　B　C　ヒトの精子　ヒトの卵　D　カエルの卵　E

細胞には，原核細胞と真核細胞があるが，その違いは染色体を包む ［エ］ の有無と，細胞小器官である ［オ］ の有無である。真核細胞はさらに，植物細胞と動物細胞に大別され，その違いは，［カ］ を主成分とし細胞を保護する ［キ］ の有無，細胞小器官である ［ク］ の有無，発達した液胞の有無である。

問1 文中の**ア〜ク**にあてはまる最も適当な語句や人名を次の①〜⑰のうちから一つずつ選べ。

①　アントシアン　②　核膜　③　クロロフィル
④　細胞壁　⑤　シュライデン　⑥　シュワン
⑦　セルロース　⑧　染色体膜　⑨　フィルヒョー
⑩　フック　⑪　ブラウン　⑫　ミトコンドリア
⑬　葉緑体　⑭　リグニン　⑮　ルスカ
⑯　レーウェンフック　⑰　RNA

問2 図のA〜Eにあてはまる細胞や構造体の大きさとして最も適当なものを，次の①〜⑥のうちから一つずつ選べ。

①　インフルエンザウイルス　②　ウズラの卵黄　③　酵母　④　大腸菌
⑤　タマネギの表皮細胞　⑥　ヒトの座骨神経

問3 下線部**a**に関して，どのウイルスにも存在しないものはどれか。次の①〜⑤のうちからすべて選べ。

①　細胞質基質　②　細胞膜　③　DNA　④　RNA　⑤　該当なし

問4 ウイルスについて，下線部**b**とあるが，それはなぜか。「生物の細胞にある基本構造がそろっていないこと」以外の理由を，30字以内で述べよ。

（2019 昭和女子大改）

13 ［光学顕微鏡の操作］ 光学顕微鏡を用いて植物の細胞を観察すると，細胞質が流れるように動く原形質流動(細胞質流動)を観察することができる。図は，オオカナダモの葉における原形質流動のようすについて，観察開始時(図左)と15秒後(図右)の細胞を接眼ミクロメーターの目盛りとともに描いたものである。この観察について下の問いに答えよ。

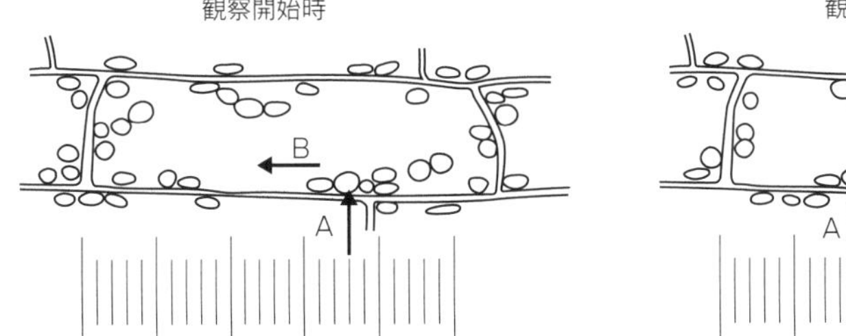

問1 接眼ミクロメーターの1目盛りの長さは，観察する顕微鏡の倍率によって変わるので，あらかじめ求めておく必要がある。いま，接眼レンズ10倍，対物レンズ20倍の組合せのとき，接眼ミクロメーターの18目盛りがステージ上の対物ミクロメーターの10目盛りと重なっていた。接眼ミクロメーターの1目盛りが何μmに相当するかを答えよ。ただし，対物ミクロメーターには1mmを100等分した目盛りがついている。答えが整数で割り切れない場合は，小数第2位を四捨五入した値を答えよ。

問2 観察開始時に矢印Aで示した細胞小器官はその後矢印Bの方向に動いていた。15秒後の矢印Aの細胞小器官の位置に注目し，この細胞における原形質流動の速度を時速(mm/時)で求めよ。ただし，観察に用いた顕微鏡の設定は接眼ミクロメーターを含めすべて**問1**と同じとする。答えが整数で割り切れない場合は，小数第1位を四捨五入した値を答えよ。

問3 原形質流動の速度は，いつも一定ではなく，周囲の環境の影響を受けて変化する。原形質流動の速度に及ぼす光と温度の影響を調べた。表1～表2はその結果をまとめたものである。これらの実験からどのようなことが考えられるか。次の文中の**ア**，**イ**にあてはまる最も適切な語句をそれぞれの選択肢の中から一つ選び，文章を完成させよ。ただし，表1の実験は30℃で，表2の実験は6000ルクスで行ったものとする。

原形質流動は，［ **ア** ］の分解により得られるエネルギーが必要であることが知られており，［ **ア** ］を得るためには光合成や呼吸の働きが重要である。このことをふまえると，本実験結果より，活発な原形質流動のためには適切な［ **イ** ］の条件が必要であると考えられる。

表1

光(ルクス)	原形質流動の相対速度(%) (6000ルクスのときを100とする)
窓際(6000)	100
室内灯(600)	26
室内灯(60)	8
暗所(0.2)	1

表2

温度(℃)	原形質流動の相対速度(%) (30℃のときを100とする)
40	29
30	100
20	56
10	32

ア ① ヌクレオチド　② リン酸　③ ATP　④ 脂肪

イ ① 光　② 二酸化炭素　③ 湿度　④ 温度　⑤ 酸素
⑥ 光と二酸化炭素　⑦ 光と温度　⑧ 二酸化炭素と湿度

(2016 北海道大改)

2節 細胞とエネルギー

▶1 代謝とエネルギー　生命活動には様々な物質とエネルギーが不可欠である。

(1)**代謝とは**　代謝とは生体内の化学反応全体のことで，**同化**と**異化**に大別される。
同化：エネルギーを使って簡単な物質から複雑な物質を合成する反応。**光合成**など。
異化：複雑な物質を簡単な物質に分解してエネルギーを放出する反応。**呼吸**など。

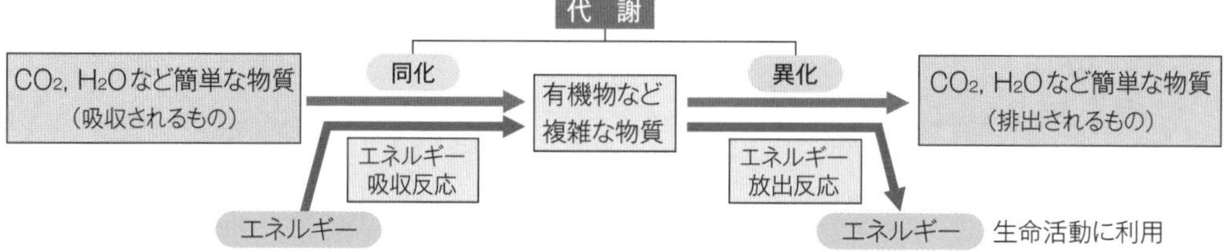

(2)**独立栄養生物と従属栄養生物**　生物は，**独立栄養生物**と**従属栄養生物**に大別される。
独立栄養生物：自身で無機物から有機物を合成することができる生物。植物や藻類，一部の細菌など。
従属栄養生物：無機物から有機物を合成することができず，独立栄養生物が合成した有機物を直接的または間接的に摂取し利用する生物。動物や菌類，多くの細菌など。

(3)**エネルギー代謝とATP**　同化や異化の過程におけるエネルギーの受け渡しは，ATP(アデノシン三リン酸)によって行われる。

(4)**ATPの分解と合成**　ATPは，アデニン(塩基)とリボース(糖)が結合した**アデノシン**に，3つのリン酸が結合した構造。リン酸どうしの結合は**高エネルギーリン酸結合**と呼ばれる。

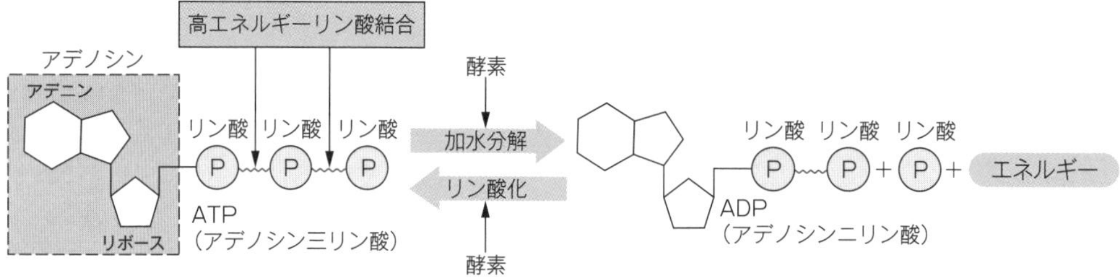

▶2 酵素　生体内の化学反応は，酵素によって促進される。

(1)**酵素の働き**　化学反応の前後で自身は変化せずに，化学反応を促進する物質を**触媒**という。酵素は生体内の化学反応を促進する**生体触媒**である。

触媒	無機触媒	金属化合物などの無機物質からなる触媒。酸化マンガン(Ⅳ)など。
	酵　素	細胞内で合成され，**タンパク質**を主成分とする触媒。特定の反応だけを進めるため多くの種類がある。カタラーゼ，ペプシン，リパーゼなど多数。

酸化マンガン(Ⅳ)とカタラーゼはどちらも過酸化水素(H_2O_2)を水と酸素に分解する。

(2)**酵素の特徴**　アミラーゼはデンプンをマルトース(2分子のグルコースが結合)に分解する反応を促進する酵素として働くが，他の化学反応には影響しない。このように酵素は特定の物質に作用して，1つの反応のみを促進する。酵素が作用する物質を**基質**といい，酵素が特定の基質にのみ作用する性質を**基質特異性**という。酵素は温度やpHによって反応速度が変化する。

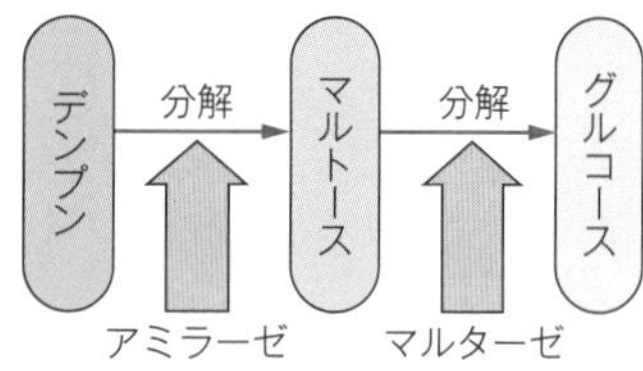

(3)**細胞と酵素**　酵素は細胞の内外で働き，その場所も酵素ごとに決まっている。

核	DNA 合成に関する酵素	葉緑体	光合成に関する酵素
細胞質基質	細胞成分の合成や分解に関する酵素	液　胞	物質の分解に関する酵素
ミトコンドリア	呼吸に関する酵素	細胞外	消化に関する酵素

▶3 光合成

生物が光エネルギーを用いて二酸化炭素と水から有機物を合成する反応を**光合成**という。光合成は**葉緑体**で行われる。葉緑体をもたない原核生物のシアノバクテリアは，細胞質にある酵素によって葉緑体と同様の光合成を行う。

●光合成の反応式

二酸化炭素	＋	水	＋	光エネルギー	→	グルコース	＋	酸素	＋	水
($6CO_2$)		($12H_2O$)				($C_6H_{12}O_6$)		($6O_2$)		($6H_2O$)

●光合成の概要

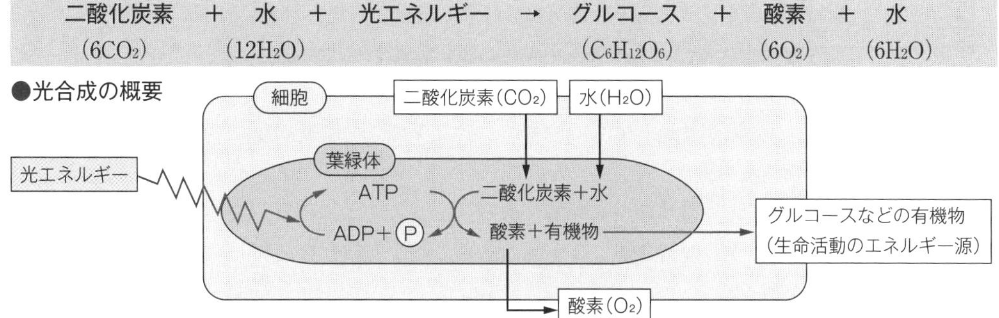

▶4 呼吸

細胞内で酸素を使って有機物を分解し，取り出したエネルギーをもとに ATP を合成する反応を**呼吸**という。呼吸で利用される有機物を**呼吸基質**という。呼吸の大部分は**ミトコンドリア**で行われる。ミトコンドリアをもたない原核生物は，細胞質基質で呼吸を行う。

●グルコースを呼吸基質とした呼吸の反応式

グルコース	＋	酸素	＋	水	→	二酸化炭素	＋	水	＋	エネルギー
($C_6H_{12}O_6$)		($6O_2$)		($6H_2O$)		($6CO_2$)		($12H_2O$)		(最大で 38ATP)

●呼吸の概要

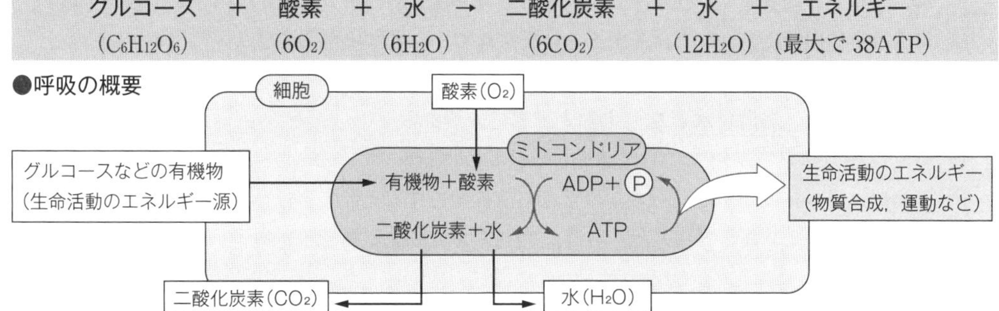

▶5 燃焼と呼吸

燃焼と呼吸は，酸素を用いて有機物を最終的に二酸化炭素と水に分解するという点で似ているが，以下の点で異なる。

燃焼：有機物は急激に分解され，化学エネルギーが熱エネルギーや光エネルギーとして放出される。

呼吸：有機物は酵素により段階的に分解され，放出された化学エネルギーの一部が，ATP 内に蓄えられる。

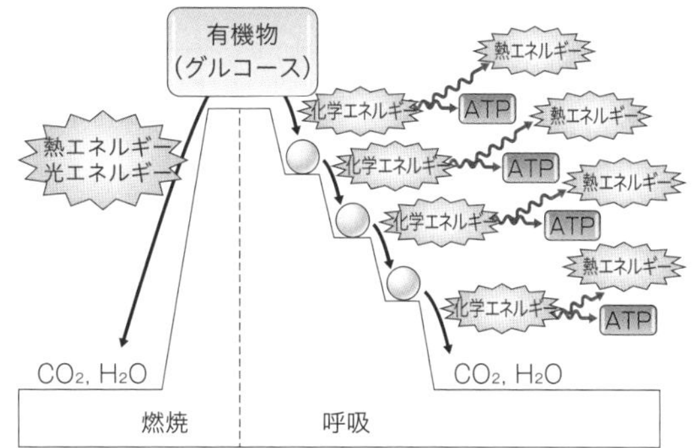

要点Check

1章 生物の特徴

正誤Check

次の各文のそれぞれの下線部について，正しい場合は○を，誤っている場合には正しい語句を記せ。

1 生物体内で行われる化学反応全体をエネルギー代謝という。

2 生体内で行われる代謝は，光合成に代表される ア 異化と，呼吸に代表される イ 同化に大別される。

3 ア 同化はエネルギーを吸収する反応であり， イ 異化はエネルギーを放出する反応である。

4 生体内の複雑な物質を，より簡単な物質に分解する過程を異化という。

5 ア 独立栄養生物は，炭素源として大気中の イ 二酸化炭素を利用する。

6 代謝に伴うエネルギーの受け渡しはADPにより行われる。

7 ATPはすべての生物が共通してもつ物質で， ア リン酸， イ 脂質，塩基が結合した構造をもつ。

8 ATPとは，アデノシン二リン酸の略称である。

9 ATPにはリン酸どうしの結合が ア 3か所含まれる。その結合を イ 高エネルギーリン酸結合という。

10 ATPは，体内でADPとリン酸に分解されてエネルギーを ア 生じる。ADPは再利用 イ されない。

11 化学反応の前後で自身の性質はほとんど変化せずに，化学反応を促進する物質を総称して酵素という。

12 酵素が特定の基質にのみ作用する性質を酵素特異性という。

13 酵素は生体内の化学反応を促進する ア 無機触媒で， イ 炭水化物を主成分とする。

14 カタラーゼは ア 過酸化水素を イ 水素と酸素に分解する。

15 酵素は細胞内でのみ働き，その場所は酵素ごとに決まっている。

16 植物は ア 熱エネルギーを使って イ 酸素から有機物を作る光合成を行う。

17 葉緑体には，ミトコンドリアと ア 同じく，ATPを合成する働きが イ ある。

18 光合成の反応は，植物や藻類では葉緑体で行われる。

19 細胞内で酸素を使って有機物を分解し，取り出したエネルギーをATPに蓄える過程を呼吸という。

20 ア ミトコンドリア内で行われる呼吸の反応では イ 水が作られる。

21 呼吸基質としては，グルコースだけでなく ア 脂肪やタンパク質も使われるが，その場合ATPは合成 イ されない。

22 植物は，光合成で作ったグルコースを呼吸に利用できる。

23 燃焼では，グルコースは段階的に分解され，放出された化学エネルギーの一部がATP内に蓄えられる。

---

1 ×→代謝
2 ア ×→同化　イ ×→異化
3 ア ○　イ ○
4 ○
5 ア ○　イ ○
6 ×→ ATP
7 ア→○　イ ×→糖
8 ×→三リン酸
9 ア ×→2か所　イ ○
10 ア ○　イ ×→される
11 ×→触媒
12 ×→基質特異性
13 ア ×→生体　イ ×→タンパク質
14 ア ○　イ ×→水
15 ×→細胞内外で
16 ア ×→光　イ ×→二酸化炭素
17 ア ○　イ ○
18 ○
19 ○
20 ア ○　イ ○
21 ア ○　イ ×→される
22 ○
23 ×→呼吸

標準問題

14 [代謝とエネルギー] 次の文中および図中の**ア**～**ケ**に適語を入れよ。

生物は，体外から取り込んだ様々な物質から生命活動に必要な物質を作り出している。生体内における物質の化学変化の反応全体を［ア］といい，［ア］はおもに二つの反応からなる。一つは生体内に取り込んだ単純な物質から複雑な物質(有機物)を生成する反応であり，この反応を［イ］という。もう一つは複雑な物質から単純な物質を生成する反応であり，［ウ］と呼ばれる。［イ］の代表的なものとしては，植物でみられる［エ］がある。［エ］では，［オ］から取り入れた水と，葉の［カ］から吸収した二酸化炭素を使って有機物を合成する。一方，［ウ］の代表的なものとして，ほとんどの生物でみられる［キ］がある。

生物が生命活動を行うためにはエネルギーが必要である。次の模式図は生物のエネルギー獲得のようすを表したものである。植物のように，体外から有機物を取り込まずに光エネルギーなどを利用して［イ］を行う生物を［ク］生物という。一方，動物のように，体外から有機物を取り込んで生命活動を行う生物を［ケ］生物という。 ❶ p.16 要点Check▶1

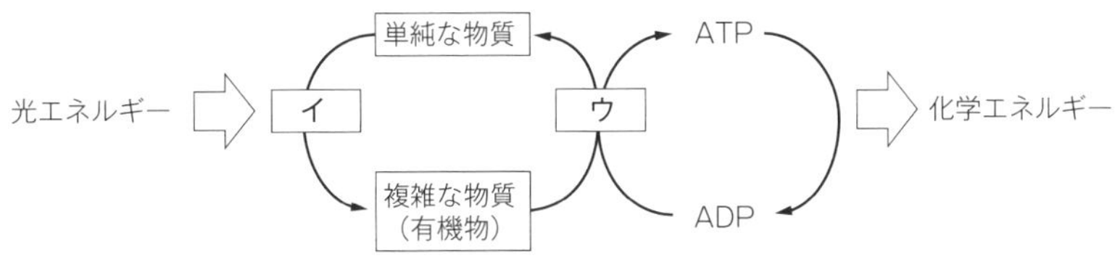

(2018 大阪薬科大改)

15 [生命活動とエネルギー] 次の図について，下の問いに答えよ。

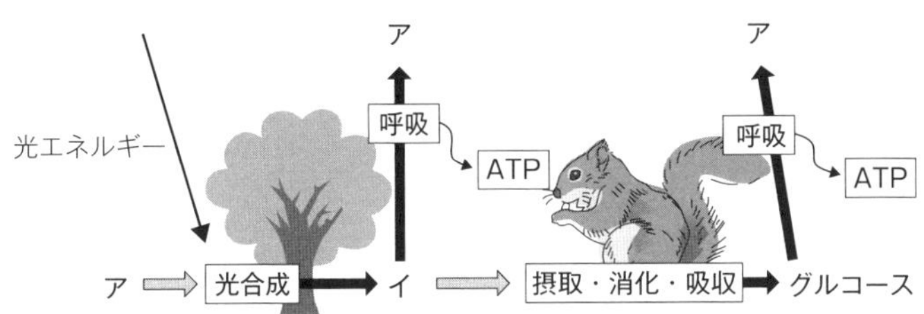

(1) 図中の**ア**の物質はどれか。最も適当なものを，次の①～⑮のうちから一つ選べ。

a 酸素　b 二酸化炭素　c 窒素　d 炭素　e 水

① aのみ　② bのみ　③ cのみ　④ dのみ　⑤ eのみ
⑥ a・b　⑦ a・c　⑧ a・d　⑨ a・e　⑩ b・c
⑪ b・d　⑫ b・e　⑬ c・d　⑭ c・e　⑮ d・e

(2) 図中の**イ**の物質は，植物では光合成の結果作られ，一時的に葉緑体内に蓄えられる。この葉緑体内に蓄えられる物質はどれか。最も適当なものを，次の①～⑤のうちから一つ選べ。 ❶ p.17 要点Check▶3

① アンモニア　② デンプン　③ タンパク質　④ スクロース　⑤ アミノ酸

1章 生物の特徴

16 [エネルギーとATP] ATP❶に関する次の文章を読み，下の問いに答えよ。

❶ p.16 要点Check▶1
❷ p.29 要点Check▶2
❸ p.46 要点Check▶2

生体内の代謝では，ATPと呼ばれる化学物質がエネルギー通貨として重要な役割を果たしている。ATPはDNA❷やRNA❸を構成する塩基の一種である［ア］と糖の一種である［イ］が結合した［ウ］に，［エ］分子のリン酸が結合した化合物である。ATPのように，リン酸，糖および塩基が結合した物質は［オ］と総称される。ATPは，生体内で絶えず合成と分解を繰り返し生命活動を支えている。

(1) 文中の**ア〜オ**に適語を入れよ。

(2) ATPに関する記述として最も適当なものを，次の①〜④のうちから一つ選べ。

① ATPは末端のリン酸が切り離され，ADPとリン酸に分解されるとき，エネルギーが放出される。

② ADPとリン酸からATPが合成されるとき，エネルギーが放出される。

③ カタラーゼはATPのエネルギーを用いて過酸化水素を分解する。

④ ATP内には高エネルギーリン酸結合が3か所ある。

(3) 下線部について，ある哺乳類の場合，1日に細胞1個あたり約0.83ngのATPが利用されている。この生物のからだが60兆個の細胞からできているとすると，1日に何kgのATPを利用することになるか。最も適当なものを，次の①〜⑧のうちから一つ選べ。

(1ng = 0.001μg = 0.000001mg)

① 0.498　② 0.723　③ 4.98　④ 7.23　⑤ 49.8
⑥ 72.3　⑦ 498　⑧ 723

(4) 真核生物において，次の①〜⑥の細胞構造のうち，ATPの合成が起こる細胞構造をすべて選べ。

① 核　② 細胞膜　③ ミトコンドリア
④ 液胞　⑤ 葉緑体　⑥ 細胞壁

(5) ATPのエネルギーが利用される現象として**誤っているもの**を，次の①〜⑤のうちから一つ選べ。

① 生体物質の合成　② 筋肉の収縮　③ アミラーゼによるデンプンの分解
④ 生物の発電　⑤ 細胞内での化学エネルギーの運搬

(2016 中部大改，2018 愛知淑徳大改)

17 [ATPの構造] 代謝❶に関する次の文章を読み，下の問いに答えよ。

❶ p.16 要点Check▶1

代謝において用いられるエネルギーは，多くの場合，aATPの化学エネルギーとして蓄えられる。一般に生物は必要に応じてATPをbADPに分解し，そのとき放出されるエネルギーを，いろいろな生命活動に利用している。

(1) 下線部**a**および**b**の正式名称をそれぞれ9字で答えよ。

(2) リボースを五角形，アデニンを長方形，リン酸を円，物質間の結合を実線で表現し，下線部**a**の構造を模式的に図示せよ。

(3) (2)と同様の表現で，下線部**b**の構造を模式的に図示せよ。

18 **[代謝と酵素]** 次の文章を読み，下の問いに答えよ。

生物の生命活動を支える代謝は，酵素の働きにより円滑に進行する。たとえば，私たちの主食である米はデンプンが主成分であり，食べるとだ液に含まれる［ア］により二糖類である［イ］などの小さな分子へ分解される。その後［イ］は消化管内から分泌される［ウ］によりグルコースへ分解され，消化管から血液に入り，全身の細胞へ送られる。細胞に取り込まれたグルコースは酵素❶を用いて分解され，二酸化炭素と水となると同時にエネルギー分子であるATPが合成される。

❶ p.16 要点Check▶2

(1) 文中の**ア**～**ウ**に適語を入れよ。

(2) 下線部について，次のa～cに答えよ。

a 酵素のように,自身は変化せず,化学反応を促進する物質を総称して何というか。

b 酵素が作用する物質を何というか。

c 酵素は,それぞれ作用する物質が決まっている。このような性質を何というか。

(3) 代謝には数多くの酵素が関わっている。ヒトの体内に存在する酵素に関する説明として最も適当なものを，次の①～④のうちから一つ選べ。

① 多くの酵素は，脂質がその主成分となっている。

② 細胞内で働く酵素もあれば細胞外で働く酵素もある。

③ 酵素は化学反応を進行させ，酵素自体は反応生成物の一部になる。

④ 酵素は反応が進むごとに消費されるので，多量に合成する必要がある。

(2019 北海道医療大改，2017 大阪医科大改，2019 金城学院大改)

19 **[酵素反応の実験]** 酵素実験に関する次の文章を読み，下の問いに答えよ。

過酸化水素(H_2O_2)❶の分解を促す触媒❷の性質を調べる目的で，5本の試験管を準備し，以下のような**実験1～4**を行った。

❶ p.16 要点Check▶2 p.18 正誤Check 14

❷ p.16 要点Check▶2 p.18 正誤Check 13

❸ p.16 要点Check▶2

実験1 試験管に水5mLを入れ，酸化マンガン(Ⅳ)❸を少量加えた。

実験2 試験管に5%過酸化水素水5mLを入れ，酸化マンガン(Ⅳ)を少量加えた。

実験3 試験管に5%過酸化水素水5mLを入れ，石英砂を少量加えた。

実験4 試験管に5%過酸化水素水5mLを入れ，ブタの肝臓の小片を加えた。

(1) この実験で促される過酸化水素の分解反応を化学反応式で答えよ。

(2) **実験1～4**のうち，気体の発生が観察されたものをすべて答えよ。

(3) 実験に関する記述として**誤っているもの**を，次の①～④のうちから一つ選べ。

① 反応終了後，**実験1**の試験管に過酸化水素水を加えると，気体の発生が観察された。

② 反応終了後，**実験2**の試験管に再び過酸化水素水を加えると，気体の発生が観察された。

③ 反応終了後，**実験2**の試験管に再び酸化マンガン(Ⅳ)を加えると，気体の発生が観察された。

④ 反応終了後，**実験3**の試験管に酸化マンガン(Ⅳ)を加えると，気体の発生が観察された。

(4) **実験4**で働いたブタの肝臓の小片に含まれると考えられる酵素の名称を答えよ。

(5) 酵素❹と無機触媒❺の違いを簡潔に述べよ。

❹ p.16 要点Check▶2 p.18 正誤Check 11

❺ p.16 要点Check▶2

20 ［呼吸と光合成］ 呼吸❶と光合成❷に関する次の文章を読み，下の問いに答えよ。

❶ p.17 要点Check▶4
❷ p.17 要点Check▶3

生物が行う代謝には［ア］と［イ］があり，［ア］のうち，酸素を用いてATPを合成する働きを呼吸という。また，［イ］のうち，光エネルギーを用いて有機物を合成する働きを光合成という。

(1) 空欄**ア**，**イ**に適語を入れよ。

(2) 呼吸および光合成に関与している細胞小器官は何か。それぞれ一つずつ答えよ。

(3) 呼吸と光合成の反応について，最も適当なものを，それぞれ次の①～⑧のうちから一つずつ選べ。

① H_2O ＋ O_2 ＋ ATP → 有機物 ＋ CO_2
② H_2O ＋ O_2 ＋ 光エネルギー → 有機物 ＋ CO_2
③ H_2O ＋ CO_2 ＋ 光エネルギー → 有機物 ＋ O_2
④ H_2O ＋ CO_2 ＋ アミノ酸 → 有機物 ＋ O_2
⑤ $C_6H_{12}O_6$ ＋ CO_2 → H_2O ＋ CO_2 ＋ ATP
⑥ $C_6H_{12}O_6$ ＋ O_2 → H_2O ＋ CO_2 ＋ ATP
⑦ $C_6H_{12}O_6$ ＋ O_2 → H_2O ＋ CO_2 ＋ リン酸
⑧ $C_6H_{12}O_6$ ＋ H_2O → O_2 ＋ CO_2 ＋ ADP

(4) 呼吸と光合成に関する次の①～⑤の記述のうち，**適当でないもの**を一つ選べ。

① 呼吸では，反応の過程で水が作られる。
② 呼吸や光合成では，ATPが合成される。
③ 光合成のように簡単な物質から複雑な物質を作り出す同化過程では，エネルギーが吸収される。
④ 植物では，光合成の反応に必要な酵素群は葉緑体に存在する。
⑤ 呼吸の反応に必要な酵素群はすべて細胞質基質に存在する。

(5) 葉緑体をもたない生物でも光合成を行う生物がいる。どのような生物か答えよ。

（2018 愛知淑徳大改，2020 センター改，2019 東洋大改）

21 ［呼吸とエネルギー］ 呼吸とエネルギーに関する次の問いに答えよ。

(1) 呼吸によって分解される有機物を何と呼ぶか。

(2) (1)の有機物のうち，ヒトの呼吸に最も利用されやすいものは次のうちどれか。最も適当なものを次の①～③のうちから一つ選べ。

① 炭水化物　② タンパク質　③ 脂質

(3) 呼吸の反応は有機物の燃焼❶と似た点もあるが，大きく異なる点もある。両者の似た点と異なる点をそれぞれ簡潔に述べよ。

❶ p.17 要点Check▶5

(4) 生命活動におけるエネルギーについて説明した文として，最も適当なものを次の①～④のうちから一つ選べ。

① 太陽からの光エネルギーを化学エネルギーに変えて有機物に蓄える生物は微生物だけである。
② 動物が食べた植物性食物の一部は熱エネルギーに変換され，生体外に出ていく。
③ 微生物の中には熱エネルギーの再利用を繰り返し行うものが多くいる。
④ 生命活動のエネルギーの源は火山活動による熱エネルギーである。

（2019 鎌倉女子大改）

演習問題

22 **[酵素反応の実験]** 細胞に存在する，ある酵素の働きを確かめる実験について下の問いに答えよ。なお，発生した気体は，線香を燃焼させた後は試験管内に残留しないものとする。

実験1 3本の試験管A，B，Cのうち試験管Aには水を，試験管BとCには1％過酸化水素水をそれぞれ1mLずつ入れた。次に試験管AとCにブタの肝臓片を入れたところ，試験管Cでは激しく泡立ち気体が発生したが，試験管AとBには変化がみられなかった。試験管Cで気泡の発生がみられなくなった後，3本の試験管すべてに炎を消した直後の線香を差し込んだところ，試験管Cに入れた線香は再び炎をあげて燃えたが，試験管AとBに入れた線香では炎はみられなかった。

実験2 **実験1**で用いた試験管C内の液体のみを捨てて，新たに1％過酸化水素水1mLを加えたところ，**実験1**の試験管C内の反応と同程度の勢いで気泡が発生し，炎を消した直後の線香を差し込むと，線香が再び炎をあげて燃えた。

問1 **実験1**で，試験管AとBの実験を行う理由をそれぞれ説明せよ。

問2 **実験2**の下線部の操作の代わりに，「肝臓片のみを捨てて，新たにブタの肝臓片を加える。」という操作を行った場合，どのような結果が予想されるか。気泡の発生具合と，線香の燃焼のようすについて説明せよ。

問3 これらの結果から，**実験1**の試験管C内の反応についてわかることとして最も適当なものを，次の①～④のうちから一つ選べ。

① 基質も酵素もほぼなくなって反応が止まった。
② 基質がほぼなくなって反応が止まったが，酵素はなくならなかった。
③ 酵素がほぼなくなって反応が止まったが，基質はなくならなかった。
④ 反応は止まったが，基質も酵素もなくならなかった。 (2016 北里大改)

23 **[酵素反応の実験]** 酵素に関する次の文章を読み，下の問いに答えよ。

トリプシンはキモトリプシンやペプシンとともに，消化管中の食物のタンパク質を分解する酵素である。タンパク質は，アミノ酸が連結した大きな分子であり，アミノ酸間の結合が切断されることで小さな分子の断片に分解(断片化)される。そこで，これらの酵素の働きを比較するために，あるタンパク質(P)の溶液に酵素を添加し，pH8.0，37℃に保ってPから生じる断片数の時間変化を調べた。

トリプシンを一定量添加した場合には図の曲線**ア**の結果が得られた。図は，Pのアミノ酸間の結合がすべて切断されたときに生じる断片数を100％とした相対値を示したものである。キモトリプシンを一定量添加した場合にもトリプシンと同じ曲線**ア**が得られたが，ペプシンを添加した場合には断片数の増加が認められなかった(曲線**イ**)。一方，上と同じ量のトリプシンとキモトリプシンを同時に添加した場合には，曲線**ウ**が得られた。Pを濃塩酸中で100℃に加熱した場合には，曲線**エ**が得られた。

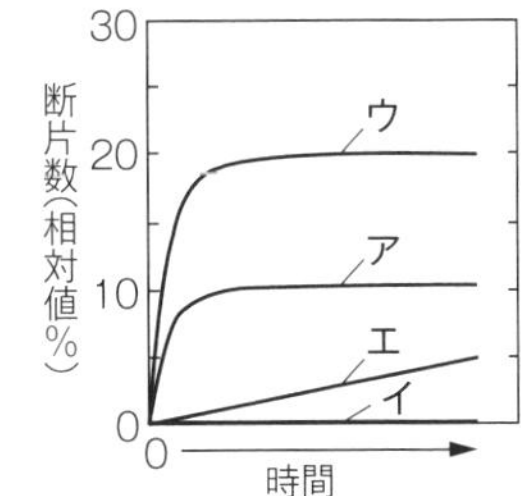

問 実験結果からわかることとして最も適当なものを，次の①～④のうちから一つ選べ。

① 濃塩酸を用いるよりも，トリプシンやキモトリプシンを用いるほうが，Pをアミノ酸にまで速やかに分解することができる。
② 1分子のPから生じる断片の数は，トリプシンとキモトリプシンの場合でほぼ同じである。
③ ペプシンは，どのような条件でもPを分解することができない。
④ トリプシンとキモトリプシンは，Pを同じ箇所で切断する。 (2005 センター追改)

24 [光合成の実験] 様々な色の植物体を用いて，光合成が行われたかどうかを確かめる実験についての次の文章を読み，下の問いに答えよ。

10本の試験管(a～j)を準備し，それぞれの試験管にチモールブルーとフェノールレッドの混合溶液であるpH指示薬を1mLずつ加えた。新鮮なホウレンソウの葉と，緑色のピーマン，黄色のピーマン，赤色のピーマンの新鮮な果実をそれぞれ，試験管に入る太さで同じ長さに切り揃えて，2本ずつ準備した。以下の図および表に示すように，各材料をpH指示薬につかないようにして試験管に入れ，試験管の口をゴム栓でふさいだ。残りの2本の試験管には，何の材料も加えずに，同様にして試験管の口をゴム栓でふさいだ。また，同じ材料の入った試験管のうちの1本は，それぞれアルミニウム箔(はく)で完全に覆った。試験管立てに試験管を並べ，光を1時間当てたあと，各試験管のpH指示薬の色を調べた。なお，実験開始直後のpH指示薬の色はすべて黄赤色であったが，このpH指示薬は二酸化炭素量が微量でも増えると黄色に，微量でも減ると赤色に，さらに減ると赤紫色へと変化する。

実験の結果，試験管内のpH指示薬の色として，3種類の色が観察された。このうち，pH指示薬が黄赤色を示した試験管の中には，試験管dとjが含まれていた。なお，黄色のピーマンと赤色のピーマンの果実には，葉緑体は存在しない。

材料
pH指示薬

試験管	a	b	c	d	e	f	g	h	i	j
材料	ホウレンソウ	ホウレンソウ	緑色のピーマン	緑色のピーマン	黄色のピーマン	黄色のピーマン	赤色のピーマン	赤色のピーマン	なし	なし
アルミニウム箔	あり	なし	あり	なし	あり	なし	あり	なし	あり	なし
1時間後のpH指示薬の色				黄赤色						黄赤色

問1 1時間後にpH指示薬が(1)黄赤色，および(2)黄色を示す試験管として適当なものを，次の①～⑧のうちからそれぞれすべて選べ。

① a ② b ③ c ④ e ⑤ f ⑥ g ⑦ h ⑧ i

問2 文中の下線部について，試験管dで起こったことの説明として最も適当なものを，次の①～④のうちから一つ選べ。

① 光合成も呼吸も行われた。
② 光合成も呼吸も行われなかった。
③ 光合成は行われたが，呼吸は行われなかった。
④ 呼吸は行われたが，光合成は行われなかった。

問3 文中の下線部や**問1**の結果からわかることとして適当なものを，次の①～⑤のうちから二つ選べ。

① 葉以外の器官の組織でも，葉緑体が存在する細胞は光合成を行うことができる。
② 葉以外の器官の組織では，葉緑体が存在する細胞でも光合成を行うことができない。
③ 葉緑体が存在する細胞を含んだ組織では，呼吸が行われない。
④ 葉緑体が存在する細胞を含んだ組織でも，呼吸が行われる。
⑤ 葉内の細胞だけが呼吸を行う。

(2018 北里大改)

25 [光合成の実験条件と顕微鏡操作] アキラとカオルは，次の図1のように，オオカナダモの葉を光学顕微鏡で観察し，それぞれスケッチをしたところ，図2のようになった。

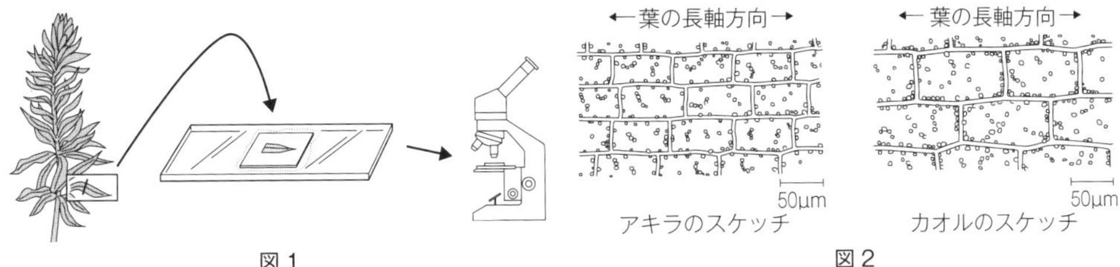

図1　　図2

カオル：おや，君の見ている細胞は，私が見ているのよりも少し小さいようだなあ。

アキラ：どれどれ，本当だ。同じ大きさの葉を，葉の表側を上にして，同じような場所を同じ倍率で観察しているのに，細胞の大きさはだいぶ違うみたいだなあ。

カオル：調節ねじ(微動ねじ)を回して，対物レンズとプレパラートの間の距離を広げていくと，最初は小さい細胞が見えて，その次は大きい細胞が見えるよ。その後は何も見えないね。

アキラ：それに調節ねじを同じ速さで回していると，大きい細胞が見えている時間のほうが長いね。

カオル：そうか，$_{a}$観察した部分のオオカナダモの葉は2層の細胞でできているんだ。ツバキやアサガオの葉とはだいぶ違うな。

アキラ：アサガオといえば，葉をエタノールで脱色してヨウ素液で染める実験をしたね。

カオル：日光に当てた葉でデンプンが作られることを確かめた実験のことだね。

アキラ：$_{b}$デンプンが作られるには，光以外の条件も必要なのかな。

カオル：オオカナダモで実験してみようよ。

問1 下線部aについて，二人の会話と図2をもとに，葉の横断面(次の図3中のP－Qで切断したときの断面)の一部を模式的に示した図として最も適当なものを，図の①～⑥のうちから一つ選べ。ただし，いずれの図も，上側を葉の表側とし，■はその位置の細胞の形と大きさを示している。

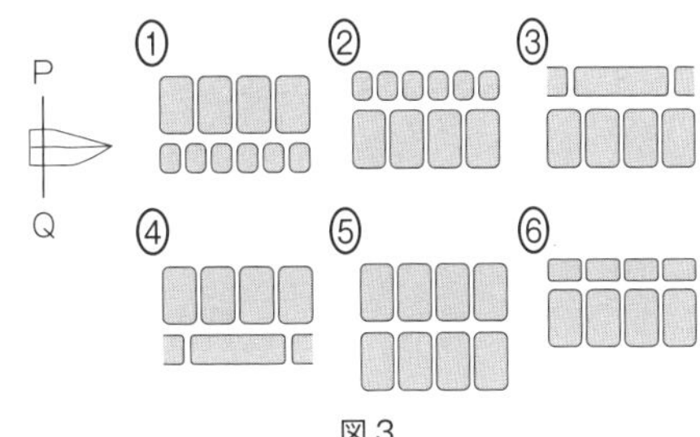

図3

問2 下線部bについて，葉におけるデンプン合成には，光以外に，細胞の代謝と二酸化炭素がそれぞれ必要であることを，オオカナダモで確かめたい。そこで，次の処理Ⅰ～Ⅲについて，表の植物体A～Hを用いて，デンプン合成を調べる実験を考えた。このとき，調べるべき植物体の組合せとして最も適当なものを，下の①～⑨のうちから一つ選べ。

処理Ⅰ：温度を下げて細胞の代謝を低下させる。

処理Ⅱ：水中の二酸化炭素濃度を下げる。

処理Ⅲ：葉に当たる日光を遮断する。

	処理Ⅰ	処理Ⅱ	処理Ⅲ
植物体A	×	×	×
植物体B	×	×	○
植物体C	×	○	×
植物体D	×	○	○
植物体E	○	×	×
植物体F	○	×	○
植物体G	○	○	×
植物体H	○	○	○

○：処理を行う　×：処理を行わない

① A，B，C　② A，B，E　③ A，C，E
④ A，D，F　⑤ A，D，G　⑥ A，F，G
⑦ D，F，H　⑧ D，G，H　⑨ F，G

(2018 大学入学共通テスト施行調査改)

1章 生物の特徴

2章 遺伝子とその働き

	問題	解答
□ 1	生物のからだはすべて(　　　)から作られている。	1. 細胞
□ 2	1個の細胞が2つに分かれて2個の細胞になることを(　　　)という。	2. 細胞分裂
□ 3	多細胞生物は(　　　)を行って細胞の数を増やすとともに，増えた細胞が大きくなることで成長する。	3. 細胞分裂
□ 4	細胞分裂中の細胞にみられるひも状のものを(　　　)という。	4. 染色体
□ 5	生物の形や性質を(　　　)という。	5. 形質
□ 6	染色体には生物の形質を決める(　　　)がある。	6. 遺伝子
□ 7	からだを作る細胞が分裂する細胞分裂を，特に(　　　)分裂という。	7. 体細胞
□ 8	卵細胞や精細胞のように生殖に関わる細胞を(　　　)細胞という。	8. 生殖
□ 9	生殖細胞が受精することによって子を作る生殖を(　　　)生殖という。	9. 有性
□ 10	受精を行わずに子を作る生殖を(　　　)生殖という。	10. 無性
□ 11	生殖細胞が作られるときには，(　　　)分裂という特別な細胞分裂を行う。	11. 減数
□ 12	体細胞分裂では，すべての染色体が(　　　)され，それぞれ2個の細胞に分かれる。	12. 複製
□ 13	体細胞分裂後の細胞の染色体は，分裂前の細胞と(　　　)数，同じ内容となる。	13. 同じ
□ 14	減数分裂後の細胞の染色体数は，分裂前の細胞の(　　　)になる。	14. 半数
□ 15	受精前の生殖細胞の染色体数は，からだを構成する他の細胞の染色体数の(　　　)である。	15. 半数
□ 16	受精した卵細胞を(　　　)という。	16. 受精卵
□ 17	受精卵の染色体数は，受精前の卵細胞の(　　　)になる。	17. 2倍
□ 18	受精卵は(　　　)を繰り返して胚になる。	18. 体細胞分裂
□ 19	植物では，茎や根の(　　　)に近い部分で体細胞分裂が起こり，さらにその細胞は大きくなる。	19. 先端
□ 20	双子葉植物では茎の(　　　)側に近い部分でも体細胞分裂が起こり，これによって茎が太くなる。	20. 外
□ 21	ヒトでは骨の内部にある(　　　)で血液の細胞を作る体細胞分裂が活発に行われる。	21. 骨髄
□ 22	ヒトの皮膚の表面近くにある(　　　)組織でも活発に体細胞分裂が行われる。	22. 上皮
□ 23	ヒトの精巣では，(　　　)分裂により精子が作られる。	23. 減数
□ 24	(　　　)生殖でできる子の形質は，両方の親から受けつぐ遺伝子によって決まる。	24. 有性

□ 25 (　　　　)生殖では子は親の染色体をそのまま受け継ぐので，子の形質は親の形質と同じである。

□ 26 無性生殖による親と子のように，同一の遺伝子をもつ個体の集団を(　　　　)という。

□ 27 親の形質が子や孫に伝わることを(　　　　)という。

□ 28 遺伝は，細胞内の遺伝子が親の(　　　　)細胞によって，子の細胞に受け継がれることで起こる。

□ 29 エンドウの種子の形の「丸」と「しわ」のように対になった形質を(　　　　)形質という。

□ 30 対立形質のそれぞれについての純系を交配したとき，子に現れる形質を(　　　　)形質といい，子に現れない形質を潜性形質という。

□ 31 からだを構成する1つの細胞に含まれる染色体には，大きさも形も同じ染色体が(　　　　)本ずつ対になっており，遺伝子も対になっている。

□ 32 (　　　　)分裂のときには，2本ずつあった大きさも形も同じ染色体は分かれて別々の生殖細胞に入る。

□ 33 減数分裂のときには，染色体とともに対になっている遺伝子も分かれて別々の生殖細胞に入る。これを(　　　　)の法則という。

□ 34 (　　　　)分裂後の1つの細胞に含まれる染色体には，大きさも形も同じ染色体はみられない。

□ 35 受精のときには，それぞれの生殖細胞にある(　　　　)が受精卵の中で対になる。

□ 36 親の遺伝子の組合せがAAのとき，生殖細胞の遺伝子は(　　　　)で表される。

□ 37 生殖細胞の遺伝子がAのものとaのものが受精してできる個体の遺伝子は(　　　　)で表される。

□ 38 遺伝子は染色体に存在し，その本体は(　　　　)という物質である。なお，この物質はデオキシリボ核酸ともいう。

□ 39 (　　　　)は細胞の核を赤く染色するのに用いられる。

□ 40 図1を参考に，a～cの記号で答えよ。

・小さく短い細胞が最も多い場所は (　ア　)

・縦に長い大きな細胞が最も多い場所は (　イ　)

・体細胞分裂が盛んな場所は (　ウ　)

・ひも状の染色体がみられる細胞が最も多い場所は (　エ　)

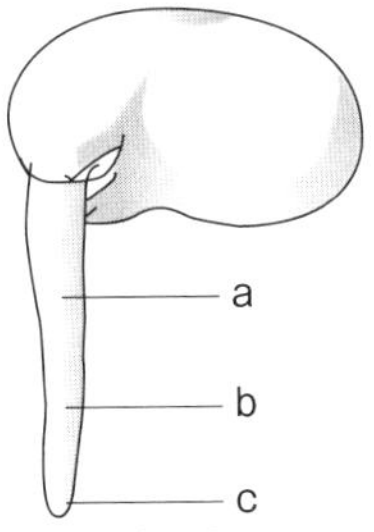

図1　発根したソラマメ

25. 無性
26. クローン
27. 遺伝
28. 生殖
29. 対立
30. 顕性
31. 2
32. 減数
33. 分離
34. 減数
35. 遺伝子（染色体）
36. A
37. Aa
38. DNA
39. 酢酸カーミン
40. ア　c
イ　a
ウ　c
エ　c

1節 遺伝情報とDNA

▶1 DNAの研究史

遺伝子は染色体上に存在し，染色体はおもにDNAとタンパク質からなる。ミーシャーは，1869年に膿(うみ)からDNAに相当する物質を発見した。遺伝子の本体がDNAであることは，肺炎双球菌の形質転換実験やバクテリオファージ(ファージ)の増殖実験によってつきとめられた。

(1)グリフィスの実験(1928年) 肺炎双球菌のR型菌が，S型菌の成分によって，S型菌に**形質転換**することを発見した。そして，R型菌を形質転換させる物質が遺伝子ではないかと考えた。

肺炎双球菌	形態	莢膜	病原性	名前の由来
S型菌	莢膜(きょうまく)	あり	あり	培地上になめらかな(**S**mooth)コロニー(細菌のかたまり)を形成することから**S**型菌という。
R型菌		なし	なし	培地上にでこぼこした(**R**ough)コロニーを形成することから**R**型菌という。

(2)エイブリーらの実験(1944年) 肺炎双球菌のS型菌から抽出した物質のうち，何が形質転換を起こすのかを調べた。その結果，DNA分解酵素で処理した抽出物だけが形質転換を起こさなかったので，形質転換を起こす物質は**DNA**であると結論づけた。

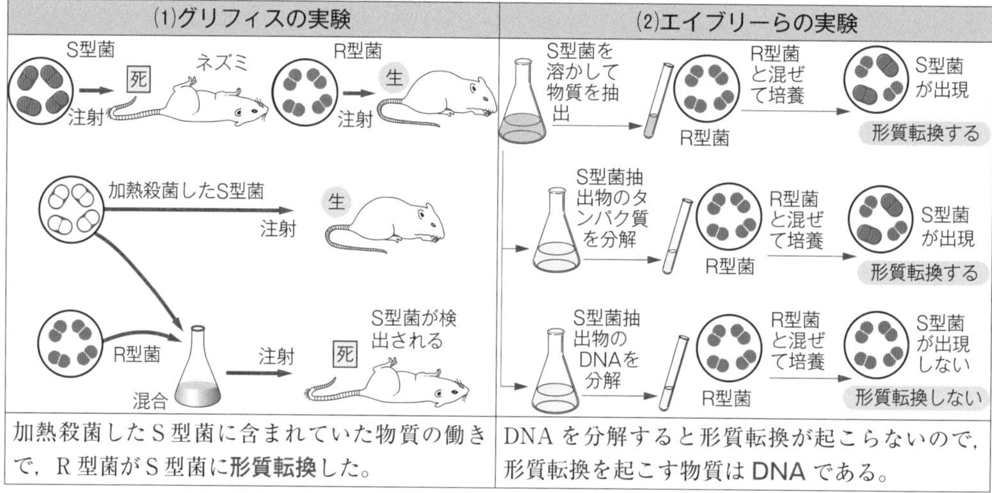

加熱殺菌したS型菌に含まれていた物質の働きで，R型菌がS型菌に**形質転換**した。	DNAを分解すると形質転換が起こらないので，形質転換を起こす物質は**DNA**である。

(3)ハーシーとチェイスの実験(1952年) ファージ(細菌に感染するウイルス)のタンパク質とDNAを放射性物質で標識して，大腸菌に感染させた。その結果，大腸菌内にはDNAだけが入り，多数の新たなファージが作られたことから，DNAが遺伝子の本体であることが確認された。

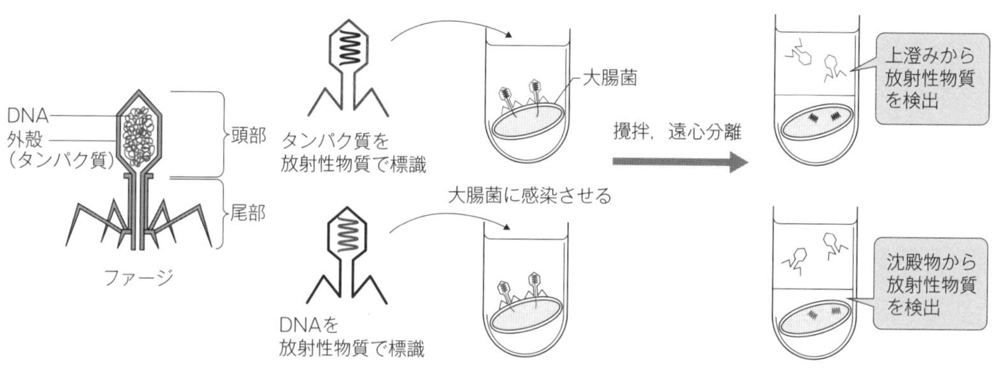

●ファージの増殖

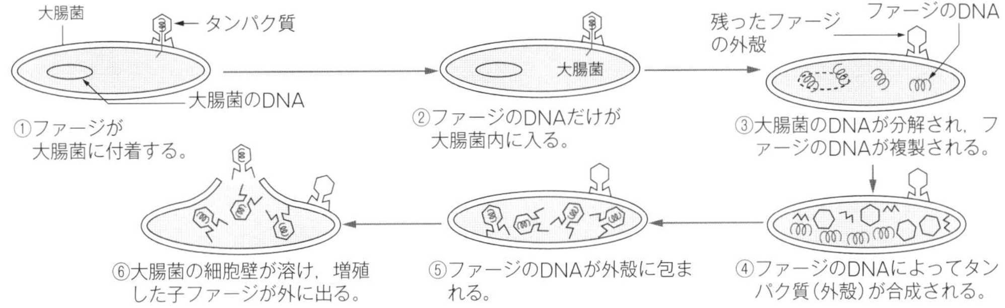

▶2 DNA の構造

DNA（デオキシリボ核酸）と **RNA**（リボ核酸）は，どちらも**糖・塩基・リン酸**からなる**ヌクレオチド**が多数結合した高分子化合物である。

(1) **DNA 分子の構成**　DNA のヌクレオチドを構成する糖は**デオキシリボース**であり，塩基には**アデニン**(A)，**チミン**(T)，**グアニン**(G)，**シトシン**(C)の 4 種類がある。

(2) **シャルガフの規則（1951 年）**　シャルガフは，DNA の塩基組成は生物種によって異なるが，A と T，G と C の比率はすべての生物で 1 : 1 になるという規則性を見出した。

(3) **二重らせん構造（1953 年）**　ワトソンとクリックは，DNA は向かい合った 2 本のヌクレオチド鎖からなり，互いの塩基の部分で弱く結合して，らせん状にねじれた構造をしていることを提唱した。この構造を**二重らせん構造**という。向かい合った 2 本の鎖には，A と T，G と C でしか結合できない**相補性**があり，結合した塩基どうしを**塩基対**という。ヌクレオチド鎖の 4 種類の塩基の並び方（**塩基配列**）に**遺伝情報**としての意味がある。

●DNA のヌクレオチド

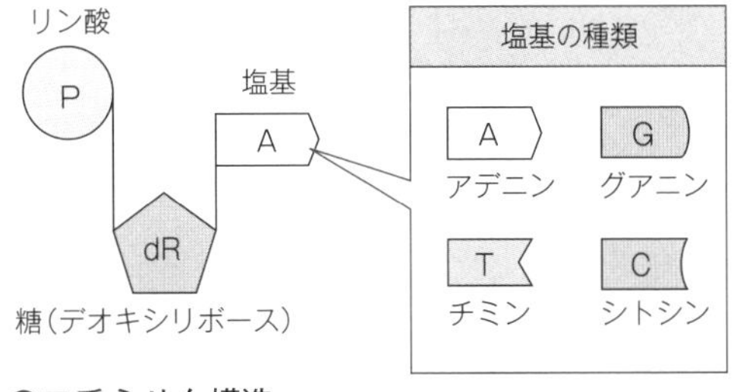

●二重らせん構造

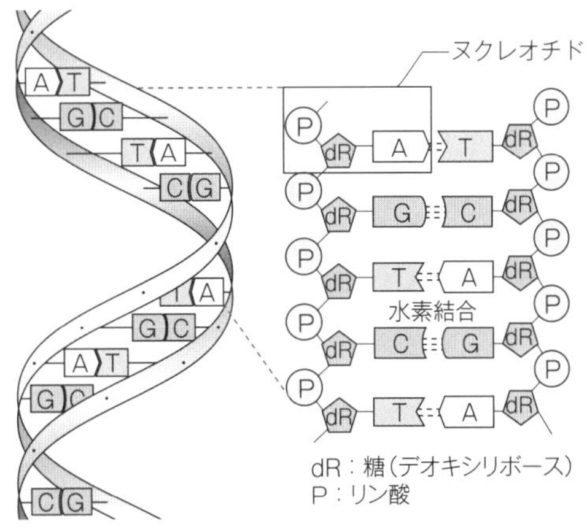

▶3 遺伝子とゲノム

(1) **染色体**　真核生物では，DNA は**染色体**に含まれ，通常 1 個の体細胞には大きさや形が同じ染色体が 2 本ずつある。この対になる染色体は**相同染色体**と呼ばれ，ヒトでは 23 対ある。

(2) **ゲノム**　生物の生命活動に必要な最小限の 1 組の染色体に含まれる DNA の全情報を**ゲノム**という。有性生殖によって子を作る生物では，配偶子がもつ 1 組の染色体の情報に相当する。ヒトの体細胞は 23 種類 × 2 本の染色体をもつので，2 組のゲノムをもつことになる。

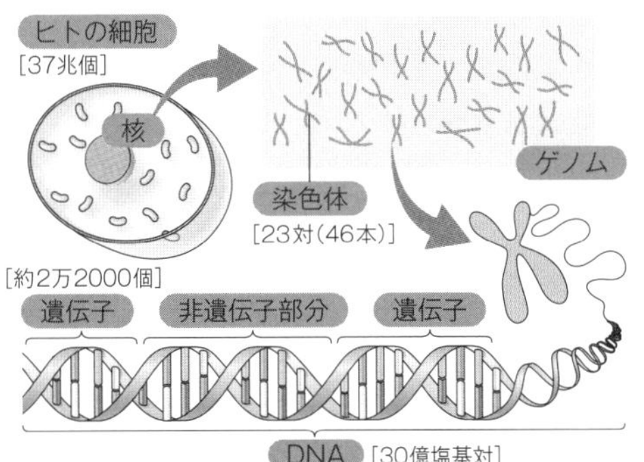

要点Check

2章　遺伝子とその働き

正誤 Check

次の各文のそれぞれの下線部について，正しい場合は○を，誤っている場合には正しい語句を記せ。

1 遺伝子は細胞内の染色体にある。

2 染色体は ア RNA と イ タンパク質からなる。

3 肺炎双球菌には，鞘(カプセル，莢膜)をもつ ア 非病原性の イ R型菌と，鞘をもたない ウ 病原性の エ S型菌がある。

4 ア ミーシャーは煮沸殺菌したS型菌と生きたR型菌とを混ぜてネズミに注射すると，イ R型菌がS型菌に変化することを発見した。このような現象は ウ 突然変異と呼ばれる。

5 ア グリフィスらは，肺炎双球菌を用いた実験により形質転換を引き起こす原因物質が イ DNA であることを明らかにした。

6 ア ワトソンと イ チェイスは，大腸菌に感染するウイルスを用いた巧妙な実験により，遺伝子の本体が ウ DNA ではなく，エ タンパク質であることを証明した。

7 DNA と RNA は，いずれもアデノシンと呼ばれる構成単位が連なった鎖状分子である。

8 ヌクレオチドは，糖，リン酸，塩基からなる。

9 DNA を構成する糖は ア リボースであり，DNA を構成する塩基はアデニン，イ チミン，ウ グアニン，エ ウラシルである。

10 チミンと相補的に結合する塩基はシトシンである。

11 体細胞の核の DNA で，塩基の 29 %がグアニンであった場合，シトシンは 21 %である。

12 DNA は ア 2本鎖の イ らせん構造である。

13 DNA の一方の鎖の塩基配列が決定されると，もう一方の鎖の塩基配列が決まる。

14 DNA の2本鎖のらせんは，ヌクレオチド 10 対ごとに1回転する。

15 染色体の数，形および大きさは，生物の種類に関係なく一定である。

16 ヒトは ア 相対染色体を イ 46 対もち，女性の場合それぞれ対となる染色体は ウ 大きさも形も同じである。

17 生殖細胞に含まれる DNA すべての遺伝情報をゲノムという。

18 ヒトゲノムを構成する DNA の大部分は，遺伝子として働いている。

19 真核細胞のゲノムには，ミトコンドリアや葉緑体がもつ DNA も含まれる。

20 ヒトゲノム計画により ア 約 30 億塩基対の塩基配列が解読され，ヒトの全遺伝子数はおよそ イ 222,000 と判明した。

---

1 ○
2 ア ×→ DNA　イ ○
3 ア ×→病原性　イ ×→ S 型菌　ウ ×→非病原性　エ ×→ R 型菌
4 ア ×→グリフィス　イ ○　ウ ×→形質転換
5 ア ×→エイブリー　イ ○
6 ア ×→ハーシー　イ ○　ウ ×→タンパク質　エ ×→ DNA
7 ×→ヌクレオチド
8 ○
9 ア ×→デオキシリボース　イ ○　ウ ○　エ ×→シトシン
10 ×→アデニン
11 ×→ 29%
12 ア ○　イ ○
13 ○
14 ○
15 ×→ごとに
16 ア ×→相同染色体　イ ×→ 23　ウ ○
17 ○
18 ×→一部分が
19 ○
20 ア ○　イ ×→ 22,000

26 [DNAの抽出] DNAやRNAに関する次の**実験**を読み，下の問いに答えよ。

実験 ウシの肝臓を用いて，以下の手順でDNAの抽出実験を行った。

① 凍らせたウシの肝臓をすり下ろし，乳鉢に入れる。
② 乳鉢に a 中性洗剤を加え，すり下ろした肝臓をさらにすりつぶす。
③ 4枚重ねのガーゼでろ過し，ろ液をよく冷やす。
④ 12%の b [ア] を加えて軽く混ぜる。
⑤ ビーカーに移し，100℃で5分間煮沸する。
⑥ 試料をろ紙とろうとを用いてろ過する。
⑦ ろ液に冷却した [イ] を静かに加え，ガラス棒で静かにかき混ぜ， c [ウ] 状のDNAを巻き取る。

(1) 文中の [ア] ・ [イ] に入る語として最も適当なものを，次の①〜⑥のうちから，それぞれ一つずつ選べ。
① 塩酸　② 酢酸　③ エタノール
④ 食塩水　⑤ 蒸留水　⑥ スクロース溶液

(2) 下線部 a で中性洗剤を用いる理由と下線部 b で [ア] を用いる理由を，次の①〜④のうちからそれぞれ一つずつ選べ。
① 細胞内の酵素の働きをおさえるため。
② DNAを溶液に溶かすため。
③ 細胞膜と核膜を破壊し，DNAを抽出しやすくするため。
④ RNAを除去するため。

(3) [ウ] に入る語は何か。最も適当なものを次の①〜⑤のうちから一つ選べ。
① 糸　② 顆粒　③ 球　④ シート　⑤ 粒子

(4) 下線部 c で，抽出されたDNAをガラス棒で巻き取ることができた。一方，RNAの抽出実験を行ったところ，抽出されたRNAをガラス棒で巻き取ることはほとんどできなかった。その理由として最も適当なものを，次の①〜⑦のうちから一つ選べ。
① DNAにはガラスに付着する性質があるが，RNAにはガラスに付着する性質がないため。
② RNAにはガラスに付着する性質があるが，DNAにはガラスに付着する性質がないため。
③ DNAは水平方向に浮遊するが，RNAは垂直方向に浮遊するため。
④ RNAはDNAに比べてとても短いため。
⑤ DNAはRNAに比べてとても短いため。
⑥ DNAは分解しやすいが，RNAは分解しにくいため。
⑦ RNAは分解しやすいが，DNAは分解しにくいため。

(5) DNAを抽出するための材料として**適当でないもの**を，次の①〜⑦のうちから一つ選べ。
① ニワトリの卵白　② タマネギの根　③ アスパラガスの若い茎
④ バナナの果実　⑤ ブロッコリーの花芽　⑥ サケの精巣
⑦ ブタの肝臓

(2011 東京慈恵医大改，2015 センター改)

27 ［形質転換］ 次の文章を読み，下の問いに答えよ。

メンデルによるエンドウの交配実験から，遺伝する形質のもととなる要素(遺伝子)の存在が示唆され，遺伝子の本体を調べるための多くの実験が行われた。［ア］には病原性のあるS型菌❶と病原性のないR型菌❷とがある。グリフィス❸は生きたR型菌と加熱殺菌したS型菌とを混合してネズミに注射すると，ネズミは発病し，発病したネズミからS型菌がみつかったことから，［イ］と呼ばれる現象を見出した。エイブリーら❹はS型菌の抽出液をR型菌に加えて培養すると［イ］が起こってS型菌が生じること，さらにS型菌の抽出液を［ウ］分解酵素で処理した場合，［イ］が起こらないことを観察し，［エ］が遺伝子の本体であることを示唆した。

❶❷ p.28 要点Check▶1 p.30 正誤Check 3

❸❹ p.28 要点Check▶1 p.30 正誤Check 4, 5

(1) 文中の**ア**～**エ**に適語を入れよ。ただし，同じ語を入れてもよい。

(2) 空欄**イ**に関して，空欄**イ**の定義について述べた文として最も適当なものを，次の①～④のうちから一つ選べ。

① 細菌の非病原性の遺伝子が独自に病原性の遺伝子に変化する現象
② 細菌の病原性の遺伝子が独自に非病原性の遺伝子に変化する現象
③ 外部からの物質によって形質が変化する現象
④ 病原性の細菌のさや(カプセル)が非病原性の細菌に移る現象

(2000 茨城大改，2000 センター改，2019 名古屋学芸大改)

28 ［形質転換］ 次の文章を読み，下の問いに答えよ。

肺炎双球菌❶には病原性のS型菌と非病原性のR型菌があり，病原性のS型菌をマウスに注射するとすべてのマウスは肺炎にかかって死亡するが，R型菌を注射してもマウスは死亡しない。形質転換に関する**実験1～6**について，下の問いに答えよ。ただし，実験では，肺炎以外の要因で死亡したマウスはいないものとする。

❶ p.28 要点Check▶1

実験1：熱処理したS型菌をマウスに注射した。

実験2：熱処理したS型菌と熱処理をしていないR型菌を混ぜてマウスに注射した。

実験3：**実験2**のマウスの血液を調べたところ，すべてのマウスから生きたS型菌が検出された。

実験4：S型菌をすりつぶした抽出液を無処理のまま生きたR型菌と混ぜて寒天培地上にまき培養した。

実験5：S型菌をすりつぶした抽出液をDNA分解酵素で処理し，その後，生きたR型菌と混ぜて寒天培地上にまき培養した。

実験6：S型菌をすりつぶした抽出液をタンパク質分解酵素で処理し，その後，生きたR型菌と混ぜて寒天培地上にまき培養した。

(1) **実験1**の結果として最も適当なものを，次の①～③のうちから一つ選べ。

① マウスはすべて死亡した。　② 死亡したマウスはいなかった。
③ 死亡したマウスと生きているマウスがいた。

(2) **実験4，5，6**の結果として適当なものを，次の①～④のうちからそれぞれ一つずつ選べ。なお，同じ選択肢を何度選んでもよいものとする。

① 寒天培地上のコロニーは，S型菌のみであった。
② 寒天培地上のコロニーは，R型菌のみであった。
③ 寒天培地上にS型菌とR型菌のコロニーができた。
④ 寒天培地上にコロニーはできなかった。

(2019 帝京大改)

29 [ファージの増殖] 次の文章を読み，下の問いに答えよ。

大腸菌に感染するウイルスの一種である T_2 ファージ(バクテリオファージ)❶は，タンパク質の殻と内部の DNA から構成されている。イオウ(S)❷はタンパク質に含まれるが DNA にはなく，リン(P)❸は DNA に含まれるがタンパク質にはない。あらかじめ放射線を放出する ^{35}S と ^{32}P が取り込まれた構成成分をもつ T_2 ファージを用意し，これらを大腸菌に感染させて培養し，子孫の T_2 ファージを得た。

❶ p.28 要点Check▶1 正誤Check 6
❷❸ p.29 要点Check▶1

(1) 得られた子孫について放射能を測定した結果として最も適当なものを，次の①～④のうちから一つ選べ。

① 放射性の ^{35}S だけが検出された。　② 放射性の ^{32}P だけが検出された。
③ 放射性の ^{35}S と ^{32}P が検出された。　④ 放射性物質は検出されなかった。

(2) (1)の理由として最も適当なものを，次の①～④のうちから一つ選べ。

① 子孫の T_2 ファージへ引き継がれるのは，タンパク質であるから。
② 子孫の T_2 ファージへ引き継がれるのは，タンパク質と DNA であるから。
③ 子孫の T_2 ファージへ引き継がれるのは，DNA であるから。
④ 子孫の T_2 ファージへは，タンパク質も DNA も引き継がれないから。

30 [DNAの構造] 次の文章を読み，下の問いに答えよ。

DNA や ア❶ を構成する単位を イ と呼び，ウ と エ と塩基からなっている。DNA の❷ ウ には オ が用いられており，名前の由来になっている。DNA はワトソンとクリック❸が提唱した カ 構造をしており，ウ と エ の骨格部分が外側に，塩基の部分が内側に位置し，ねじれたはしごのようになっている。相対する塩基は水素結合という弱い結合をしている。アデニン❹は キ ，シトシン❺は ク と結合し，この結合は一方が決まると他方も決まるので ケ な塩基対❻といわれている。カ 構造の DNA はアデニンと キ ，シトシンと ク の比率が 1：1 となる。これを コ の規則という。

❶❷ p.29 要点Check▶2 p.30 正誤Check 7, 8, 9
❸ p.29 要点Check▶2
❹❺❻ p.29 要点Check▶2 p.30 正誤Check 9, 10, 12, 13

(1) DNA の正式名称を 8 字で答えよ。
(2) 文中の**ア～コ**に適語を入れよ。
(3) 空欄**カ**の構造と空欄**コ**の規則の発見時期はどちらが早いか，記号で答えよ。

(2002 奈良医大改)

31 [遺伝子とゲノム] 次の文中の**ア～カ**に適語を入れよ。

ヒトの 1 体細胞核中の DNA の総延長❶は約 ア m もあり，ヒストンというタンパク質に巻き付いて染色体❷を形成している。染色体は核内に広がっているが，イ のときには太く短くなり観察しやすくなる。イ のときの染色体の形や大きさは生物ごとに決まっており，ヒトの体細胞では 46 本ある。46 本のうち，同じ形と大きさをもつ染色体が 2 本ずつあり，これを ウ という。一方，ヒトの卵や精子に含まれる染色体は 23 本ある。これらの細胞に含まれる染色体，またはそれらの染色体に含まれる全遺伝情報を エ という。ヒトでは オ 億対の塩基配列が解読され，約 カ 個の遺伝子がみつかっている。

❶ p.29 要点Check▶3 p.30 正誤Check 14
❷ p.29 要点Check▶3 p.30 正誤Check 1, 2, 15, 16

■ 演習問題

32 ［形質転換］ 次の文章を読み，下の問いに答えよ。

肺炎双球菌には，炭水化物の鞘（カプセル）をもつ病原性のＳ型菌と，鞘をもたない非病原性のＲ型菌とがある。この２種類の肺炎双球菌をネズミに注射して，発病のようすを調べた。

<u>煮沸して殺したＳ型菌と生きたＲ型菌を混ぜてネズミに注射すると，ネズミは肺炎にかかって死亡し，その体内から生きたＳ型菌がみつかった。一方，Ｒ型菌はみつからなかった。</u>

問１ 下線部の実験から「煮沸したＳ型菌から生きたＲ型菌に物質が移り，Ｒ型菌の形質をＳ型菌の形質に変化（形質転換）させたことを示している」という結論に到達するためには，下線部の実験の他に対照実験が必要である。対照実験では次のｐ・ｑのことを証明しなければならない。ｐ・ｑはそれぞれ次に記述した(あ)～(う)の実験のうちどの実験によって証明できるか。最も適当な組合せを，下の①～⑥のうちから一つ選べ。

ｐ：煮沸して殺したＳ型菌は生き返らない。　　ｑ：Ｒ型菌は単独ではＳ型菌に変わらない。

(あ)：Ｒ型菌をネズミに注射すると，ネズミは肺炎にかからず，その体内からは肺炎双球菌はみつからなかった。

(い)：Ｓ型菌をネズミに注射すると，ネズミは肺炎にかかって死亡し，その体内から生きたＳ型菌がみつかった。

(う)：煮沸して殺したＳ型菌をネズミに注射すると，ネズミは肺炎にかからず，その体内からは肺炎双球菌はみつからなかった。

	ｐ	ｑ		ｐ	ｑ		ｐ	ｑ
①	(あ)	(い)	②	(い)	(あ)	③	(あ)	(う)
④	(う)	(あ)	⑤	(い)	(う)	⑥	(う)	(い)

問２ 下線部に関して，煮沸して殺したＳ型菌と生きたＲ型菌を混ぜてペトリ皿の培地上で培養すると，Ｒ型菌に混じってＳ型菌がみつかる。下線部でＲ型菌がみつからなかった理由として最も適当なものを，次の①～④のうちから一つ選べ。

① Ｒ型菌はネズミの白血球により攻撃されて死滅したから。
② Ｒ型菌はＳ型菌の作用により死滅したから。
③ Ｒ型菌はネズミの腎臓によって排出されたから。
④ Ｒ型菌はネズミの血小板によって凝固されて死滅したから。

問３ Ｓ型菌をすりつぶして抽出液（炭水化物，RNA，DNA，タンパク質を含む）を次の(え)～(き)のように酵素処理して実験した。結果として「ネズミは肺炎にかかって死亡し，その体内から生きたＳ型菌がみつかる」実験を過不足なく含む組合せとして最も適当なものを，下の①～⑨のうちから一つ選べ。

(え)：Ｓ型菌をすりつぶして抽出液を作り，その抽出液を炭水化物分解酵素で処理をしてから生きたＲ型菌と混ぜてネズミに注射した。

(お)：Ｓ型菌をすりつぶして抽出液を作り，その抽出液をRNA分解酵素で処理をしてから生きたＲ型菌と混ぜてネズミに注射した。

(か)：Ｓ型菌をすりつぶして抽出液を作り，その抽出液をDNA分解酵素で処理をしてから生きたＲ型菌と混ぜてネズミに注射した。

(き)：Ｓ型菌をすりつぶして抽出液を作り，その抽出液をタンパク質分解酵素で処理をしてから生きたＲ型菌と混ぜてネズミに注射した。

① (え)　② (お)　③ (か)　④ (え)・(お)　⑤ (お)・(き)　⑥ (か)・(き)
⑦ (え)・(お)・(か)　⑧ (え)・(お)・(き)　⑨ (お)・(か)・(き)

（2017 愛知淑徳大改）

33 ［遺伝子の本体］ ハーシーとチェイスの実験に関する次の文章を読み，下の問いに答えよ。

彼らは，T_2 ファージを用いて次の**実験 1，2** を行い，ファージのタンパク質と DNA がファージの増殖に果たす役割を明らかにした。

実験 1 放射性同位体である ^{32}P あるいは ^{35}S で標識されたファージをそれぞれ大腸菌と混ぜた。そのあと，強く撹拌したものと全く撹拌しないものを作り，それらを遠心分離により上ずみと沈殿に分けた。そして，それぞれの上ずみと沈殿の放射性同位体量（放射能）を測定した。測定結果を，それぞれ最初に加えた標識ファージの放射能に対する上ずみの放射能の割合で示したのが次の表である。

撹拌時間［分］	上ずみの放射能の割合［%］	
	^{32}P で標識されたファージを加えたとき	^{35}S で標識されたファージを加えたとき
0	10	16
2.5	ア	イ

実験 2 ^{32}P あるいは ^{35}S で標識されたファージをそれぞれ大腸菌と混ぜた。そのあとそのまま培養を続け，培地中に現れた子孫ファージを回収した。そして子孫ファージの放射能を測定した。その結果，^{32}P で標識されたファージを加えた場合は，最初の放射能のうち約 30 %が子孫ファージで観測されたが，^{35}S で標識されたファージを加えた場合はほとんど観測されなかった。

このような実験結果をふまえ彼らは，ファージの［ウ］は大腸菌の表面にとどまり大腸菌内での子孫ファージの成長に何の役割も果たしておらず，大腸菌内に注入される［エ］こそが大腸菌内での子孫ファージの成長に何らかの役割を果たしていると結論づけた。

問 1 **実験 1** の遠心分離で沈殿するものは何か。最も適当なものを，次の①～⑤のうちから一つ選べ。

① 大腸菌　② ファージ　③ 大腸菌とそれに付着したファージ
④ 大腸菌に付着しなかったファージ　⑤ ファージの殻

問 2 **実験 1** の撹拌操作で起こることは何か。最も適当なものを，次の①～⑤のうちから一つ選べ。

① 大腸菌の細胞膜と細胞壁の破壊　② ファージとファージの殻の大腸菌からの分離
③ ファージの殻の破壊　④ ファージとファージの殻の大腸菌への付着
⑤ ファージ DNA の大腸菌内への注入

問 3 **実験 1** の撹拌時間 0 の結果の解釈として最も適当なものを，次の①～④のうちから一つ選べ。

① 加えたファージの 80 %以上が大腸菌に付着したこと
② 加えたファージの 20 %未満が大腸菌に付着したこと
③ 加えたファージの 20 %未満の DNA が大腸菌内に入ったこと
④ 加えたファージの 20 %未満の殻が大腸菌内に入ったこと

問 4 **実験 1** の撹拌時間 2.5 分の空欄**ア**，**イ**に入る数字の組合せとして最も適当なものを，次の①～④のうちから一つ選べ。

① **ア**：21，**イ**：21　② **ア**：21，**イ**：81　③ **ア**：81，**イ**：21　④ **ア**：81，**イ**：81

問 5 **実験 2** の結果が T_2 ファージの増殖について示唆することは何か。次の①～⑤のうちから正しいものをすべて選べ。

① 親ファージの殻は子孫ファージの一部となる。
② 親ファージの殻は子孫ファージには受け継がれない。
③ 親ファージの DNA を受け継ぐ子孫ファージが存在する。
④ 親ファージの DNA は子孫ファージには受け継がれない。
⑤ 親ファージの殻と DNA は全く分離しない。

問 6 彼らのこの実験の結論について，文中の**ウ**，**エ**に適語を入れよ。

（2015 大阪府立大改）

34 ［DNAの構造］ 次の文章を読み，下の問いに答えよ。

遺伝子の本体であるDNAは通常，二重らせん構造をとっている。しかし，例外的ではあるが，1本鎖の構造をもつDNAも存在する。表は，いろいろな生物材料のDNAを解析し，構成要素(構成単位)であるA，G，C，Tの数の割合(%)と核1個あたりの平均のDNA量を比較したものである。

生物材料	DNA中の各構成要素の数の割合(%)				核1個あたりの平均のDNA量
	A	G	C	T	($\times 10^{-12}$g)
ア	26.6	23.1	22.9	27.4	95.1
イ	27.3	22.7	22.8	27.2	34.7
ウ	28.9	21.0	21.1	29.0	6.4
エ	28.7	22.1	22.0	27.2	3.3
オ	32.8	17.7	17.3	32.2	1.8
カ	29.7	20.8	20.4	29.1	−
キ	31.3	18.5	17.3	32.9	−
ク	24.4	24.7	18.4	32.5	−
ケ	24.7	26.0	25.7	23.6	−
コ	15.1	34.9	35.4	14.6	−

−：データなし

問1 解析した10種類の生物材料(**ア**～**コ**)の中に，1本鎖のDNAをもつものが一つ含まれている。最も適当なものを，次の①～⑩のうちから一つ選べ。

① **ア**　② **イ**　③ **ウ**　④ **エ**　⑤ **オ**
⑥ **カ**　⑦ **キ**　⑧ **ク**　⑨ **ケ**　⑩ **コ**

問2 核1個あたりのDNA量が記載されている生物材料(**ア**～**オ**)の中に，同じ生物の肝臓に由来したものと精子に由来したものがそれぞれ一つずつ含まれている。この生物の精子に由来したものとして最も適当なものを，次の①～⑤のうちから一つ選べ。

① **ア**　② **イ**　③ **ウ**　④ **エ**　⑤ **オ**

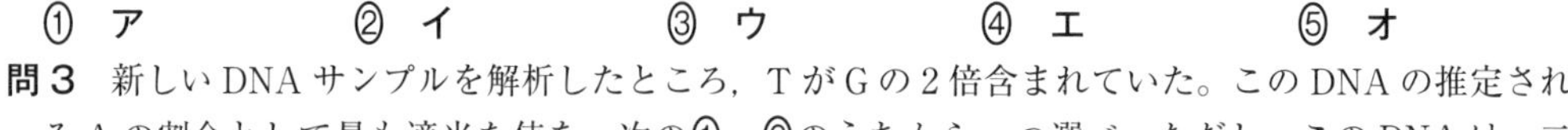

問3 新しいDNAサンプルを解析したところ，TがGの2倍含まれていた。このDNAの推定されるAの割合として最も適当な値を，次の①～⑥のうちから一つ選べ。ただし，このDNAは，二重らせん構造をとっている。

① 16.7%　② 20.1%　③ 25.0%　④ 33.4%　⑤ 38.6%　⑥ 40.2%

問4 DNAの塩基組成をA，C，G，Tで表すとき，すべての生物でほぼ等しくなるものを，次の①～⑧のうちからすべて選べ。

① A ÷ T　② T ÷ C　③ A ÷ G　④ G ÷ C
⑤ (A + T) ÷ (G + C)　⑥ (G + C) ÷ (A + T)　⑦ (A + G) ÷ (T + C)　⑧ (A + C) ÷ (G + T)

問5 次の(1)～(3)に入る人物名として最も適当なものを，下の①～⑦のうちから一つ選べ。

DNAの二重らせん構造は，(　1　)がX線回折で得たデータと，(　2　)がいろいろな生物のDNAの塩基組成を分析した結果をもとに(　3　)がモデルを発表した。

① ウィルキンスとフランクリン　② メンデル　③ シャルガフとクリック
④ ワトソンとクリック　⑤ シャルガフ　⑥ ワトソンとフランクリン
⑦ ワトソンとウィルキンス

(2009センター改，2019天使大改)

35 **[DNAの大きさ]** DNA の二重らせんは 10 塩基対(3.4nm)で 1 回転する。また，1g の DNA は 2.0×10^{21} 個の塩基を含んでいる。ある生物の体細胞中の 1 個の核に含まれる DNA 量は 6.4×10^{-12}g である。これらの値をもとに，次の問いに答えよ。

問 1 ある生物の体細胞中の 1 個の核に含まれる DNA の総回転数として最も適当なものを，次の①～⑥のうちから一つ選べ。

① 3 億　② 6 億　③ 13 億　④ 32 億　⑤ 64 億　⑥ 128 億

問 2 ある生物の体細胞中の 1 個の核に含まれる全 DNA の長さとして最も適当なものを，次の①～⑫のうちから一つ選べ。

① 1.1mm　② 2.2mm　③ 4.4mm　④ 1.1cm　⑤ 2.2cm　⑥ 4.4cm
⑦ 1.1m　⑧ 2.2m　⑨ 4.4m　⑩ 10.9m　⑪ 21.8m　⑫ 43.5m

問 3 ある生物の体細胞中の 1 個の核に含まれるタンパク質のアミノ酸配列を指定する部分(以後，翻訳領域と呼ぶ)が DNA の塩基配列全体の 1.5% のとき，翻訳領域の長さ(塩基対)の全体として最も適当なものを，次の①～④のうちから一つ選べ。

① 96 万塩基対　② 960 万塩基対　③ 9,600 万塩基対　④ 9 億 6,000 万塩基対

36 **[ゲノムと遺伝情報]** 次の文章を読み，下の問いに答えよ。

DNA の塩基配列の上では，ゲノムは「遺伝子として働く部分」と「遺伝子として働かない部分」とからなっている。ヒトの場合，ゲノムは約 30 億塩基対からなり，タンパク質のアミノ酸配列を指定する部分(以後，翻訳領域と呼ぶ)は，ゲノム全体のわずか 1.5 %程度と推定されているので，ヒトのゲノムの中の個々の遺伝子の翻訳領域の長さは，平均して約 [ア] 塩基対だと考えられている。また，ゲノム中では平均して約 [イ] 塩基対ごとに一つの遺伝子(翻訳領域)があることになり，ゲノム上では遺伝子として働く部分は飛び飛びにしか存在していないことになる。

問 1 下線部に関連して，この中に遺伝子はおよそいくつあるとされているか。最も適当なものを，次の①～⑤のうちから一つ選べ。

① 2,200　② 4,400　③ 22,000　④ 44,000　⑤ 220,000

問 2 下線部に関する記述として最も適当なものを，次の①～⑤のうちから一つ選べ。

① 個々人のゲノムの塩基配列は同一である。
② ゲノムの遺伝情報は，分裂期の前期に 2 倍になる。
③ 受精卵と分化した細胞とでは，ゲノムの塩基配列が著しく異なる。
④ ハエのだ腺染色体は，ゲノムの全遺伝子を活発に転写して膨らみ，パフを形成する。
⑤ 神経の細胞と肝臓の細胞とで，ゲノムから発現される遺伝子の種類は大きく異なる。

問 3 文中の**ア**に入る数値として最も適当なものを，次の①～⑤のうちから一つ選べ。

① 2,000　② 4,000　③ 20,000　④ 40,000　⑤ 200,000

問 4 文中の**イ**に入る数値として最も適当なものを，次の①～⑥のうちから一つ選べ。

① 3 万　② 15 万　③ 30 万　④ 150 万　⑤ 300 万　⑥ 1,500 万

問 5 ヒトのゲノムに含まれている DNA の長さは約 90cm である。1 本の染色体に含まれる DNA の平均の長さは約何 cm になるか。最も適当なものを，次の①～⑦のうちから一つ選べ。ただし，各染色体の DNA の長さはすべて同長として考えよ。

① 2.0cm　② 3.9cm　③ 5.4cm　④ 7.8cm　⑤ 9.0cm
⑥ 12.4cm　⑦ 15.8cm

(2015 センター改)

2 節 DNAの複製と分配

▶1 体細胞分裂　核が二分する**核分裂**から細胞質が二分する**細胞質分裂**を経て，1個の**母細胞**が2個(またはそれ以上)の**娘細胞**になる現象を**細胞分裂**という。細胞分裂には，からだを作る細胞(体細胞)が増殖するときの**体細胞分裂**と，生殖細胞(卵や精子など)が形成されるときの減数分裂がある。体細胞分裂の過程には，核分裂が行われる**分裂期**(M期)と核分裂が行われていない**間期**がある。

●細胞周期

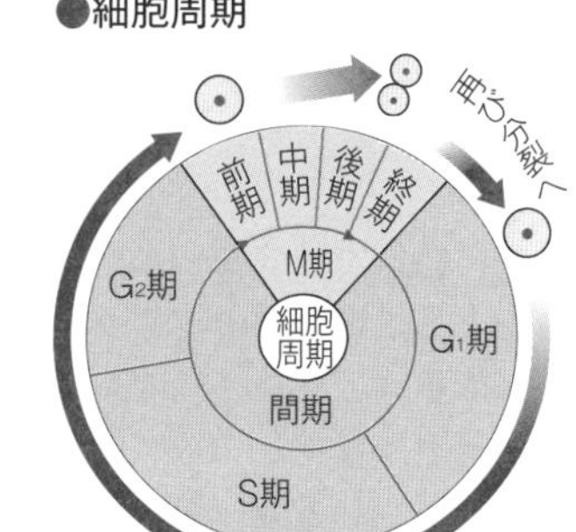

▶2 細胞周期　分裂期と間期の繰り返しを**細胞周期**といい，その長さは生物，細胞の種類によって異なる。間期は3つの時期に分けられる。まず，**G_1期**(DNA合成準備期)に複製の準備が行われ，続いて，次の**S期**(DNA合成期)にDNAが複製される。その後，**G_2期**(分裂準備期)を経て，**分裂期**(**M期**)に入る。分裂期の長さは，間期に比べて非常に短い。

● **DNA量の変化**　細胞1個あたりのDNA量は，S期(DNA合成期)にゆっくりと2倍に増加する。その後，分裂期の終期に2つの娘細胞に均等に分配され，もとの母細胞と同じDNA量となる。

時期		植物細胞	動物細胞	状態の変化	細胞1個あたりのDNA量
間期		核膜	核膜	G_1期(DNA合成準備期)，S期(DNA合成期)，G_2期(分裂準備期)に分けられる。S期に**DNAが複製**され，染色体が倍加する。	0 2 4 G_1 S G_2
分裂期(M期)	前期	染色体	染色体	細長い糸状の染色体が現れ，しだいに太く短くなり，縦に裂け目ができる。核膜が消失する。	
	中期	赤道面	赤道面	染色体が**赤道面**(細胞の中央の面)に並ぶ。	
	後期			染色体が縦の裂け目で分離し，**両極**に移動する。	
	終期	娘核 細胞板	娘核 くびれ	染色体がもとの状態に戻り娘核ができる。動物細胞では細胞膜にくびれが生じ，植物細胞では細胞板が形成されて，細胞質分裂が起こる。	
間期		娘細胞	娘細胞	細胞質分裂が完了し，母細胞と染色体数が同じ2個の**娘細胞**ができる。	G_1 0 2 4

▶3 DNA の複製

DNA は，**半保存的複製**と呼ばれる複製様式によって複製される。

① DNA の一部で 2 本鎖の塩基の間の結合が切れ，部分的に 1 本ずつのヌクレオチド鎖に分かれる。

②次に，それぞれの鎖の各塩基に相補的な塩基をもつヌクレオチドが結合する。

③その後，隣り合うヌクレオチドのリン酸と糖が結合して新しいヌクレオチド鎖が合成される。複製後の DNA の2本鎖のうち，一方はもとのヌクレオチド鎖，もう一方は新しいヌクレオチド鎖となる。

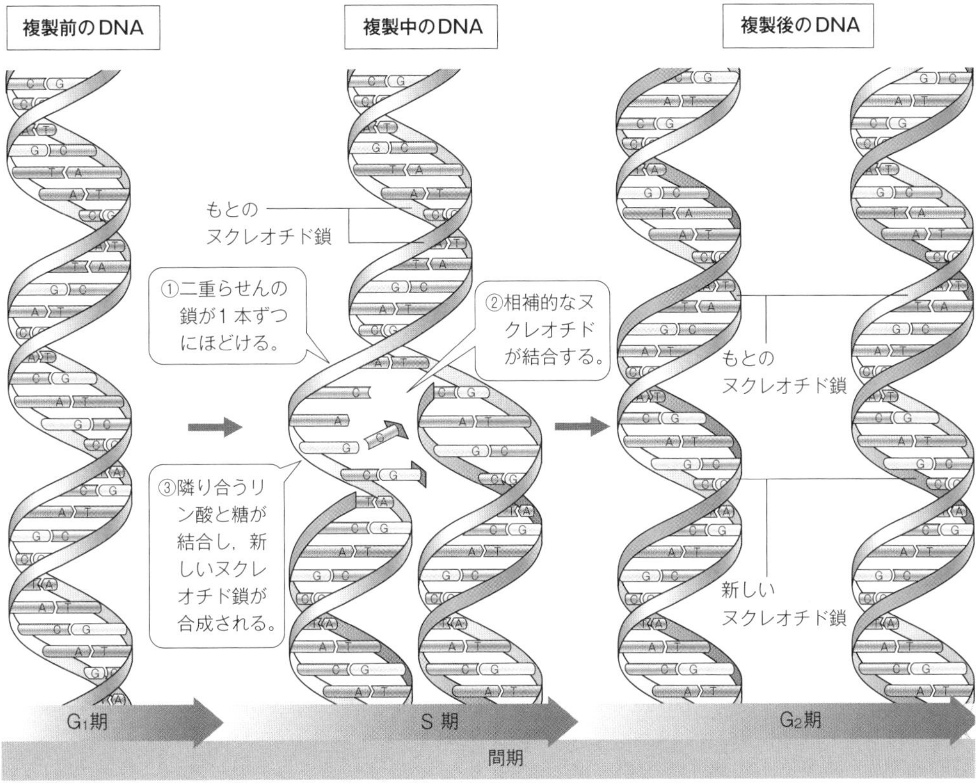

複製前のDNA

複製中のDNA

複製後のDNA

もとの
ヌクレオチド鎖

①二重らせんの
鎖が1本ずつ
にほどける。

②相補的なヌ
クレオチド
が結合する。

③隣り合うリ
ン酸と糖が
結合し，新
しいヌクレ
オチド鎖が
合成される。

もとの
ヌクレオチド鎖

新しい
ヌクレオチド鎖

G_1期

S 期

G_2期

間期

●**半保存的複製の証明** DNA が半保存的に複製されることは，1958 年にメセルソンとスタールが行った実験によって証明された。

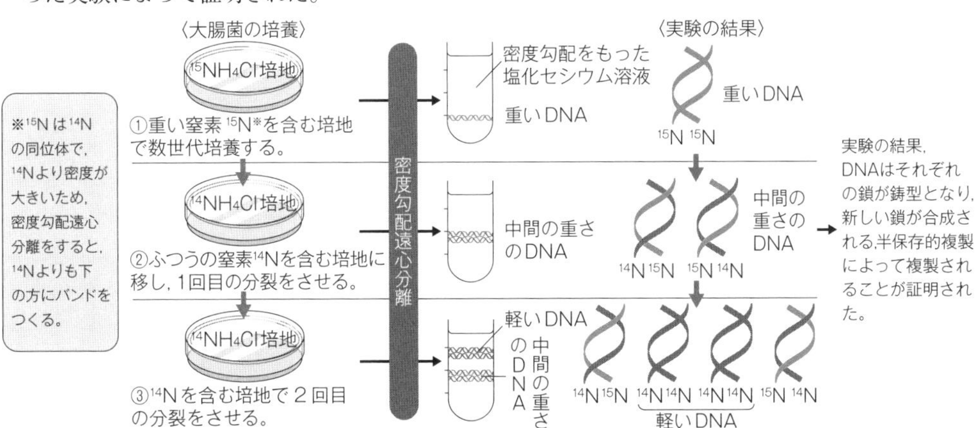

正 誤 Check

次の各文のそれぞれの下線部について，正しい場合は○を，誤っている場合には正しい語句を記せ。

1 多細胞生物の細胞分裂は，体細胞が増殖する ア体細胞分裂 と，生殖細胞が形成される イ減数分裂 に分けられる。	1 ア○ イ○
2 体細胞分裂の前後で，細胞１個あたりの DNA 量は変化する。	2 ×→しない
3 細胞分裂が行われる期間を ア分裂期，細胞分裂が終了してから次の細胞分裂が始まるまでの期間を イ分裂準備期 という。	3 ア○ イ ×→間期
4 体細胞分裂の分裂期は，前期，ア間期，イ中期，終期の順に進む。	4 ア ×→中期 イ ×→後期
5 前期の染色体は中期より ア細長い 状態で，光学顕微鏡で観察 イできない。	5 ア○ イ ×→できる
6 中期の染色体は，ア太く短くなって イ両極 に並び，光学顕微鏡で観察 ウできる。	6 ア○ イ ×→赤道面 ウ○
7 後期には，染色体が裂け目から ア２つに分かれ，それぞれ細胞の イ赤道面 へ移動する。	7 ア○ イ ×→両極
8 終期には染色体の形が崩れ，核膜 が再び現れる。	8 ○
9 分裂する前の細胞を ア母細胞，分裂の結果生じる２つ以上の細胞を イ子細胞 という。	9 ア○ イ ×→娘細胞
10 減数分裂では ア母細胞 の DNA 量は イ娘細胞 の DNA 量の半分である。	10 ア ×→娘細胞 イ ×→母細胞
11 植物の体細胞分裂は，根端 が特に盛んである。	11 ○
12 核や染色体は 酢酸オルセイン によく染まる。	12 ○
13 分裂期と間期の繰り返しを ア分裂周期 というが，１周期の中では イ分裂期 のほうが長い。	13 ア ×→細胞周期 イ ×→間期
14 １回の細胞周期にかかる時間は，生物や細胞の種類によって 異なる。	14 ○
15 間期は アS 期，イG_1 期，ウG_2 期 の順に進む。	15 ア ×→ G_1 期 イ ×→ S 期 ウ○
16 DNA 量は G_1 期 に２倍に増加する。	16 ×→ S 期
17 染色体中の DNA は 中期 に複製が完成する。	17 ×→間期
18 ２倍となった DNA 量が均等に分配され，もとの細胞と同じ DNA 量となるのは，後期 の終わりである。	18 ×→終期
19 体細胞は，基本的には受精卵と 異なる DNA をもつ。	19 ×→同じ
20 DNA の２本鎖のそれぞれの鎖が鋳型となり新しい鎖が合成されるしくみを 保存的複製 という。	20 ×→半保存的複製
21 半保存的複製では，二重らせんの鎖が１本ずつにほどけた後，それぞれの鎖に 相対的 な塩基をもつヌクレオチドが結合する。	21 ×→相補的
22 半保存的複製は，アワトソン と イメセルソン が行った実験によって証明された。	22 ア ×→スタール イ○

正誤 Check

標準問題

37 [体細胞分裂] ある植物の体細胞分裂❶の観察像を見て，下の問いに答えよ。

❶ p.38 要点Check▶1 p.40 正誤Check 1, 2, 3, 4, 5, 6, 7, 8

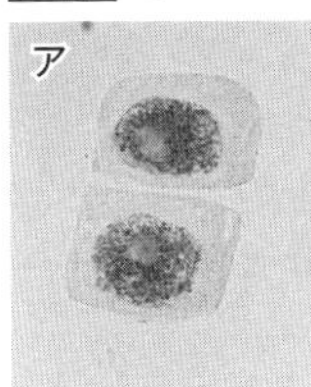

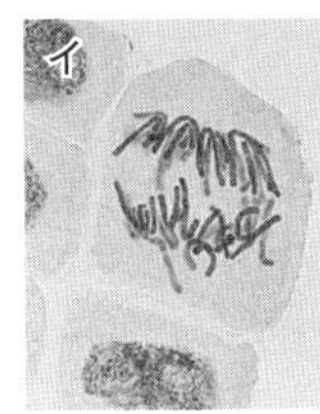

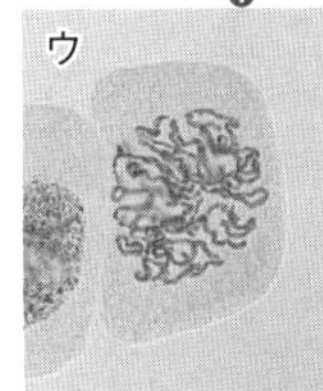

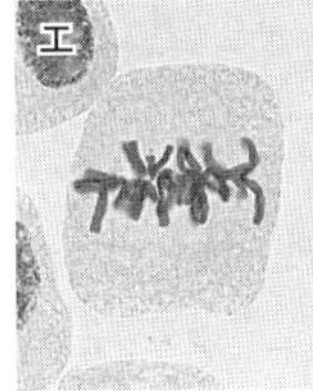

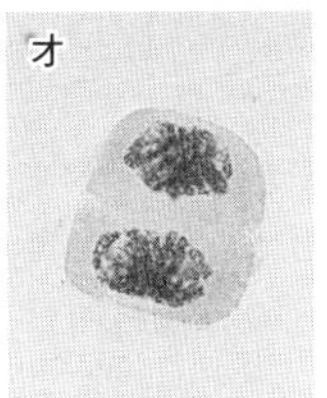

(1) 観察像**ア**～**オ**のそれぞれに該当する時期を次の①～⑤から，現象を次の⑥～⑩から，それぞれ一つずつ選べ。

① 前期　② 中期　③ 間期　④ 終期　⑤ 後期

⑥ 細胞質分裂が起こる。
⑦ 染色体が両極に移動する。
⑧ 染色体が赤道面(細胞の中央の面)に並ぶ。
⑨ DNA の複製が行われる。
⑩ 核膜が消失し染色体が太くはっきりする。

(2) 植物細胞と動物細胞の細胞質分裂における相違点を簡潔に述べよ。

38 [体細胞分裂の観察] 次の文章を読み，下の問いに答えよ。

ソラマメの根を使って，次の**実験 1・2** を行った。

実験 1 ソラマメの根を根端側から 3 mm 切り取り，固定液(エタノールと氷酢酸を体積比 3：1 で混合)に 10 分間浸けたあと，60℃に温めた 3 %の [ア] に 3 分間浸けた。根をスライドガラスの上に置き，濃い赤色をした [イ] を滴下して 5 分間放置した。[ウ] をかけ，上からろ紙をかぶせて，ずれないようにして親指で垂直に押した。ろ紙を取り除き，完成したプレパラートを顕微鏡で観察した。いろいろな状態の細胞が見えたので，代表的と思われる細胞**エ**～**キ**をスケッチした。

実験 2 紡錘糸の形成を妨げる薬品にソラマメの根を 3 時間浸けたあと，**実験 1** と同様の手順でプレパラートを作成し，顕微鏡で観察した。分裂期の細胞**ク**を選び，スケッチした。なお，細胞**ク**は細胞を極側から観察している。

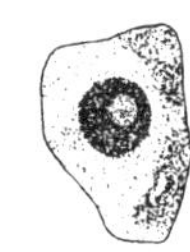

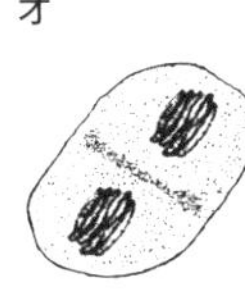

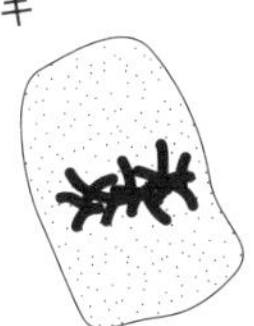

(1) 文中の**ア**～**ウ**に適語を入れよ。

(2) 細胞**エ**～**ク**は，体細胞分裂❶のどの時期に相当するか，それぞれ答えよ。

(3) **実験 1** のスケッチにはある時期の観察像が欠けている。欠けている時期の細胞の細胞壁と染色体の輪郭を模式的に描け。

(4) **実験 1** と**実験 2** で，全細胞数に対する分裂像の割合が高かったのはどちらか。染色体が紡錘糸に引かれて両極に移動することを考慮して答えよ。

(5) ソラマメの染色体数❷は何本か。スケッチから判断して答えよ。

(2004 静岡大改)

❶ p.38 要点Check▶1 p.40 正誤Check 1, 2, 3, 4, 5, 6, 7, 8, 11, 12
❷ p.29 要点Check▶3 p.30 正誤Check 16

39 [体細胞分裂と細胞周期] 次の文章を読み，下の問いに答えよ。

細胞分裂は，[ア]分裂と[イ]分裂から成り立っている。[ア]分裂の過程は，染色体の形や挙動から，[ウ]，[エ]，[オ]，[カ]の4つの時期に分けられる。[ウ]では，核膜が消失する。[エ]では染色体が細胞の[キ]に並ぶ。[カ]に[イ]分裂が起こり，細胞分裂が終了する。分裂期と次の分裂期の間を[ク]という。分裂期と[ク]を合わせて細胞周期❶と呼び，増殖中の細胞ではこれが繰り返される。体細胞の細胞周期は，G_1期，S期，G_2期，M期の4つの時期からなる。

❶ p.38
要点Check▶2
p.40
正誤Check13,
15, 16, 17

(1) 文中の**ア〜ク**に適語を入れよ。

(2) DNAが複製される時期として適当なものを，次の①〜④のうちから一つ選べ。

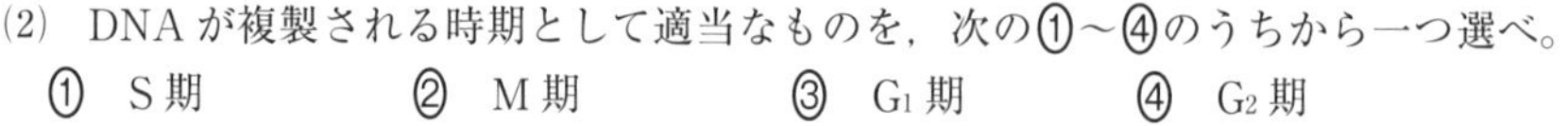
① S期　② M期　③ G_1期　④ G_2期

(3) 細胞分裂が起こる時期として適当なものを，(2)の①〜④のうちから一つ選べ。

(4) 体細胞の細胞周期における各時期の核1個あたりのDNA量を最大値4として，右の図に折れ線グラフで記入せよ。

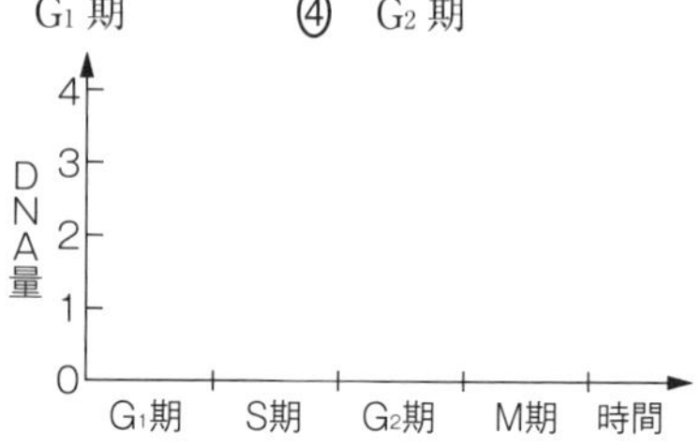

(2004 お茶の水女子大改)

40 [半保存的複製] 次の文章を読み，下の問いに答えよ。

真核細胞の体細胞分裂❶では，間期のDNAは染色体の構成成分として[ア]になって広がっている。細胞分裂が始まると，染色体は[イ]に変化する。分裂中期の染色体は図1のようにみえ，分裂後期の染色体は図2のようにみえる。染色体は，2つの細胞に分配された後，再び[ア]に広がった状態に戻る。

❶ p.38
要点Check▶1

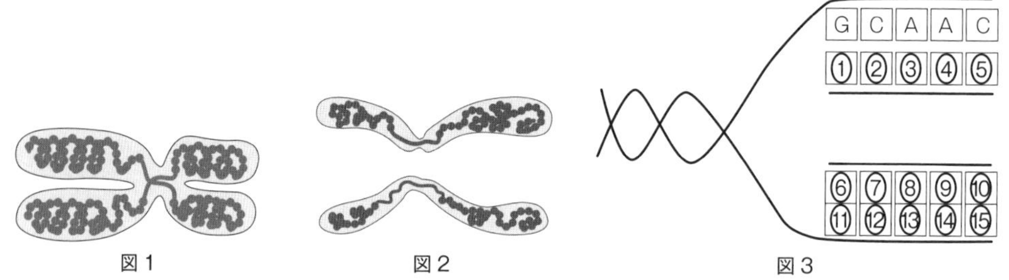

図1　図2　図3

(1) 文中の**ア**，**イ**について，染色体の状態を示す適語を次の①，②から一つずつ選べ。

① 糸状　② 棒状

(2) 図1，図2についての次の文中の**ウ〜カ**に入る数字を答えよ。

図1の染色体は，[ウ]本鎖のDNAが[エ]本含まれており，図2の染色体は，[オ]本鎖のDNAが[カ]本ずつになっている。

(3) 図3はDNAが複製されるようすの模式図である。もとの鎖の一方の塩基配列がGCAACのとき，①〜⑮に対応する塩基を答えよ。なお，①〜⑤，⑥〜⑩は新しく作られる鎖，⑪〜⑮はもとの鎖を示す。

(4) (3)のようなDNAの複製方式を何というか。

41 ［体細胞分裂の観察］ 体細胞分裂に関する次の**実験 1，2** を読み，下の問いに答えよ。

実験 1 ある植物の種子を発根させ，その根を用いて体細胞分裂の様子を観察するためにプレパラートを作成した。ただし，実験操作 a ～ f は順不同に並べてある。

a 根を先端から 1 cm のところで切り取った。
b 60 ℃の 4 %希塩酸の中で 3 ～ 5 分間温めた。
c 酢酸オルセイン溶液を 1 滴たらし，約 5 分間置いた。
d 冷却した 45 %酢酸に 10 分間浸した。
e 水洗後，スライドガラスにのせて先端部から 2 mm を切り残し，ほかの部分は取り除いた。
f カバーガラスをかけてから，ろ紙でおおって上から強く押しつぶし，プレパラートを作成した。

実験 2 **実験 1** のプレパラートを顕微鏡で観察し，分裂期の各時期と間期の細胞についてスケッチを行った（図）。なお，各図の上の数字は，顕微鏡の同一視野内に観察された細胞の数である。

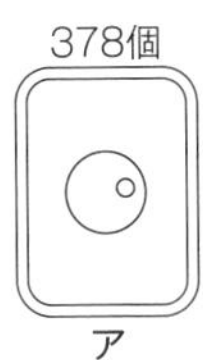

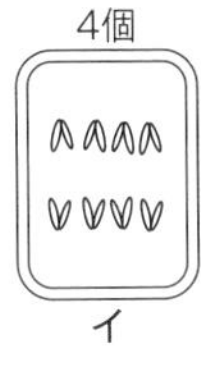

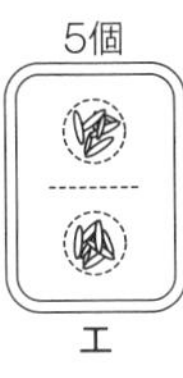

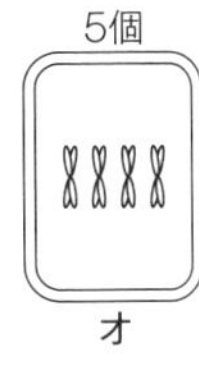

図

問 1 **実験 1** の a ～ f の操作を手順通りに並べるとどのようになるか。正しいものを，次の①～⑫のうちから一つ選べ。

① a → b → c → d → e → f　② a → b → d → c → e → f　③ a → c → b → d → e → f
④ a → c → d → b → e → f　⑤ a → d → b → c → e → f　⑥ a → d → c → b → e → f
⑦ a → b → c → e → d → f　⑧ a → b → d → e → c → f　⑨ a → c → b → e → d → f
⑩ a → c → d → e → b → f　⑪ a → d → b → e → c → f　⑫ a → d → c → e → b → f

問 2 **実験 1** の b の操作を行う理由として最も適当なものを，次の①～④のうちから一つ選べ。

① 細胞を殺菌消毒して，腐敗させないため。
② 細胞どうしの結合をゆるめて，つぶしやすくするため。
③ 細胞内の化学反応を止めて，細胞の状態を一定に保つため。
④ 染色体が色素によって赤色に染色され，観察しやすくなるため。

問 3 **実験 1** の d の操作を行う理由として最も適当なものを，**問 2** の①～④のうちから一つ選べ。

問 4 **実験 1** の e の操作で先端部から 2 mm を観察に用いた理由として最も適当なものを，次の①～⑥のうちから一つ選べ。

① 根の先端部分で最もよく体細胞分裂が行われているから。
② 根毛で最もよく体細胞分裂が行われているから。
③ 先端にこだわる必要はないが，先端が切り取りやすいから。
④ プレパラートの作成には少量のほうが重なる細胞が少なく，観察に適しているから。
⑤ 根の先端部分の細胞は細胞壁が未発達で，観察に適しているから。
⑥ 根の先端部分の細胞では，植物細胞に特徴的な細胞小器官がよく発達しているから。

問 5 この実験に用いた植物の細胞の分裂期の長さが 2 時間で一定であるとしたとき，1 回の分裂に要する時間として最も適当なものを，次の①～⑥のうちから一つ選べ。ただし，分裂は細胞ごとに独立に始まり，進行しているものとする。

① 11 時間　② 21 時間　③ 23 時間　④ 27 時間　⑤ 59 時間　⑥ 92 時間

問6 **問5**と同じ条件であるとき，分裂後期に要する時間として最も適当なものを，次の①～⑥のうちから一つ選べ。

① 1分　② 2分　③ 6分　④ 13分　⑤ 17分　⑥ 73分

（2009 宇都宮大改，2011 愛媛大改）

42 ［細胞周期］ 細胞分裂に関する次の文章を読み，下の問いに答えよ。

細胞は染色体の複製と分裂を周期的に繰り返して増殖しており，この繰り返しを細胞周期という。図1はタマネギの根端細胞の細胞周期を示しており，図中の矢印は細胞周期の進む方向を，矢頭(▽)は細胞質分裂の完了する時期を表している。図2は，ある細胞集団について細胞あたりのDNA量に対する細胞数の分布を表している。

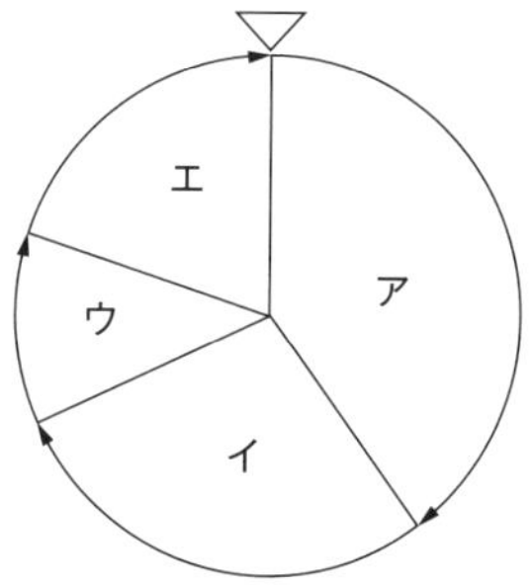

図1

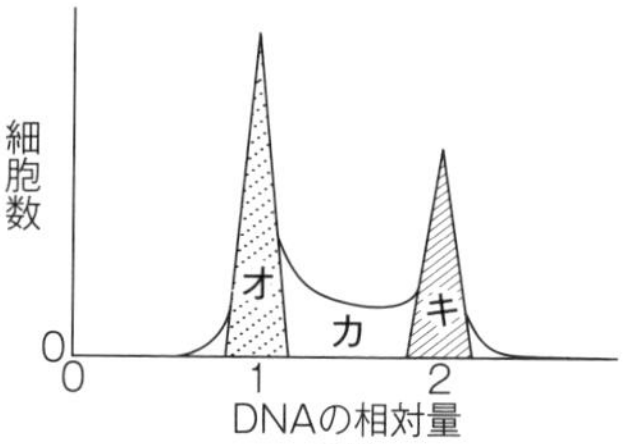

図2

問1 図1の**ア**と**ウ**に相当する細胞周期の時期として最も適当なものを，次の①～④のうちからそれぞれ一つずつ選べ。

① G_1期　② G_2期　③ M期　④ S期

問2 マウスの小腸上皮細胞では，細胞周期の長さはM期1時間，S期7.5時間，G_1期9時間，G_2期1.5時間である。この細胞の間期にかかる時間として最も適当なものを，次の①～⑧のうちから一つ選べ。

① 5時間　② 9時間　③ 10時間　④ 11.5時間
⑤ 17.5時間　⑥ 18時間　⑦ 19時間　⑧ 23時間

問3 図2の**カ**が示す細胞群は，細胞周期のどの時期と考えられるか。最も適当なものを，次の①～⑧のうちから一つ選べ。

① G_1期　② G_2期　③ M期　④ S期　⑤ G_1期とM期
⑥ G_1期とS期　⑦ G_2期とM期　⑧ G_2期とS期

（2009 東京慈恵医大改，2009 広島大改）

43 ［細胞周期］ 次の文章を読み，下の問いに答えよ。

体細胞の分裂期の始まりから次の分裂期の始まりまでの過程を細胞周期といい，細胞はこの過程を繰り返すことによって増殖する。この細胞周期は図のように描くことができる。$_a$M期は分裂期のことで，それ以外のG_1期，$_b$S期，G_2期をまとめて間期という。

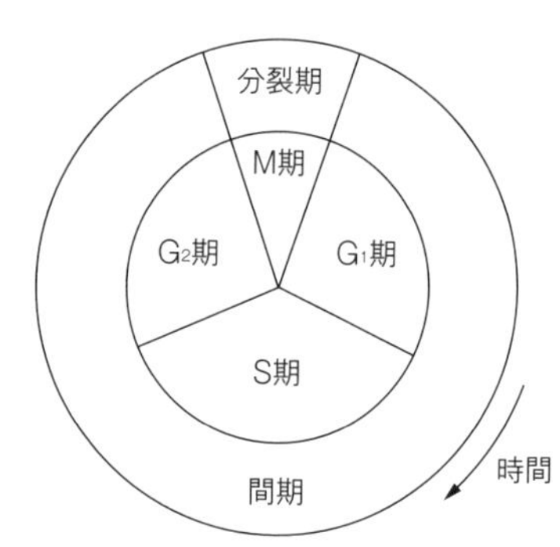

細胞周期の全体について細胞が均等に分布している10,000個の細胞集団を用いて，^{3}H-チミジンの取り込み実験を行った。^{3}H-チミジンとは，チミジンの中の水素(H)を放射性同位体の水素(^{3}H)に置き換えたものである。これを取り込んだ細胞は放射性物質を含むことになるので，放射線を検出することによりチミジンを取り込んだ細胞がわかる。チミジンはS期の細胞にのみ取り込まれる。

実験 細胞を^{3}H-チミジンを含む培養液に短時間浸した後，^{3}H-チミジンを含まない通常の培養液に移した。この細胞集団から5分ごとに100個の細胞を取り出し，放射線が検出された細胞(X)とM期の細胞(Y)の数を調べた。その結果，検出開始から5時間までの間はXが40個，Yが5個あり，

Y からは放射線は検出されなかった。5 時間過ぎから Y の中に放射線が検出される細胞が出現し始め，検出開始から 6 時間後にすべての Y から放射線が検出されるようになった。

問 1　下線部 **a** の M 期の細胞分裂において，植物細胞にみられ，動物細胞にはみられない構造として最も適当なものを，次の①～⑤のうちから一つ選べ。

①　娘細胞　　②　赤道面　　③　核膜　　④　染色体　　⑤　細胞板

問 2　下線部 **b** の S 期の S は，ある物質の合成(Synthesis)を意味する英単語の頭文字である。S 期に合成される物質として最も適当なものを，次の①～⑤のうちから一つ選べ。

①　タンパク質　　②　酵素　　③　DNA　　④　RNA　　⑤　ATP

問 3　**実験**に用いた細胞の M 期の長さとして最も適当なものを，次の①～⑤のうちから一つ選べ。

①　1 時間　　②　2 時間　　③　5 時間　　④　6 時間　　⑤　8 時間

問 4　**実験**に用いた細胞の G_1 期の長さとして最も適当なものを，**問 3** の①～⑤のうちから一つ選べ。

(2011 東京歯科大改)

44　**[半保存的複製]**　次の文章を読み，下の問いに答えよ。

DNA の複製にはいくつかの仮説があり，メセルソンとスタールは以下の実験を行うことで DNA の複製方式を明らかにした。

実験 1　大腸菌を通常の窒素 ^{14}N よりも重い ^{15}N で置き換えた塩化アンモニウムを窒素源として用いた培地(^{15}N 培地)で，何世代も培養した。すると ^{14}N が完全に ^{15}N に置き換わった DNA をもつ大腸菌ができた。

実験 2　大腸菌を ^{14}N 培地に移してさらに増殖させ，1 回，2 回と分裂を繰り返した菌からそれぞれ DNA を抽出して，そこに含まれる DNA の質量の違いを分析した。DNA は ^{14}N のみを含む DNA(X)，^{14}N と ^{15}N を両方含む DNA(Y)，^{15}N のみを含む DNA(Z)に分離できた。

DNA の質量の違いを分析するための測定を行ったとき，図に示すような結果が得られた。ただし，分裂前の大腸菌を 1 代目，1 回分裂後の大腸菌を 2 代目とする。

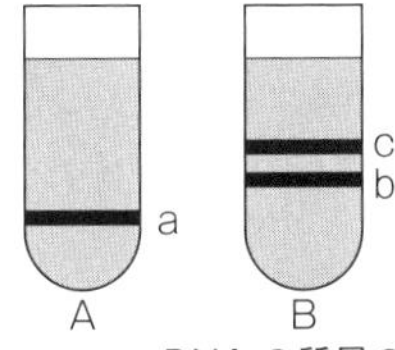

DNA の質量の違いを分析した結果の模式図

問 1　図に示したバンド a, b, c は，質量の異なる DNA である X, Y, Z のうちのどれを含んでいるか。それぞれ記号で答えよ。

問 2　1 回分裂後(2 代目)の大腸菌から抽出した DNA の質量を分析した結果として最も適当なものを，次の①～⑦のうちから一つ選べ。ただし，次の図中の a, b, c は上図に示されたバンド a, b, c と同じ位置を表している。

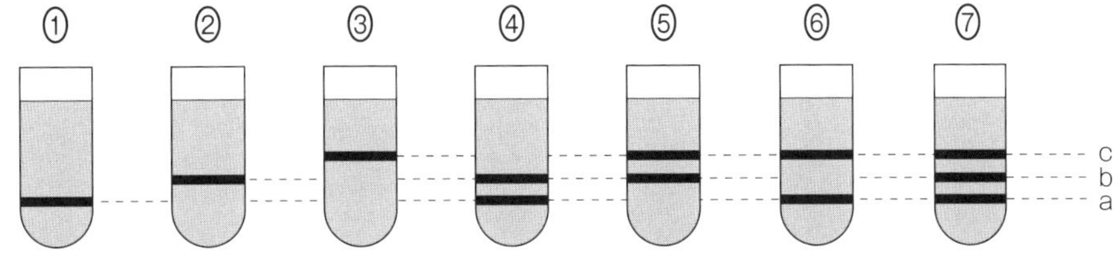

問 3　3 回分裂後(4 代目)の大腸菌から抽出した DNA の質量を分析した結果として最も適当なものを，**問 2** の①～⑦のうちから一つ選べ。また，抽出した DNA の X, Y, Z の量の比率を，最も簡単な整数の比で答えよ。

(2018 国立大改)

2章 遺伝子とその働き

3節 遺伝情報とタンパク質の合成

▶1 生物とタンパク質

タンパク質は生体構成成分の約10％を占め，水(H_2O)に次いで多い。

(1)タンパク質の働き 生体構造の支持，運動，物質輸送，生体防御，触媒など様々な働きをもつ。

軟骨・腱・皮膚	コラーゲン，ケラチン	酸素運搬	ヘモグロビン
筋肉	アクチン，ミオシン	生体防御	抗体(免疫グロブリン)
ホルモン	成長ホルモン，インスリンなど	酵素	アミラーゼ，カタラーゼなど

(2)タンパク質の構造

生体内のタンパク質は，20種類のアミノ酸で構成され，多数のアミノ酸がペプチド結合により長く連なっている。タンパク質のアミノ酸配列はDNAの塩基配列によって決められており，タンパク質の働きの違いはアミノ酸配列の違いによって生じる。

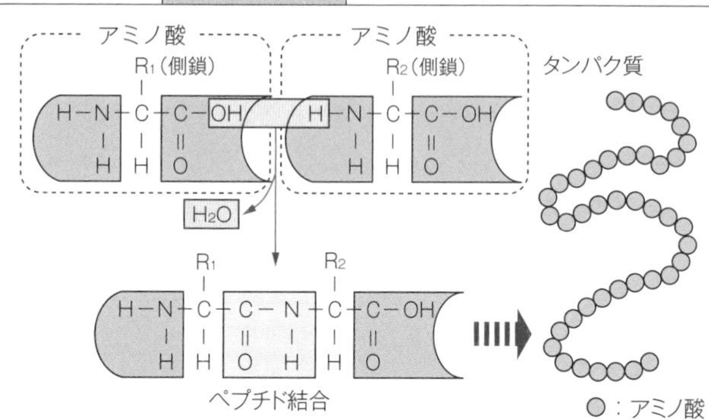

▶2 タンパク質の合成

タンパク質は転写と翻訳の過程を経て合成される。

(1) RNA RNA(リボ核酸)には，DNAから遺伝情報を写し取るmRNA(伝令RNA)やアミノ酸を運搬するtRNA(転移RNA)などがある。RNAの塩基には，DNAのチミン(T)のかわりにウラシル(U)が使われる。

● DNAとRNAの違い

核酸	DNA	RNA
糖	デオキシリボース	リボース
塩基	A・T・G・C	A・U・G・C
構造	2本鎖(二重らせん構造)	1本鎖

(2)転写 DNAを鋳型として相補的なmRNAを合成する過程を転写という。

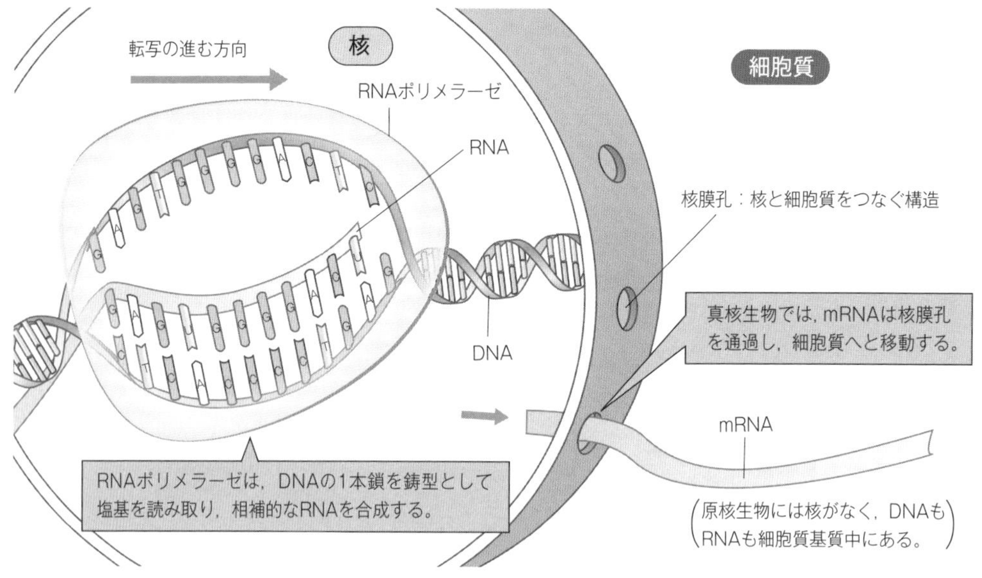

① DNAの二重らせんが部分的にほどけ，遺伝情報をもつ一方の鎖にRNAポリメラーゼ(RNA合成酵素)が結合する。

② DNAと相補的な塩基対になるようにRNAのヌクレオチドが結合し，mRNAが合成される。

(3)**翻訳**　mRNA の塩基配列がアミノ酸配列に変換される過程を**翻訳**という。

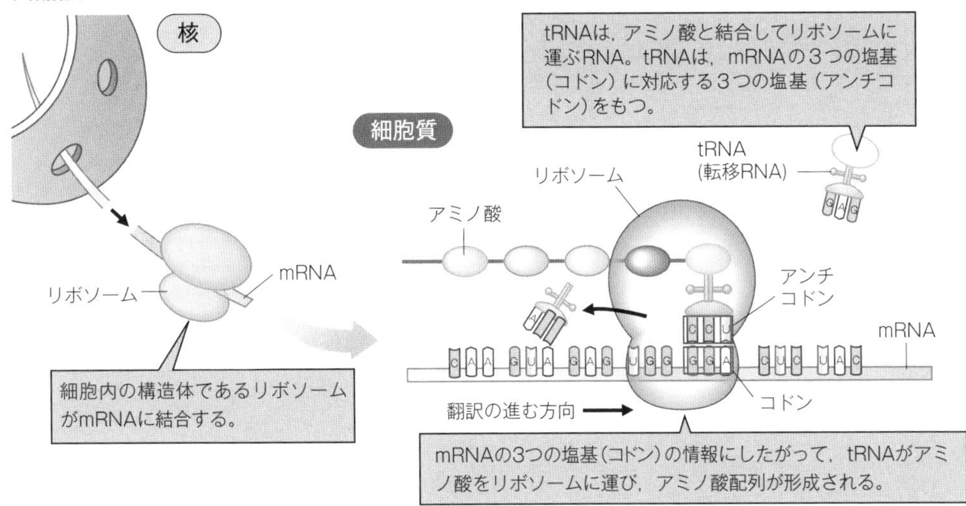

（原核生物の場合は，DNAが細胞質基質中にあるため，mRNAの転写が始まると，すべての転写が終わる前に翻訳が開始される。）

①細胞質に移動した mRNA にタンパク質合成の場であるリボソームが結合する。
②細胞質には特定のアミノ酸と結合したいろいろな tRNA が存在し，アミノ酸をリボソームに運ぶ。
③ mRNA の 3 つの塩基配列（コドン）に対応した tRNA が相補的に結合する。
④隣り合うアミノ酸どうしがペプチド結合で連結し，タンパク質が合成される。

(4)**遺伝情報の流れ**　遺伝情報が DNA から RNA へ転写され，翻訳を経てタンパク質へ流れるという考え方を**セントラルドグマ**という。

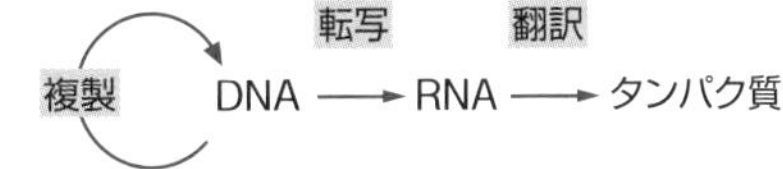

▶3 遺伝子の発現

DNA の情報に基づいて遺伝子が転写され，翻訳されることを，遺伝子の**発現**という。

(1)**パフと遺伝子の発現**　遺伝子の発現の様子を観察できる例として，ユスリカやショウジョウバエなどの幼虫のだ腺にみられる巨大な染色体（**だ腺染色体**）がある。この染色体では，**パフ**と呼ばれるふくらんだ部分で，転写が盛んに行われている。

(2)**細胞の種類と遺伝子の発現**

一個体の生物の細胞には，生殖細胞など一部の細胞を除き，同じ DNA が含まれる。それぞれの細胞はその細胞に特有の遺伝子を発現させることにより，特有のタンパク質を合成し，特有の構造と機能をもつ細胞に変化していく。これを細胞の**分化**という。

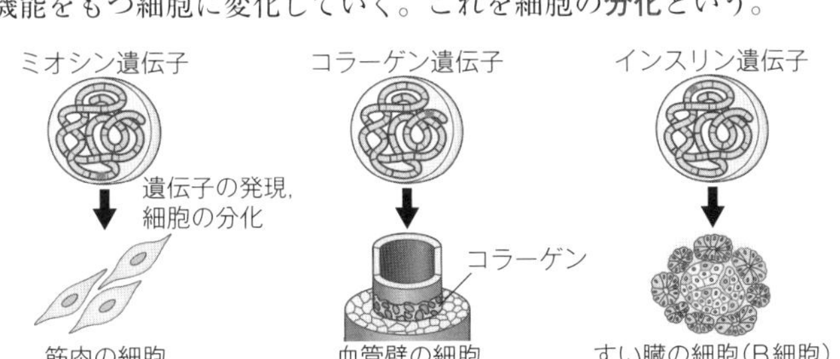

●パフ

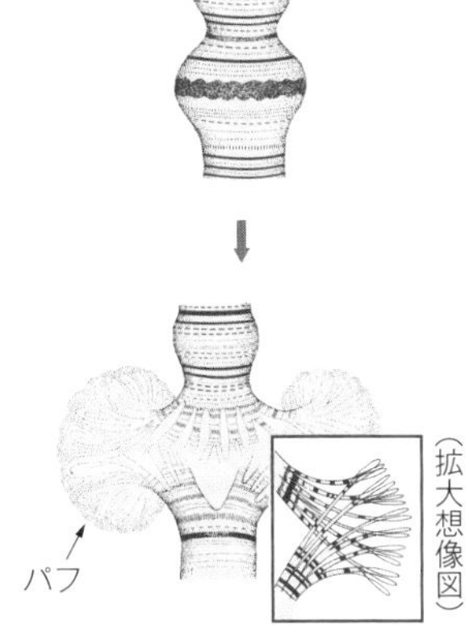

正誤Check

次の各文のそれぞれの下線部について，正しい場合は○を，誤っている場合には正しい語句を記せ。

1	軟骨や皮膚の$_{ア}$ミオシン，筋肉のアクチンや$_{イ}$アドレナリン，酸素を運搬する$_{ウ}$ヘモグロビン，$_{エ}$抗体や酵素，多くのホルモンはタンパク質である。	1 ア×→コラーゲン イ×→ミオシン ウ○ エ○
2	生体内のタンパク質はヌクレオチドが連結されてできている。	2 ×→アミノ酸
3	ニワトリの皮を食べると，その構成成分であるコラーゲンは分解されて無機塩類になり，様々なタンパク質の材料として利用される。	3 ×→アミノ酸
4	タンパク質の$_{ア}$アミノ酸配列は$_{イ}$DNAの塩基配列により決められる。	4 ア○ イ○
5	RNAには遺伝情報を伝達する$_{ア}$tRNAとアミノ酸を運搬する$_{イ}$mRNAがある。	5 ア×→mRNA イ×→tRNA
6	DNAにあってRNAにない塩基は$_{ア}$シトシンであり，RNAにあってDNAにない塩基は$_{イ}$ウラシルである。	6 ア×→チミン イ○
7	DNAを構成する塩基は$_{ア}$A・U・G・Cであり，RNAを構成する塩基は$_{イ}$A・U・T・Cである。	7 ア×→A·T·G·C イ×→A·U·G·C
8	mRNAの$_{ア}$4つの塩基配列で1つの$_{イ}$タンパク質を指定している。	8 ア×→3つ イ×→アミノ酸
9	DNAを鋳型としてmRNAを合成する過程を翻訳という。	9 ×→転写
10	転写の過程は，DNAの二重らせんが部分的にほどけ，遺伝情報をもつ$_{ア}$両方の鎖に相補的な塩基対となるRNAのヌクレオチドが結合し$_{イ}$mRNAが合成される。	10 ア×→一方 イ○
11	DNAの塩基配列がTACのとき，相補的なmRNAの塩基配列はAUCである。	11 ×→AUG
12	mRNAの塩基配列がUACのとき，鋳型のDNAの塩基配列はACGである。	12 ×→ATG
13	mRNAの塩基配列がアミノ酸配列に変換される過程を分化という。	13 ×→翻訳
14	遺伝情報は「DNA→（$_{ア}$複写）→RNA→（$_{イ}$転写）→タンパク質」の順に変換される，という分子生物学の概念を$_{ウ}$形質転換という。	14 ア×→転写 イ×→翻訳 ウ×→セントラルドグマ
15	生物の各組織では，特定の遺伝子の$_{ア}$発現の結果，組織ごとに$_{イ}$同じタンパク質が作られている。	15 ア○ イ×→異なる
16	ショウジョウバエのだ腺染色体にみられるパフでは翻訳が行われている。	16 ×→転写
17	個体の形成過程で，それぞれの細胞が特有の構造と機能をもつように変化していくことを細胞の進化という。	17 ×→分化
18	同一個体の筋肉に分化した細胞と神経に分化した細胞を比べると，遺伝子構成は$_{ア}$異なっており，発現する遺伝子は$_{イ}$同じである。	18 ア×→同じであり イ×→異なる

標準問題

45 [タンパク質と核酸] 次の文章を読み，下の問いに答えよ。

生体内の大きな有機物は構成単位である低分子の有機物が結合してできる。たとえば，タンパク質は❶ [ア] からなり，DNA と RNA は糖・[イ]・[ウ] が結合した [エ] からなる。タンパク質は種類が多く，機能も異なっているが，生体内のタンパク質はすべて DNA の❷ [ウ] 配列に基づいて作られる。

(1) 文中の**ア**～**エ**に適語を入れよ。

(2) DNA と RNA の❸構成物質に関する相違点を簡潔に述べよ。

(3) 下線部に関連して，次の a ～ d の機能をもつタンパク質を，下の①～⑧のうちからそれぞれ一つずつ選べ。

a 生体構築・構造　b 酵素　c ホルモン　d 輸送・運搬

① セルロース　② インスリン　③ アントシアン　④ グリセリン
⑤ コラーゲン　⑥ カタラーゼ　⑦ グリコーゲン　⑧ ヘモグロビン

(2011 愛媛大改)

❶ p.46 要点Check▶1 p.48 正誤Check[1], [2], [3], [4]
❷ p.29 要点Check▶2 p.30 正誤Check[7], [8], [9]
❸ p.46 要点Check▶2 p.48 正誤Check[6], [7], [8], [9], [10], [11]

46 [DNA・RNA・転写・翻訳] 次の文章を読み，下の問いに答えよ。

DNA は❶多数の [ア] からなる分子である。[ア] を構成する [イ] と [ウ] が交互に多数つながった 2 本の鎖がねじれながら横に並び，それぞれの鎖の [ウ] に結合している [エ] どうしが弱く結合して二重らせん構造を❷形成している。真核生物では，DNA はヒストンというタンパク質に巻き付いており，これがさらに折りたたまれて 1 本の [オ] となっている。DNA のもつ遺伝情報は mRNA(伝令 RNA) に [カ] され，mRNA の情報にしたがって，[キ] と呼ばれる過程によってタンパク質が合成される。

❶ p.29 要点Check▶2 p.30 正誤Check[7], [8], [9]
❷ p.29 要点Check▶2

(1) 文中の**ア**～**オ**に入る適語を，次の①～⑩のうちからそれぞれ選べ。

① アミノ酸　② グルコース　③ 塩素　④ 染色体
⑤ リボース　⑥ ポリペプチド　⑦ リン酸　⑧ ヌクレオチド
⑨ 塩基　⑩ デオキシリボース

(2) (1)の①～⑩のうち，mRNA の構成成分に含まれるものをすべて選べ。

(3) 文中の**カ**，**キ**に入る語の組合せとして最も適当なものを，次の①～⑥のうちから一つ選べ。

	カ	キ		カ	キ		カ	キ
①	複製	翻訳	②	複製	転写	③	翻訳	複製
④	翻訳	転写	⑤	転写	複製	⑥	転写	翻訳

(4) 下線部に関連する記述として最も適当なものを，次の①～④のうちから一つ選べ。

① 同じ個体でも，組織や細胞の種類によって合成されるタンパク質の種類や量に違いがある。

② タンパク質はヌクレオチドが連結されてできている。

③ DNA の遺伝情報が RNA を経てタンパク質に一方向に変換される過程は，形質転換と呼ばれる。

④ mRNA の塩基 3 つの並びが，一つのタンパク質を指定している。

(2014 北里大改，2016 センター改)

47 ［転写・翻訳と塩基の相補性］ 次の文章を読み，下の問いに答えよ。

a 細胞には何種類ものタンパク質が存在し，様々な生命活動に関わっている。タンパク質の性質は構成成分であるアミノ酸の配列❶によって決まる。そのアミノ酸の配列を決定するのは遺伝子の本体，DNA の塩基配列である。DNA に含まれる塩基はアデニン，グアニン，シトシン，チミンの 4 種類であり，アデニンは［ア］と，［イ］は［ウ］と，それぞれ塩基対を形成する。

❶ p.46 要点Check▶1 p.48 正誤Check 2, 3, 4, 5

タンパク質が作られる際には，まず，通常は［エ］構造をとる b DNA が部分的にほどけて 1 本鎖になり，その一方を鋳型として RNA が合成される。c DNA の塩基と RNA の塩基が一対一に対応することから，DNA の塩基配列の情報が RNA に写され❷て RNA の塩基配列になる。これにより DNA から RNA へと情報が伝達される。RNA からタンパク質が作られる際の情報の伝達は，DNA から RNA への場合よりも複雑である。なぜなら DNA，RNA の塩基は 4 種類であり，タンパク質を構成するアミノ酸は 20 種類存在するからである。もし，1 つの塩基が 1 つのアミノ酸を決定するのであれば，アミノ酸は 4 種類しか決定できないことになる。2 つの塩基で 1 つのアミノ酸を決定するのであれば，［オ］種類まで，3 つの塩基で 1 つのアミノ酸を決定するのであれば，［カ］種類までのアミノ酸に対応できる。実際には d 3 個の連続した塩基配列(トリプレット)が 1 つのアミノ酸に対応することがわかっている。

❷ p.46 要点Check▶2 p.48 正誤Check 6, 7, 8, 9, 10

(1) 下線部 a に関連して，タンパク質を主成分としているものを，次の①～⑨のうちからすべて選べ。

① 脂肪　② 筋肉　③ つめ　④ コルク　⑤ 酵素
⑥ 抗体　⑦ グルコース　⑧ アミノ酸　⑨ デンプン

(2) 文中の**ア**～**エ**に適語を，**オ**および**カ**に適当な数字を入れよ。

(3) 下線部 b で合成される RNA を特に何というか答えよ。

(4) 下線部 c について，DNA とそれを鋳型として作られる RNA を模式的に示した。**キ**の物質名と**ク**～**サ**に入る塩基名をそれぞれ答えよ。

(5) 下線部 d について，1 つのアミノ酸を決定する 3 個の連続した塩基配列の単位を何というか答えよ。　（2003 岡山大改）

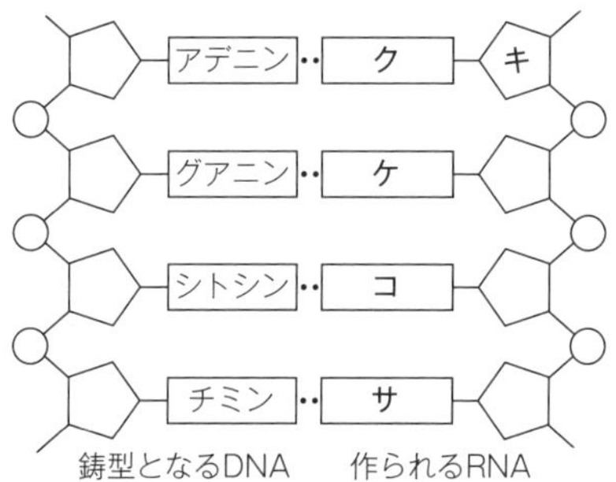

48 ［転写・翻訳と塩基の相補性］ 次の図について，下の問いに答えよ。

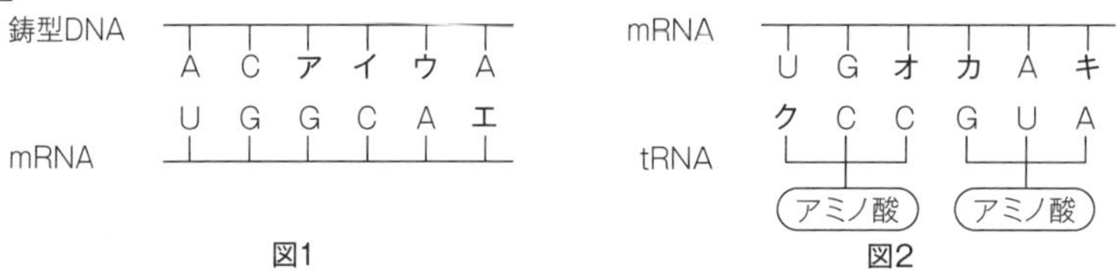

図1　図2

(1) 図 1，図 2 に示される塩基の対応❶は，何と呼ばれる過程にみられるものか。過程の名称をそれぞれ漢字 2 文字で答えよ。

(2) 図 1 の**ア**～**エ**の塩基を記号で答えよ。

(3) 図 2 の**オ**～**ク**の塩基を記号で答えよ。

❶ p.46 要点Check▶2 p.48 正誤Check 11

49 **[コドン表]**　次の遺伝暗号表(コドン表)❶を参考にして，下の問いに答えよ。

❶ p.47 要点Check▶2
p.48 正誤Check 8

mRNA の遺伝暗号表（コドン表）

1番目の塩基	U		C		A		G		3番目の塩基
	2番目の塩基								
U	UUU	フェニルアラニン	UCU	セリン	UAU	チロシン	UGU	システイン	U
	UUC		UCC		UAC		UGC		C
	UUA	ロイシン	UCA		UAA	(終止)	UGA	(終止)	A
	UUG		UCG		UAG		UGG	トリプトファン	G
C	CUU	ロイシン	CCU	プロリン	CAU	ヒスチジン	CGU	アルギニン	U
	CUC		CCC		CAC		CGC		C
	CUA		CCA		CAA	グルタミン	CGA		A
	CUG		CCG		CAG		CGG		G
A	AUU	イソロイシン	ACU	トレオニン	AAU	アスパラギン	AGU	セリン	U
	AUC		ACC		AAC		AGC		C
	AUA		ACA		AAA	リシン	AGA	アルギニン	A
	AUG	メチオニン(開始)	ACG		AAG		AGG		G
G	GUU	バリン	GCU	アラニン	GAU	アスパラギン酸	GGU	グリシン	U
	GUC		GCC		GAC		GGC		C
	GUA		GCA		GAA	グルタミン酸	GGA		A
	GUG		GCG		GAG		GGG		G

(1)　mRNA の塩基配列の中に AUG という配列があると，そこから翻訳が開始される。AUG は同時にあるアミノ酸を指定している。AUG が指定するアミノ酸は何か。

(2)　mRNA の塩基配列の中にはアミノ酸を指定しない配列があり，この配列で翻訳は終了する。翻訳を終了する mRNA のコドンをすべて答えよ。

(3)　対応するコドンが１つしかないアミノ酸を２つ答えよ。

50 **[セントラルドグマ]**　図は，核酸とタンパク質の連携を，遺伝情報の流れ❶という視点からみた概念図である。下の問いに答えよ。

❶ p.47 要点Check▶2
p.48 正誤Check 14

(1)　遺伝情報が，「DNA → RNA →タンパク質」の順に一方向へ伝わる考え方を何というか。

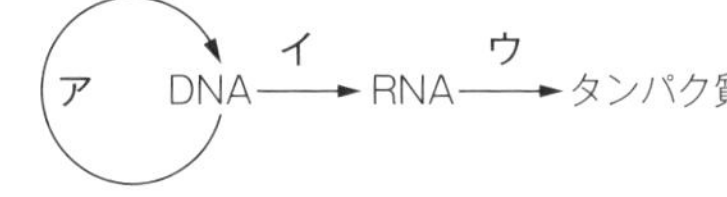

(2)　図中の**ア**～**ウ**の過程はそれぞれ何というか答えよ。

(3)　真核生物で**ア**～**ウ**が行われている細胞内の構造名をそれぞれ答えよ。

51 **[だ腺染色体]**　次の文章を読み，下の問いに答えよ。

ショウジョウバエやユスリカの幼虫の［　ア　］の細胞には，巨大な染色体❶がある。この染色体を観察すると，部分的にふくらんだ箇所がみられる。ここでは DNA の一部がほどけて［　イ　］が盛んに行われている。

❶ p.47 要点Check▶3
p.48 正誤Check 16

(1)　文中の**ア**，**イ**に適語を入れよ。

(2)　下線部の部分を何というか答えよ。

(3)　ユスリカの幼虫の**ア**の細胞は，図に示す体節のうち，どの番号の位置にあるか答えよ。

頭部　1 2 3 4 5 6 7 8 9 10 11 12 13　尾部

(4)　文中の**イ**が行われていることを確認する方法を答えよ。

（2018 センター追改）

演習問題

52 [DNA・RNAの塩基組成] 次の文章を読み，下の問いに答えよ。

あるmRNAについて，これを構成する4種の塩基の分子数の割合(塩基組成)を調べたところ，アデニン(A)が20％，グアニン(G)とシトシン(C)がいずれも22％であった。このmRNAを転写した元のDNA鎖を鋳型となったDNAといい，このmRNAと同数の塩基が含まれているものとする。

問1 鋳型となったDNAの塩基組成のうち，アデニンの割合として最も適当なものを，次の①～⑫のうちから一つ選べ。

① 0％　② 20％　③ 21％　④ 22％　⑤ 25％　⑥ 28％
⑦ 30％　⑧ 36％　⑨ 40％　⑩ 42％　⑪ 50％　⑫ 56％

問2 鋳型となったDNAが相補的なDNAと2本鎖を形成したとすると，この2本鎖DNAの塩基組成のうち，アデニンの割合として最も適当なものを，**問1**の①～⑫のうちから一つ選べ。

問3 **問2**の2本鎖DNAの塩基組成について，(A＋G)／(T＋C)の値はいくらか。最も適当なものを次の①～⑥のうちから一つ選べ。

① 0.8　② 0.9　③ 1.0　④ 1.1　⑤ 1.2　⑥ 1.3

問4 このmRNAのある領域Xでの塩基配列が「AUGCU」であることがわかった。領域Xの鋳型となったDNAの塩基配列として最も適当なものを，次の①～⑥のうちから一つ選べ。

① ATGCT　② AUGCU　③ CGATG　④ GCTAC　⑤ TACGA　⑥ UACGU

問5 **問4**の領域Xに対応する2本鎖DNAの領域を領域Yとしたとき，2本鎖DNAに含まれるチミンのこの領域Y内での割合として最も適当なものを，次の①～⑥のうちから一つ選べ。

① 0％　② 10％　③ 20％　④ 30％　⑤ 40％　⑥ 50％

53 [遺伝情報と翻訳] 次の文章を読み，下の問いに答えよ。

DNAの塩基配列は，RNAに転写され，塩基3つの並びが一つのアミノ酸を指定する。たとえば，トリプトファンとセリンというアミノ酸は，右の表の塩基3つの並びによって指定される。任意の塩基3つの並びがトリプトファンを指定する確率は［ア］分の1であり，セリンを指定する確率はトリプトファンを指定する確率の［イ］倍と推定される。

塩基3つの並び	アミノ酸
UGG	トリプトファン
UCA　UCG UCC　UCU AGC　AGU	セリン

あるタンパク質Xの平均分子量は60,000であった。アミノ酸の平均分子量を200として計算した場合，このタンパク質Xは［ウ］個のアミノ酸から構成されていることが予測される。1個のアミノ酸は3個の塩基によって指定されるので，アミノ酸数から想定されるmRNAの長さは最低でも［エ］塩基あることになる。なお，このmRNAのすべての塩基は，端から順にアミノ酸に対応する遺伝暗号として使われるものとする。

問1 文中の**ア**～**エ**に入る数字を答えよ。

問2 トリプトファンを運搬するtRNA(転移RNA)がもつ，mRNAのコドンと結合する部分の塩基配列を答えよ。

問3 生物のタンパク質を構成するアミノ酸は何種類あるか。

問4 次に示すのは，あるタンパク質Yの遺伝子Yから転写されたmRNAの一部である。実際には，このmRNAの塩基は両側に続いており，下に示しているのは，mRNA上の開始コドンAUGの「A」を1番目として数えて172番目の「C」から終止コドンまでの部分である。このmRNAから翻訳されるアミノ酸の個数を答えよ。

mRNA　…CUUGUUAUCAAAAGAGGAUAG…

(2018共通テスト試行調査改)

54 ［翻訳］ 次の文章を読み，遺伝暗号表を参考にして，下の問いに答えよ。

ニーレンバーグやコラーナの研究グループは，次に示すような**実験 1，2** を行い，各コドンに対応するアミノ酸を明らかにした。表は，彼らによって得られた遺伝暗号表である。

実験 1 AC が交互に繰り返す mRNA からはトレオニンとヒスチジンが交互につながったペプチド鎖が生じた。

実験 2 ［ア］ の 3 つの塩基配列が繰り返す mRNA からはアスパラギンとグルタミンとトレオニンのいずれかのアミノ酸だけからなる 3 種類のポリペプチド鎖が生じた。

		2番目の塩基								
		U		C		A		G		
1番目の塩基	U	UUU	［イ］	UCU	セリン	UAU	チロシン	UGU	システイン	U
		UUC		UCC		UAC		UGC		C
		UUA	ロイシン	UCA		UAA	終止	UGA	終止	A
		UUG		UCG		UAG		UGG	トリプトファン	G
	C	CUU	ロイシン	CCU	プロリン	CAU	［エ］	CGU	アルギニン	U
		CUC		CCC		CAC		CGC		C
		CUA		CCA		CAA	［オ］	CGA		A
		CUG		CCG		CAG		CGG		G
	A	AUU	イソロイシン	ACU	［ウ］	AAU	［カ］	AGU	セリン	U
		AUC		ACC		AAC		AGC		C
		AUA		ACA		AAA	リシン	AGA	アルギニン	A
		AUG	メチオニン	ACG		AAG		AGG		G
	G	GUU	バリン	GCU	アラニン	GAU	アスパラギン酸	GGU	グリシン	U
		GUC		GCC		GAC		GGC		C
		GUA		GCA		GAA	グルタミン酸	GGA		A
		GUG		GCG		GAG		GGG		G（3番目の塩基）

イ～**カ**には，アスパラギン，グルタミン，トレオニン，ヒスチジン，フェニルアラニンのいずれかが入る。

問 1 **実験 2** で用いた ［ア］ の塩基配列は次の①～⑤のうちのいずれかであった。［ア］ に入る塩基配列として最も適当なものを，次の①～⑤のうちから一つ選べ。

① AAC　② AAU　③ ACU　④ CAU　⑤ UUU

問 2 **実験 1** と **2** から決定できる，コドンとそれに対応するアミノ酸の組合せとして適当なものを，次の①～⑦のうちから二つ選べ。

① AAU　アスパラギン　② ACA　トレオニン　③ ACC　トレオニン
④ CAC　ヒスチジン　⑤ CAG　グルタミン　⑥ CAU　ヒスチジン
⑦ UUU　フェニルアラニン

問 3 遺伝暗号表の完成により，DNA の塩基配列から作られるタンパク質が推定できるようになったのと同時に，タンパク質の一次構造から DNA の塩基配列が推定できるようになった。あるタンパク質の一次構造の部分配列が，メチオニン－イソロイシン－セリン－グルタミン酸－アラニンであったときに，これに対応する mRNA の塩基配列の種類として最も適当なものを，次の①～⑨のうちから一つ選べ。

① 4　② 5　③ 32　④ 64　⑤ 144　⑥ 243
⑦ 256　⑧ 288　⑨ 576

（2020 埼玉医科大改）

55 ［翻訳］ 次の文章を読み，下の問いに答えよ。

コドンと対応するアミノ酸の関係は，人工的に合成したmRNAを翻訳に必要な成分が入っている溶液に入れ，生じたポリペプチドを調べることで明らかにされていった。次の表には，人工的に合成したmRNAの塩基配列とその結果生じたポリペプチドを示す。

人工的に合成したmRNAの塩基配列	生じたポリペプチド
ACACACAC…の繰り返し	トレオニンとヒスチジンが交互に結合したポリペプチド
AACAACAAC…の繰り返し	トレオニンのみからなるポリペプチド グルタミンのみからなるポリペプチド アスパラギンのみからなるポリペプチド
AUAUAUAU…の繰り返し	イソロイシンとチロシンが交互に結合したポリペプチド
AAUAAUAAU…の繰り返し	イソロイシンのみからなるポリペプチド アスパラギンのみからなるポリペプチド
GUGUGUGU…の繰り返し	バリンとシステインが交互に結合したポリペプチド
GGUGGUGGU…の繰り返し	バリンのみからなるポリペプチド トリプトファンのみからなるポリペプチド グリシンのみからなるポリペプチド

問1 表の結果から判断して，次のコドンに対応するアミノ酸として最も適当なものはどれか。下の①～⑩のうちから一つずつ選べ。

ア CAC　**イ** GGU

① トレオニン ② ヒスチジン ③ グルタミン ④ グリシン ⑤ イソロイシン ⑥ チロシン
⑦ バリン ⑧ システイン ⑨ トリプトファン ⑩ 表からは決めることができない。

問2 コドンの3番目の塩基は異なる塩基でも同一のアミノ酸を指定することが多く，「コドンのゆらぎ」と呼ばれている。このことを参考にした場合，アスパラギンのコドンとして予想されるものとして最も適当なものはどれか。また，その場合に終止コドンであることが予想できるコドンとして最も適当なものはどれか。下の①～⑧のうちからそれぞれすべて選べ。

ア アスパラギンのコドン　**イ** 終止コドン

① ACA ② CAC ③ AAC ④ CAA ⑤ AUA ⑥ UAU ⑦ AAU ⑧ UAA

（2020 玉川大）

56 ［遺伝情報とタンパク質の合成］ 次の問いに答えよ。

問1 RNAの説明として適当なものを，次の①～⑤のうちから二つ選べ。

① RNAは通常一本鎖として存在し，一般にDNAより長い。
② RNAはデオキシリボースを含む。
③ RNAとDNAの化学構造で唯一の違いは，塩基のTがUに置き換えられている点である。
④ RNAは一般にDNAの塩基配列を相補的に写し取ってできる。
⑤ RNAはヌクレオチドが構成単位となっている。

問2 塩基対に関する説明として適当なものを，次の①～⑤のうちから二つ選べ。

① 複製の際にmRNAとDNAの間で塩基対ができる。
② 翻訳の際にmRNAとDNAの間で塩基対ができる。
③ 翻訳の際にmRNAとtRNAの間で塩基対ができる。
④ 転写の際にmRNAとDNAの間で塩基対ができる。
⑤ 転写の際にmRNAとtRNAの間で塩基対ができる。

問3 DNAの複製や遺伝子の発現に関する説明として適当なものを，次の①～⑤のうちから二つ選べ。

① DNAの複製は，主として細胞周期のS期に行われる。

② もとのDNAと全く同一のDNAが合成されることを，セントラルドグマという。

③ DNAの遺伝情報をもとにmRNA(伝令RNA)が合成される過程を，翻訳という。

④ mRNA(伝令RNA)分子は，二重らせん構造をもつ。

⑤ 筋細胞にもインスリン遺伝子は存在するが，発現していない。

問4 tRNA(転移RNA)に関して**誤っているもの**を，次の①～⑤のうちから二つ選べ。

① mRNAの情報に対応したアミノ酸をリボソームに運搬する。

② コドンと相補的な塩基配列をもつ。

③ tRNAはRNAを鋳型として合成される。

④ tRNAにはアミノ酸が結合するが，どのアミノ酸が結合するかは決まっている。

⑤ アミノ酸を運搬した後にtRNAは酵素により分解され，再利用されることはない。

問5 タンパク質の合成に関連して，次の文章中の［ア］・［イ］に入る数値としてそれぞれ最も適当なものを，下の①～⑦のうちから一つずつ選べ。ただし，同じものを繰り返し選んでもよい。

DNAの塩基配列は，まずRNAに転写され，コドンとよばれる塩基3つの並びが一つのアミノ酸を指定する。例えば，UGGというコドンはトリプトファンというアミノ酸を指定し，UCX(XはA，C，G，またはUを表す)およびAGY(YはUまたはCを表す)はいずれもセリンというアミノ酸を指定する。塩基配列に偏りがないと仮定すると，任意のコドンがトリプトファンを指定する確率は［ア］分の1であり，セリンを指定する確率はトリプトファンを指定する確率の［イ］倍と推定される。

① 4　② 6　③ 8　④ 16

⑤ 20　⑥ 32　⑦ 64

(2020駒沢女子大，2020玉川大改，2016センター追改)

57 [パフ] 次の文章を読み，下の問いに答えよ。

図はショウジョウバエの蛹化前から蛹化完了までのだ腺染色体のパフの位置変化を示したものである。

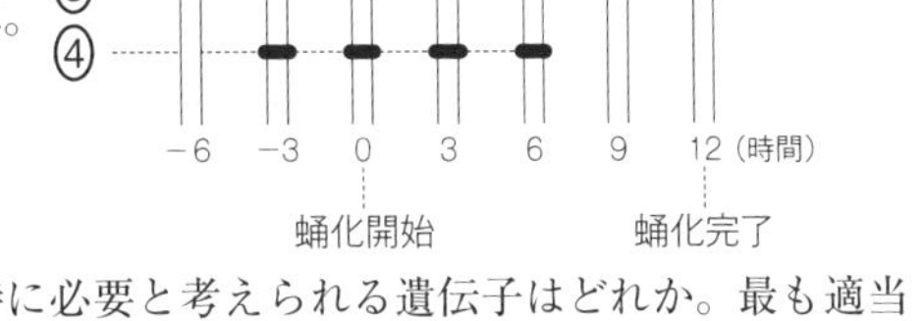

問1 パフの部分で行われている特徴的な反応として最も適当なものを，次の①～⑤のうちから一つ選べ。

① DNAの合成　② RNAの合成

③ タンパク質の合成　④ 糖の合成

⑤ ATPの合成

問2 図中の①～④の遺伝子のうち，幼虫形質の維持に必要と考えられる遺伝子はどれか。最も適当なものを，①～④のうちから一つ選べ。

問3 図に示された結果からは示すことができないものについて述べているのはどれか。最も適当なものを，次の①～④のうちから一つ選べ。

① 幼虫の期間中に発現し，蛹の期間中は発現しない遺伝子がある。

② 幼虫の期間中には発現せず，蛹の期間中に発現する遺伝子がある。

③ 幼虫の期間中と蛹の期間中，どちらにも発現している遺伝子がある。

④ 一度発現した後，しばらくしてから再び発現する遺伝子がある。

(2020デジタルハリウッド大改)

2章 遺伝子とその働き

3章 ヒトのからだの調節

□ 1 血液は，からだの各部へ養分や(　ア　)などの必要なものを運び，細胞で生じた老廃物や(　イ　)などの不要なものを運び去る働きを行っている。

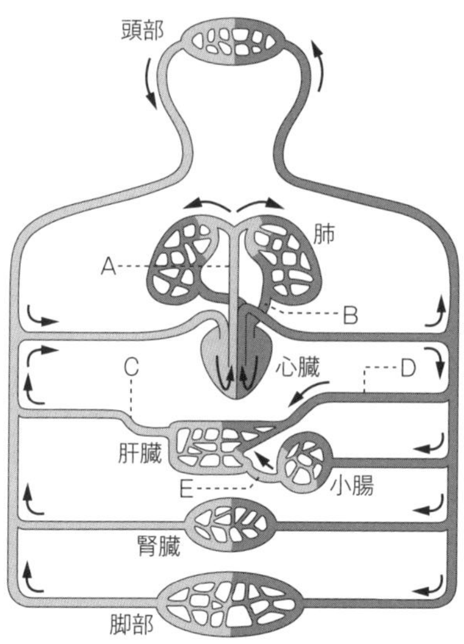

図1　血液の循環経路

□ 2 心臓から送り出される血液が流れる血管を(　ア　)といい，心臓へ戻ってくる血液が流れる血管を(　イ　)という。

□ 3 心臓を出た血液が全身をめぐって心臓に戻る経路を(　ア　)，肺をめぐって心臓に戻る経路を(　イ　)という。

□ 4 図1のA～Eのうち，酸素を最も多く含む血液が流れる血管は(　ア　)であり，二酸化炭素を最も多く含む血液が流れる血管は(　イ　)である。

□ 5 酸素を多く含む血液を(　ア　)，二酸化炭素を多く含む血液を(　イ　)という。

□ 6 図1のA～Eのうち，食後しばらく経ってから養分を最も多く含む血液が流れる血管は(　　　)である。

□ 7 心臓は(　ア　)でできており，規則正しく運動する(　イ　)という働きによって，血液を全身に送り出している。

□ 8 ヒトの心臓は4つの部屋からできており，それらの中で，血液を送り出す部屋を(　ア　)，血液を受け入れる部屋を(　イ　)という。

A B C D

図2　ヒトの心臓

□ 9 図2のAの部屋を，(　ア　)，Bの部屋を(　イ　)，Cの部屋を(　ウ　)，Dの部屋を(　エ　)という。

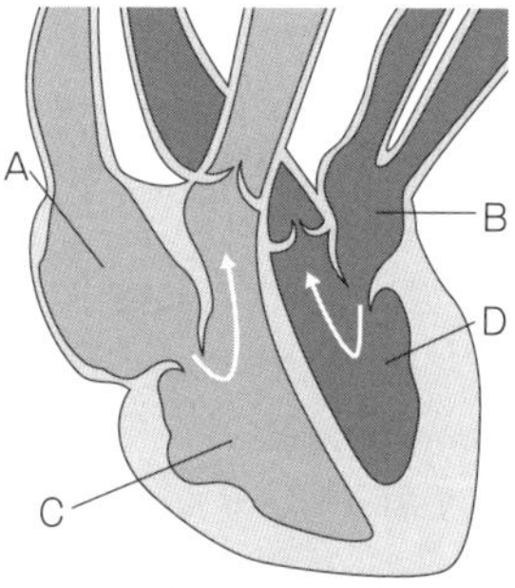

□ 10 図2のA～Dのうち，からだの各部へ血液を送り出す部屋は(　ア　)，全身をめぐった血液を受け入れる部屋は(　イ　)である。

□ 11 図2のA～Dのうち，肺へ血液を送り出す部屋は(　ア　)，肺をめぐった血液を受け入れる部屋は(　イ　)である。

1. ア　酸素
　イ　二酸化炭素
2. ア　動脈
　イ　静脈
3. ア　体循環
　イ　肺循環
4. ア　B
　イ　A
5. ア　動脈血
　イ　静脈血
6. E
7. ア　筋肉
　イ　拍動
8. ア　心室
　イ　心房
9. ア　右心房
　イ　左心房
　ウ　右心室
　エ　左心室
10. ア　D
　イ　A
11. ア　C
　イ　B

□ **12** 図3のAは(　ア　)，Bは(　イ　)である。

□ **13** 同じ太さの血管を比較すると，(　　　)の血管の壁のほうが厚い。

□ **14** (　ア　)の内部には，血液の(　イ　)を防ぐための弁がある。

□ **15** 動脈と静脈の末端の部分は(　　　)と呼ばれる非常に細い血管でつながっている。

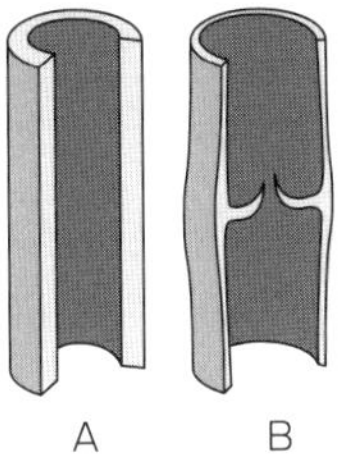

A　B
図3　血管の構造

□ **16** 図4のAの血球を(　ア　)，Bの血球を(　イ　)，Cの血球を血小板という。

□ **17** 赤血球は(　ア　)と呼ばれる赤い色素を含み，(　イ　)の運搬を行う。

□ **18** 赤血球が酸素を運ぶことができるのは，ヘモグロビンが，酸素の(　ア　)ところ(肺)では酸素と結びつき，酸素の(　イ　)ところ(組織)では酸素をはなす性質をもっているからである。

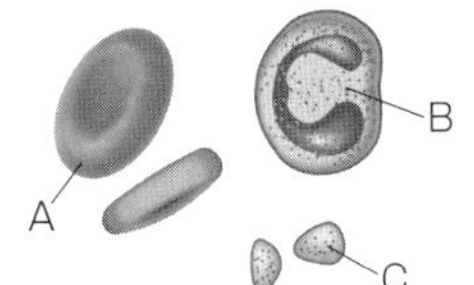

図4　ヒトの血球

□ **19** (　　　)には血液を固まらせることにより，出血を止める働きがある。

□ **20** 血液中の液体成分を(　　　)という。

□ **21** 血しょうが毛細血管からしみ出した液体を(　　　)という。

□ **22** 細胞の活動によって生じた不要な物質を体外へ出す働きを(　　　)という。

□ **23** 腎臓でこし出された血液中の不要な物質は，少量の水に溶けた状態で(　ア　)を通り，(　イ　)に一時的にためられた後，(　ウ　)として体外に排出される。

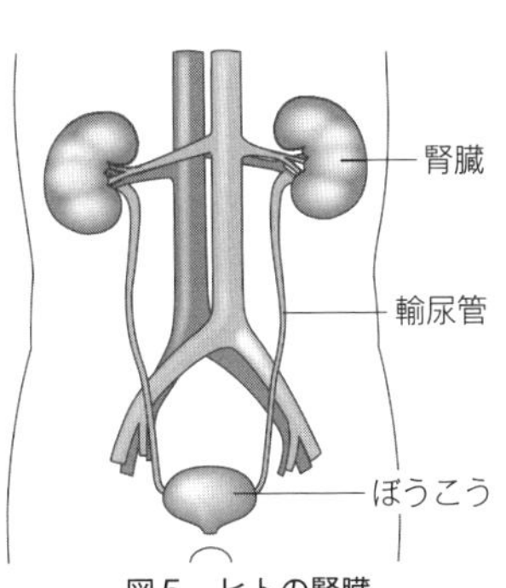

図5　ヒトの腎臓

□ **24** 体内でタンパク質が分解されるときに生じる有害なアンモニアは，肝臓で無害な(　　　)に変えられる。

□ **25** 尿素は，他の老廃物とともに，(　　　)の働きによって体外に排出される。

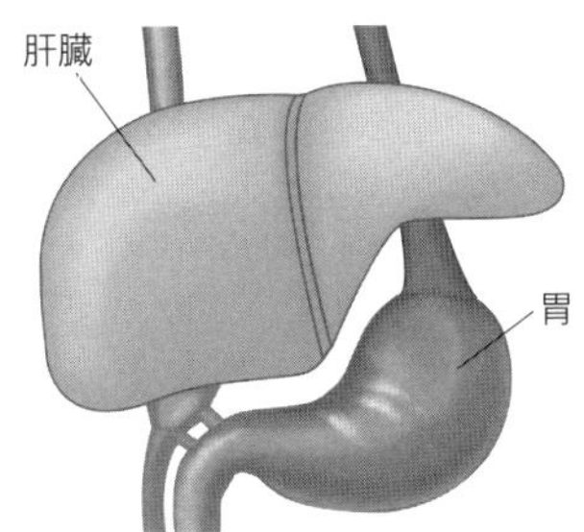

図6　ヒトの肝臓

12. ア　動脈
　イ　静脈
13. 動脈
14. ア　静脈
　イ　逆流
15. 毛細血管
16. ア　赤血球
　イ　白血球
17. ア　ヘモグロビン
　イ　酸素
18. ア　多い
　イ　少ない
19. 血小板
20. 血しょう
21. 組織液
22. 排出
23. ア　輸尿管
　イ　ぼうこう
　ウ　尿
24. 尿素
25. 腎臓

1節 体内環境

▶1 体内環境と体液

(1)体内環境と恒常性 多細胞動物では，体外環境が変化しても，体内環境はほぼ一定に保たれる。こうした性質を **恒常性(ホメオスタシス)** という。細胞を取り巻く体液の恒常性によって，細胞の活動が円滑に営まれている。

体内環境：血液・組織液・リンパ液など，細胞や組織を取り巻く**体液**の状態。

体外環境：温度・光・水分・pH・塩類濃度・酸素濃度・二酸化炭素濃度などの外界の環境。

(2)体液の種類と働き 脊椎動物の体液は，**血液**・**組織液**・**リンパ液**に分けられる。

●ヒトの血液の成分とおもな働き 血球は体積比で血液の約 45 %を占める。

成分		形状	核	大きさ(直径)	数(個/mm³)	生成場所	分解	おもな働き
有形成分	赤血球	円盤状	無	6 ～ 9μm	男約 380 ～ 550 万 女約 330 ～ 480 万	骨髄	肝臓・ひ臓	酸素の運搬
	白血球	球形・不定形	有	9 ～ 25μm	約 4000 ～ 8500	骨髄	ひ臓	免疫
	血小板	不定形	無	2 ～ 4μm	約 20 ～ 40 万	骨髄	ひ臓	血液凝固
液体成分	血しょう	水(約 90 %)，タンパク質(アルブミン・グロブリン・フィブリノーゲンなど約 7 %)，グルコース(約 0.1 %)，脂質，無機塩類など						物質運搬，血液凝固，免疫

●組織液とリンパ液

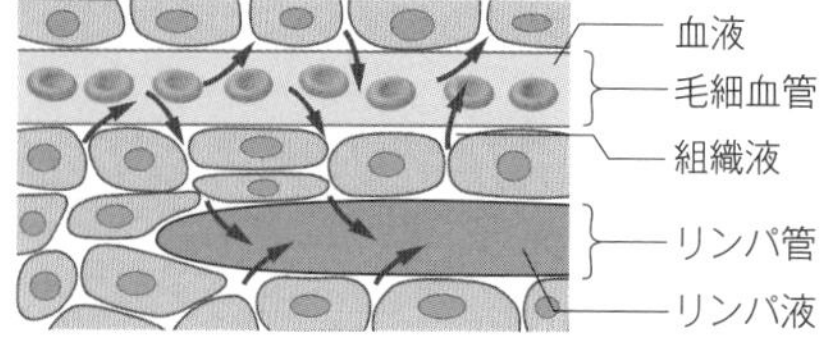

血管内を流れる血しょうの一部は毛細血管からしみ出て**組織液**となり，組織の細胞間を満たす。組織液の一部はリンパ管に入って**リンパ液**となる。リンパ液はリンパ管を流れて，最終的には心臓に近い静脈(**鎖骨下静脈**)の血液に合流する。

(3)体液の循環 脊椎動物の循環系には，**血管系**と**リンパ系**がある。

血管系：血管・心臓などからなり，血液を循環させる。

リンパ系：リンパ管・リンパ節などからなり，リンパ液が流れる。脊椎動物にのみ存在。

●ヒトの心臓

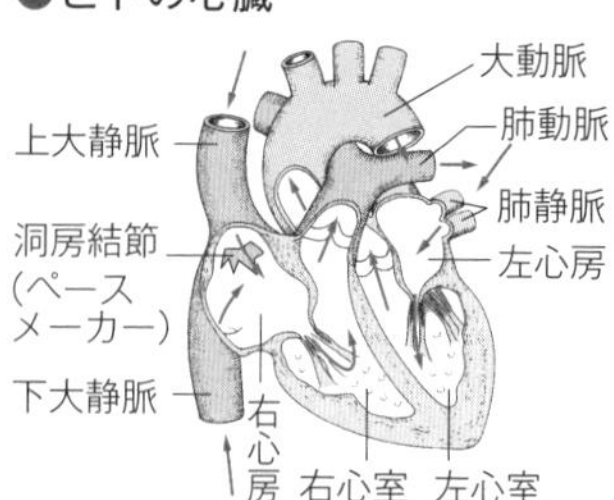

ヒトの心臓は**2心房2心室**で，循環経路には**体循環**と**肺循環**がある。右心房上部の**洞房結節(ペースメーカー)**から出される電気信号のリズムに基づいて，心臓は規則正しく自発的に拍動する(**自動性**)。

●ヒトの循環系

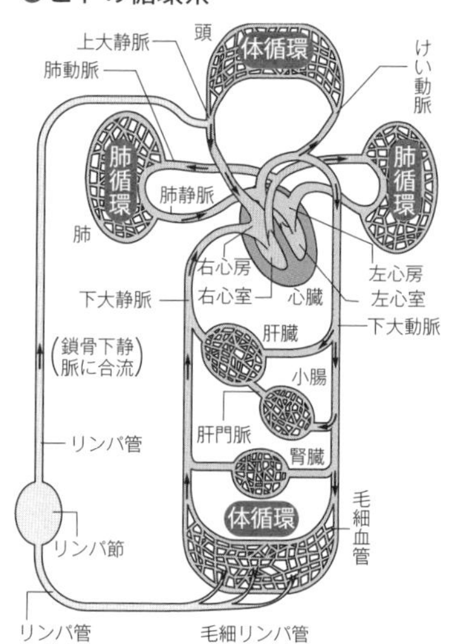

●ヒトの血液の循環経路

体循環：→左心室→大動脈→全身→大静脈→右心房→

肺循環：→右心室→肺動脈→肺→肺静脈→左心房→

●血管の構造

動　脈	厚い筋肉の層からなり，弾力性に富む。
静　脈	薄い筋肉の層からなる。**静脈弁**が逆流を防ぐ。
毛細血管	一層の薄い内皮細胞からなる。

(4)**酸素の運搬**　赤血球には**ヘモグロビン**と呼ばれる赤色の色素タンパク質が多く含まれ，肺やえらで血液中に取り込まれた酸素のほとんどはヘモグロビンと結合して各組織へ運搬される。

酸素濃度とヘモグロビンが酸素と結合する割合との関係を表したグラフを**酸素解離曲線**という。ヘモグロビンは酸素濃度の高い肺(肺胞)では酸素とよく結びついて**酸素ヘモグロビン**となり，酸素濃度の低い組織では酸素を離して各細胞に供給する。

●酸素解離曲線

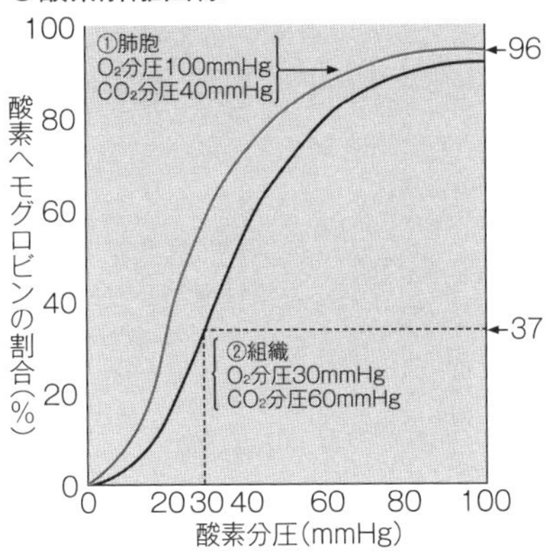

(5)**血液凝固**　出血すると，まず傷口に血小板が集まる。次いで，血管外に流出した血液中の血小板や血しょうに含まれる様々な凝固因子が作用し，繊維状のタンパク質である**フィブリン**が生成される。フィブリンは赤血球や白血球と絡み合い粘性の高い**血ぺい**を作って傷口をふさぐ。これを**血液凝固**という。フィブリンは傷口の血管が修復されると分解される。この現象を**線溶**(フィブリン溶解)という。血液を静置すると**血ぺい**(沈殿)と**血清**(上澄み)に分かれるが，これも血液凝固の働きによる。

●血液凝固のしくみ

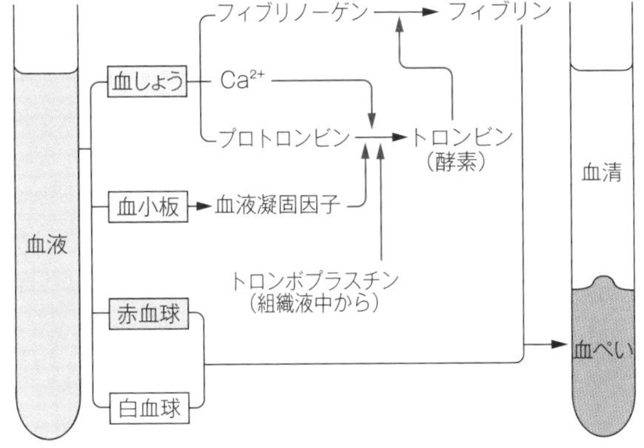

▶2 体液の調節

(1)体液を調節する器官

体液の恒常性の維持には，おもに肝臓と腎臓が働いている。

肝臓：消化管で吸収された物質を細胞内に取り入れて必要な物質に作りかえたり，不要な物質を分解することにより，血しょう中の成分の量を調節する。

腎臓：体液の水分量や塩類濃度を調節するとともに，血しょう中の不要な物質を排出する。

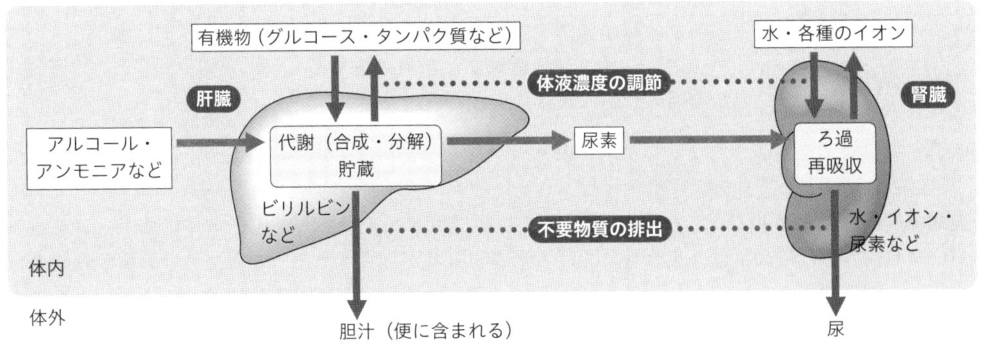

(2)**肝臓の構造と働き**　消化器官で栄養分を取り込んだ血液は肝門脈を通って肝臓へ送られる。肝臓を構成する約 50 万個の肝小葉では多様な化学反応が営まれ，血しょう中の成分が調節されている。

●**肝臓と消化器官**

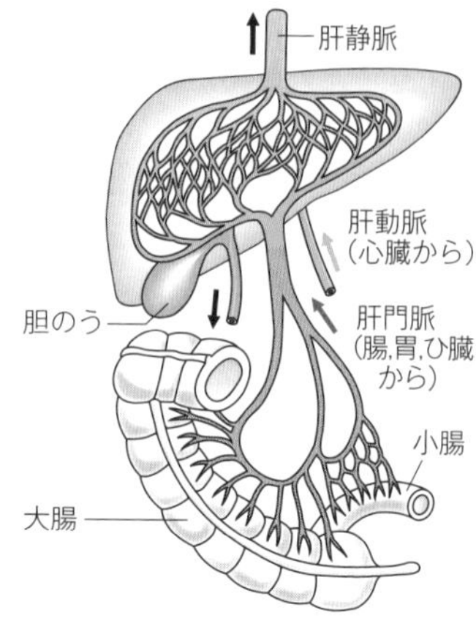

●**肝小葉の構造**

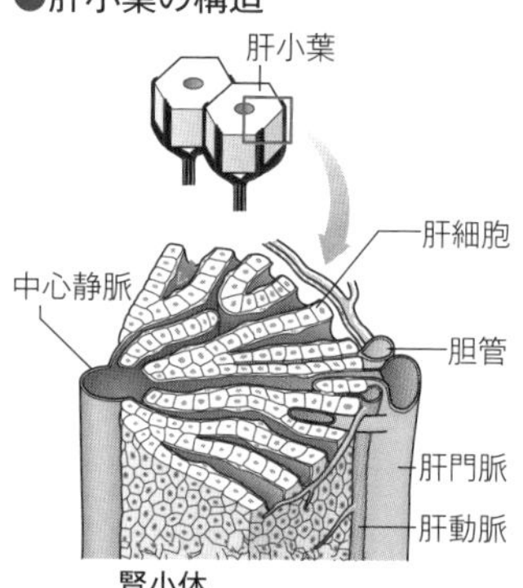

●**肝臓の働き**

血糖濃度の調　節	血液中のグルコースをグリコーゲンの形で貯蔵する。低血糖時には，貯蔵したグリコーゲンをグルコースに分解して血液に供給する。
タンパク質の合　成	血液中のアミノ酸からアルブミンやフィブリノーゲンなどのタンパク質を合成し，血液中に分泌する。
胆汁の合成	古くなって破壊された赤血球のヘモグロビンの分解産物であるビリルビンや胆汁酸を含む胆汁を生成する。胆汁は十二指腸に分泌され，脂肪の消化を促す。
解毒作用	有害物質を酵素反応によって無害化する。タンパク質の分解産物として生じる有害なアンモニアを毒性の低い尿素に変える。有害なアルコールを，アセトアルデヒドを経て，酢酸に変える。
発　熱	活発な代謝に伴い多量の熱が発生し，その熱が血液によって全身に運ばれるため，体温の維持に役立っている。

(3)**腎臓の構造と働き**　腎臓は血液の浄化と塩類濃度の調節を行っている。これらの働きは，**ネフロン**(**腎単位**)における血液の**ろ過**と有用成分の**再吸収**によって営まれている。

●**腎臓の構造**

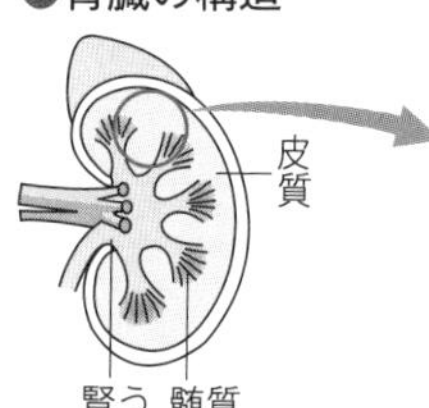

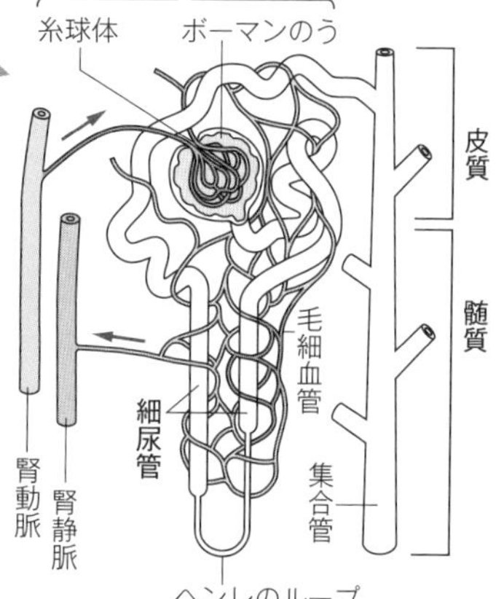

●**ネフロンの働き**

ネフロン	腎小体 (マルピーギ小体)	**糸球体**を流れる血液から，タンパク質を除く血しょう成分が**ボーマンのう**にこし出される(**ろ過**)。このろ液を**原尿**という。
	細尿管 (腎細管)	原尿が細尿管を通るときに，水・グルコース・アミノ酸・無機塩類などの有用成分が毛細血管内に回収される(**再吸収**)。

細尿管と**集合管**で再吸収されなかった水と余分な成分や老廃物は，**腎う**に集まり，**輸尿管**を経て**ぼうこう**に送られ，尿として体外に排出される。

●**塩類濃度の調節とホルモン**(→ p. 69)…体液の塩類濃度が高くなると，脳下垂体後葉から分泌されるバソプレシンの作用により，集合管における水の再吸収が促進される。また，体液の塩類濃度が低くなると，副腎皮質から分泌される鉱質コルチコイドの作用により，細尿管におけるナトリウムイオンの再吸収が促進される。

正誤Check

次の各文のそれぞれの下線部について，正しい場合は○を，誤っている場合には正しい語句を記せ。

1 生体内部の諸状態がほぼ一定に保たれていることを定常性またはホメオスタシスという。

2 脊椎動物の体液は，血液，細胞液，リンパ液に分けられる。

3 ヒトの血液は，細胞成分である血球と液体成分である ア組織液からなり，血球は体積比で血液の イ約45%を占める。

4 赤血球に含まれるヘモグロビンは，酸素濃度が ア高いと酸素と結びつきやすく，二酸化炭素濃度が イ低いと酸素と結びつきにくくなる。

5 血小板は，抗原抗体反応に重要な役割を果たしている。

6 リンパ液は，血液中の血しょう成分が血管壁から組織中へしみ出したものである。

7 組織液の一部はリンパ管に入ってリンパ液となるが，リンパ管は集合して鎖骨下動脈に接続し，リンパ液は血液と合流する。

8 哺乳類の心臓は2心房2心室であり，血液の循環経路は ア右心室→全身→右心房の体循環と イ左心室→肺→左心房の肺循環の2つからなる。

9 ア左心房上部の洞房結節にある心筋細胞群は イパラメーターとして働き，心臓のリズミカルな運動に深く関わっている。

10 静脈は動脈と比べて血圧が低く，血管内には逆流を防ぐための静脈弁がある。

11 血液が血管外へ出ると，繊維状のタンパク質である アフィブリノーゲンが生成され，これと血球が絡み合って イ血ぺいと呼ばれるかたまりを作る。血ぺいは傷口を塞いで出血を止める。

12 血液を試験管に入れて放置すると血液凝固を起こし，やがて，血ぺいと上澄みの血しょうに分離する。

13 血液中の余剰のグルコースは肝臓でグリコーゲンとして貯蔵される。

14 ア脂肪の分解で生じたアンモニアは，肝臓で イ尿酸に変えられる。

15 腎臓の機能的な単位である ア腎小体は，糸球体をボーマンのうが包み込んだ イネフロンとボーマンのうに続く細尿管からなる。

16 糸球体からボーマンのうへこし出される血しょう成分を原尿という。

17 血しょう中のグルコースは，原尿中に出ていくことはほとんどない。

18 原尿中のグルコースのほとんどは集合管で血液中に再吸収される。

19 ア脳下垂体前葉から分泌される イバソプレシンは，集合管に作用し，水の血液中への再吸収を促す。

20 ア副腎皮質から分泌される イ糖質コルチコイドは，細尿管に作用し，ナトリウムイオンの血液中への再吸収を促す。

---

1 ×→恒常性

2 ×→組織液

3 ア ×→血しょう
イ ○

4 ア ○
イ ×→高い

5 ×→血液凝固

6 ×→組織液

7 ×→鎖骨下静脈

8 ア ×→左心室
イ ×→右心室

9 ア ×→右心房
イ ×→ペースメーカー

10 ○

11 ア ×→フィブリン
イ ○

12 ×→血清

13 ○

14 ア ×→タンパク質
イ ×→尿素

15 ア ×→ネフロン(腎単位)
イ ×→腎小体

16 ○

17 ×→タンパク質

18 ×→細尿管

19 ア ×→脳下垂体後葉
イ ○

20 ア ○
イ ×→鉱質コルチコイド

正誤Check

3章 ヒトのからだの調節

標準問題

58 ［体液の組成と働き］ 次の文章を読み，下の問いに答えよ。

生物には，デリケートな細胞の構造を維持し，その中で行われる複雑な代謝を円滑に進めるために体内の諸状態を一定に保つ働きが備わっており，この性質を［ア］またはホメオスタシスと❶呼んでいる。脊椎動物では，ほとんどの細胞は直接に外界の影響を受けることなく，血液や組織液，［イ］などの体液❷(細胞外液)に浸っており，これらの体液の［ア］が図られることによって，個々の細胞は好適な条件のもとで円滑な活動を営むことが可能となっている。体液は，栄養物質や老廃物など，様々なものを運搬しながら循環し，［ウ］環境として機能している。

血液は細胞成分である血球❸と液体成分である［エ］からなる。血球には赤血球，白血球，血小板があり，赤血球はおもに［オ］の運搬，白血球は生体防御，血小板は［カ］反応においてそれぞれ重要な役割を果たしている。これらの血球は，いずれも［キ］で作られ，古くなったものはひ臓および［ク］で破壊，処理される。［エ］は，その90％は水で，タンパク質や［ケ］，脂質，無機塩類などの有用成分，［コ］やアンモニアなどの老廃物，ホルモンや熱を運搬するほか，免疫や［カ］にも深く関わっている。

(1) 文中の**ア**～**コ**に適語を入れよ。

(2) 組織液および空欄**イ**には存在しない血球をすべて答えよ。

(3) ヒトの血球のうち，核のないものをすべて答えよ。

(4) 赤血球に含まれ，空欄**オ**の運搬に働く赤色色素の名称を答えよ。

(5) ふつう，血液から組織液中には出ることのない空欄**エ**の成分は何か答えよ。

❶ p.58
要点Check ▶1
p.61
正誤Check 1

❷ p.58
要点Check ▶1
p.61
正誤Check 2

❸ p.58
要点Check ▶1
p.61
正誤Check 3

59 ［血液の循環］ 次の文章を読み，下の問いに答えよ。

心臓❶は，収縮と弛緩を絶え間なく繰り返しながら，体中に血液を循環させるポンプとして働いている。ヒトの場合，心臓のこうしたリズミカルな運動は，心臓の［ア］の上部の洞房結節にある一群の細胞の自発的な収縮に基づいている。このため，洞房結節は［イ］とも呼ばれている。ただし，運動時と安静時で拍動の頻度が変化するのは，［イ］に接続する［ウ］神経の働きによる。

ヒトの血液循環の経路❷は，肺をめぐる肺循環と，その他の組織をめぐる［エ］の2つの系統からなる。肺循環の場合，心臓の［オ］を出た血液は肺動脈を通って肺の肺胞を流れたあと，肺静脈を経由して心臓の［カ］に流れ込む。一方，［エ］では，心臓の［キ］を出た血液は大動脈を通って各組織を流れたあと，大静脈を経由して心臓の［ア］に流れ込む。

(1) 文中の**ア**～**キ**に適語を入れよ。

(2) 図❸はヒトの心臓を模式的に示したものである。図のe～hの各部の名称を答えよ。

(3) 図のhを出た血液が再びhに戻るまでの経路を，図のa～hを順に並べて示せ。

(4) 図のa～hのうち，静脈血が流れるのはどの部位か，記号で答えよ。

(5) 図のgとhで，外壁の心筋が厚いのはどちらと考えられるか，記号で答えよ。また，その理由を簡潔に述べよ。

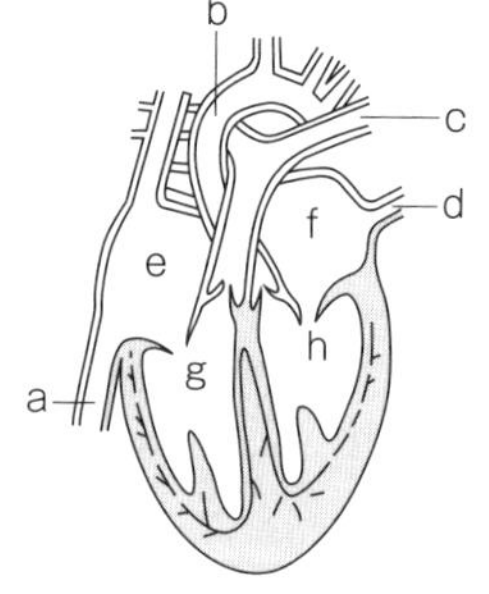

❶ p.58
要点Check ▶1
p.61
正誤Check 8, 9

❷ p.58
要点Check ▶1
p.61
正誤Check 8

❸ p.58
要点Check ▶1

60 ［酸素解離曲線］ 次の文章を読み，下の問いに答えよ。

ヒトの肺で取り込まれた酸素は，赤血球に含まれるヘモグロビンにより血液の循環を通して効率よく各組織に運ばれる。ヘモグロビンは，酸素と結合して酸素ヘモグロビンとなるが，酸素ヘモグロビンの割合は，酸素濃度が高いほど［ア］く，二酸化炭素濃度が高いほど［イ］くなる。

(1) 文中の**ア**，**イ**に適語を入れよ。

(2) 図は，ヘモグロビンの酸素解離曲線❶である。酸素分圧が 100mmHg，二酸化炭素分圧が 40mmHg の肺胞にあった血液が，酸素分圧が 30mmHg，二酸化炭素分圧が 70mmHg の組織に移動すると，肺胞でヘモグロビンと結合していた酸素の何％が組織で解離するか。小数点以下を四捨五入して答えよ。 （2020 静岡大改）

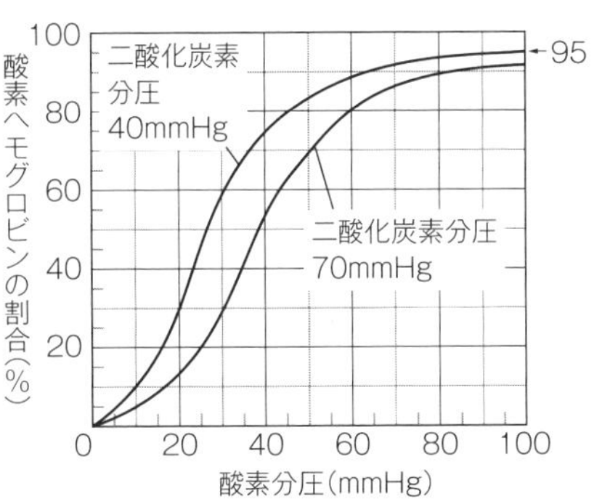

❶ p.59 要点Check▶1

61 ［血液凝固］ 次の文章を読み，下の問いに答えよ。

血管が傷つくと，2段階のしくみによって血液の流出が抑えられる。まず，血管の損傷箇所に［ア］が集合して塊を形成して傷口を塞ぐ。次に，［ア］や血しょうに含まれる様々な因子の作用により血しょう中のフィブリノーゲン❶というタンパク質が繊維状の［イ］に変えられる。［イ］は赤血球や白血球などを絡め取って［ウ］と呼ばれる凝固塊を形成し，この［ウ］が出血箇所を塞ぐ。血管が修復されると，［イ］は分解され，［ウ］は取り除かれる。

(1) 文中の**ア**～**ウ**に適語を入れよ。

(2) 空欄**ウ**が形成される一連の反応を何というか答えよ。

(3) 下線部の現象を何というか答えよ。

❶ p.59 要点Check▶1

62 ［腎臓の構造と働き］ 次の文章を読み，下の問いに答えよ。

図❶は，腎臓❷の機能上の単位である［ア］の構造を模式的に表したものである。血液が［イ］を流れる際，［ウ］を除く血しょうの成分はボーマンのうへとろ過❸される。このろ液を［エ］というが，［エ］は［オ］および集合管を通るときに，水と有用成分のほとんどが毛細血管内に再吸収❹されるため，$_a$尿素やアンモニアなどの老廃物が濃縮され，尿として体外へ排出される。このように，腎臓は，老廃物を排出するとともに，$_b$水や無機塩類の再吸収量を調節することによって血液の［カ］を調節するという働きも合わせもっている。

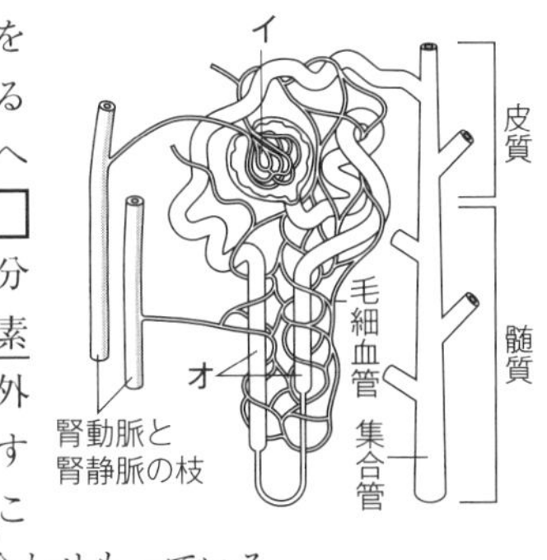

(1) 文中の**ア**～**カ**に適語を入れよ。

(2) 下線部**a**に関して，尿素はどこで何から生成されるか。

(3) 下線部**b**に関して，水の再吸収を促すホルモン❺の名称と，このホルモンを分泌する部位の名称を答えよ。

❶ p.60 要点Check▶2
❷ p.60 要点Check▶2 p.61 正誤Check 15, 16, 17, 18
❸❹ p.60 要点Check▶2 p.61 正誤Check 16, 17, 18
❺ p.60 要点Check▶2 p.61 正誤Check 19

63 ［腎臓の働き］ 表は，ある健康なヒトの血しょう，原尿，尿のそれぞれに含まれる成分の濃度を示したものである。次の問いに答えよ。

❶ p.60
要点Check▶2

成　分	血しょう (mg/mL)	原尿 (mg/mL)	尿 (mg/mL)
タンパク質	80.0	**ア**	0
グルコース	1.0	**イ**	**ウ**
尿素	0.2	0.2	14.0
尿酸	0.03	0.03	0.4
クレアチニン	0.01	0.01	0.8
NH^{4+}	0.01	0.01	0.4
Na^+	3.0	3.0	3.5
Cl^-	3.7	3.7	6.0
K^+	0.2	0.2	1.5
Ca^{2+}	0.1	0.1	0.2

(1) 表中の**ア**～**ウ**の値を答えよ。

(2) 原尿の成分の中で，細尿管および集合管における再吸収率が最も大きいものは何か。

(3) 血しょうの成分の中で，尿中に最も濃縮されて排出されるものは何か。また，その濃縮率は何倍になるか。

64 ［肝臓の働き］ 図は，ヒトの血管系の一部を模式的に示したものである。この図を参考にしながら次の文章を読み，下の問いに答えよ。

❶ p.60
要点Check▶2

肝臓は，極めて多様な機能を営む人体最大の器官であり，様々な物質の合成や分解を通して，体液の恒常性の維持において重要な役割を果たしている。そのおもな働きは次のとおりである。

① 活発な化学反応に伴って発生する熱により［ア］の維持に役立つ。

② 肝臓に流入する血液の通る血管には［イ］と［ウ］があるが，小腸で吸収されたグルコースは［ウ］を経て肝臓に入り，その一部は［エ］に変えられて肝臓に貯蔵される。必要に応じて［エ］を分解してグルコースを血液中に放出することにより［オ］を調節する。

③ 血液成分の運搬に関わるアルブミン，血液凝固反応に関わるフィブリノーゲンやプロトロンビンなど，血しょう中に含まれるタンパク質を合成する。

④ a有害な物質を無害な物質に変える作用がある。たとえば，タンパク質やアミノ酸の分解によって生じる有害な［カ］は毒性の低い［キ］に変えられる。

⑤ 胆汁を生成する。胆汁は，b黄色の色素，その他の代謝産物を含み，［ク］に一時的に蓄えられた後，十二指腸に分泌される。胆汁に含まれる胆汁酸は，［ケ］の乳化を促進し，その消化を助ける。

⑥ 多量の血液を貯蔵して循環血液量を調節する。

(1) 文中の**ア**～**ケ**に適語を入れよ。

(2) 下線部aの作用を何というか。

(3) 下線部bの色素は便や尿の色のもとにもなる。この色素は何と呼ばれるか。また，この色素は何に由来するか。

(4) 小腸を流れた血液は，そのまま心臓に戻ることはなく，肝臓を経由する。その理由として考えられることを，上記の文章を参考にして述べよ。

■ 演習問題

65 ［血液循環］ 次の文章を読み，下の問いに答えよ。

ヒトの全身を流れる血液の量は，体重の約 13 分の 1 を占める。この血液の流量の調節は，心臓の拍動の頻度や収縮力の強弱を調節することで行われている。また，組織や器官ごとへの血流量の調節は，各臓器の毛細血管への入口の大きさを変えることで行われている。

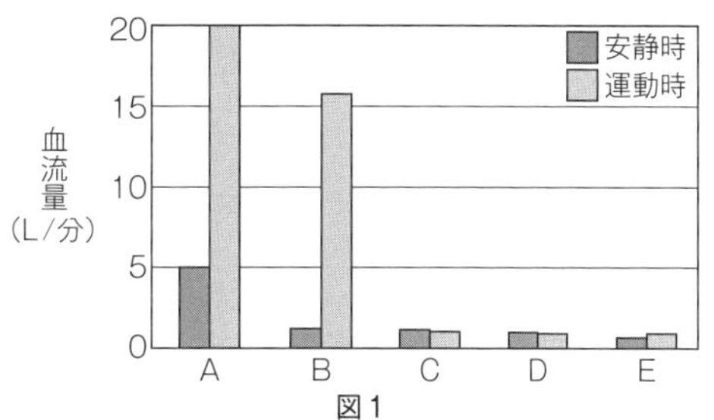

図 1

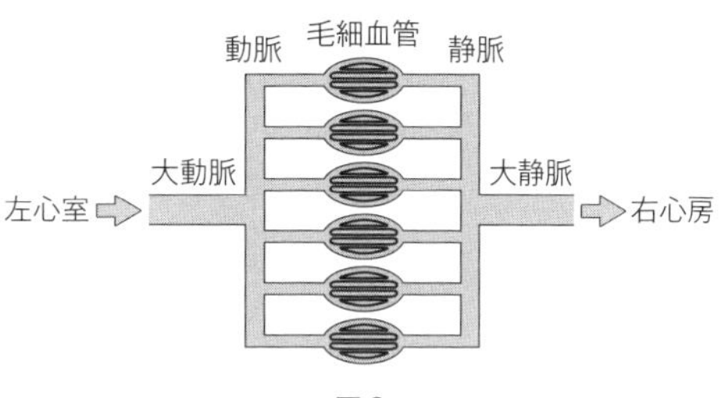

図 2

問 1 図 1 は，ヒトの安静時と運動時の主要な臓器(脳，肺，腎臓，肝臓と消化管，骨格筋)の血流量を示している。グラフの A と B はどの臓器の血流量を示しているか，それぞれ選んで答えよ。また，そのように考えた理由を述べよ。

問 2 血液量と血流量から計算すると，左心室を出た血液が再び左心室に戻る時間はどのくらいになると推定されるか。計算して答えよ。ただし，体重は 65kg，血液の密度は 1g/1mL，血流量は図 1 の安静時の値とする。

問 3 図 2 は，ヒトの左心室から右心房までの体循環の血管系の模式図である。また，表は各血管部位の性質をまとめたものである。安静時において，大動脈での平均血流速度が 20cm/ 秒であるとすると，毛細血管での血流速度はどのような値であると推定されるか。計算して答えよ。

	内径(mm)	総断面積(cm²)	血液量(%)	血圧(mmHg)
大動脈	25	5	8	100
動脈	0.03	40	7	50
毛細血管	0.008	2500	5	20
静脈	0.04	250	25	15
大静脈	30	7	35	5

（2018 金沢大改）

66 ［心臓の構造と働き］ 次の文章を読み，下の問いに答えよ。

図はヒトの心臓の左心室内における圧変化と容積変化の関係を模式的に示している。血液は左心房から房室弁を通って左心室に入り，大動脈弁を通って左心室から出ていく。図において，心臓が収縮を始めると，左心室内の圧が**ア**から**イ**へと上昇し，続いて左心室内の容積が**イ**から**ウ**を通って**エ**へと減少する。弛緩が始まると，左心室内の圧が**エ**から**オ**へと低下し，続いて左心室内の容積が**オ**から**ア**へと増加する。こうして心臓の収縮と弛緩の一つのサイクルが終了する。房室弁と大動脈弁は血液の逆流を防ぐ。

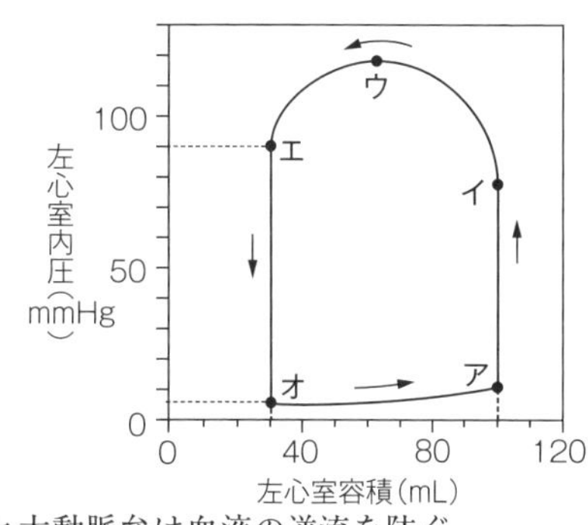

問 1 図の曲線が下線部のように**エ**から**オ**へと変化するとき，房室弁と大動脈弁はそれぞれどのような状態にあるか。「開いている」または「閉じている」のいずれかで答えよ。

問 2 ヒトの血圧は，心臓が大動脈内に血液を送り出すことに伴って上昇し，その後は降下していく。このため，心臓が収縮と弛緩を繰り返すとき，大動脈内の血圧は上昇と降下を繰り返すことになる。心臓に近接する大動脈内の血圧が最低となる時期として最も適当なものは図の**ア**～**オ**のうちどれか。

（2015 東北大改）

67 ［酸素の運搬］ 次の文章を読み，下の問いに答えよ。

ヒトの肺から取り込まれた a 酸素は血液の循環によって体内の他の組織に運搬される。血液中での酸素運搬を担うのは，b 赤血球に含まれるヘモグロビンであり，酸素濃度が高い肺の毛細血管では，酸素と結合したヘモグロビン（酸素ヘモグロビン）の割合が高くなるが，酸素濃度が低い組織では，酸素ヘモグロビンの割合が低くなる。肺と組織での酸素ヘモグロビンの割合のこうした差は，ヘモグロビンによって肺から組織へと運ばれる酸素の量に対応する。ヘモグロビンは，c ある金属元素を含むヘムと呼ばれる赤い色素と，グロビンと呼ばれるタンパク質からできているが，成人のヘモグロビンと胎児のヘモグロビンでは，その構造に違いがあり，酸素との結合のしやすさが異なる。このため，d 胎盤において胎児と母体の間で酸素の受け渡しを行う際に，母体が運んできた酸素を胎児のヘモグロビンが受け取りやすくなっている。

問 1 下線部 **a** について，酸素を多く含む鮮紅色の血液と，酸素が少なく暗赤色の血液はそれぞれ何と呼ばれるか。

問 2 下線部 **b** について，ヒトの赤血球の形状および内部構造の特徴を簡潔に述べよ。

問 3 下線部 **c** について，ヘモグロビンに含まれる金属元素は何か，答えよ。

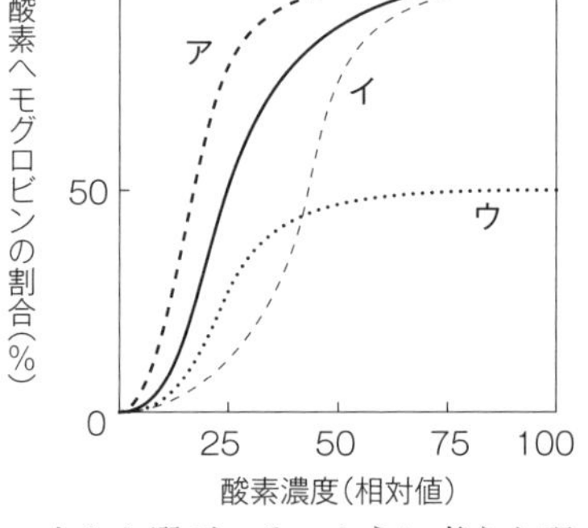

問 4 下線部 **d** について，成人と胎児のヘモグロビンの性質の違いは，図のような，酸素濃度と全ヘモグロビンに対する酸素ヘモグロビンの割合との関係（酸素解離曲線）から理解できる。成人におけるヘモグロビンの酸素解離曲線が図の実線で示した曲線のようになるとき，胎児におけるヘモグロビンの酸素解離曲線と考えられるものを図中の 3 つの曲線**ア**，**イ**，**ウ**の中から選び，そのように考えた理由を述べよ。ただし，胎盤の酸素濃度（相対値）は約 30 である。

問 5 ヘモグロビンと酸素との結合は赤血球中の BPG と呼ばれる物質によって調節されており，BPG 濃度と酸素濃度，全ヘモグロビンに対する酸素ヘモグロビンの割合（%）の関係は表のようになる。ヒトの赤血球中の BPG 濃度は低地（海抜 0 m）では 1 リットルあたり 1.2 グラム（1.2g/L）だが，高地（海抜 4500 m）では 2.0g/L である。低地での肺の酸素濃度を 100，高地での肺の酸素濃度を 55，低地および高地での組織の酸素濃度を 30 として，次の(1)～(5)に答えよ。

異なる BPG 濃度と酸素濃度における全ヘモグロビンに対する酸素ヘモグロビンの割合（%）

BPG 濃度 (g/L)	酸素濃度（相対値）		
	30	55	100
0	99 %	99 %	99 %
1.2	60 %	88 %	97 %
2.0	48 %	84 %	96 %

(1) 低地での，肺および組織における全ヘモグロビンに対する酸素ヘモグロビンの割合はそれぞれ何%か。

(2) 低地では，全ヘモグロビンの何%が肺から組織へと運ばれる間に酸素と解離するか。

(3) 高地では，全ヘモグロビンの何%が肺から組織へと運ばれる間に酸素と解離するか。

(4) 高地での BPG 量が低地と同じ 1.2 g/L だとしたら，高地では全ヘモグロビンの何%が肺から組織へと運ばれる間に酸素と解離すると考えられるか。ただし，BPG は肺や組織の酸素濃度に影響を与えないものとする。

(5) BPG の有無や BPG が低地と高地で変化することで，ヒトの体内でのヘモグロビンによる酸素運搬はどのように影響されると考えられるか説明せよ。

（2018 奈良女大改）

68 ［血液凝固］ 次の文章を読み，下の問いに答えよ。

血小板には，血管が傷ついて出血したとき，2つの方法により，傷口を塞いで止血する働きがある。血管が傷つくと，血小板はその箇所に集合して血管の内部から傷口を塞ぐ。一方，血管外に出た血液は，血小板から放出された物質が血液中の他の物質と複雑に関わりながら血液凝固反応と呼ばれる化学反応を起こし，最終的に［ア］と呼ばれる凝固塊ができる。この［ア］によって血管の外から蓋をして血液の流出を止める。ヒトの中には血液凝固反応に関わる因子の一部が先天的に不足しているために，けがをした際，出血が止まりにくい場合がある。こうした遺伝性の疾患は［イ］と呼ばれる。

血液中には肝臓から血液凝固を抑制する［ウ］と呼ばれる物質が分泌されているが，何らかの原因で，血管内で血小板凝集や血液凝固が起こることがある。こうしてできた塊が血管を塞いだものを［エ］という。脳の血管に［エ］が詰まって起こる障害を脳梗塞，心臓の組織に血液を供給する冠動脈に［エ］が詰まって起こる障害を［オ］と呼んでいる。

問1 文中の**ア**～**オ**に適語を入れよ。

問2 図は，血液凝固反応の概略を示したものである。図中の**カ**～**ク**に適当な物質名を記せ。

問3 血液凝固反応の進行を阻止または抑制する方法として考えられることを3つ記せ。

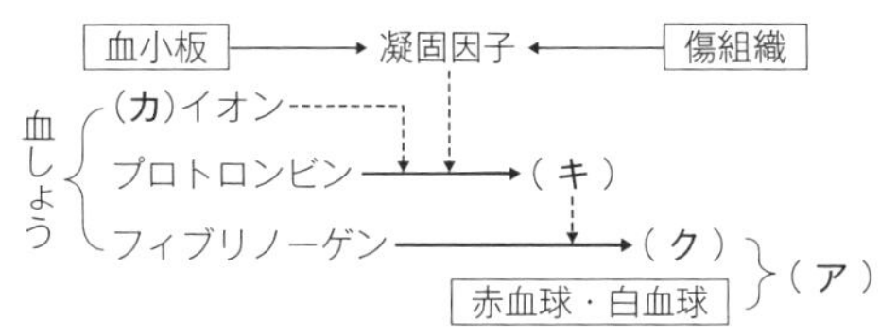

69 ［腎臓の働き］ 腎臓の働きに関し，下の問いに答えよ。

問1 図は腎臓におけるろ過と再吸収の過程を示す模式図であり，表1は図の(A)～(D)の各部位から採取した液体の成分を示したもので，その液体中に豊富に含まれる成分を○で示している。次の(1)および(2)に答えよ。

(1) 表1の**ア**～**エ**は，それぞれ図の(A)～(D)のどの部位を流れる液体か，記号で答えよ。

(2) 体液が減少したとき，水の再吸収を促すホルモンを2つあげ，それぞれを分泌する部位を答えよ。

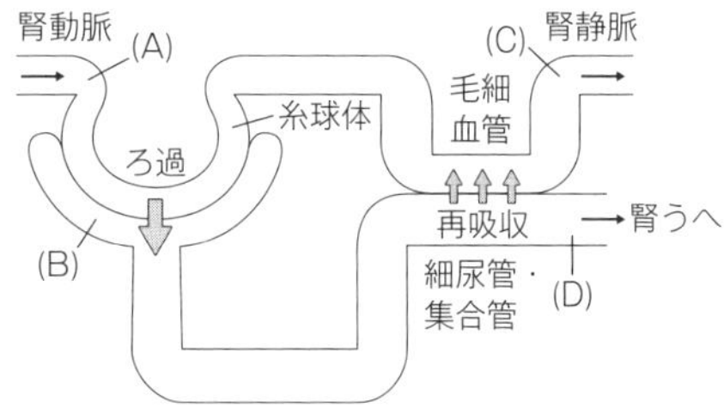

表1

	無機塩類	タンパク質	グルコース	尿素
ア	○			○
イ	○		○	○
ウ	○	○	○	○
エ	○	○	○	

問2 イヌリンは植物由来の水溶性の糖で，ヒトの体内では利用されず，腎小体でろ過された後，細尿管や集合管で再吸収されずに尿中に排出される。健康なヒトの静脈中にイヌリンを投与し，その後，血しょう，原尿および尿における尿素とイヌリンの濃度を調べたところ，表2に示す値が得られた。尿は1分間に1.00mL生成され，血しょう，原尿および尿の密度は1g/mLとして，次の(1)～(4)に答えよ。

(1) 1分間に生じる原尿の量は何mLか答えよ。

(2) 1分間に腎小体でろ過される尿素の総量は何mgになるか答えよ。

(3) 尿に含まれる尿素の量を考慮すると，尿素はある程度再吸収されていることになる。1分間に再吸収される尿素の量は何mgか答えよ。

(4) 水の再吸収率が1.0％減少すると，尿量は何倍になるか答えよ。

表2

成　分	血しょう(%)	原尿(%)	尿(%)
尿　素	0.030	0.030	2.0
イヌリン	0.010	0.010	1.0

＊それぞれの数値は質量パーセント濃度を示す。

（2019 大阪府立大改）

3章 ヒトのからだの調節

要点Check 2節 体内環境の維持のしくみ

▶1 情報の伝達

(1)**からだの調節のしくみ** 体内環境の変化の情報は，**間脳の視床下部**に集約される。その後，視床下部で生じた指令の情報は，**自律神経系**と，体液に分泌されるホルモンによる情報伝達系である**内分泌系**を介して，からだの各部へ伝えられる。

(2)**中枢神経と末梢神経** 神経系は，おもに神経細胞(ニューロン)によって作られる情報の伝達と情報の処理を行う動物の器官系である。脊椎動物の神経系は，脳と脊髄からなる**中枢神経系**および，中枢と各器官や組織をつなぐ**末梢神経系**に分けられる。

中枢神経系：脳と脊髄からなる。中枢神経系の大部分を占める脳は，大脳・間脳・中脳・小脳・延髄に分けられる。

末梢神経系：中枢神経系と各器官や組織をつなぐ。

体性神経系と**自律神経系**に分けられる。

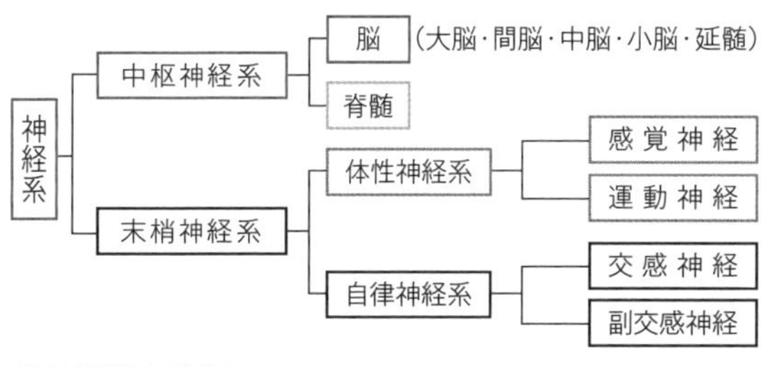

●神経系の分類

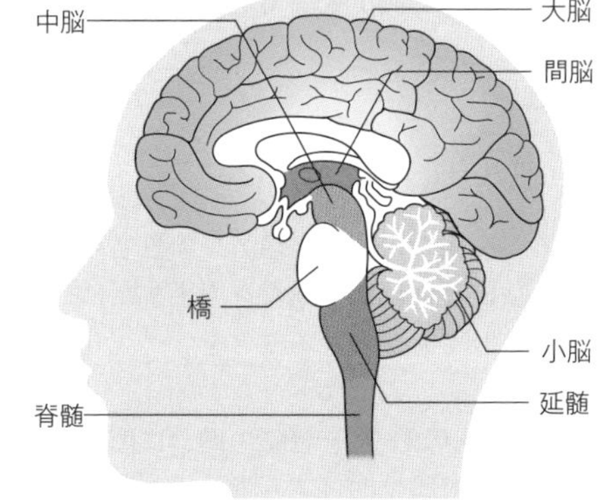

●ヒトの脳の構造

▶2 自律神経系による調節

(1)**自律神経系の分布**

自律神経系には交感神経系と副交感神経系の2つの経路がある。ほとんどの器官は両者による二重の調節を受けており，互いに対抗的に働き合って(拮抗作用)，それぞれの器官の活動を調節している。

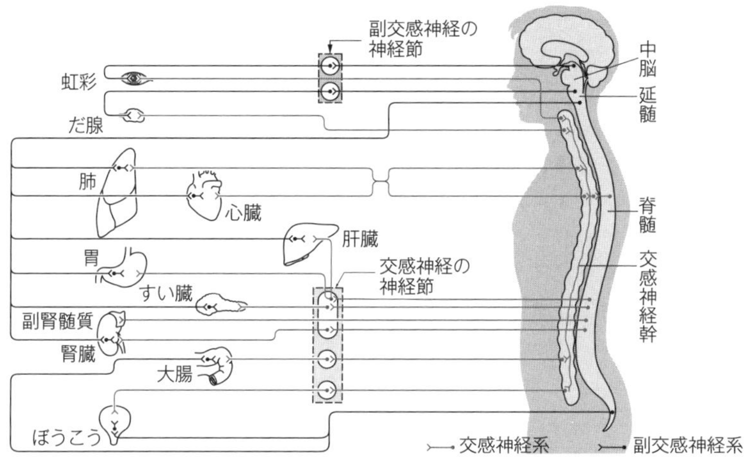

(2)**自律神経系の働き** 一般に，交感神経は活動時に，副交感神経は安静時に働く。

自律神経系	瞳孔	気管支	心臓の拍動	胃腸の運動	立毛筋	発汗	顔面の血管	呼吸	血圧	排尿	排便
交感神経系	散大	拡張	促進	抑制	収縮	促進	収縮	促進	上昇	抑制	抑制
副交感神経系	縮小	収縮	抑制	促進	—	—	拡張	抑制	低下	促進	促進

交感神経の末端からはノルアドレナリン，副交感神経の末端からはアセチルコリンと呼ばれる化学物質(神経伝達物質)が分泌される。各器官の活動は，これらの神経伝達物質によって調節されている。

▶3 内分泌系による調節

(1)**ホルモンの分泌**　内分泌腺の細胞から血液中に分泌され，ごく微量で大きな作用を示す調節物質をホルモンという。

●内分泌腺と外分泌腺

内分泌腺：排出管がなく，分泌物(ホルモン)は体液中に放出される。

外分泌腺：分泌物は**排出管**を通り，体表外へ放出される。汗腺・涙腺・だ腺など。

●ヒトの内分泌腺

脳下垂体
甲状腺
副甲状腺
(背面)
副腎
すい臓

●ホルモンの作用するしくみ

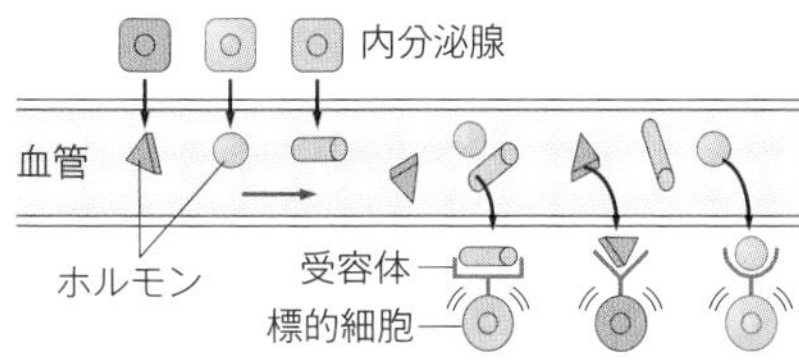

血液によって全身に運ばれたホルモンは，特定の器官(**標的器官**)に作用する。標的器官を構成する細胞(**標的細胞**)には**受容体**があり，受容体にホルモンが結合することで，それぞれの器官の働きを調節する。

●ヒトのおもなホルモンとその働き

内分泌腺		ホルモン	おもな働き
脳下垂体	前葉	成長ホルモン	骨・筋肉などの成長促進
		甲状腺刺激ホルモン	チロキシンの分泌促進
		副腎皮質刺激ホルモン	糖質コルチコイドの分泌促進
	後葉	バソプレシン	腎臓の集合管での水の再吸収促進，血圧の上昇
甲状腺		チロキシン	代謝促進，血糖濃度の上昇
副甲状腺		パラトルモン	血液中のカルシウムイオン(Ca^{2+})濃度の上昇
すい臓のランゲルハンス島	A細胞	グルカゴン	血糖濃度の上昇(グリコーゲンの分解促進)
	B細胞	インスリン	血糖濃度の低下(グリコーゲンの合成促進)
副腎	皮質	糖質コルチコイド	血糖濃度の上昇(タンパク質の糖化促進)
		鉱質コルチコイド	腎臓でのナトリウムイオン(Na^{+})の再吸収促進
	髄質	アドレナリン	血糖濃度の上昇(グリコーゲンの分解促進)

(2)**視床下部と脳下垂体**　**脳下垂体**は構造の異なる**前葉**と**後葉**の2つの部分からなり，様々なホルモンを分泌しているが，これらのホルモンの分泌は**間脳**の**視床下部**によって調節されている。

●**脳下垂体前葉のホルモン分泌**…視床下部にある神経分泌細胞から分泌される放出ホルモンや放出抑制ホルモンによって調節されている。

●**脳下垂体後葉のホルモン分泌**…視床下部にある神経分泌細胞で作られたホルモンが，神経細胞から伸びる軸索内を通って後葉から分泌される。

(3)**ホルモンの分泌量の調節**　ある反応の結果がその原因となる部分に作用することを**フィードバック調節**という。ホルモンの分泌量は，多くの場合，フィードバック調節によって調節されている。

●チロキシン分泌の調節

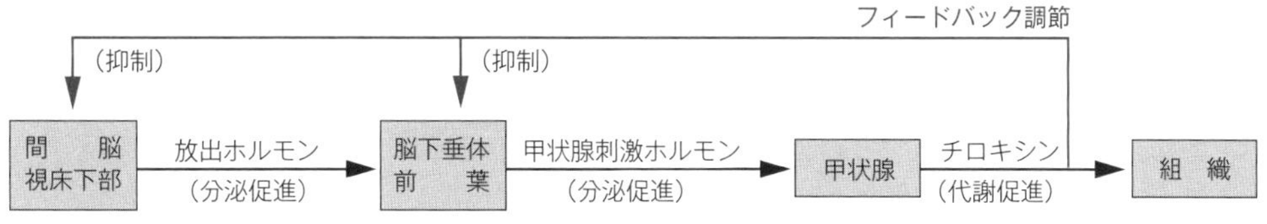

▶4 自律神経とホルモンによる調節

⑴**血糖濃度の調節** 血液中に含まれるグルコースを血糖といい，その量はヒトの場合，空腹時で血液 100mL あたり約 70 ～ 110mg(約 0.1 %)に調節されている。血糖濃度は自律神経系とホルモンがともに働くことで調節されている。

血糖濃度を低下させるホルモン…インスリン

血糖濃度を上昇させるホルモン…グルカゴン，アドレナリン，糖質コルチコイド

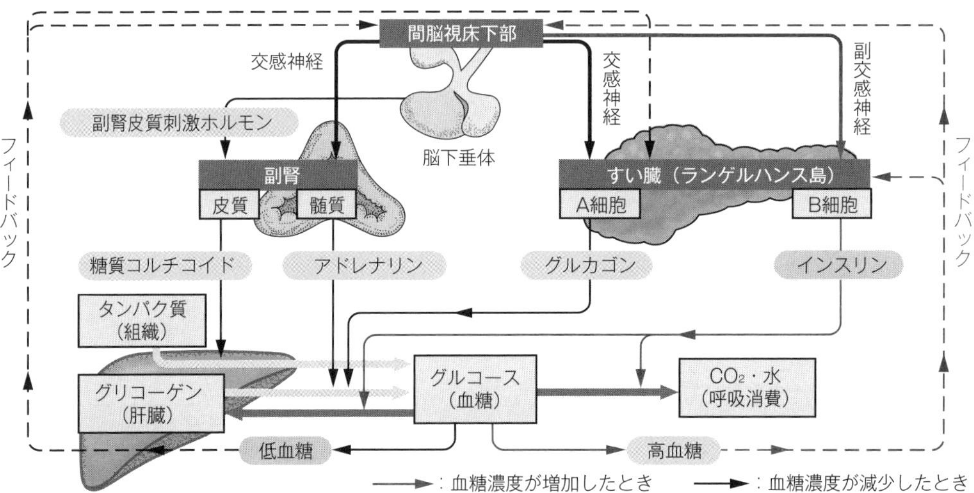

⑵**糖尿病** 血糖濃度が常に高い状態になると，尿中にグルコースが排出されるようになる。これを**糖尿**といい，糖尿や高血糖を症状とする慢性疾患を**糖尿病**という。しばしば，網膜症や神経障害などの合併症をともなう。

1型糖尿病：インスリンがほとんど分泌されなくなり，発症する。

2型糖尿病：インスリンが出にくくなったり作用しにくくなったりして発症する。

⑶**体温の調節** 恒温動物である哺乳類と鳥類の体温は，間脳の視床下部を中枢として一定に保たれている。

●**低温のとき**…皮膚の血管や立毛筋の収縮によって熱の放散が抑制される。また，肝臓や筋肉における代謝が盛んになり，熱の産生量が増加する。

●**高温のとき**…皮膚の血管の拡張や発汗によって，熱の放散が促進される。また，肝臓や消化器，心臓などの活動が抑制され，熱の産生が抑えられる。

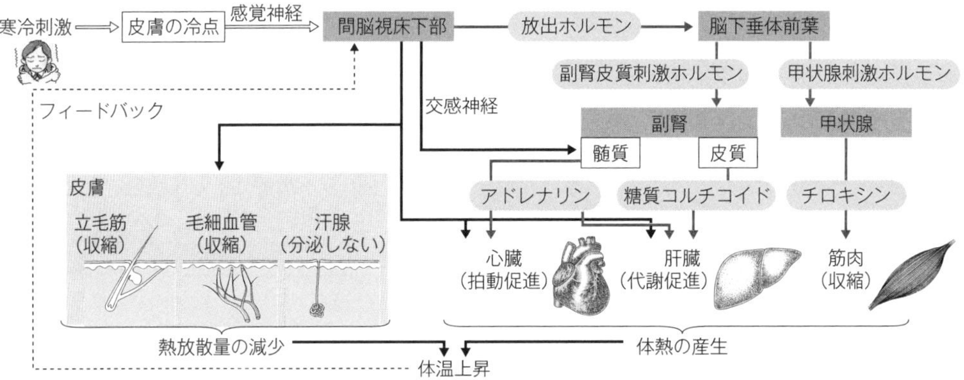

正誤 Check

次の各文のそれぞれの下線部について，正しい場合は○を，誤っている場合には正しい語句を記せ。

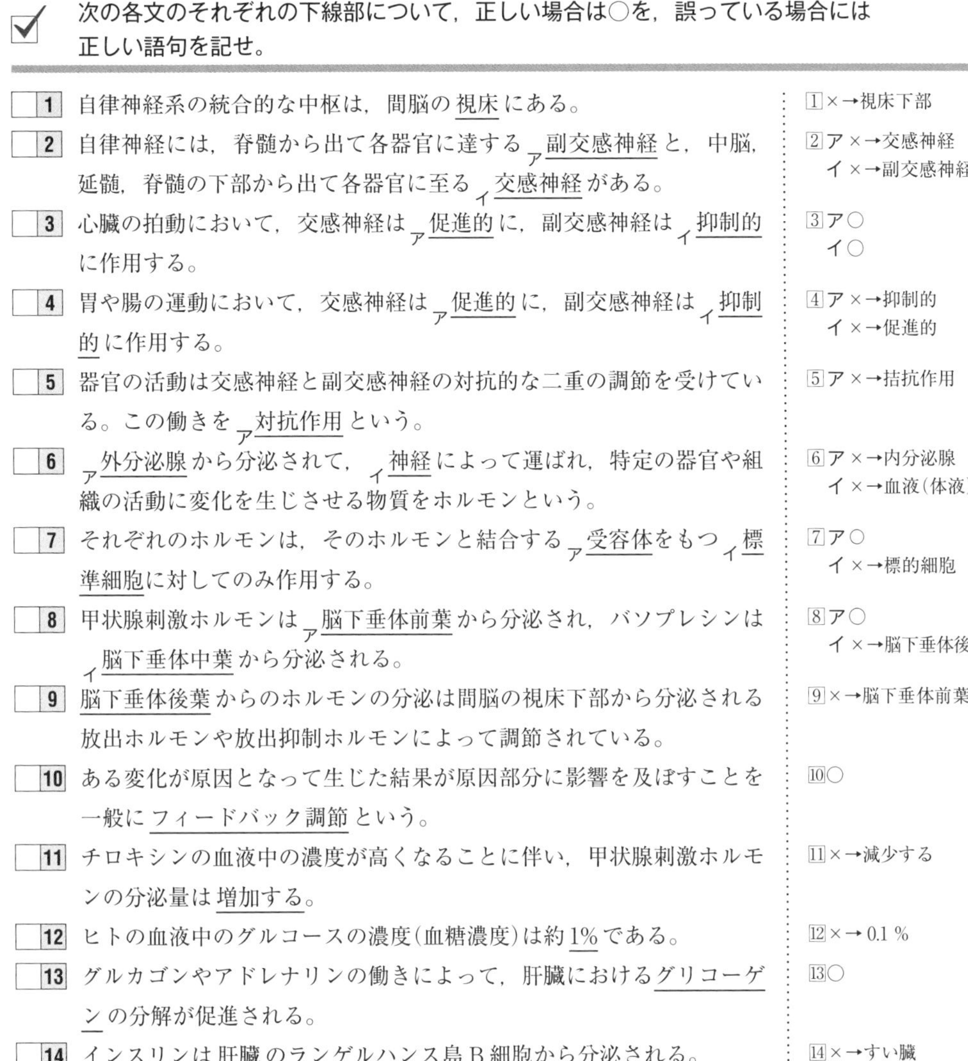

□ **1** 自律神経系の統合的な中枢は，間脳の視床にある。

□ **2** 自律神経には，脊髄から出て各器官に達する ア副交感神経 と，中脳，延髄，脊髄の下部から出て各器官に至る イ交感神経 がある。

□ **3** 心臓の拍動において，交感神経は ア促進的 に，副交感神経は イ抑制的 に作用する。

□ **4** 胃や腸の運動において，交感神経は ア促進的 に，副交感神経は イ抑制的 に作用する。

□ **5** 器官の活動は交感神経と副交感神経の対抗的な二重の調節を受けている。この働きを ア対抗作用 という。

□ **6** ア外分泌腺 から分泌されて，イ神経 によって運ばれ，特定の器官や組織の活動に変化を生じさせる物質をホルモンという。

□ **7** それぞれのホルモンは，そのホルモンと結合する ア受容体 をもつ イ標準細胞 に対してのみ作用する。

□ **8** 甲状腺刺激ホルモンは ア脳下垂体前葉 から分泌され，バソプレシンは イ脳下垂体中葉 から分泌される。

□ **9** 脳下垂体後葉 からのホルモンの分泌は間脳の視床下部から分泌される放出ホルモンや放出抑制ホルモンによって調節されている。

□ **10** ある変化が原因となって生じた結果が原因部分に影響を及ぼすことを一般に フィードバック調節 という。

□ **11** チロキシンの血液中の濃度が高くなることに伴い，甲状腺刺激ホルモンの分泌量は 増加する。

□ **12** ヒトの血液中のグルコースの濃度(血糖濃度)は約 1% である。

□ **13** グルカゴンやアドレナリンの働きによって，肝臓における グリコーゲン の分解が促進される。

□ **14** インスリンは 肝臓 のランゲルハンス島B細胞から分泌される。

□ **15** 食後，血糖量が増加すると，血液中のグルカゴンの濃度は ア増加 し，インスリンの濃度は イ減少 する。

□ **16** 血糖濃度が低下すると，ア副腎皮質 から糖質コルチコイドが分泌され，タンパク質からのグルコース合成が イ抑制 される。

□ **17** 体温の調節中枢は間脳の 視床下部 にある。

□ **18** 寒いときには，おもに 副交感神経 が働いて，肝臓や筋肉における熱の発生が促され，体表からの熱の放散が抑えられる。

□ **19** 暑いときには，体表の毛細血管が 収縮 するとともに，発汗が盛んになり，体表面からの熱の放散が促される。

---

1 ×→視床下部
2 ア ×→交感神経　イ ×→副交感神経
3 ア○　イ○
4 ア ×→抑制的　イ ×→促進的
5 ア ×→拮抗作用
6 ア ×→内分泌腺　イ ×→血液(体液)
7 ア○　イ ×→標的細胞
8 ア○　イ ×→脳下垂体後葉
9 ×→脳下垂体前葉
10 ○
11 ×→減少する
12 ×→ 0.1 %
13 ○
14 ×→すい臓
15 ア ×→減少　イ ×→増加
16 ア○　イ ×→促進
17 ○
18 ×→交感神経
19 ×→拡張

標準問題

70 ［自律神経系］ 自律神経系に関する次の文章を読み，下の問いに答えよ。

❶ p.68 要点Check▶2 p.71 正誤Check[1], [2]

自律神経系は❶ ［ア］ と ［イ］ からなり，［ア］ は脊髄の胸髄と腰髄から，［イ］ は中脳，延髄，および脊髄の仙髄から出て各器官に達する。一般に，同一の組織や器官に対して ［ア］ と ［イ］ の両方が分布して互いに対抗的な作用を及ぼす。自律神経系の中枢は間脳の ［ウ］ や中脳，延髄などのいわゆる脳幹にあり，心臓や肺，消化器の活動，血圧や体温の保持など，生命維持に必須の機能が自律的に調節されている。

(1) 文中の**ア**～**ウ**に適語を入れよ。

(2) 下線部の作用を一般に何というか。

(3) 次の表は，［ア］ と ［イ］ の働きをまとめたものである。表中の**エ**～**ケ**に適語(促進，抑制，収縮，拡張)を入れよ。

組織・器官	瞳孔	心臓(拍動)	胃(ぜん動)	気管支	皮膚血管	汗腺(分泌)	子宮	ぼうこう(排尿)
［ア］	拡大	**エ**	**カ**	**ク**	収縮	促進	収縮	抑制
［イ］	縮小	**オ**	**キ**	**ケ**	–	–	弛緩	促進

71 ［内分泌系］ ホルモンに関する次の文章を読み，下の問いに答えよ。

❶ p.69 要点Check▶3 p.71 正誤Check[7], [8], [9], [10]

人体には多数の内分泌腺があり，各種のホルモン❶が分泌されている。［ア］ 中に分泌されたホルモンは全身の組織に運ばれ，細胞の活動に一定の変化を起こさせる。しかし，ホルモンの種類により，a 作用を及ぼす対象となる細胞や組織，器官は異なる。それは，細胞の表面または内部にそのホルモンとだけ結合する ［イ］ が存在するからである。

ホルモンによる調節のしくみを内分泌系という。b 自律神経系と内分泌系は，情報の伝わり方や作用のしかたは異なるが，体内環境の恒常性は，両者が協調して働くことによって維持されている。

(1) 文中の**ア**，**イ**に適語を入れよ。

(2) 下線部**a**の細胞を一般に何というか答えよ。

(3) 次の**ウ**～**カ**のホルモンの働きを，下の①～④のうちからそれぞれ一つずつ選べ。

ウ バソプレシン　**エ** パラトルモン

オ インスリン　**カ** アドレナリン

① 心拍数の増加

② 血糖濃度の減少

③ Ca^{2+} 濃度の上昇

④ 腎臓での水の再吸収の促進

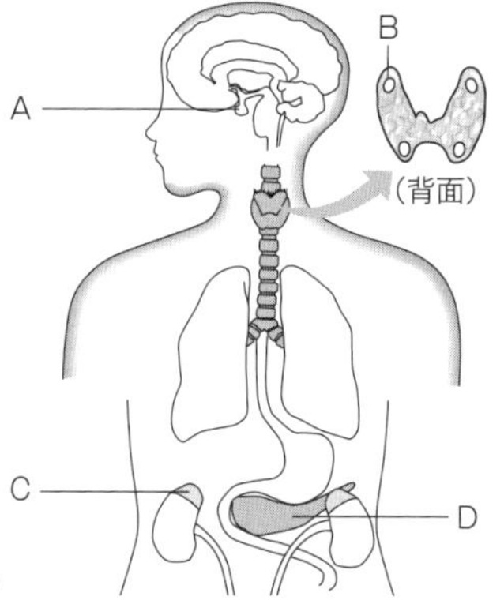

(4) (3)の**ウ**～**カ**を分泌する内分泌腺の名称を下の①～④のうちから，また，その場所を図の❷ A～Dのうちからそれぞれ一つずつ選べ。

❷ p.69 要点Check▶3

① すい臓(ランゲルハンス島)　② 副甲状腺

③ 脳下垂体(後葉)　④ 副腎(髄質)

(5) 下線部**b**について，自律神経系と内分泌系のそれぞれの特性を，比較しながら簡潔に述べよ。

72 ［視床下部と脳下垂体］ 次の文章を読み，下の問いに答えよ。

ヒトの［ア］の一部である視床下部❶には自律神経系と内分泌系の中枢があり，内臓や内分泌腺❷の働きや，体温・血糖濃度・摂食・睡眠などの調節を行っている。視床下部の神経細胞にはホルモンを合成・分泌する機能をもつものがある。この細胞は［イ］細胞と呼ばれ，脳下垂体［ウ］からのホルモン分泌を調節する放出ホルモンや❸［エ］ホルモン，および脳下垂体［オ］から直接分泌されるホルモンを分泌する(図参照)。［イ］細胞が分泌する視床下部ホルモンの主要なものは数個から数十個の［カ］が鎖状に結合したタンパク質である。

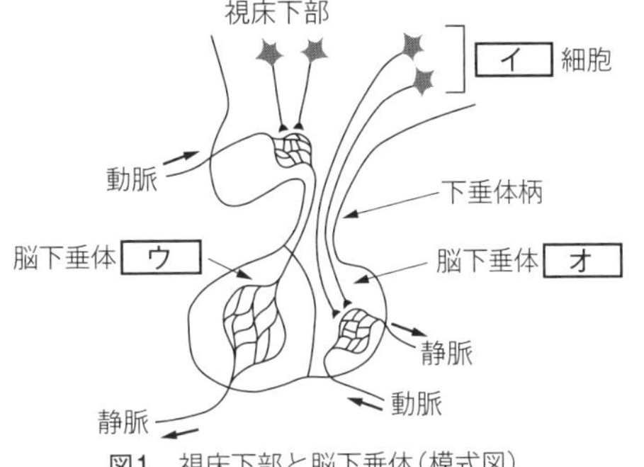

図1 視床下部と脳下垂体(模式図)

❶ p.68 要点Check▶1 p.71 正誤Check 1

❷ p.69 要点Check▶3 p.71 正誤Check 6

❸ p.69 要点Check▶3

脳下垂体［ウ］からのホルモン分泌を調節する視床下部ホルモンの存在は，ラット(ネズミの一種)を用いた実験，すなわち，視床下部と脳下垂体を連絡する部位(下垂体柄という)を通過するすべての神経細胞と血管を切断する手術を行うと，甲状腺や副腎などの萎縮がみられるということから明らかとなった。

(1) 文中の**ア**～**カ**に適語を入れよ。

(2) 下線部の実験について，下垂体柄の切断手術によって甲状腺の萎縮がみられるのは，脳下垂体［ウ］から分泌されるあるホルモンの分泌量が減少したためと考えられる。このホルモンの名称を答えよ。 (2010 名古屋大改)

73 ［ホルモン分泌の調節］ 次の文章を読み，図を参考に下の問いに答えよ。

間脳の視床下部には［ア］で作られるホルモンの分泌を調節する重要な役割がある。［ア］から分泌されたホルモンは，末梢内分泌腺に作用して末梢内分泌腺で作られるホルモンの分泌を調節している。副腎皮質から分泌されるホルモンは❶生体内のいろいろな組織において糖質代謝を調節していることから［イ］と呼ばれている。1936年にカナダのセリエによりストレスが動物の副腎を肥大させて副腎皮質から［イ］の分泌を増大させることが発見されると，このホルモンはストレスホルモンとも呼ばれるようになった。その後の研究により，ストレスにより脳が刺激されると視床下部から副腎皮質刺激ホルモン［ウ］ホルモンが放出され，このホルモンの作用によって［ア］からの［エ］の分泌が促され，その結果，［イ］の分泌量が増加することが明らかになった。一方，血中の［イ］の濃度が上昇すると，視床下部あるいは［ア］からのホルモンの分泌が抑えられ，ホルモンの過剰な分泌が起こらないように制御されている。

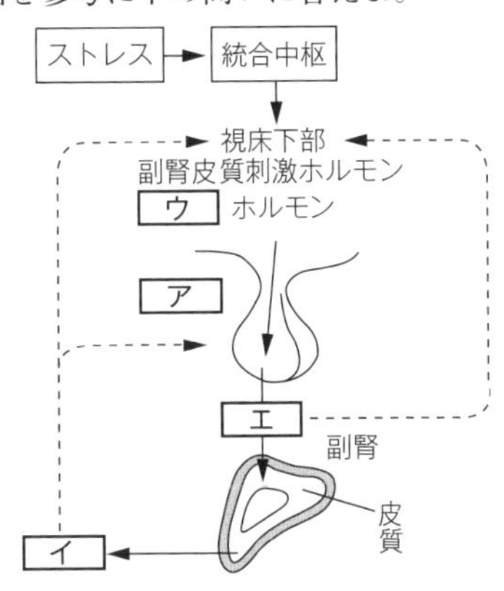

❶ p.70 要点Check▶4 p.71 正誤Check 16

(1) 文中の**ア**～**エ**に適語を入れよ。

(2) 下線部のような調節のしくみを一般に何というか答えよ。 (2008 早稲田大改)

3章 ヒトのからだの調節

74 ［血糖濃度の調節］ 図1は，血糖濃度の調節のしくみを模式的に表したものである。この図を参考にしながら次の文章を読み，下の問いに答えよ。

❶ p.70
要点Check▶4

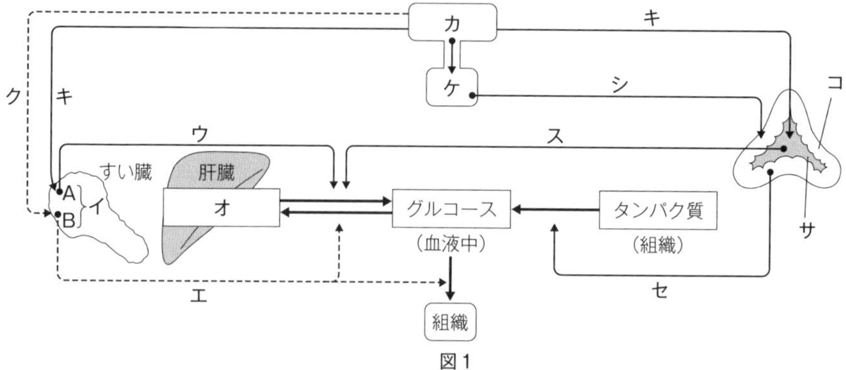

図1

ヒトの血液には，からだを構成する細胞の活動の主たるエネルギー源であるグルコースが一定量含まれており，その濃度を血糖濃度という。血糖濃度は，空腹時と食後，運動時と休息時では異なるものの，約 ［ア］ %前後に保たれている。血糖濃度の調節にはいくつかのホルモンが関わっているが，その中で中心的な役割を果たしているのは，すい臓にある ［イ］ のA細胞から分泌される ［ウ］ とB細胞から分泌される ［エ］ である。 ［ウ］ は肝臓の細胞に作用して細胞内に蓄えられている ［オ］ の分解を促し，血糖濃度を増加させる。これに対して ［エ］ は，肝臓の細胞に対しては ［オ］ の合成を促すとともに，脂肪細胞や筋細胞におけるグルコースの取り込みを促し，血糖濃度を低下させる。これらのホルモンの分泌の調節には自律神経が関与しており，間脳の ［カ］ で感知された血糖濃度の情報に基づき， ［キ］ は ［ウ］ の分泌を，また， ［ク］ は ［エ］ の分泌をそれぞれ促す。

❷ p.69
要点Check▶3

何らかの原因で血糖濃度が慢性的に高い状態になる疾患を糖尿病という。血糖濃度の高い状態が継続すると，毛細血管の内皮細胞が傷つき，やがて血行障害が起こる。そのため，糖尿病になると，足部の組織の壊死や腎症，網膜症などの様々な合併症が現れる。糖尿病は，原因の違いにより1型と2型に分類されるが，現在，社会的に問題になっているのは2型の糖尿病である。2型の糖尿病の患者は，肥満や生活の乱れなどに起因して， ［エ］ の分泌量が不足するか， ［エ］ が分泌されてはいるものの， ［エ］ の作用を受ける側の細胞の感受性が低下することによって発症するとされている。

❸ p.70
要点Check▶4

(1) 文中の**ア**～**ク**に適語または適当な数を入れよ。

(2) 図1の**ケ**～**サ**には内分泌腺の名称を，また，**シ**～**セ**にはホルモンの名称をそれぞれ記せ。

(3) 図2は食事の前後におけるグルコースおよび空欄**ウ**と空欄**エ**の血中濃度の変化を表したものである。空欄**ウ**の血中濃度の変化を表すグラフはa，bのうちのいずれか，記号で答えよ。

(4) 下線部に関して，1型の糖尿病の原因を簡潔に説明せよ。

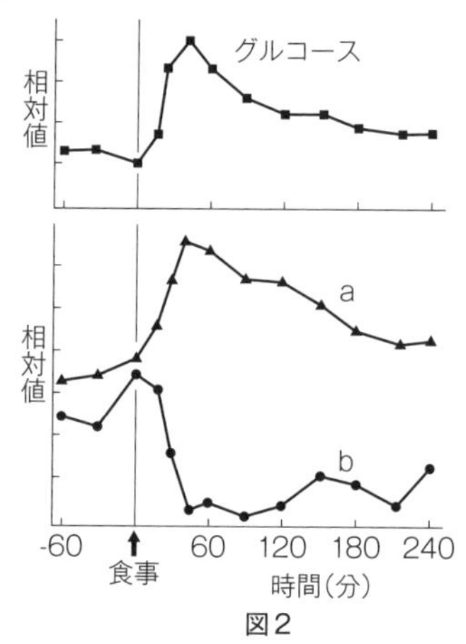

図2

演習問題

75 [自律神経の働き] 次の文章を読み，下の問いに答えよ。

ヒトの心臓の拍動は，右心房のある部分に生じた電気的な変化が他の部位に伝わることにより，心筋が規則的な収縮と弛緩を繰り返して起こす。心臓の拍動は，運動すると増加し，休息するともとに戻る。この拍動数の変化は，心臓に分布する自律神経系によって調節されている。心臓の拍動に対する自律神経の影響を調べるために，カエルの心臓を用いて以下の実験を行った。

まず，2匹のカエルから取り出した心臓(心臓Aと心臓B)を，図1のように細いガラス管でつなぎ，細管を通して生理的塩類溶液が心臓Aから心臓Bに流れるようにした。心臓Aにはそれにつながる神経Xと神経Yを残し，それぞれに刺激電極Ⅰ，Ⅱを取りつけた。

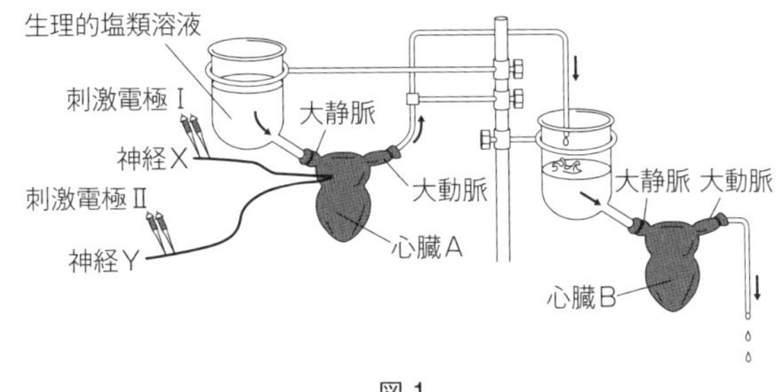

図1

実験1 刺激電極Ⅰを用いて心臓Aの神経Xを刺激した。そのときの心臓Aの拍動は図2のようになった。

実験2 刺激電極Ⅱを用いて心臓Aの神経Yを刺激した。そのときの心臓Aの拍動は図3のようになった。

図2と図3の1本の縦線は1回の収縮を示し，太い横線は，それぞれの神経を刺激した期間を示す。

刺激電極Ⅰで刺激
心臓A
時間 →
図2

刺激電極Ⅱで刺激
心臓A
時間 →
図3

問1 心臓の拍動を調節している脳の部位を答えよ。

問2 文中の下線部の部位を何というか答えよ。

問3 **実験1**と**実験2**の結果に基づき，神経Xおよび神経Yのそれぞれの名称を答えよ。

問4 刺激電極Ⅰで神経Xを刺激したところ，心臓Bの拍動に変化がみられた。心臓Bの拍動はどのようになると考えられるか。最も適当なものを，次の①～④のうちから一つ選べ。

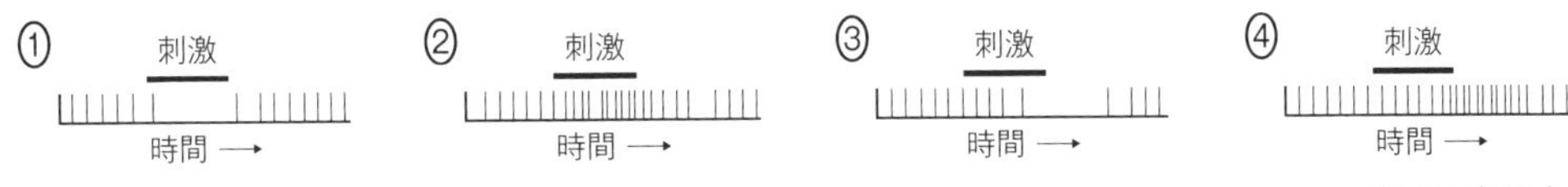

(2015 福岡大改)

76 [血糖濃度の調節] 血糖濃度の調節に関する次の問いに答えよ。

問1 右の図(1～3)は，それぞれ，健康なヒト，糖尿病患者A，糖尿病患者Bの，食事の前後における血液中の血糖，グルカゴン，インスリンの濃度の変化を示している。図中の**ア**，**イ**，**ウ**の曲線は，グルコース，グルカゴン，インスリンのうち，それぞれどれを表しているか答えよ。

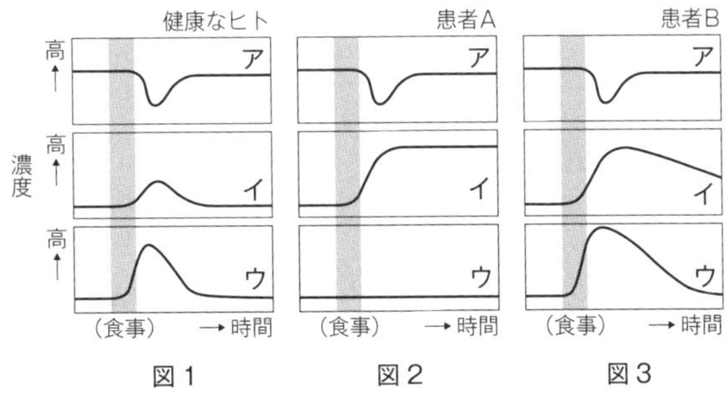

図1　図2　図3

問2 患者AおよびBの糖尿病は，それぞれどのようなメカニズムによって発症したと考えられるか。「分泌」および「受容体」の語を必ず用いて簡潔に説明せよ。(2020 島根大改)

3章 ヒトのからだの調節

77 ［血糖濃度の調節］ 次の文章を読み，下の問いに答えよ。

ある種の２型糖尿病ではインスリンに応答しにくくなり，インスリンが通常よりも多量に分泌されることが知られている。正常なマウスと，ヒトの１型糖尿病と同じような病態を示すマウス(１型糖尿病マウス)，また，ヒトの２型糖尿病と同じような病態を示すマウス(２型糖尿病マウス)の合計３種類のマウスの腹部に，10％グルコース溶液を注射し，その後，30分ごとに採血して血糖濃度を測定した。その結果を図１の㋐に示す。また，同じマウスを使って，別の日に体重あたり同じ量のインスリンを腹部に注射し，同様に30分ごとに採血して血糖濃度を測定した。その相対値を図１の㋑に示す。グルコースやインスリンを注射した時間を０分とする。

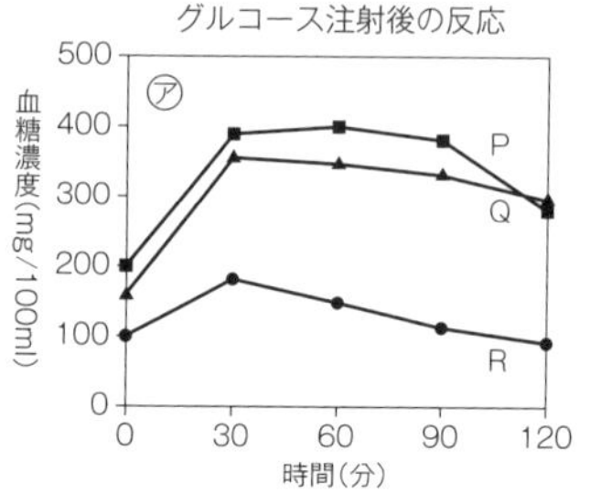

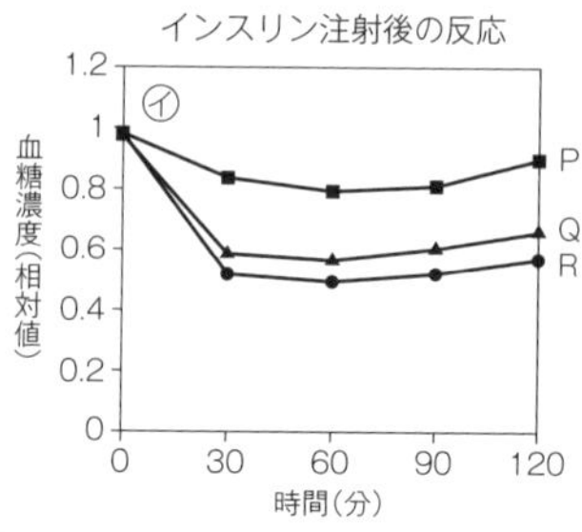

図１

問１ この実験結果Ｐ，Ｑ，Ｒは，それぞれ，正常マウス，１型糖尿病マウス，２型糖尿病マウスのうちのどのマウスのものであると考えられるか答えよ。

問２ 同じ３種類のマウス(Ｐ，Ｑ，Ｒ)の腹部に10％グルコース溶液を注射し，その後30分ごとに採血して血中のインスリン濃度を測定した結果を図２に示す。Ｐ，Ｑ，Ｒのマウスの測定結果として最も適当なものを，図２のグラフからそれぞれ一つずつ選び，そのグラフの番号を答えよ。

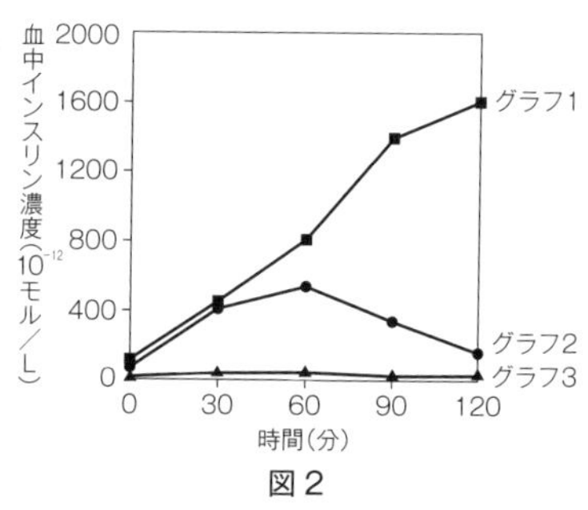

図２

(2017 東京理科大改)

78 ［ホルモンの働き］ 次の文章を読み，下の問いに答えよ。

遺伝性の肥満を示す系統Ａ，系統Ｂの２種類のマウスがいる。どちらの系統のマウスも，正常なマウスに比べてえさの摂取量が非常に多く，そのために肥満になる。また，「系統Ａのマウスでは，ホルモンＸの遺伝子に異常があり，体内でホルモンＸが生産されない」，「系統Ｂのマウスにもホルモンの作用に関連した遺伝的な異常がある」，「正常なマウスでは，脂肪細胞でホルモンＸが生産される。」ことがすでに明らかにされている。

そこで，この「ホルモンＸ」の生体内での作用を明らかにするために，以下の実験を行った。

準備　系統Ａ，系統Ｂおよび正常なマウスそれぞれ数匹より血液を採取し，血液を遠心分離して血清を得た。得られた血清をそれぞれ「Ａ血清」，「Ｂ血清」および「正常血清」とした。

実験１ 「正常血清」を系統Ａのマウスと系統Ｂのマウスのそれぞれに毎日注射した。

(結果)　系統Ａのマウスは，血清を注射していないマウスに比べて，えさの摂取量が明らかに減少し，体重の増加も抑制されたが，系統Ｂのマウスは，血清を注射していないマウスと比べて，変化はみられなかった。

実験２ 「Ｂ血清」を系統Ａのマウスと正常なマウスのそれぞれに毎日注射した。

(結果)　系統Ａのマウスは，えさをほとんどとらなくなって，やがてやせ細り，正常なマウスもやせ細った。

なお，**実験１**および**実験２**には，それぞれ異なる個体を用いた。また，実験に用いたマウスは，系統Ａ，系統Ｂにおける遺伝的な異常を除いたすべての点において，生物学的に同等である。

問1　実験の結果より，「ホルモンX」は生体内においてどのように働くと考えられるか説明せよ。

問2　下線部に示された異常とは，どのような異常であると考えられるか。摂食行動を調節する食欲中枢が視床下部に存在することを念頭におき，**実験2**でマウスがやせ細る理由も含めて説明せよ。

問3　正常なマウスおよび系統Bのマウスに**実験1**と同等量の「A血清」を毎日注射すると，どのような結果が得られると予想されるか。それぞれのマウスに対する結果を，理由とともに説明せよ。

(2013 お茶の水女大改)

79 **[体温の調節]**　次の文章を読み，下の問いに答えよ。

ヒトの体温は，脳にある a 体温調節中枢を介して，自律神経系とホルモンにより調節されている。

周囲の環境温度が下がると，その情報が皮膚の温度受容器から **ア** 神経によって脳に伝えられる。その後，脳の体温調節中枢は自律神経系の **イ** 神経の活動を高め，皮膚の血管と立毛筋を **ウ** させ，放熱量を **エ** させる。ホルモンによる体温調節に関しては，副腎髄質から **オ** が，b 副腎皮質から **カ** が，それぞれ分泌され，c 甲状腺からはチロキシンが分泌されることで，発熱量が増加する。また，体温が大幅に低下した場合には，骨格筋で不随意的な運動である **キ** が生じ，発熱量がさらに増大する。なお，d 環境温度が下がると酸素消費量が増加することがわかっている。

環境温度が上がると，自律神経系の **ク** 神経の活動が高まり，肝臓における代謝と心臓の拍動が抑制されるとともに，皮膚の血管の血流量が **ケ** し，**イ** 神経の作用で **コ** における発汗が促されることによって，放熱量が **サ** する。

問1　文中の**ア**～**サ**に適語を入れよ。

問2　下線部aが存在する脳の部位の名称を答えよ。

問3　下線部bからのホルモンの分泌を調節するホルモンの名称を答えよ。また，そのホルモンを分泌する部位の名称を答えよ。

問4　下線部cについて，ある哺乳動物を通常温度(24℃)の部屋から低温室(0℃)に移した後の体温の時間変化とチロキシンの血中濃度の時間の経過に伴う変化を図1に示す。次の(1)，(2)に答えよ。

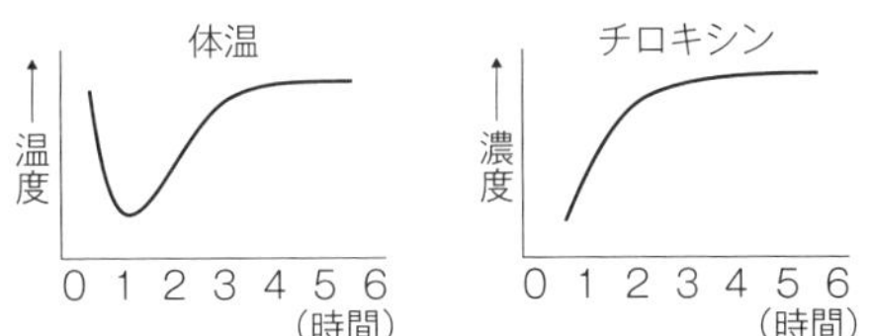

図1　体温とチロキシンの血中濃度の時間変化

(1)　それらと同時に測定された甲状腺刺激ホルモンの血中濃度の時間の経過に伴う変化を表したグラフとして最も適当なものを，図2の①～④のうちから一つ選べ。

(2)　(1)で答えたようなグラフとなる生体のしくみを何というか答えよ。

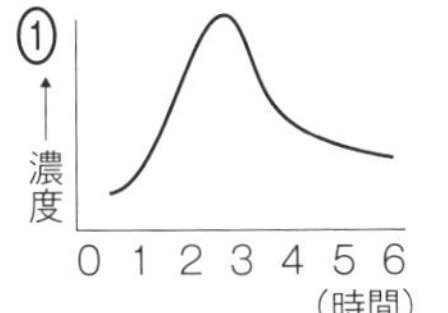

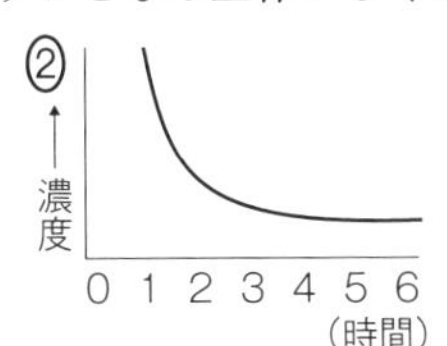

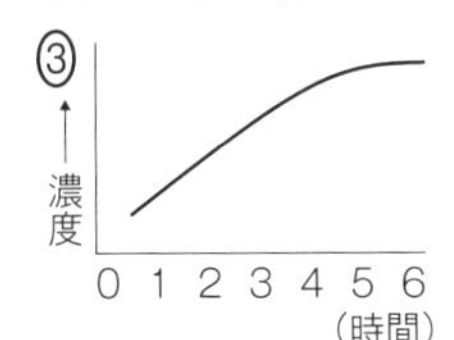

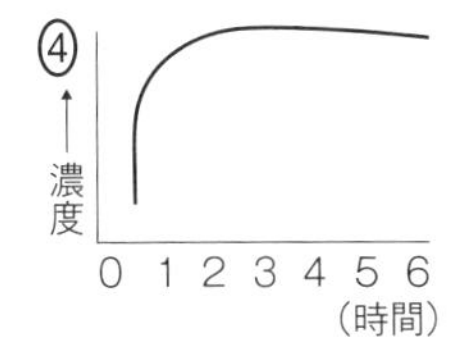

図2　甲状腺刺激ホルモンの血中濃度の時間変化

問5　下線部dについて，酸素消費量が増大する理由を簡潔に述べよ。

問6　体温調節機構は恒温動物に備わっているが，恒温動物のうち寒い地域に生息する種では，温暖地に生息する同種や近縁種に比べてからだが大きい傾向がみられる。その理由を簡潔に述べよ。

(2016 同志社大改)

要点 Check 3節 免疫

▶1 生体防御と免疫

生物が異物（非自己）からからだを守る働きを**生体防御**という。

<table>
<tr><td rowspan="4">生体防御</td><td rowspan="2">自然免疫
（生まれつき備わっている）</td><td>物理的・化学的防御</td><td>生体の構造，反射，分泌，血液凝固など</td></tr>
<tr><td>食作用・NK 細胞</td><td>食細胞による異物の取り込みなど</td></tr>
<tr><td rowspan="2">獲得免疫（適応免疫）
（異物の侵入後に得られる）</td><td>体液性免疫</td><td>B 細胞（抗体産生細胞）による抗体の産生</td></tr>
<tr><td>細胞性免疫</td><td>キラー T 細胞による抗原感染細胞への攻撃</td></tr>
</table>

●免疫に関係する器官や細胞

　免疫には胸腺・ひ臓・骨髄・リンパ節・リンパ管などおもにリンパ系の器官が関係しており，これらの器官には**免疫担当細胞**が多く含まれる。免疫担当細胞は**好中球・マクロファージ・樹状細胞・リンパ球**などいずれも白血球である。リンパ球はさらに，**B 細胞・T 細胞・NK 細胞**（ナチュラルキラー細胞）などに分けられる。免疫担当細胞は骨髄の**造血幹細胞**から分化する。

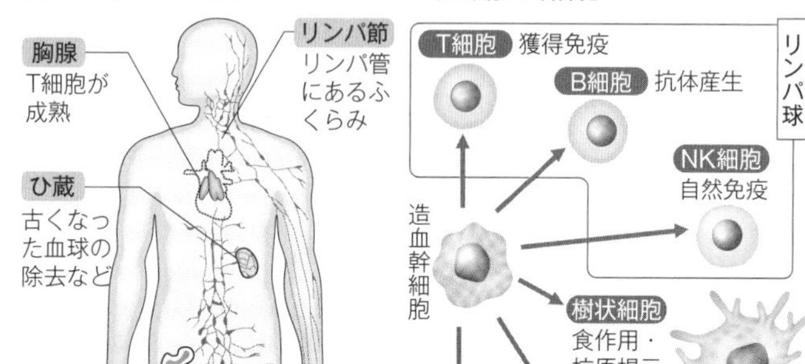

▶2 自然免疫による防御

自然免疫には，物理的・化学的防御と食作用による働きなどがある。

(1)物理的・化学的防御　生物は，体表面に様々な障壁を築いて，異物の侵入を防いでいる。

	物理的防御	化学的防御
皮膚	皮膚の表皮にある角質層によって異物の侵入を抑制。	汗腺からの分泌物により皮膚を酸性に保ち細菌の繁殖を抑制。
眼・鼻・口	せき・くしゃみなどによる異物の排除。	涙・鼻水・だ液に含まれる酵素（リゾチーム）による殺菌。
気管	粘液と繊毛運動などによる異物の排除。	粘液中に分泌される物質による殺菌。
胃	−	強酸性の胃液による殺菌。

(2)食作用・NK 細胞　体内に侵入した細菌などの異物は，マクロファージや好中球，樹状細胞などの白血球に取り込まれ，酵素によって消化・分解される。この働きを**食作用**といい，食作用をもつ白血球を**食細胞**という。細胞内に侵入してしまった病原体は食作用では排除できないが，**NK 細胞**が感染した細胞ごと排除する。

▶3 獲得免疫による防御

獲得免疫には，**体液性免疫**と**細胞性免疫**がある。

(1)抗原抗体反応　白血球の一種であるリンパ球によって非自己と認識される物質を**抗原**という。リンパ球が抗原を認識すると，**抗体**と呼ばれる物質が作られ抗原と結合する。これを**抗原抗体反応**という。抗体は**免疫グロブリン**というタンパク質からなり，特定の抗原にのみ結合する特異性をもつ。

● ABO 式血液型

血液型	凝集原	凝集素
A 型	A	β
B 型	B	α
AB 型	A・B	なし
O 型	なし	α・β

　ヒトの ABO 式血液型は，赤血球表面に存在する抗原である**凝集原** A，B の有無によって分けられる。血しょう中には凝集原に対する抗体である**凝集素** α，β があり，異なる血液型の血液を混合すると，抗原抗体反応（A と α，B と β が結合）が起こり，赤血球が凝集する。これを**凝集反応**という。

⑵細胞性免疫　　　　　　　　　　　　⑶体液性免疫

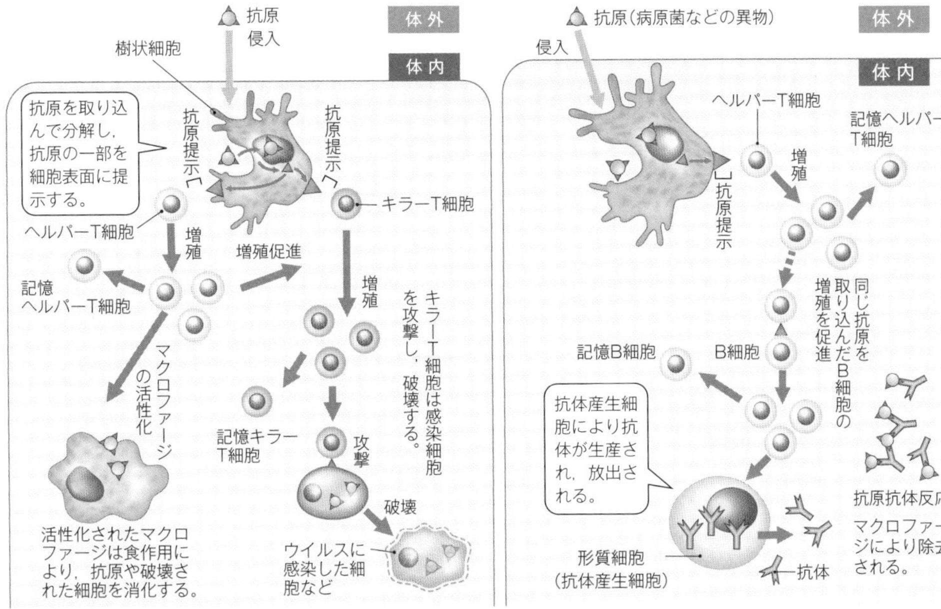

●細胞性免疫に関係する反応

ツベルクリン反応：結核菌に対する記憶細胞の有無を調べることができる。結核菌から抽出した抗原を注射し炎症反応がみられる場合，結核菌に対する記憶細胞が存在する。

拒絶反応：移植された他人の臓器がキラーT細胞に非自己と認識され，攻撃されて定着せず脱落する。

⑷免疫記憶　一度侵入した抗原が再び体内に侵入すると，その抗原の情報を記憶している**記憶細胞**は，すぐに増殖して応答する。体液性免疫では，一度目に比べて多量の抗体を短時間で作ることができる。このような反応を**二次応答**という。

●一次応答と二次応答

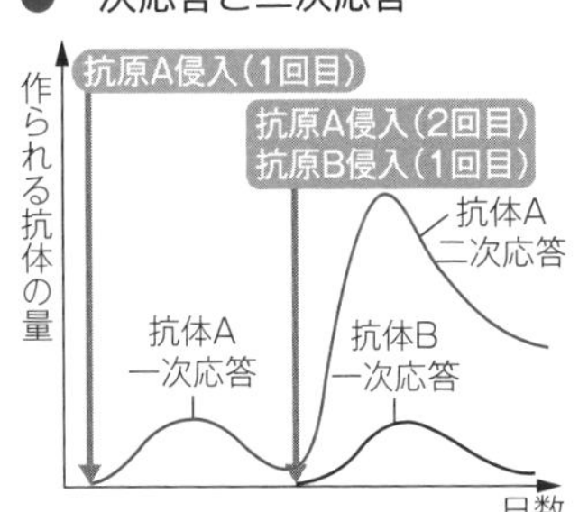

⑸免疫の利用　病気の予防・治療に体液性免疫が利用される。

予防接種：弱毒化した病原体や毒素などを接種して記憶細胞を形成させ病気を予防する方法。予防接種のために用いられる抗原を**ワクチン**という。

血清療法：動物に抗原を接種して抗体を作らせ，その抗体を含む**血清**を注射して病気の治療を行う。

⑹免疫に関係する疾患　過剰な免疫反応が個体に不都合な結果をもたらす場合を**アレルギー**という。また，免疫機能が低下して感染症にかかりやすくなった状態を**免疫不全**という。

アレルギー	花粉症	花粉に含まれる物質を抗原(**アレルゲン**)として作られる特別な抗体が，抗原抗体反応により発疹やくしゃみなどのアレルギー反応を引き起こす。
	アナフィラキシー	ハチ毒などがアレルゲンとして作用すると急激な血圧の低下や呼吸困難などの激しいアレルギー症状(**アナフィラキシー**)を引き起こすことがある。生死に関わる重篤な症状を**アナフィラキシーショック**という。
免疫不全	後天性免疫不全症候群	HIV(ヒト免疫不全ウイルス)はヘルパーT細胞に侵入しこれを破壊する。このため，免疫機能が低下して病原体に感染しやすくなる(**日和見感染**)。
自己免疫疾患	通常，自己の細胞は免疫細胞の標的にはならない(**免疫寛容**)が，自身の細胞を非自己と認識して攻撃する疾患。関節リウマチ，1型糖尿病などがある。	

正誤 Check

次の各文のそれぞれの下線部について，正しい場合は○を，誤っている場合には正しい語句を記せ。

1	気管支の内壁では，粘液が分泌され，上皮細胞の繊毛運動によって外界からの病原体の侵入を生物的・化学的に防いでいる。	1 ×→物理的
2	涙やだ液に含まれるリゾチームという酵素には，細菌の細胞壁を分解する作用がある。	2 ○
3	異物(抗原)を非自己として認識し，これを特異的に攻撃，排除するしくみを食作用という。	3 ×→獲得免疫(適応免疫)
4	生体防御に働くB細胞とT細胞は，いずれも骨髄にある幹細胞から分化して生じるが，B細胞がひ臓で成熟するのに対して，T細胞は胸腺に移動した後に成熟する。	4 ○
5	ある種の白血球が行う，病原菌や異物を取り込んで消化，分解する働きを分解作用という。	5 ×→食作用
6	マクロファージ，好中球，樹状細胞など，食作用をもつ白血球を食細胞という。	6 ○
7	B細胞が作る抗体による免疫反応を ア 抗体性免疫，T細胞がウイルスなどに感染した細胞を直接に攻撃する免疫反応を イ 細胞性免疫という。	7 ア ×→体液性免疫 イ ○
8	ア 好中球は，病原体の一部を イ 抗原としてT細胞に提示する。	8 ア ×→樹状細胞 イ ○
9	一度，ある抗原が体内に侵入すると，その抗原に対する抗体を作るB細胞が記憶細胞として残り，再度の侵入に備える。	9 ○
10	臓器移植の際にみられる拒絶反応は，非自己細胞がおもに体液性免疫によって排除される現象である。	10 ×→細胞性免疫
11	予防接種に用いられる抗原物質をワクチンという。	11 ○
12	ヘビ毒や破傷風などの治療に用いられる血球には，毒素や病原体の抗原に対する抗体が含まれている。	12 ×→血清
13	免疫の過剰反応がからだに悪影響を及ぼすことをアレルギーという。	13 ○
14	アレルギーを起こす抗原物質を一般にアナフィラキシーという。	14 ×→アレルゲン
15	ハチに刺された際の失神や呼吸困難など，重度のアレルギー反応をアナフィラトキシンという。	15 ×→アナフィラキシー
16	HIVに感染すると，B細胞に侵入してこれを破壊するために，免疫機能が低下する。	16 ×→ヘルパーT細胞
17	AIDS(エイズ)は先天性免疫不全症候群を意味する。	17 ×→後天性免疫不全症候群
18	免疫機能の低下で病原性の低い細菌に感染することを受動感染という。	18 ×→日和見感染
19	自己の細胞が免疫細胞の攻撃対象とならないことを免疫許容という。	19 ×→免疫寛容
20	自己の細胞を非自己と認識して攻撃する疾患に，関節リウマチや1型糖尿病があり，これらは自己攻撃疾患と呼ばれる。	20 ×→自己免疫疾患

標準問題

80 [免疫] 次の文章を読み，下の問いに答えよ。

ヒトには，a 細菌やウイルスなどの病原体から生体を防御するための複雑なしくみが備わっており，一連の防御機構を免疫❶という。免疫は，次の３つのしくみから成り立っている。

❶ p.78 要点Check▶1

[第一の防御機構] 物理的防御❷と ア 的防御からなる。物理的防御とは，緻密な皮膚により異物の侵入を防いだり，鼻汁や涙によって異物を洗い流すなど，機械的な方法による防御をいう。これに対して， ア 的防御とは，胃液に含まれる酸や酵素で食物中の細菌を殺したり，鼻汁やだ液に含まれる イ と呼ばれる酵素によって細菌の細胞壁を分解するなど，病原体を構成する物質を ア 的に変化させることによって行われる防御方法をいう。

❷ p.78 要点Check▶2 p.80 正誤Check 1

[第二の防御機構] 第一の防御機構をすり抜けて体内に侵入した病原体は，白血球の仲間の好中球や ウ ，樹状細胞などの食細胞❸によって取り込まれ，消化される。これらの白血球のもつこうした働きは エ と呼ばれる。 エ はすべての多細胞動物にみられる，比較的原始的な防御方法である。

❸ p.78 要点Check▶2 p.80 正誤Check 6

[第三の防御機構] 第二の防御機構をかいくぐった病原体に対しては，b 白血球の仲間であるB細胞やT細胞などのリンパ球が対応するしくみが働く。これらのリンパ球は，病原体を構成する非自己物質である抗原を認識し，その種類に応じてこれを特異的に排除する。こうしたしくみには，体液性免疫❹と オ がある。

❹ p.79 要点Check▶3 p.80 正誤Check 7

体液性免疫：樹状細胞は体内に侵入した病原体を捕食し，細胞内で消化，分解した後，その断片を抗原として細胞表面に提示する。提示された抗原を認識した カ T細胞はサイトカインと呼ばれる物質を放出する。サイトカインによって活性化されたB細胞は形質細胞に分化し， キ を放出する。 キ は病原体を構成する抗原と結合することによって，その活動を止める。 キ が結合した病原体は食細胞によって処理される。

オ ： カ T細胞が放出したサイトカインによって活性化された ク T細胞は，ウイルスや細菌に感染した細胞を攻撃し，これを破壊する。感染細胞の外に出た病原体は， キ や食細胞によって処理される。

第一の防御機構と第二の防御機構は，いずれも生まれながらに備わっているしくみであることから ケ といわれるのに対して，第三の防御機構は，抗原特異的な反応であり，一度経験した病原体が再度侵入したときに素早く強力に働くことから コ または適応免疫と呼ばれる。生体をミクロの敵から防御するしくみは多彩かつ複雑で組織的に営まれており，免疫反応は，恒常性の維持において，極めて大きな役割を果たしている。

(1) 文中の**ア**～**コ**に適語を入れよ。

(2) 下線部**a**に関して，細菌による感染症の組合せとして最も適当なものを，次の①～⑤のうちから一つ選べ。

① 麻疹・白血病　② 水虫・デング熱　③ マラリア・風疹
④ 結核・破傷風　⑤ インフルエンザ・エボラ出血熱

(3) 下線部**b**に関して，B細胞やT細胞などのリンパ球が生じるのはどこか答えよ。また，T細胞が成熟する器官はどこか答えよ。

81 ［免疫記憶］ 次の文章を読み，下の問いに答えよ。

「病気に二度罹(かか)りなし」という言葉がある。麻疹や水痘などの感染症に一度罹ると，その後は罹らないか，罹ったとしても症状は軽度ですむ。これは，初めて体内に侵入した病原体に対して応答したT細胞およびB細胞の一部が［ア］となって長期にわたって生き残り，再び同じ病原体が侵入したときには，これらの［ア］が速やかに増殖，活性化して病原体を早期に排除するからである。病原体に感染した後，その病原体のもつ抗原の情報が免疫システムに保持される現象は［イ］と呼ばれる。

マウスに $_a$ある抗原を接種すると，その抗原に対する抗体の血中濃度が緩やかに増加し，抗原が排除されると抗体の濃度は減少する。抗体の濃度が十分に減少した後に，$_b$再び同じ抗原を接種すると，その抗原に対する抗体の濃度は短期間に急激に増加し，抗原は速やかに排除されることが観察される。

(1) 文中の**ア**，**イ**に適語を入れよ。

(2) 下線部**a**および**b**の免疫応答の過程は，それぞれ何と呼ばれるか答えよ。

(3) マウスに抗原Gを初めて接種し，40日後，そのマウスに再び抗原Gを接種する実験を行い，抗原接種後のGに対する抗体の血中濃度の変化を調べた。Gを2度目に接種した後の，Gに対する抗体の血中濃度の変化を示したグラフとして最も適当なものを，図中の①～④のうちから一つ選べ。なお，この実験で1回の接種に用いた抗原の量はいずれも同じであった。

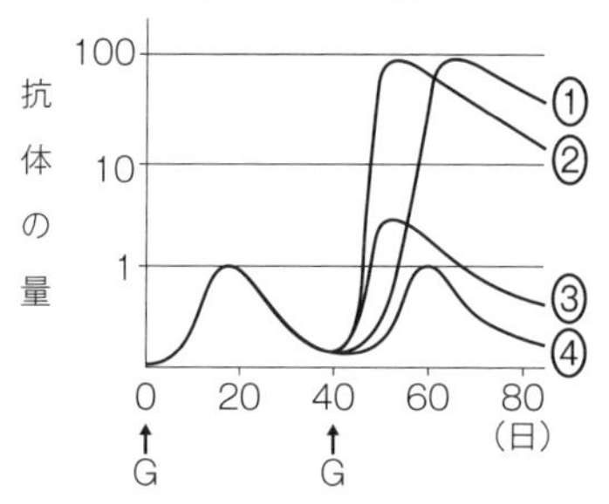

82 ［拒絶反応］ 次の文章を読み，下の問いに答えよ。

同種の動物でも，別の系統の個体からの皮膚移植を行うと，一般的には皮膚片は定着せずに脱落する。これを拒絶反応という。拒絶反応❶のしくみを調べるために次の**実験1～実験4**を行った。

❶ p.79
要点Check▶3

実験1 A系統のマウスの皮膚片をB系統のマウスに移植したところ，移植後約10日で皮膚片は脱落した。

実験2 **実験1**で拒絶反応を示したB系統のマウスに再びA系統のマウスの皮膚片を移植したところ，移植後約5日で皮膚片は脱落した。

実験3 **実験1**で拒絶反応を示したB系統のマウスの血清を同系統の無処理のマウスの静脈に注射して，A系統のマウスの皮膚片を移植した。

実験4 **実験1**で拒絶反応を示したB系統のマウスのリンパ球を同系統の無処理のマウスの静脈に注射して，A系統のマウスの皮膚片を移植した。

(1) **実験2**において移植後に皮膚が脱落するまでの日数が，**実験1**の場合より短くなったのはなぜか説明せよ。

(2) **実験3**と**実験4**において，皮膚が脱落するまでのおおよその日数を，次の①～④のうちからそれぞれ一つ選べ。また，そのように考えた理由を簡潔に述べよ。

① 1日　② 5日　③ 10日　④ 20日

(2015 北海道大改)

83 [免疫の異常] 次の文章を読み，下の問いに答えよ。

花粉症は，[1] ア と呼ばれる過剰な免疫反応によって起こる疾患である。 ア を引き起こす抗原は イ と呼ばれるが，ある種のB細胞が イ に対する特定の ウ を常に大量に産生し続けるために，花粉が目や鼻の粘膜に触れるだけで，それを排除しようとする反応が起こる結果，目のかゆみやくしゃみ，鼻水などの症状が現れる。 ウ は，必要なときに必要な量だけ作られるように調節されているが， ア の場合には，その調節がうまくいかず，生体にとって不都合な結果が生じる。 ア には，じんましんや嘔吐，血圧低下などの症状が複数の臓器にわたって全身的かつ急激に現れる場合があり，これを エ と呼んでいる。

ア とは逆に， オ 症という，免疫の機能が低下する場合もある。 オ 症になると，a 健康な人では発症しないような細菌やウイルスに感染しやすくなり，それがもとで死に至ることもある。 オ には先天的なものもあるが，b エイズ(後天性免疫不全症候群)は，HIV(ヒト免疫不全ウイルス)に感染することによって発症する病気である。

また，本来，c 免疫は自己を構成する細胞や物質を排除の対象としないが，何らかの原因で自己の細胞に対して免疫反応が起こることがある。こうして生じる疾患は カ と呼ばれ，関節の細胞が標的となる キ やランゲルハンス島のB細胞が標的となる ク ，甲状腺の細胞が標的となる橋本病などが知られている。

(1) 文中の**ア**～**ク**に適語を入れよ。

(2) 下線部**a**のような，病原体の感染のしかたを何というか答えよ。

(3) 下線部**b**に関して，HIV[2]が感染する血液中の細胞は何か答えよ。

(4) 免疫反応における下線部**c**の状態を何というか答えよ。

❶ p.79 要点Check▶3

❷ p.79 要点Check▶3

84 [免疫と医療] 次の文章を読み，下の問いに答えよ。

ア は獲得免疫における免疫記憶のしくみを利用した感染症の予防法[1]である。 ア に用いられる弱毒化した病原体や病原体の産物は イ と呼ばれ， イ を接種することにより，病原体に対する抵抗性を高めることができる。肺炎菌やインフルエンザウイルスに対しては， イ の接種によって ウ 性免疫が誘導され，抗原に特異的に反応する エ が産生される。一方，結核菌は，細胞の中で増殖できる細菌であり， エ では防御できないため，結核菌に対する生体防御には オ 性免疫が重要となる。結核菌に感染したことのあるヒトの皮膚に結核菌から精製した抗原を注射すると，48時間後に注射部位が赤く腫れる。これは， カ 反応と呼ばれ，感染と抵抗性の指標となる。 カ 反応が陰性の場合には，a イ として弱毒化したウシ型結核菌を接種することで抵抗性を獲得することができる。

ア のほかに，免疫のしくみを医療に利用する方法として キ がある。 キ は，ウマやウサギなどの動物に毒素の成分を注射して作らせた エ を含む血清を病気の予防や治療に用いる方法で，破傷風菌の感染が疑われる場合や毒ヘビにかまれた場合などに使われる。ただし，b キ には動物の血清が用いられるため重篤な副反応が現れることがあるので，その使用においては十分な注意が必要である。

(1) 文中の**ア**～**キ**に適語を入れよ。

(2) 下線部**a**は一般に何と呼ばれるか答えよ。

(3) 下線部**b**における「重篤な副反応」とはどのようなことか説明せよ。

❶ p.79 要点Check▶3

■ 演習問題

85 ［自然免疫］ 次の文章を読み，下の問いに答えよ。

ヒトには，異物の侵入を阻止するとともに，侵入した異物を除去する生体防御と呼ばれるしくみが備わっている。a 物理的な生体防御の例として ア には角質層があり，異物を通しにくい構造になっていることがあげられる。また，気道の イ は粘液を分泌し，繊毛運動によって異物を排除している。一方で，b 涙や汗の成分は化学的な生体防御を果たしているといえる。

生体内に侵入した異物を排除する免疫のしくみに関わる器官には，ひ臓，胸腺，リンパ節などがあり，これらの器官に存在する免疫担当細胞には， ウ ，顆粒球，マクロファージ，樹状細胞などがある。 ウ には，ひ臓で成熟する エ と胸腺で成熟する オ のほかにＮＫ細胞がある。また，顆粒球には様々な種類があるが，その中で最も多いのは食細胞の カ である。

免疫は自然免疫と獲得免疫(適応免疫)に大別される。自然免疫は様々な生物種に普遍的に存在しているが，獲得免疫は脊椎動物に固有の免疫である。自然免疫においては，c 細胞の表面にあって，細菌類やウイルスを認識する受容体であるトル様受容体(TLR)が重要な役割を果たしている。TLR にはいくつかの種類があり，その種類によって認識する成分が異なる。

問１ 文中の**ア**～**カ**に適語を入れよ。

問２ 下線部**a**の例として最も適当なものを，次の①～⑤のうちから一つ選べ。

① ノルアドレナリン分泌　② 抗原抗体反応　③ 赤血球の凝集反応
④ ツベルクリン反応　⑤ 血液凝固反応

問３ 下線部**b**について，その理由の一つとして弱酸性であることがあげられるが，そのほかの理由について簡潔に記せ。

問４ 下線部**c**に関する以下の実験の文章を読み，下の(1)～(3)の問いに答えよ。

正常なマウス(正常型マウス)では，病原体の感染を TLR が認識すると，感染初期に ZNF と呼ばれるタンパク質(タンパク質Ｚ)の産生量が上昇し，それが血液中に放出されることがわかっている。そこで，産生されたタンパク質Ｚの血中濃度を指標として，自然免疫に異常があると予想される５種類の突然変異マウスＡ～Ｅの自然免疫への影響を調べた。正常型マウスおよび突然変異マウスＡ～Ｅそれぞれに，ある細菌(Ｘ細菌)またはあるウイルス(Ｙウイルス)を感染させ，その血液を採取して血液中にあるタンパク質Ｚの濃度を測定した。いずれのマウスも感染３日目に最大値を示した。正常型マウスでのタンパク質Ｚの血中濃度を１としたときの相対的な値を図に示した。

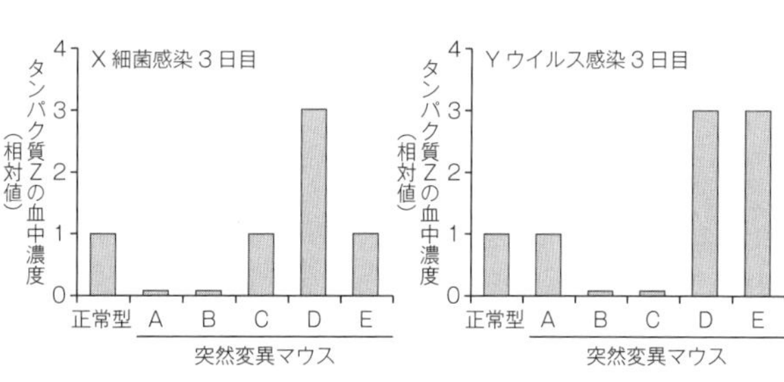

(1) 実験結果の考察として**誤っているもの**を，次の①～⑤のうちから一つ選べ。

① 突然変異マウスＡでは，Ｘ細菌を認識する TLR に異常があると考えられる。
② 突然変異マウスＢでは，Ｘ細菌とＹウイルスの両方の認識に異常があると考えられる。
③ 突然変異マウスＣでは，Ｙウイルスを認識する TLR をもっていないと考えられる。
④ 突然変異マウスＤでは，自然免疫が過剰に起きていると考えられる。
⑤ 突然変異マウスＥでは，Ｙウイルスの侵入を認識できないと考えられる。

(2) Ｙウイルスに感染した正常型マウスでは，感染７日目に体内のＹウイルスが完全に除去されることがわかっている。しかし，Ｙウイルスに感染した突然変異マウスＣは，感染７日目においてもウイルスが除去されなかった。また，Ｙウイルスに感染した突然変異マウスＣは，感染10日目に致死となった。一方で，Ｙウイルスに感染した突然変異マウスＣに，感染３日目にタンパク質Ｚを血管内に投与すると，感染７日目に体内のウイルスが完全に除去され，かつ，感染10日目においても致死とはならなかった。これらの結果から予想されるタンパク質Ｚの役割を簡潔に記せ。

(3) 突然変異マウスＤは，Ｘ細菌やＹウイルスの感染によって致死となることはなかったが，正常型マウスに比べて長期間の炎症が確認された。この理由について考えられることを簡潔に記せ。

(2017 東北大改)

86 **[獲得免疫と拒絶反応]** 次の文章を読み，下の問いに答えよ。

免疫は，自然免疫と獲得免疫に分けられる。自然免疫では，たとえば，a マクロファージなどの白血球が異物を細胞内に取り込み，消化することによって，外部からの異物を排除している。一方，b 獲得免疫では，抗原となる異物の侵入や出現に対して，Ｔ細胞やＢ細胞の増殖や分化が誘導され免疫応答が生じる。このような免疫応答が，感染症の予防や治療に利用されている。たとえば，c 弱毒化した病原体やその産物を利用する方法や，d 他の動物にあらかじめ病原体を感染させ，その血液成分を利用する方法などがある。

免疫のしくみを調べるために，Ｘ系統のマウス４匹(X_1，X_2，X_3，X_4)とＹ系統のマウス３匹(Y_1，Y_2，Y_3)を用いて，以下の**実験１**と**実験２**を行い，(結果１)と(結果２)を得た。なお，同じ系統のマウスはいずれも同じ主要組織適合遺伝子複合体をもつ。

実験１ X_4の皮膚をY_1，Y_2，Y_3に移植し，皮膚の脱落を調べた。

(結果１) Y_1とY_2では移植片が約10日で脱落したが，Y_3では脱落しなかった。

実験２ ジフテリア菌を感染させたY_1，Y_2，Y_3から血清を回収し，Y_1から回収した血清をX_1に，Y_2から回収した血清をX_2に，Y_3から回収した血清をX_3に注射した。次に，X_1，X_2，X_3にジフテリア菌を接種し，ジフテリア菌に対する抵抗性を調べた。

(結果２) Y_1の血清を注射されたX_1は，ジフテリア菌に対する抵抗性を示した。一方，Y_2とY_3の血清を注射されたX_2とX_3は，どちらも抵抗性を示さなかった。

問１ 下線部**a**のような作用を何というか。

問２ 下線部**b**の特徴として適当なものを，次の①〜⑤のうちからすべて選べ。

① 非特異的に異物を体内から排除する免疫反応である。
② 十分な応答ができるまでの時間は，自然免疫の応答より短い。
③ 体液性免疫と細胞性免疫の２つのしくみに分けられる。
④ 同一の異物に対して応答するまでの時間は，毎回同じである。
⑤ 感染した異物の情報を記憶することができる。

問３ 下線部**c**と**d**は，それぞれ何と呼ばれるかを答えよ。

問４ **実験１**で，移植前に，Y_3にある操作をしたところ，X_4の移植片が脱落するようになった。この操作に該当するものを，次の①〜⑥のうちからすべて選べ。

① Y_1から回収した血清を注射した。 ② Y_1から取り出したＴ細胞を移植した。
③ Y_1から取り出したＢ細胞を移植した。 ④ Y_2から回収した血清を注射した。
⑤ Y_2から取り出したＴ細胞を移植した。 ⑥ Y_2から取り出したＢ細胞を移植した。

問５ (結果１)と(結果２)から，Y_1，Y_2，Y_3は，それぞれどのような性質をもつマウスであると考えられるか。次の①〜④のうちから適当なものをすべて選べ。

① Ｔ細胞とＢ細胞の両方をもつ。 ② Ｔ細胞はもたないが，Ｂ細胞はもつ。
③ Ｔ細胞はもつが，Ｂ細胞はもたない。 ④ Ｔ細胞とＢ細胞の両方をもたない。(2018 福岡大改)

87 ［抗体産生のしくみ］ 次の文章を読み，下の問いに答えよ。

抗体が産生されるしくみを調べるために，マウス(ハツカネズミ)を用いて，以下の実験を行った。

実験１ 物質Xを正常マウスAと，ある変異マウスBに注射した。さらに6週間後，もう一度物質Xを注射した。経時的にマウスから採血して血清を分離し，Xに対する抗体量を測定したところ，図1のようなグラフを得た。

実験２ 4匹の正常マウスⅠ～Ⅳに，表に示すように，物質X，物質Y，またはXとYの両方(X＋Y)を注射する実験を行った。YはXとは無関係な物質である。1回目の注射から6週間後に2回目の注射を行い，2回目の注射から2週間後に採血して血清を分離し，XまたはYに対する抗体量を測定したところ，図2のようなグラフを得た。マウスⅠ～Ⅳの血清は①～④のいずれかに対応する。

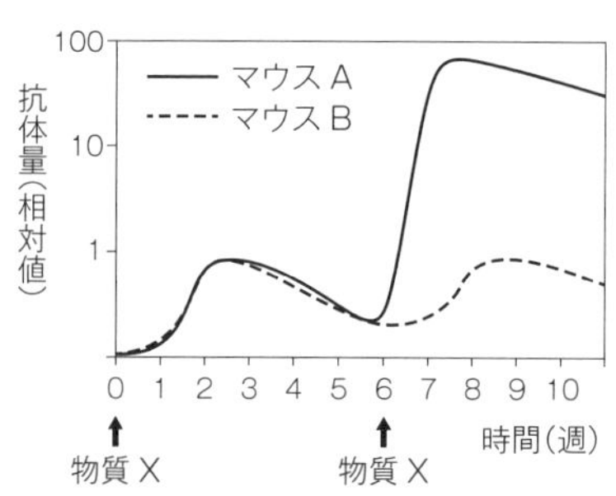

図１ 物質Xを注射したマウスAとマウスBの抗体量の経時的変化

マウス	1回目に注射した物質	2回目に注射した物質
Ⅰ	X	X
Ⅱ	X	Y
Ⅲ	Y	X
Ⅳ	Y	X+Y

図２ マウスⅠ～ⅣのXまたはYに対する抗体量

問１ **実験１**について，マウスBではどのような障害があると考えられるか。簡潔に述べよ。

問２ **実験２**について，マウスⅠ～Ⅳの血清は，それぞれ図2の①～④のどれに対応するか。 (2013 滋賀医大改)

88 ［二次応答］ 次の文章を読み，下の問いに答えよ。

動物の体内に病原体などの異物(抗原)が侵入すると，リンパ球の中の特定の［ア］が活性化され，その抗原に対応する抗体を産生して抗原を排除するが，その［ア］の一部は［イ］となり，長期にわたって体液中にとどまる。そして，同じ抗原が再び侵入したとき，［イ］は1回目よりもすばやく強い免疫反応(二次応答)を起こして速やかに抗原を排除する。

あるニワトリに，これまで体内に侵入したことのない抗原Aを注射し，その6週間後，同じニワトリに抗原Bと抗原Cを同時に注射した(抗原Aは注射していない)。それぞれの注射後について，血液中の抗体量の推移を調べたところ，図のような結果が得られた(抗原Bおよび抗原Cに対する抗体の量は2回目の注射以降から測定している)。なお，抗原と［ウ］からなる抗体との結合反応は極めて特異的であり，それぞれの抗原に対してその構造に見合った特定の構造をもつ抗体が作られることが知られている。

問１ 文中の**ア**～**ウ**に適語を入れよ。

問２ 2回目の注射後，血液中の抗原Aに対する抗体が急激に増加している。その理由を，「抗原」「抗体」「構造」「共通性」「二次応答」の語をすべて用いて説明せよ。 (2010 京都府立大改)

89 ［抗原抗体反応］ 次の文章を読み，下の問いに答えよ。

寒天ゲルに２つの穴をあけ，それぞれ抗原溶液とその抗原に対する抗体溶液を入れて一晩静置すると，抗原と抗体は同心円状に拡散していき，抗原と抗体が出会ったところで沈殿物を生じる。この沈殿物は線状に現れるので沈降線と呼ばれる(図１)。抗原抗体反応が起きなければ，沈降線は形成されないので，この方法で抗原抗体反応の有無を調べられる。

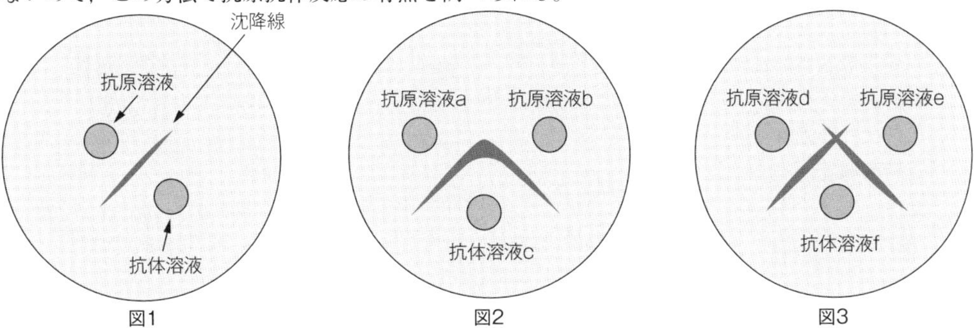

図1　図2　図3

問 抗原溶液としてａ，ｂ，ｄ，ｅ，また抗体溶液としてｃ，ｆがあるとする。これらの溶液を用いて上記の方法で抗原抗体反応の有無を調べたところ，図２および図３のような結果となった。これらの結果から推論されることとして適当なものを，次の①～⑥のうちから二つ選べ。ただし，ここでは一つの抗体は一つの抗原のみを認識するものとする。また，抗原溶液は一つの抗原のみを含むが，抗体溶液に含まれる抗体は一つとは限らないものとする。

① 抗原溶液ａとｂは，抗体溶液ｃと反応する同一の抗原を含む。
② 抗原溶液ａとｂは，抗体溶液ｃと反応する互いに異なる抗原を含む。
③ 抗体溶液ｃは，抗原溶液ａかｂのいずれか一方と反応する２種類の抗体を含む。
④ 抗原溶液ｄとｅは，抗体溶液ｆと反応する同一の抗原を含む。
⑤ 抗体溶液ｆは，１種類の抗体のみを含む。
⑥ 抗体溶液ｆは，抗原溶液ｄかｅのいずれか一方と反応する２種類の抗体を含む。

(2009　三重大改)

90 ［血液型と凝集反応］ 次の文章を読み，下の問いに答えよ。

ＡＢＯ式血液型は，赤血球表面に存在する凝集原(Ａ，Ｂ)の違いに基づき，Ａ型，Ｂ型，ＡＢ型，Ｏ型に分けられる。一方，血しょう中には凝集原と特異的に結合する凝集素(α，β)が存在し，凝集原Ａと凝集素α，あるいは凝集原Ｂと凝集素βが出会うと赤血球どうしが互いに結合して塊を作る凝集反応が起こる。赤血球の凝集反応は，凝集原が［ ア ］，凝集素が［ イ ］として両者が結合する一種の［ ウ ］によって生じる。血管内で赤血球の凝集塊が形成されると血流が阻害されるため，輸血の際には受血者と同じ血液型の血液が用いられる。

	A型	B型	AB型	O型
凝集原	A	B	A，B	なし
凝集素	**エ**	**オ**	**カ**	**キ**

問１ 文中の**ア～ウ**に適語を入れよ。

問２ 表は，ＡＢＯ式の血液型それぞれに含まれる凝集原と凝集素をまとめたものである。表中の**エ～キ**に適当な凝集素(α，β)を記せ。

問３ ＡＢＯ式の血液型の判定には，Ａ型の血液の血清とＢ型の血液の血清が用いられる。あるヒトから採取した血液を，それぞれの血清と混合したところ，Ａ型血清でのみ凝集反応がみられた。このヒトの血液型を答えよ。

問４ 血液から赤血球と血清を分離し，血液型の異なる赤血球と血清を混合した場合，赤血球の凝集反応が起こる両者の組合せをすべてあげよ。

3章 ヒトのからだの調節

4章 生物の多様性と生態系

□ 1 植物が，(　ア　)と水から光エネルギーを用いて有機物を作る働きを(　イ　)という。

□ 2 生物が，有機物を分解し，生活に必要なエネルギーを得る働きを(　　　)という。

□ 3 根から吸収された水と養分は，茎の(　ア　)を通って葉や花へ運ばれ，葉で光合成によって作られた有機物は茎の(　イ　)を通って他の部分へ運ばれる。

□ 4 道管や師管が集まった部分を(　ア　)といい，葉では(　イ　)となる。

□ 5 植物が葉の気孔などから水を水蒸気として外へ出すことを(　　　)という。

□ 6 種子植物は，胚珠が子房に包まれている(　ア　)と胚珠が子房に包まれていない(　イ　)に分けられる。

□ 7 被子植物は，双子葉類と(　ア　)に分けられ，双子葉類は，さらに合弁花類と(　イ　)に分けられる。

□ 8 双子葉類と単子葉類のからだのつくりには次のような違いがみられる。

	双子葉類	単子葉類
葉脈の形	(　ア　)	(　イ　)
維管束の並び方(茎)	(　ウ　)	(　エ　)
根の形	(　オ　)	(　カ　)

□ 9 種子を作らず，胞子で増える植物には，コケ植物や(　　　)などがある。

□ 10 ある地域に生息する異種の生物の間にみられる「食う－食われる」の関係に基づくつながり合いを(　　　)という。

□ 11 植物は生物にとって必要な有機物を作ることから(　ア　)と呼ばれ，動物はこれを使うことからとくに(　イ　)と呼ばれる。

□ 12 菌類や細菌類は，生物の遺体に含まれる有機物を分解し，植物の栄養分となる無機物にすることから(　　　)と呼ばれる。

□ 13 物質が，生物を取り巻く環境より高い濃度で体内に蓄積されることを(　　　)という。

□ 14 物質の濃度を表すときに用いられる ppm は(　ア　)分の 1 を表すので，1 ppm ＝(　イ　)％となる。

□ 15 その地域に古くから生息する生物種を(　ア　)，他の地域からもち込まれ，野生化した生物種を(　イ　)という。

□ 16 自然林の伐採や乱獲などにより，世界各地で野生生物が絶滅しており，しだいに生物の(　　　)が失われつつある。

□ 17 個体数が減少し，絶滅が危ぶまれる野生生物を(　　　)といい，各国でそのリストが作られている。

1. ア　二酸化炭素
　イ　光合成
2. 呼吸
3. ア　道管
　イ　師管
4. ア　維管束
　イ　葉脈
5. 蒸散
6. ア　被子植物
　イ　裸子植物
7. ア　単子葉類
　イ　離弁花類
8. ア　網状脈
　イ　平行脈
　ウ　同心円状
　エ　散在
　オ　主根と側根
　カ　ひげ根
9. シダ植物
10. 食物連鎖
11. ア　生産者
　イ　消費者
12. 分解者
13. 生物濃縮
14. ア　100万
　イ　0.0001
15. ア　在来種
　イ　外来種
16. 多様性
17. 絶滅危惧種

□ **18** 地域の環境を調査する場合，調べる対象としては，生物や土壌のほか，(　ア　)や(　イ　)などが考えられる。	18. ア　大気 イ　水(水質)
□ **19** 大気の約(　ア　)%を占める酸素は，植物の行う(　イ　)により，長い年月をかけて蓄積され，維持されてきたものである。	19. ア　20 イ　光合成
□ **20** 物質は自然界の中を(　　　)するが，自然界に取り込まれた太陽からのエネルギーは，やがて宇宙空間へ失われる。	20. 循環
□ **21** 世界の人口は年々増加しており，2020年には約(　　　)億人になったとされる。	21. 78
□ **22** 人間の活動が特に活発になったこの100年の間に，地球の年平均気温が少しずつ上昇する(　　　)が進んでいる。	22. 地球温暖化
□ **23** 大気中の二酸化炭素には，地球から宇宙空間への熱の放出を妨げる(　　　)という性質がある。	23. 温室効果
□ **24** 地球温暖化の原因の一つと考えられている二酸化炭素の大気中の濃度は，現在(　　　)%ほどに達している。	24. 0.04
□ **25** 大気中の二酸化炭素の増加の原因として，石炭や石油，(　ア　)などの化石燃料の大量消費，世界的規模で進む(　イ　)の面積の減少などが考えられている。	25. ア　天然ガス イ　森林
□ **26** 「(　　　)に関する政府間パネル(IPCC)」は，地球温暖化に関する科学的な判断基準の提供を目的として活動している国際的な学術機関である。	26. 気候変動
□ **27** 地球の大気の上層には，酸素がもとになってできた(　ア　)層がある。この(　ア　)層は，生物にとって有害な太陽からの(　イ　)を弱める働きをしている。	27. ア　オゾン イ　紫外線
□ **28** 冷媒や洗浄剤として使われている(　ア　)によってオゾン層が壊されており，南極上空ではオゾン層のオゾン濃度が低い(　イ　)と呼ばれる部分が現れている。	28. ア　フロン イ　オゾンホール
□ **29** 化石燃料の燃焼に伴って生じる窒素酸化物や硫黄酸化物は(　ア　)やオキシダントの原因となる。(　ア　)は森林や湖沼の生物に悪影響を及ぼし，オキシダントは(　イ　)スモッグを発生させる。	29. ア　酸性雨 イ　光化学
□ **30** ゴミの焼却の際には，猛毒の(　　　)が発生しないように，炉を高温にしなければならない。	30. ダイオキシン
□ **31** 家庭や工場からの排水によって湖沼や河川の水中の(　ア　)が多くなると，微生物がこれを分解するために，水中の(　イ　)が消費され，魚や水生昆虫が生きられなくなる。	31. ア　有機物 イ　酸素
□ **32** 排水や廃液によって窒素分が湖や海に大量に流れ込むと，アオコや(　　　)が発生する。	32. 赤潮
□ **33** 再生可能なエネルギーとは，(　ア　)や(　イ　)，地熱，水力，生物の有機物などのエネルギー資源としての利用をいう。	33. ア　太陽光 イ　風力

1節 植生と遷移

▶1 植生の成り立ち

(1)**植生**　ある場所に生育する植物の集団を**植生**という。植生の外観を**相観**といい，植生は相観によって，**森林・草原・荒原・水生植生**などに分けられる。植生を構成する植物の中で個体数が多く，最も広い空間を占める植物を**優占種**といい，相観は優占種によってほぼ決まる。

●植生を構成する植物

草本植物		茎が木質化することがほとんどなく，木本植物のように堅くならない。
	一年生草本	一年の間に発芽・成長・開花・結実して，生育を終える草本植物。中には秋に発芽して越冬し，翌年，成長・開花・結実して，生育を終える越年生草本もある。
	多年生草本	地下茎や根に有機物を蓄えて越冬し，毎年，継続的に生育を続ける草本植物。
木本植物		茎の組織が木質化して堅くなり，幹や枝は冬でも枯れることはない。

(2)**生活形**　生物の生活のしかたを反映した形態を**生活形**という。ラウンケルは，生育に不適な時期の休眠芽の位置に着目し，植物の生活形を分類した。

●ラウンケルの生活形

● 休眠芽
■ 越冬する部分

生活形	地上植物	地表植物	半地中植物	地中植物	一年生植物	水生植物
休眠芽	地表 30cm 以上	地表 30cm 以内	地表に接する	地中	種子で越冬	水中
植物例	ブナ	ヤブコウジ	タンポポ	カタクリ	ブタクサ	ヨシ

(3)**森林の構造**　森林は，優占種である樹木を中心に，垂直的な**階層構造**を形作っている。上部の表層(**林冠**)から地表面(**林床**)に近づくにつれて光などの環境条件が変化する。

階層	植物例
高木層	スダジイ，シラカシなど
亜高木層	ヤブツバキ，シロダモなど
低木層	ネズミモチ，ヒサカキなど
草本層	ヤブラン，ベニシダなど
地表層	ムチゴケ，スギゴケなど

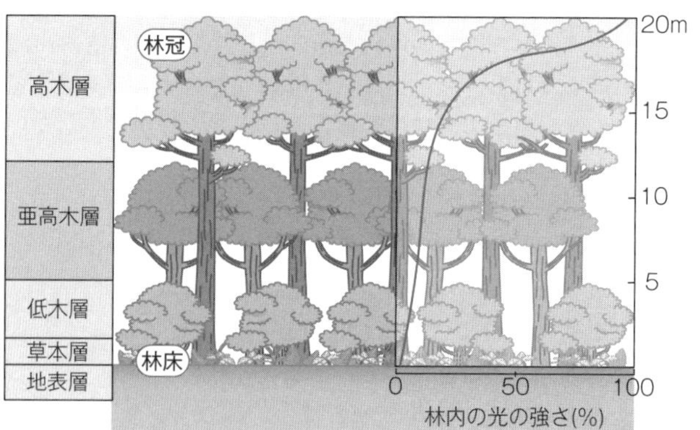

(4)光の強さと光合成

●光合成と呼吸

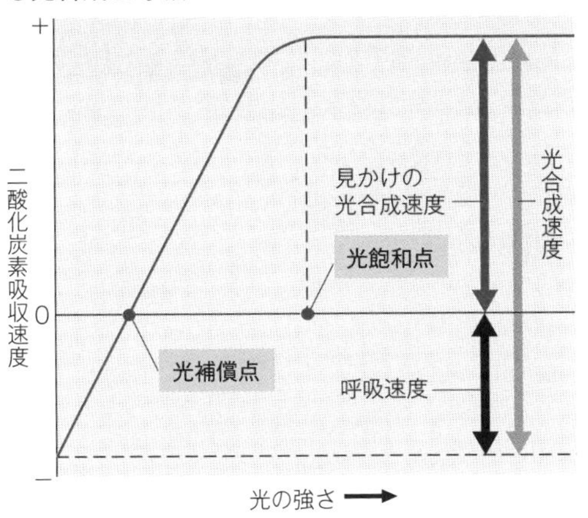

光の強さがある値以上になると，光合成による二酸化炭素吸収速度(**光合成速度**)は，呼吸による二酸化炭素放出速度(**呼吸速度**)を上回り，その差にあたる二酸化炭素が植物に吸収される。この値を**見かけの光合成速度**という。

光合成速度＝見かけの光合成速度＋呼吸速度

光補償点：光合成速度と呼吸速度が等しいときの光の強さ。植物の生育には光補償点よりも強い光が必要。

光飽和点：光合成速度がそれ以上増えなくなるときの光の強さ。光以外の要因で光合成速度が制限される場合がある。

(5)陽生植物と陰生植物

日なたでよく生育する植物を**陽生植物**，日陰でも生育できる植物を**陰生植物**という。これらの間には形態的・生理的な特徴に違いがみられる。また，同じ個体でも，外側にあり光によく当たる葉は**陽葉**，内側にあり光にあまり当たらない葉は**陰葉**と呼ばれる。陽葉・陰葉の光合成の特徴は，それぞれ陽生植物，陰生植物に似た傾向を示す。

●陽生植物と陰生植物の光合成速度

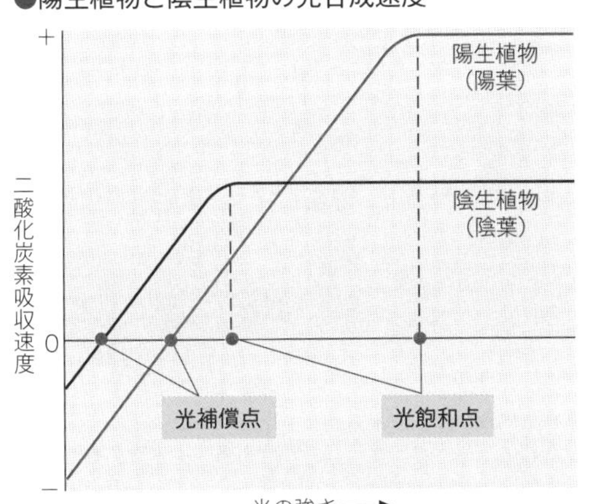

●陽葉と陰葉

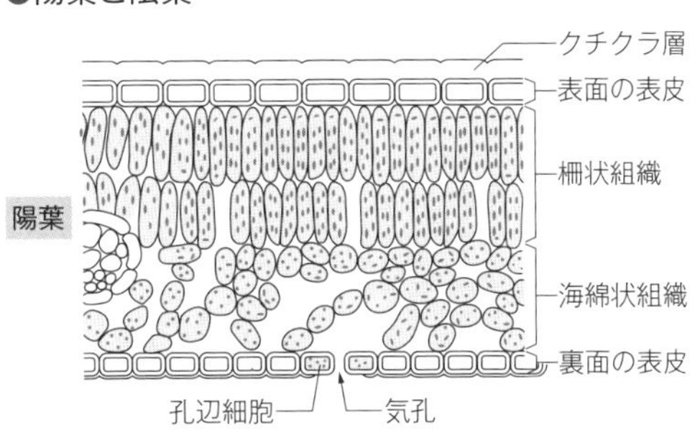

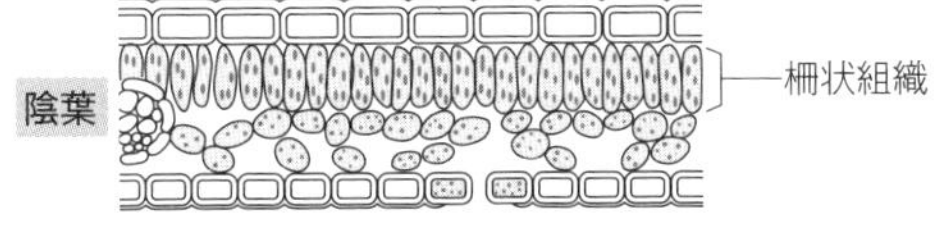

種類	生育環境	葉	柵状組織	光補償点	光飽和点	植物例
陽生植物	日なた	厚い	発達している	高い	高い	サクラ，アカマツ，ヒマワリ
陰生植物	日陰	薄い	発達が悪い	低い	低い	ベニシダ，アオキ，カタバミ

(6)土壌

土壌は層状の構造をしており，地表には**落葉層**，その下には有機物が豊富な**腐植土層**がある。

団粒構造：発達した土壌に存在する，すきまの多い団子状の構造。保水力が高い。

●土壌の断面

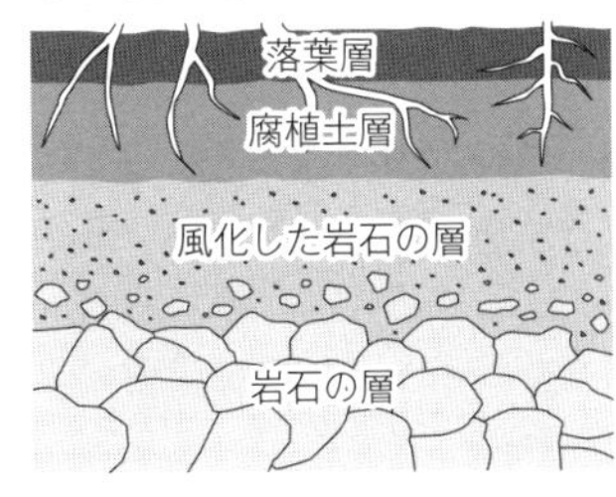

●団粒構造

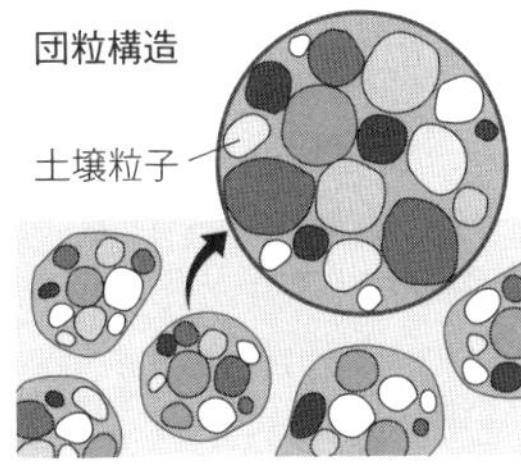

▶2 植生の遷移

植生は，時間の経過に伴い，少しずつ変化していく。この変化を遷移という。遷移は一次遷移と二次遷移に分けられる。

(1)**一次遷移**　土壌も植物もないところから始まる遷移を一次遷移という。一次遷移は乾性遷移と湿性遷移に分けられる。

●**乾性遷移**…陸上の裸地で進行する遷移。

①裸地に地衣類やコケ植物が侵入する。
②ススキやイタドリなどの草本植物が侵入し，草原を形成する。
③草原にヌルデなどの樹木が侵入し，低木林を形成する。
④低木林に，陽樹のコナラやアカマツが侵入し，陽樹林を形成する。
⑤陽樹林の暗い林床に，陰樹のスダジイやタブノキが侵入して生育する。
⑥陽樹と陰樹の混交林を経て，陰樹が優占する陰樹林となる。

先駆種（パイオニア種）：裸地に最初に侵入・定着する種。
極相（クライマックス）：遷移の最終段階の比較的安定した植生。

●**湿性遷移**…湖沼から始まる遷移。湖沼に生物の遺体や土砂が堆積し，湿原を経て，草原が形成され，乾性遷移の各過程へと移行する。

生物の遺体や土砂などが堆積し，沈水植物が侵入する。　浅くなった湖沼に浮葉植物や抽水植物などが生える。　さらに堆積物で埋まり，湿原を経て草原へ移行する。　周囲から低木林ができ，乾性遷移へと移行する。

●**水辺にみられる水生植物**

種類	特徴	植物例
沈水植物	水底の土中に根があり，葉は水面下にある。	クロモ，シャジクモ，フサモ
浮葉植物	水底の土中に根があり，葉を水面に浮かべる。	ヒツジグサ，アサザ，スイレン
抽水植物	根は水底の土中にあり茎の下部は水面下にあるが，植物体の大部分が水上にある。	ヨシ，マコモ，オモダカ，ガマ

(2)**二次遷移**　河川の氾濫や山火事などによって植生が一掃された後に始まる遷移を二次遷移という。二次遷移では，土壌のほか，植物の根や種子も残っているため，一次遷移に比べて植生の回復が早い。二次遷移によって形成された森林を二次林という。

(3)**ギャップ**　老化や台風などによって大木が倒れると，そこにギャップと呼ばれる空間が生じて，林床に光が差し込むようになる。ギャップでは陽樹の急速な成長がみられることもあるが，陰樹の幼木が成長し，やがて修復される。

正誤 Check

次の各文のそれぞれの下線部について，正しい場合は○を，誤っている場合には正しい語句を記せ。

1. 森林や草原など，植生全体の外観である$_{ア}$相観は，最も広く地面を覆っている$_{イ}$占有種によって決まる。
   - 1 ア○ イ×→優占種
2. 木質化が起こり，茎が堅くなる植物を$_{ア}$木本植物，木質化が起こらず，茎が堅くならない植物を$_{イ}$草本植物という。
   - 2 ア○ イ○
3. 発芽後，一年の間に生育を終える植物を一年生草本，その中で，秋に発芽し，翌春に開花する植物を$_{ア}$多年生草本という。一方，毎年同じ場所で継続的に生育を続ける植物を$_{イ}$越年生草本という。
   - 3 ア×→越年生草本 イ×→多年生草本
4. 環境に適応した生活様式を反映した生物の形態を生活形という。
   - 4 ○
5. ラウンケルは生育に適さない時期における花芽の位置の違いに着目して，植物の生活形を分類した。
   - 5 ×→休眠芽
6. 森林の構造には，高木層，亜高木層，$_{ア}$木本層，草本層，地表層という，層状の$_{イ}$階層構造がみられる。
   - 6 ア×→低木層 イ○
7. 光合成速度と呼吸速度が等しいときの光の強さを$_{ア}$光飽和点，光合成速度が増加しなくなるときの光の強さを$_{イ}$光補償点という。
   - 7 ア×→光補償点 イ×→光飽和点
8. 日なたの環境に適応した植物を$_{ア}$日なた植物，日陰の環境に適応した植物を$_{イ}$日陰植物という。
   - 8 ア×→陽生植物 イ×→陰生植物
9. 陽生植物は，陰生植物と比べて光補償点は$_{ア}$高く，光飽和点は$_{イ}$低い。
   - 9 ア○ イ×→高い
10. 同じ樹木につく葉でも，日なたにつく葉（陽葉）は，日陰につく葉（陰葉）より，柵状組織が薄い。
    - 10 ×→厚い
11. 植生が時間とともに変化していく現象を$_{ア}$変遷といい，その結果，植生に大きな変化が起こらなくなった状態を$_{イ}$極相という。
    - 11 ア×→遷移 イ○
12. 裸地に最初に侵入・定着する種は優先種と呼ばれ，高温・乾燥・貧栄養といった過酷な条件でも生育できる。
    - 12 ×→先駆種（パイオニア種）
13. 森林の土壌はよく発達していて，上部には落葉・落枝などが堆積した$_{ア}$落葉層が，その下に順次分解が進んだ$_{イ}$腐敗層が，さらに下方には風化した岩石の層がある。
    - 13 ア○ イ×→腐植土層
14. 裸地から始まる遷移を$_{ア}$乾性遷移，湖沼から始まる遷移を$_{イ}$水性遷移という。
    - 14 ア○ イ×→湿性遷移
15. 湖沼では長い年月をかけて水草が繁茂し，やがて浅い場所からヨシなどの水中植物が群生し，それらの植物はしだいに深い場所を埋めて湿地へと変わっていく。
    - 15 ×→抽水植物
16. 山火事や河川の氾濫などによって植生が一掃されたところから始まる遷移を一次遷移という。
    - 16 ×→二次遷移
17. 林内の大木が倒れたあとにはスペースと呼ばれる空間が現れる。
    - 17 ×→ギャップ

標準問題

91 [植生] 次の文章を読み，下の問いに答えよ。

ある地域に生育している植物の集団❶を［ア］といい，その外観を［イ］という。［イ］は広い面積を占有し個体数も多い［ウ］の形態により特徴づけられる。

❶ p.90 要点Check▶1 p.93 正誤Check 1

(1) 文中のア～ウに適語を入れよ。

(2) 空欄アは空欄イの違いにより3つに大別される。次のa～cはそれらを説明したものである。a～cはそれぞれ何と呼ばれるか答えよ。

a 草本植物を主とする［ア］で，イネ科植物が［ウ］であることが多い。

b 極端な乾燥地や寒冷地などにみられ，まばらに植物が生育する。

c 木本植物を［ウ］とする［ア］で，日本には広範囲にみられる。

92 [生活形] 次の文章を読み，下の問いに答えよ。

下表は休眠芽の位置により植物の生活形❶を分類したものである。表中アは熱帯多雨林で，イは砂漠でよくみられる植物の生活形である。

❶ p.90 要点Check▶1 p.93 正誤Check 4, 5

生活形	ア	地表植物	半地中植物	地中植物	イ植物	水生植物
休眠芽の位置	地表30cm以上	地表30cm以内	地表に接している	地中	種子で冬季・乾季を越す	水中

(1) 表のように，休眠芽の位置により植物の生活形を分類した人物はだれか。

(2) 生活形ア，イの名称を答えよ。

93 [森林の構造] 図1は森林の階層構造と各階層における光の強さの例❶を示したものである。下の問いに答えよ。

❶ p.90 要点Check▶1

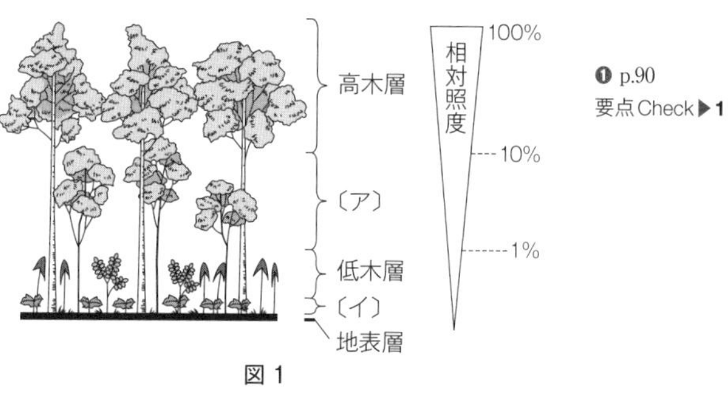

図1

(1) 図1中のアおよびイの階層名を，答えよ。

(2) 葉が多くしげり，森林の表面を覆っている部分を何というか答えよ。

(3) 森林の地面の部分を何というか答えよ。

(4) 本州中部の太平洋側などに分布する照葉樹林❷における高木層および低木層にみられる代表的な樹木名をそれぞれ一つ答えよ。

❷ p.99 要点Check▶1

(5) 図1の森林内における光の強さ(相対照度)を示したグラフとして最も適当なものを，図2のa～cのうちから一つ選べ。

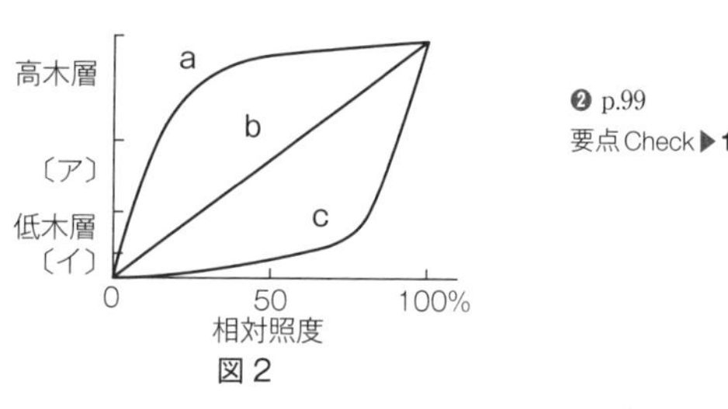

図2

(2020 関西大改)

94 ［光合成速度］ 図は ア 植物と イ 植物の光合成曲線❶を比較した模式図である。縦軸は二酸化炭素の吸収速度(相対値)，横軸は光の強さ(相対値)である。次の問いに答えよ。

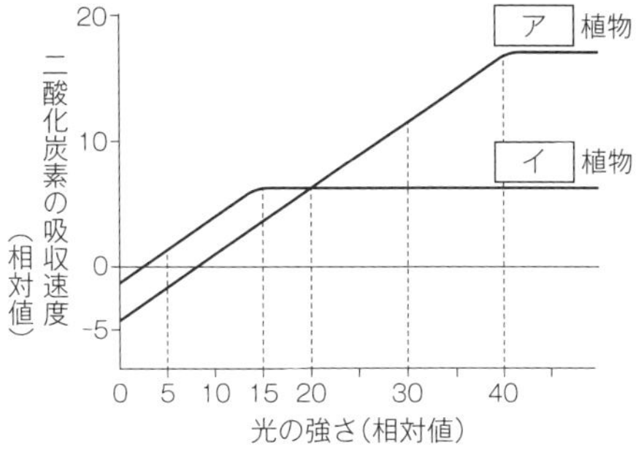

❶ p.91
要点Check▶2

(1) 図から推測できることを，①～⑤のうちから二つ選べ。
① 光の強さが5のとき， イ 植物は成長できるが ア 植物は成長できない。
② 光の強さが15のとき， イ 植物は成長できるが ア 植物は成長できない。
③ 光の強さが20では， ア 植物より イ 植物のほうが成長がよい。
④ 光の強さが30では， ア 植物は成長できるが イ 植物は成長できない。
⑤ 光の強さが40では， ア 植物も イ 植物も成長できる。

(2) 図の ア ， イ にあてはまる語句を答えよ。

(3) ア 植物だけで構成されているものを，次の①～⑤のうちから一つ選べ。
① アカマツ，シロザ，ヒメジョオン
② アラカシ，スダジイ，タブノキ
③ イタドリ，ススキ，スダジイ
④ エゾマツ，クロマツ，トドマツ
⑤ ブナ，ミズナラ，ヤブツバキ

(2016 立命館大改)

95 ［遷移］ 次の文章を読み，下の問いに答えよ。

植生は時間の経過に伴い，徐々に変化していく。この植生の変化を遷移❶という。遷移は，図に示すように乾燥した裸地から始まる ア 遷移と，湖沼から始まる イ 遷移に区別される。また，火山噴火で生じた裸地には土壌がなく，このような状態から始まる遷移を ウ 遷移，森林の伐採や山火事のあとなど土壌のある状態から進む遷移を エ 遷移という。 エ 遷移の過程にある林を オ という。

❶ p.92
要点Check▶2
p.91
正誤Check11，14，16

(1) 文中の**ア**～**オ**に適語を入れよ。
(2) 図中のa～dに相当する語をそれぞれ答えよ。
(3) これ以上遷移が進まなくなる図のdの状態を何というか答えよ。
(4) 生物の種数が最も多くなるのは図のどの状態のときか，図中の文字または記号で答えよ。

96 [土壌] 土壌❶に関する次の文章を読み，下の問いに答えよ。

❶ p.91
要点Check▶1

森林では，右図のような発達した土壌が観察される。上部には植物の枯死体が堆積してそれらがあまり分解されていない［ ア ］層があり，その下に順次分解されてできた有機物と風化した岩石が混ざっている［ イ ］層がある。さらに下方には風化した岩石の層がみられる。森林では，気温の違いによって［ ア ］層や［ イ ］層の厚さが異なる。

土壌
母材
ア層
イ層
風化した岩石の層
岩石の層

(1) 文中の**ア**，**イ**に適語を入れよ。

(2) 下線部について，**ア**層・**イ**層がより厚いのは，亜寒帯の森林と熱帯の森林のどちらの土壌か。理由とともに答えよ

(3) 植生の遷移と土壌との関係に関する記述として適当なものを，次の①～④のうちから二つ選べ。

① 遷移の進行とともに植物の遺体などが土壌に供給される量が増えるが，土壌微生物による有機物分解も盛んに起こるようになるため，土壌は極相に至る過程の遷移の中期段階で最も発達する。

② 森林へ遷移する途中の草原の土壌は岩石の風化物や火山灰などの鉱物質でできており，有機物を含まない。

③ 土壌中では，菌類や細菌が分解者の役割を果たすほかに，土壌中に生息する動物の一部も分解の過程に関わる。

④ 発達した土壌は有機物に富み，すき間が大きく，水はけや通気性がよい団粒構造が多く存在する。

（2015 センター追改，2010 東京農業大改，2018 センター追改）

97 [湿性遷移] 図は湿性遷移❶の過程を示している。下の問いに答えよ。

❶ p.92
要点Check▶2
p.93
正誤Check⑭，⑮

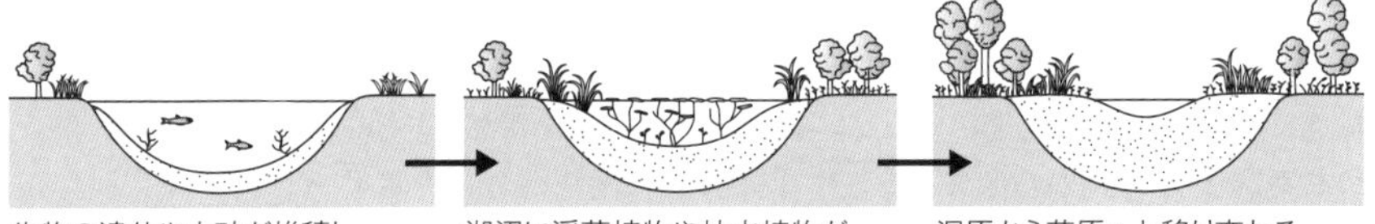

生物の遺体や土砂が堆積し，湖沼がしだいに浅くなる。 → 湖沼に浮葉植物や抽水植物が生える。 → 湿原から草原へと移り変わる。

(1) 図中の遷移において，湿原から草原へ移り変わった後どのようになるか。最も適当なものを，次の①～③のうちから一つ選べ。

① 草原として安定する

② 乾性遷移へ移行する

③ 再び湖沼へ変化する

(2) もとの水面より高い位置にできる湿原を高層湿原という。沼沢から高層湿原が発達する条件として**適当でないもの**を，次の①～⑤のうちから二つ選べ。

① 寒冷である

② 周囲が森林である

③ 年中湿度が高い

④ 植物の栄養塩類の豊富な水である

⑤ 植物の栄養塩類の乏しい水である

■ 演習問題

98 ［遷移］ 次の文章を読み，下の問いに答えよ。

火山の噴火や大規模な山崩れによって生じた裸地では，時間の経過とともに植生が変化していく。この一連の変化を遷移という。遷移に要する年月は非常に長期にわたるが，伊豆諸島の a伊豆大島や三宅島などで植生の調査が行われ，火山の噴火で植生が消失してしまった場所でも，時間が経つにつれ，b裸地から荒原，草原へ，さらに低木林から高木林へと相観が変化していくことが明らかになった。遷移の初期に現れる種を先駆種と呼ぶ。遷移が進行して高木林が形成されると，陽樹林→混交林→陰樹林と移り変わり，やがて，それ以上植生は変化しなくなる。このような状態を極相と呼ぶ。

問１ 下線部 a について，次の(1)，(2)に答えよ。

(1) 伊豆大島の相観の異なる４地区における優占種は次のとおりであった。A～Dの地区を遷移の初期から後期へ並べた順序として最も適当なものを，次の①～⑧のうちから一つ選べ。

A地区：スダジイ，タブノキ　　B地区：オオバヤシャブシ，ハコネウツギ
C地区：イタドリ，ススキ　　D地区：スダジイ，オオシマザクラ

① A→B→C→D　② A→C→D→B　③ B→A→C→D　④ B→C→D→A
⑤ C→D→B→A　⑥ C→B→D→A　⑦ D→B→A→C　⑧ D→C→B→A

(2) 伊豆大島や三宅島が遷移の調査に適している理由として最も適当なものを，次の①～⑤のうちから一つ選べ。

① 温暖で適当な降雨量に恵まれている。
② 観光資源として人の手によって開発されてきた。
③ 海が近い。
④ 生息する動物の種類があまり多くない。
⑤ 年代のわかっている火山の噴火が過去に何度も起こっている。

問２ 下線部 b について，遷移の初期に侵入する種を，遷移の後期に出現する種と比較したとき，遷移の初期に侵入する種の特徴として最も適当なものを，次の①～⑥のうちから一つ選べ。

① 種子が大きい。　② 明るい所での成長が遅い。
③ 寿命が長い。　④ 貧栄養への耐性が低い。
⑤ 種子の散布力が大きい。　⑥ 乾燥に弱い。

問３ 日本のある地域の森林で，個体数の多いP，Q，Rの３種類の樹木について，胸の高さにおける幹の直径を測定した結果を図に示す。なお，幹の直径が大きい個体ほど樹高が高いものとする。また，P，Q，Rはいずれも高木になる樹種である。図について，次の(1)，(2)に答えよ。

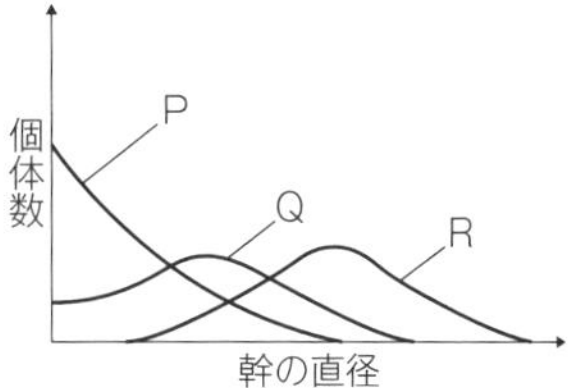

(1) この森林の優占種はどれか。また，遷移が進行したときに最初に消滅すると考えられる種はどれか。P，Q，Rの中からそれぞれ一つずつ選べ。

(2) P，Q，Rの３種の光合成曲線の特徴について述べた記述として最も適当なものを，次の①～⑥のうちから一つ選べ。

① PはQよりも光飽和点が高い。　② PはRよりも呼吸速度が大きい。
③ QはPよりも光合成速度の最大値が小さい。
④ QはRよりも光補償点が高い。　⑤ RはQよりも光飽和点が低い。
⑥ RはPよりも光補償点が高い。

（2019 自治医科大改）

99 [光合成速度] 植物の成長と光の関係を調べるため，次の**実験**を行った。下の問いに答えよ。

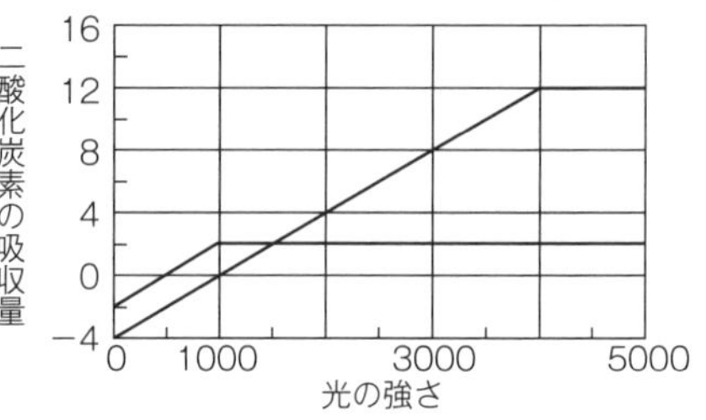

実験 ある陽生植物と陰生植物を用いて，光の強さと光合成速度の関係を測定したところ，図のような結果を得た。なお，光の強さの単位は[lx(ルクス)]，二酸化炭素の吸収量の単位は[(mg /100cm^2)/ 時間]である。

問 1 図において，陽生植物と陰生植物の両方とも生育できるが，陰生植物のほうがより成長できる光の強さの範囲の最大値(ルクス)として最も適当なものを，次の①～⑥のうちから一つ選べ。

① 0　② 500　③ 1,000　④ 1,500　⑤ 2,000　⑥ 4,000

問 2 **問 1** の光の強さの範囲の最小値(ルクス)として最も適当なものを，**問 1** の①～⑥のうちから一つ選べ。

問 3 葉で吸収された 22g の二酸化炭素から 15g のグルコースが形成される。図における陽生植物の葉 500cm^2 が 1 日の間に光合成で形成するグルコースの質量として最も適当なものを，次の①～⑥のうちから一つ選べ。ただし，1 日のうち半分は 5,000lx，4 時間は 2,000lx の光が当たり，それ以外は暗黒とする。

① 87.3mg　② 436.4mg　③ 545.5mg　④ 640.0mg　⑤ 763.6mg　⑥ 938.7mg

(2011 東京慈恵医大改)

100 [ギャップ] 次の文章を読み，下の問いに答えよ。

森林の世代交代のようすを調べるため，陰樹であるブナによって構成される森林で，20 m × 20 m の 4 つの調査区 a ～ d を設定し，樹高 1m 以上のすべてのブナ個体の高さを測定した。各調査区における樹高ごとの個体数を図に示す。なお，調査区 a には林冠ギャップがなかったが，調査区 b，c，d にはあった。

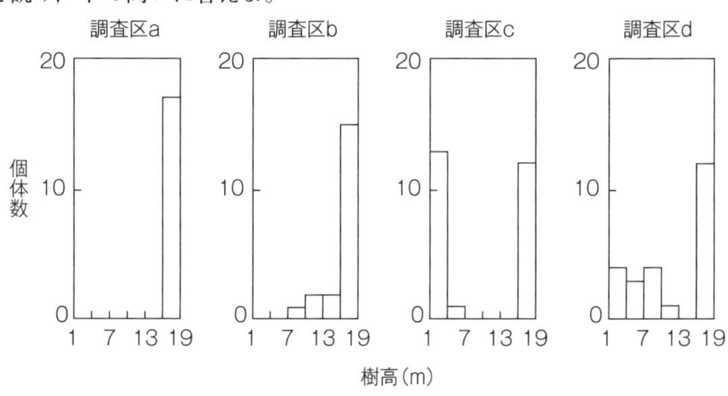

問 1 林冠ギャップが起こった時期が最も古いものを，次の①～③のうちから一つ選べ。

① b　② c　③ d

問 2 林冠ギャップが起こると，陽樹が成長することもある。陽樹の例として最も適当なものを，次の①～④のうちから一つ選べ。

① タブノキ　② スダジイ　③ コナラ　④ イタドリ

問 3 極相林内に存在するギャップとはどのようなものか。ギャップのでき方とギャップ内の環境について 50 字程度で答えよ。

(2008 センター改，2011 福島大改)

2節 植生とバイオーム

▶1 バイオームの分布

広い範囲の地域に生育，生息するすべての生物のまとまりを**バイオーム**(**生物群系**)という。バイオームは，相観に基づいて分類される。どのようなバイオームが成立するかは，**気温**(年平均気温)と**降水量**(年降水量)の2つの要因によってほぼ決まる。

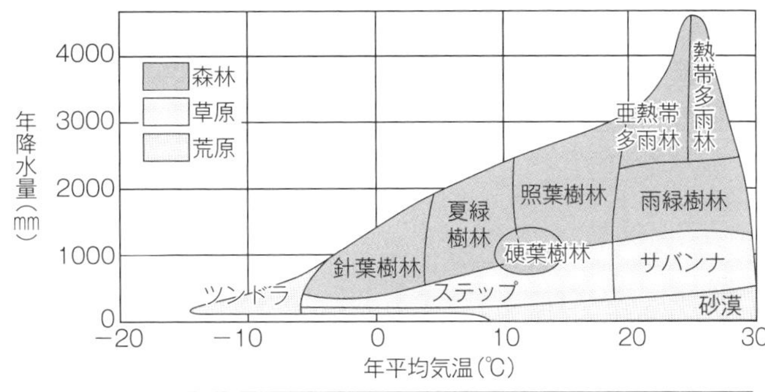

植生	気候帯	バイオーム	優占種の特徴
森林	熱帯・亜熱帯	熱帯・亜熱帯多雨林	多様で背丈の高い常緑広葉樹。フタバガキ，ヘゴ，アコウなど。
		雨緑樹林	乾季に落葉する落葉広葉樹。チーク，コクタンなど。
	温帯	照葉樹林	葉のクチクラ層が発達した常緑広葉樹。シイ類，カシ類，タブノキなど。
		硬葉樹林	樹皮のコルク層が発達した常緑広葉樹。硬い葉をもつ。オリーブ，コルクガシなど。
		夏緑樹林	冬季に落葉する落葉広葉樹。ブナ，ミズナラなど。
	亜寒帯・寒帯	針葉樹林	常緑針葉樹。樹種が少ない。エゾマツ，トドマツなど。
草原	熱帯	サバンナ	イネ科草本が優占し，低木が点在する。
	温帯	ステップ	イネ科草本が優占する。
荒原	熱帯・温帯	砂漠	多肉植物が点在する。
	寒帯	ツンドラ	短い夏に地衣類・コケ植物が生育する。

▶2 日本のバイオーム

降水量の多い日本では森林が形成され，その分布は気温によって決まる。

水平分布：緯度に応じたバイオームの分布。日本列島は南北に長いため，気温の違いによって多様なバイオームが形成される。

垂直分布：標高に応じたバイオームの分布。山岳地帯では，標高によって気温が異なるため，垂直的にバイオームが変化する。

●水平分布

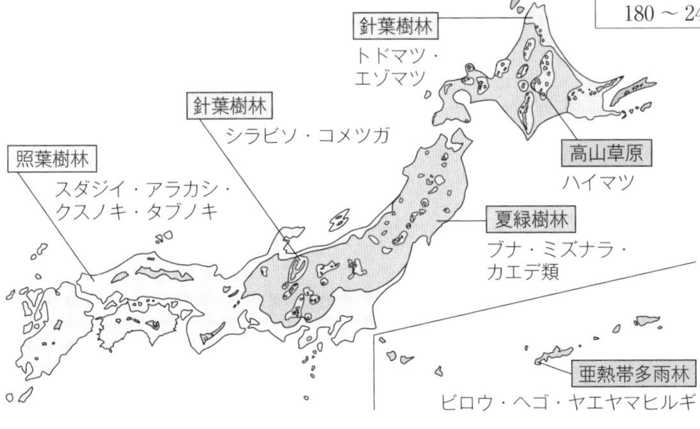

●暖かさの指数…月平均気温が5℃以上の月の，各月の平均気温から5を引いた数値の合計値。

暖かさの指数	水平分布	垂直分布
0 ～ 15	高山草原	高山帯
15 ～ 45	針葉樹林	亜高山帯
45 ～ 85	夏緑樹林	山地帯
85 ～ 180	照葉樹林	丘陵帯
180 ～ 240	亜熱帯多雨林	

●垂直分布(中部地方)

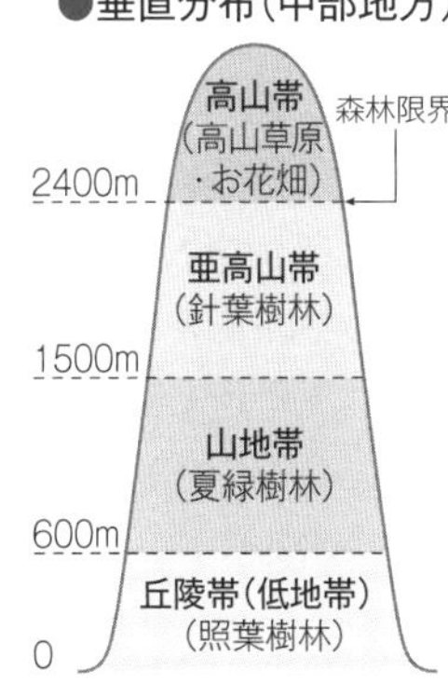

正誤 Check

次の各文のそれぞれの下線部について，正しい場合は○を，誤っている場合には正しい語句を記せ。

□ **1** ある地域に存在するすべての$_{ア}$植物のまとまりを$_{イ}$バイオームまたは生物群系という。
1 ア ×→生物 イ ○

□ **2** バイオームの成立に最も大きな影響を及ぼす環境要因は，$_{ア}$気温と$_{イ}$光である。
2 ア ○ イ ×→降水量

□ **3** 陸上のバイオームは，相観の違いにより，森林，$_{ア}$草原，$_{イ}$砂漠に大別される。
3 ア ○ イ ×→荒原

□ **4** 温暖で，多雨の地域には$_{ア}$草原が形成されるが，極端に気温が低いか降水量が少ない地域は，植物がほとんど生育しない$_{イ}$荒原となる。
4 ア ×→森林 イ ○

□ **5** 年間を通して気温が高く，降水量の多い地域には$_{ア}$熱帯多雨林や$_{イ}$温帯林が形成される。
5 ア ○ イ ×→亜熱帯多雨林

□ **6** 熱帯多雨林には，背の高い常緑針葉樹が多く，つる性植物や着生植物が生育する。
6 ×→常緑広葉樹

□ **7** 暖温帯で，夏に雨の多い地域には，クチクラの発達した葉をつける常緑広葉樹を優占種とする$_{ア}$落葉広葉樹林が，また，夏に雨の少ない地域には，オリーブなどからなる$_{イ}$照葉樹林が形成される。
7 ア ×→照葉樹林 イ ×→硬葉樹林

□ **8** 緯度の高い亜寒帯の地域では，耐寒性の高い常緑樹からなる針葉樹林が形成される。
8 ○

□ **9** 熱帯や亜熱帯の乾燥地帯にはアカシアなどの低木が点在する$_{ア}$プレーリーと呼ばれる草原が，また，温帯の雨が少ない地域には樹木がほとんどない$_{イ}$ステップと呼ばれる草原が広がる。
9 ア ×→サバンナ イ ○

□ **10** 気温が極端に低い寒帯では，短い夏の間にのみコケ植物や地衣類が生える$_{ア}$タイガが広がり，降水量が極端に少ない地域は，乾燥して植物がほとんど生育しない$_{イ}$砂漠となる。
10 ア ×→ツンドラ イ ○

□ **11** 平地で比較したバイオームの地理的分布を$_{ア}$平面分布，ある地域における，標高の違いによるバイオームの分布を$_{イ}$垂直分布という。
11 ア ×→水平分布 イ ○

□ **12** 西南日本の平地には，スダジイやクスノキなどからなる夏緑樹林がみられる。
12 ×→照葉樹林

□ **13** 日本の東北地方の平地には照葉樹林が広く分布し，秋には紅葉や黄葉がみられる。
13 ×→夏緑樹林

□ **14** 日本の中部地方の$_{ア}$丘陵帯にはブナやミズナラなどからなる夏緑樹林が形成されるが，標高 1500m を超えるあたりからはコメツガやシラビソなどからなる$_{イ}$針葉樹林が現れる。
14 ア ×→山地帯 イ ○

□ **15** 日本の山岳の森林限界を超えた$_{ア}$亜高山帯には，短い夏の間に開花する草本からなる$_{イ}$高山草原が広がる。
15 ア ×→高山帯 イ ○

標準問題

101 [世界のバイオーム] 次の文章を読み，下の問いに答えよ。

共通した環境に生活する動物や植物，土壌生物などのまとまりをバイオーム❶という。世界のバイオームは，図のように，年平均気温と年降水量で大別できる。高温で，降水量が多い地域は$_{ア}$熱帯・亜熱帯多雨林であるが，年降水量が少なくなるにつれて，乾季に落葉する$_{イ}$雨緑樹林，ライオンが生息する$_{ウ}$サバンナ，そして$_{エ}$砂漠へとバイオームも移り変わる。また，年平均気温が低くなるにつれて，熱帯・亜熱帯多雨林から$_{オ}$照葉樹林，$_{カ}$夏緑樹林，$_{キ}$針葉樹林，$_{ク}$ツンドラへとバイオームも移り変わる。そのほか，冬季に雨が多く夏季に乾燥する地中海地方では$_{ケ}$硬葉樹林が，温帯で降水量の少ない大陸内部では$_{コ}$ステップがみられる。

❶ p.99
要点Check▶1
p.100
正誤Check1，2，3，4，5，6，7，8，9，10

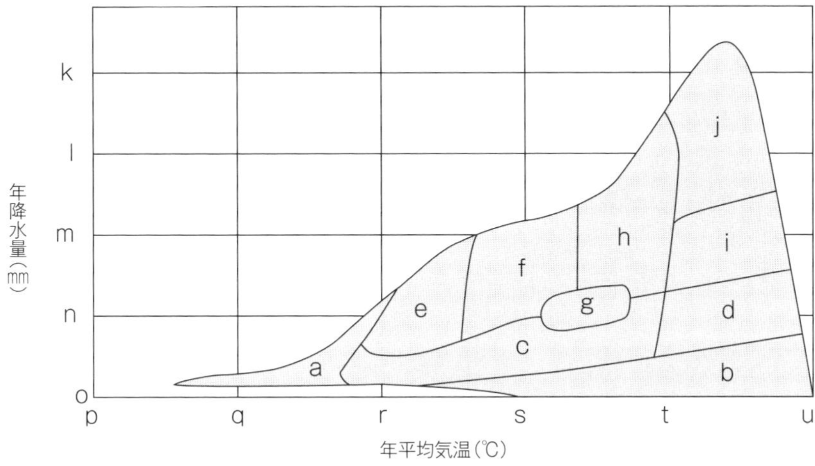

(1) 図中のa～jに対応するバイオームを，文中の下線部**ア～コ**のうちから一つずつ選べ。

(2) 年降水量1,000mmを示す目盛と，年平均気温10℃を示す目盛を，図中のk～o，p～uの中からそれぞれ一つずつ選び，記号で答えよ。

(3) 次の表は，それぞれのバイオームに優占する植物などをまとめたものである。表中の**サ～ヌ**にあてはまるものを，下の①～⑫のうちからそれぞれ一つずつ選べ。ただし，同じ番号を何度選んでもよい。

図中の記号	a	b	c	d	e	f	g	h	i	j
代表的植物	**サ**	**シ**	**ス**	**セ**	**ソ**	**タ**	**チ**	**ツ**	**テ**	**ト**
植生	**ナ**		**ニ**		**ヌ**					

① ブナ・ミズナラ　② タブノキ・スダジイ　③ エゾマツ・トドマツ
④ チーク・コクタン　⑤ コケ植物・地衣類　⑥ サボテン・トウダイグサ
⑦ コルクガシ・オリーブ　⑧ イネ科植物　⑨ フタバガキ・ラン類
⑩ 草原　⑪ 荒原　⑫ 森林

4章 生物の多様性と生態系

102 ［バイオーム］　次の文章を読み，下の問いに答えよ。

❶ p.99
要点Check▶1

図は，北半球および赤道付近における代表的なバイオーム❶である熱帯多雨林，針葉樹林，照葉樹林，サバンナ，ステップ，夏緑樹林，硬葉樹林，雨緑樹林の降水量（棒グラフ）と気温の変化（折れ線グラフ）を示している。棒グラフおよび折れ線グラフについては例にあげたとおり，左から1，2，3…月とし12か月分を，さらに，それぞれグラフの下には年間降水量（mm）と年平均気温（℃）を示した。

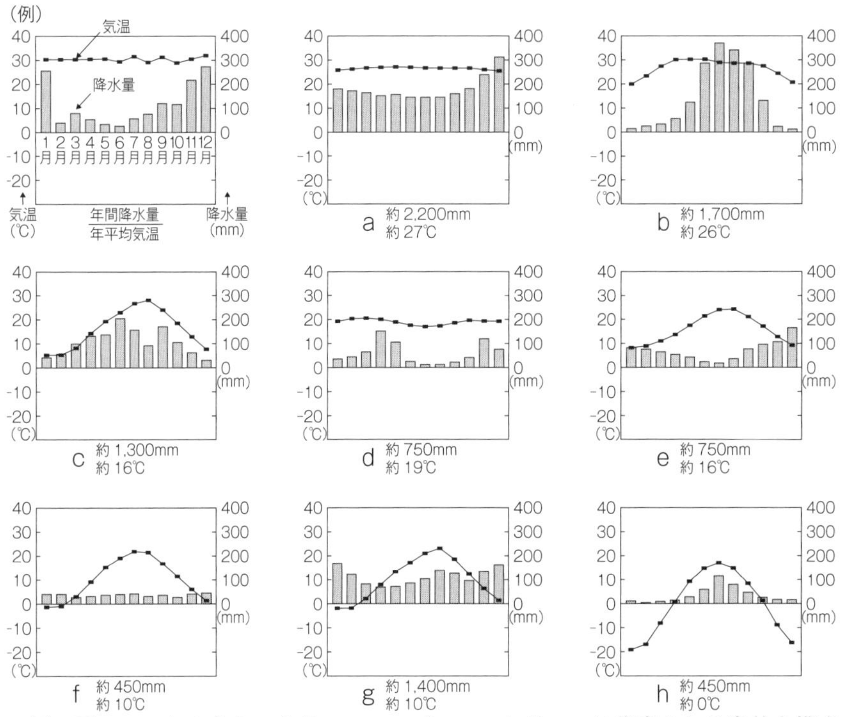

(1)　図のa～hのうち，カラマツ，エゾマツ，トドマツに代表される森林を構成しているバイオームのグラフはどれか，記号で答えよ。

(2)　図のa～hのうち，イネ科の植物や低木が点在し，シマウマやライオンが生息しているバイオームのグラフはどれか，記号で答えよ。

(3)　地中海性気候を代表するバイオームと，図の降水量，気温の組合せとして最も適当なものを，次の①～⑧のうちから一つ選べ。

①　夏緑樹林，g　②　夏緑樹林，e　③　硬葉樹林，c　④　硬葉樹林，e
⑤　雨緑樹林，g　⑥　雨緑樹林，b　⑦　照葉樹林，c　⑧　照葉樹林，d

(4)　常緑広葉樹により構成されているバイオームとして最も適当なものを，次の①～⑨のうちから一つ選べ。

①　熱帯多雨林，雨緑樹林，夏緑樹林　②　熱帯多雨林，雨緑樹林，照葉樹林
③　熱帯多雨林，雨緑樹林，硬葉樹林　④　熱帯多雨林，夏緑樹林，照葉樹林
⑤　熱帯多雨林，照葉樹林，硬葉樹林　⑥　雨緑樹林，夏緑樹林，照葉樹林
⑦　雨緑樹林，夏緑樹林，硬葉樹林　⑧　雨緑樹林，照葉樹林，硬葉樹林
⑨　夏緑樹林，照葉樹林，硬葉樹林

（2017 東邦大改）

103 ［日本のバイオーム］ 次の文章を読み，下の問いに答えよ。

図は日本のバイオーム[1]の分布を示している。降水量の多い日本では，バイオームの分布はおもに気温によって決まる。平均気温は［ア］によって変わるので，バイオームは南北で異なる。平地で比較したバイオームの地理的分布を［イ］という。また，平均気温は［ウ］によっても変わる。同じ［ア］における［ウ］の違いによるバイオームの分布を［エ］という。

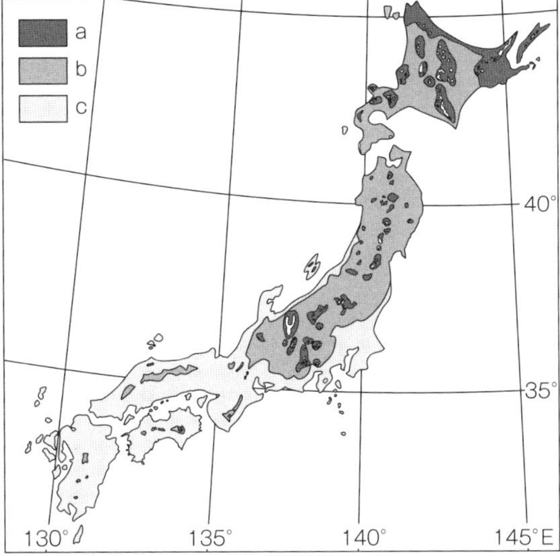

❶ p.99 要点Check▶2 p.100 正誤Check 11, 12, 13, 14, 15

(1) 文中の**ア**～**エ**に適語を入れよ。

(2) 図中のa～cに相当する空欄**イ**でのバイオームの名称をそれぞれ答えよ。

(3) 図中のa～cに相当する空欄**エ**での分布帯の名称をそれぞれ答えよ。

(4) 図中のa～cの優占種を，次の①～⑤のうちからそれぞれ一つずつ選べ。

① トドマツ・エゾマツ・コメツガ・シラビソ

② アコウ・ヘゴ・ガジュマル・ヒルギ類

③ ブナ・ミズナラ・カエデ類

④ 地衣類・ハイマツ・コケモモ

⑤ スダジイ・タブノキ・アラカシ・シラカシ

(5) 北海道の沿岸部にみられるバイオームを，図中のa～cのうちからすべて選べ。

(6) 沖縄県で最もよくみられる空欄**イ**でのバイオームの名称を答えよ。

104 ［垂直分布］ 次の文章を読み，下の問いに答えよ。

山岳地では高度が100m増すにつれて気温はおよそ0.6℃ずつ下がる。それに対応してバイオームも垂直的に変化する。これをバイオームの［ア］分布という。図は日本の中部地方におけるバイオームの垂直的な分布を示している[1]。中部地方では標高ごとに4つのバイオームがみられる。

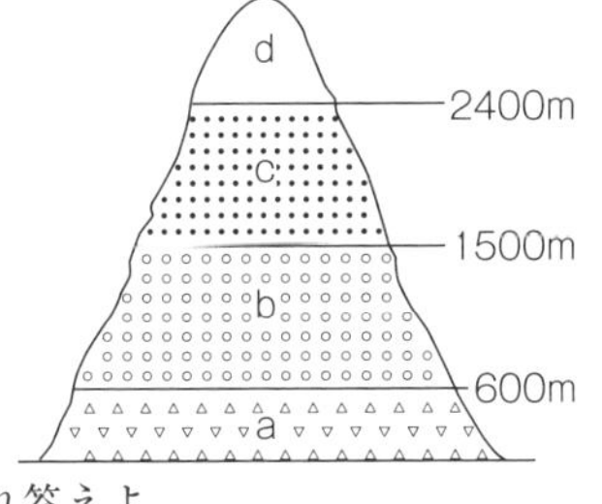

❶ p.99 要点Check▶2 p.100 正誤Check 11, 14, 15

(1) 文中の**ア**に適語を入れよ。

(2) 図中のa～dに相当する分布帯の名称をそれぞれ答えよ。

(3) 図で，森林限界を表すものを，次の①～④のうちから一つ選べ。

① aの最下端　② aとbの境界　③bとcの境界　④cとdの境界

(4) 北海道にはみられないバイオームを，図中のa～dのうちからすべて選べ。

(5) 実際には，日本における［ア］分布の境界線の標高は，上図とは異なり南側よりも北側のほうが低くなることが多い。その理由を簡潔に説明せよ。

演習問題

105 ［バイオーム］ 次の文章を読み，下の問いに答えよ。

バイオームを決める気候条件として［ア］と［イ］があげられる。［ア］が少ない地域では森林が形成されず，熱帯では［ウ］，温帯では［エ］と呼ばれる草原となる。熱帯で形成される森林として，［ア］が豊富な地域には［オ］が分布し，乾季と雨季がある地域には［カ］が分布する。そのうち［オ］はバイオームの中で最も植物の現存量が大きい。

日本の森林の分布には，緯度によって変化する［キ］と呼ばれる分布と，標高によって変化する［ク］と呼ばれる分布がある。［キ］では，南から順にマングローブなどがみられる［ケ］，次にスダジイ，タブノキ，カシ類などがみられる［コ］，ブナ，ミズナラなどがみられる［サ］，エゾマツ，トドマツなどがみられる［シ］がある。

下図は，日本のバイオームの［ク］を表す。［ク］は標高の高い順に図のA～Eに分けることができ，それぞれ異なった森林がみられる。

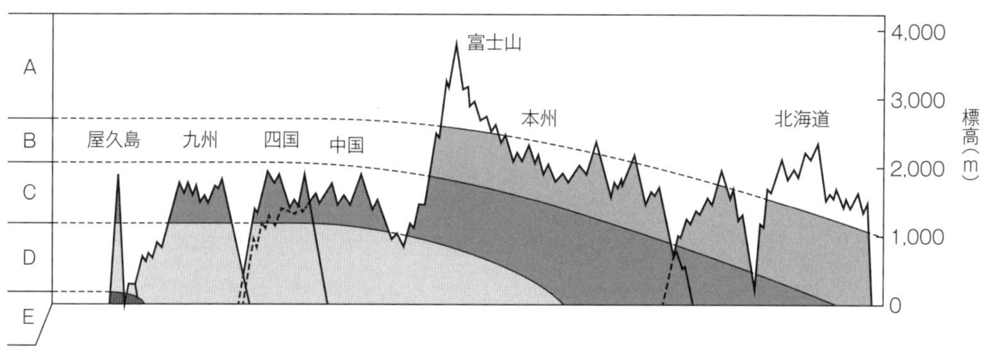

問1 文中の**ア**と**イ**に入る最も適当な用語を，次の①～⑧のうちから一つずつ選べ。

① 年平均湿度　② 年平均気圧　③ 年降水量　④ 年平均日照時間
⑤ 年最大気温　⑥ 年最低気温　⑦ 年平均気温　⑧ 年較差

問2 文中の**ウ～シ**に適語を入れよ。

問3 下線部について，標高によって分布が変化する理由を簡潔に述べよ。

問4 ［ク］を示す図について，Aでみられる植物はどれか。次の①～⑩のうちから二つ選べ。

① スダジイ　② コメツガ　③ ハイマツ
④ エゾマツ　⑤ ガジュマル　⑥ クロユリ
⑦ オオシラビソ　⑧ アカマツ　⑨ アラカシ　⑩ ミズナラ

問5 ［ク］を示す図に関する説明として**誤っている**ものを，次の①～⑤のうちから一つ選べ。

① AとBの境界を森林限界といい，Aより標高が高い場所では森林が形成されない。
② Bの植生の相観は森林に属する。
③ Cの気候は冷温帯である。
④ Dでは硬くて小さい葉をもつ常緑広葉樹が優占している。
⑤ Eではヒルギ類によるマングローブの形成がみられる。

（2019 大阪薬科大改，2019 自治医科大改）

3節 生態系と生物の多様性

▶1 生態系

(1)**生態系とは** 生物に影響を及ぼす外界の要素のすべてを環境といい，同種や異種の生物を要素とする**生物的環境**と，光・温度・大気・土壌などを要素とする**非生物的環境**に分けられる。生物的環境と非生物的環境を一つのまとまりとして捉えたものを**生態系**という。

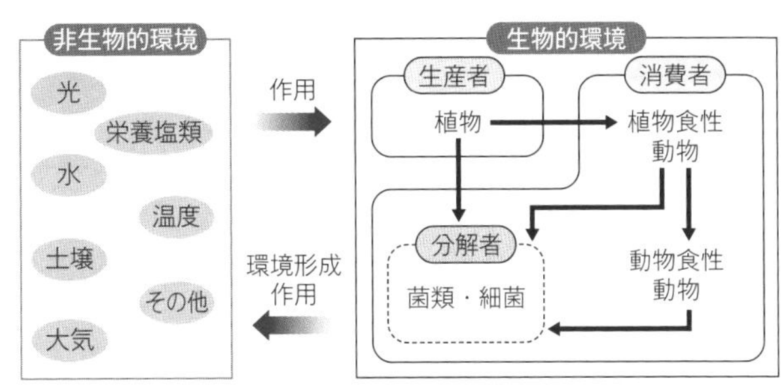

作用：非生物的環境が生物に影響を与えること。

環境形成作用：生物が非生物的環境に影響を与えること。

(2)**生態系における生物の役割** 生態系を構成する生物は，**生産者**と**消費者**に大別される。

生産者：無機物から有機物を合成して生活する，植物などの独立栄養生物。

消費者：生産者が合成した有機物を利用して生活する従属栄養生物。消費者のうち，生物の遺体や排出物を分解する菌類・細菌などはとくに**分解者**と呼ばれる。

(3)**生物多様性** 多様な生物が存在することを**生物多様性**といい，多数の生物種が存在することを種の多様性という。種の多様性は，種数の多さと，それぞれの種の個体数のかたよりの少なさで評価される。

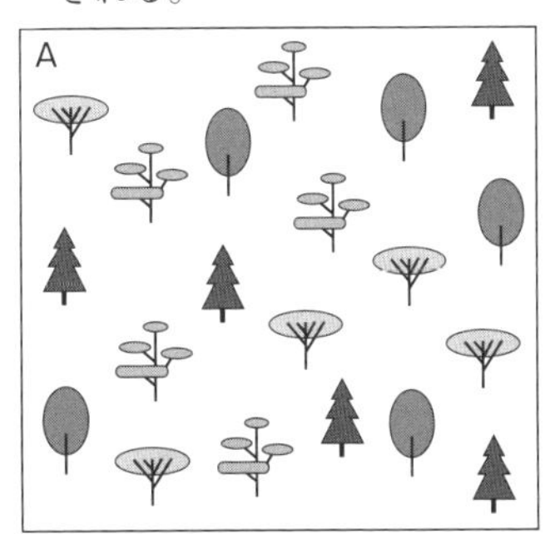

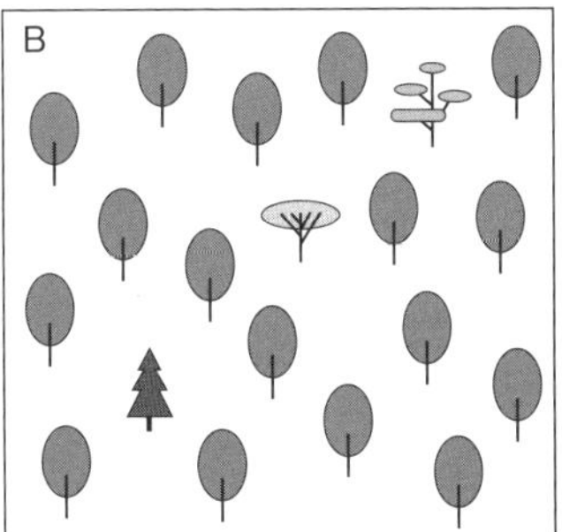

	(広葉樹)	(針葉樹)	(草本)	(低木)
A	5	5	5	5
B	17	1	1	1

Aでは種ごとの個体数にかたよりがないため，Bより多様であると評価される。

▶2 生物間の関係

(1)**捕食と被食**

捕食：動物が異種の生物(おもに動物)を食べること。食べる動物を捕食者という。

被食：生物(おもに動物)が異種の動物に食べられること。食べられる生物を被食者という。

●カブリダニとコウノシロハダニの個体数の変動

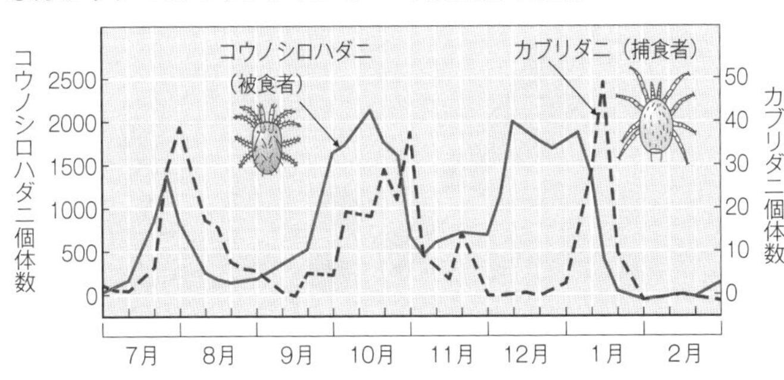

1種の捕食者と1種の被食者の関係においては，両者の個体数は周期的に変動することが多い。

(2)**食物連鎖**　植物の光合成によって有機物として固定されたエネルギーは，被食により動物へと受け渡されていく。

食物連鎖：捕食－被食(食う－食われる)の関係による生物間のつながり。実際の食物連鎖は一つのつながりではなく，複雑に絡み合い**食物網**を形成している。

栄養段階：有機物の生産と消費という点からみた，食物網を構成する生物の位置づけ。生産者，生産者を食べる一次消費者，一次消費者を食べる二次消費者，さらに高次の消費者に整理される。

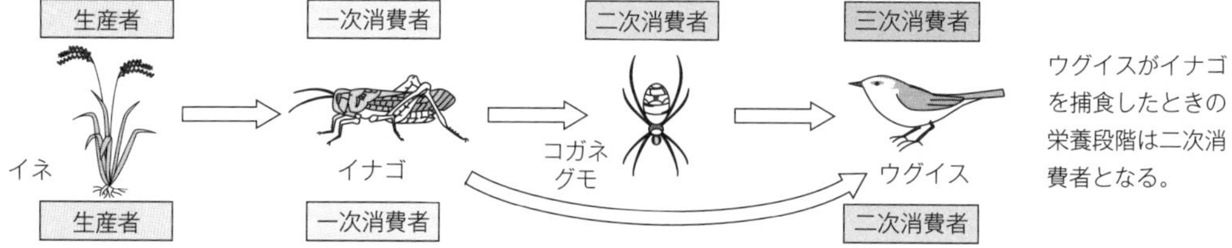

(3)**生態ピラミッド**　一定の面積に存在する生物量を現存量という。各栄養段階における個体数や現存量は，多くの場合，栄養段階が上位になるほど減少していき，ピラミッド型になる。これを生態ピラミッドという。

●**個体数ピラミッド**

北米の草原生態系　単位：個体/km²

栄養段階	個体数
三次消費者	740
二次消費者	0.88×10^8
一次消費者	1.75×10^8
生産者(緑色植物)	14.43×10^8

●**現存量ピラミッド**

フロリダ，シルバースプリング　単位：kg/km²

栄養段階	現存量
三次消費者	1500
二次消費者	11000
一次消費者	37000
生産者(水草・藻類)	809000

●**生産量ピラミッド** 発展

フロリダ，シルバースプリング　単位：kJ/(km²年)

栄養段階	生産量
三次消費者	5.0×10^7
二次消費者	160.2×10^7
一次消費者	1409.2×10^7
生産者(水草・藻類)	8706.9×10^7

(4)**間接効果**　生態系の食物網は多様な種によって構成されており，それぞれの種が相互に影響を与えている。捕食－被食の関係にない種間において，間接的に影響が及ぶことがあり，これを**間接効果**という。

キーストーン種：少ない個体数であっても，生態系のバランスや多様性を保つのに重要な役割を果たす上位の捕食者。

例①　海岸の岩場のヒトデ

キーストーン種であるヒトデを除去すると，ヒトデが捕食していたイガイが増加し，イガイが岩場を占有することで，生活の場を失った藻類が減少した。

例②　アメリカ太平洋沿岸のラッコ

毛皮採取を目的にラッコが乱獲されて個体数が減少すると，ラッコが捕食していたウニが増加し，ウニが捕食するジャイアントケルプが減少した。ジャイアントケルプの森に生息していた魚や，その捕食者のアザラシなども減少し，生物多様性が低下した。

●**間接効果**

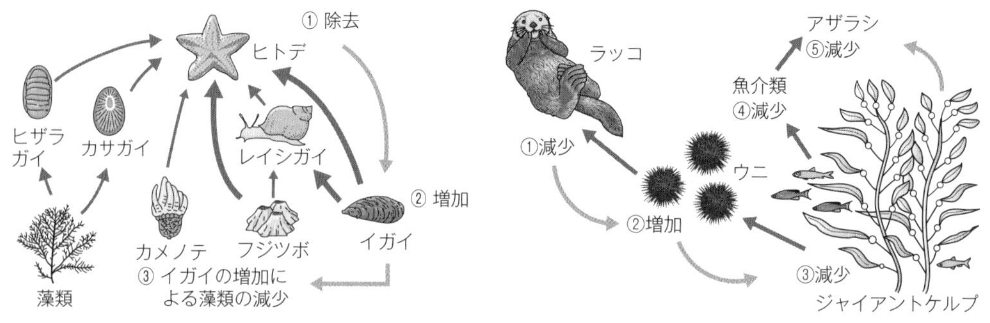

正誤 Check

次の各文のそれぞれの下線部について，正しい場合は○を，誤っている場合には正しい語句を記せ。

□ **1** 光，温度，水，土壌などの要因からなる環境を ア 無生物的環境，同種または異種の生物からなる環境を イ 生物的環境 という。

1 ア ×→非生物的環境 イ ○

□ **2** 生物相互，生物と非生物的環境との関わり合いを一つのまとまりとしてとらえたものを 生態系 という。

2 ○

□ **3** 生物の活動が非生物的環境に影響を及ぼし，その状態を変化させる働きを 環境形成作用 という。

3 ○

□ **4** 落ち葉などが土壌中の微生物によって分解され，養分が豊富な土壌が形成される。これは，作用 の一例である。

4 ×→環境形成作用

□ **5** 生物を有機物の生産と消費の観点から分類したとき，植物を ア 生産者，動物や菌類を イ 分解者 という。

5 ア ○ イ ×→消費者

□ **6** 消費者 は，光合成によって有機物を合成する。

6 ×→生産者

□ **7** 「食う－食われる」の関係による生物個体間の一連のつながりを 食物網 という。

7 ×→食物連鎖

□ **8** 食物連鎖は複雑に絡み合い，食物網 を形成している。

8 ○

□ **9** 食物連鎖におけるそれぞれの生物の位置を 栄養段階 という。

9 ○

□ **10** 植物の栄養段階は ア 生産者 であり，植物食性動物の栄養段階は イ 第一消費者 である。

10 ア ○ イ ×→一次消費者

□ **11** 多様な生物が存在することを ア 生物多様性 という。種数が同じで種ごとの個体数が異なる生態系では，種ごとの個体数のかたよりが イ 大きい 生態系のほうがより多様であると評価される。

11 ア ○ イ ×→小さい

□ **12** 各栄養段階の個体数や生物量を比較するために，生産者の数量を下にして順に積み上げ，図にしたものを 生物ピラミッド という。

12 ×→生態ピラミッド

□ **13** 個体数ピラミッドや現存量ピラミッドでは，多くの場合，栄養段階が上になるほど数は 減少 していく。

13 ○

□ **14** 捕食－被食の関係にない生物間で，間接的に影響が及ぶことを 間接効果 という。

14 ○

□ **15** ある大型魚類が増加すると，捕食される小型魚類は ア 減少 する。すると，動物プランクトンは イ 減少，植物プランクトンは ウ 減少 する。このように食物連鎖を通じて生物間で間接的に影響し合っている。

15 ア ○ イ ×→増加 ウ ○

□ **16** 個体数は少ないが，周辺の生態系に大きな影響を及ぼす上位の捕食者を 固有種 という。

16 キーストーン種

□ **17** ある海岸の生態系でヒトデを除去すると，ヒトデに捕食されなくなったイガイが爆発的に増加し，藻類は減少した。この生態系において，イガイ はキーストーン種であるといえる。

17 ×→ヒトデ

標準問題

106 [生態系] 次の文章を読み，下の問いに答えよ。

生物にとっての環境は，温度・光・水・大気・土壌などからなる ア 環境と，同種・異種の生物からなる イ 環境に分けて考えることができる。物質循環の観点からこれらを一つのまとまりとしてみるとき，これを生態系❶という。生態系内で ア 環境から生物への働きかけを作用といい，生物が ア 環境に影響を及ぼす働きかけを ウ 作用という。

❶ p.105 要点Check▶1

生態系の中で無機物から有機物を合成する生物を エ といい，ほかの生物を食べて，それを自己のエネルギー源として利用する生物を オ という。土壌中には動植物の遺骸（いがい）や排出物から養分を得ている菌類や細菌が生息しており，こうした生物をとくに カ という。

(1) 文中の**ア**～**カ**に適語を入れよ。

(2) 下線部の作用についての具体例として最も適当なものを，次の①～④のうちから一つ選べ。

① 二酸化炭素濃度の上昇による地球温暖化の結果，高緯度地方にこれまでいなかった生物が侵入した。

② 湖沼中の細菌類が増殖し，湖沼中の酸素量が減少した。

③ 森林内部と外部を比較すると，森林内部は光が入りにくくなるため，気温変動が小さくなる。

④ 1970 年代，冷蔵庫やエアコンの冷媒として使用されたフロンがオゾン層を破壊する可能性が指摘された。

（2015 大阪工業大改）

107 [被食者捕食者相互関係] 図は被食者であるコウノシロハダニと捕食者であるカブリダニの間の個体数の関係を表したグラフ❶である。この図に関する下の推論①～⑤のうちから，適当なものをすべて選べ。

❶ p.105 要点Check▶2

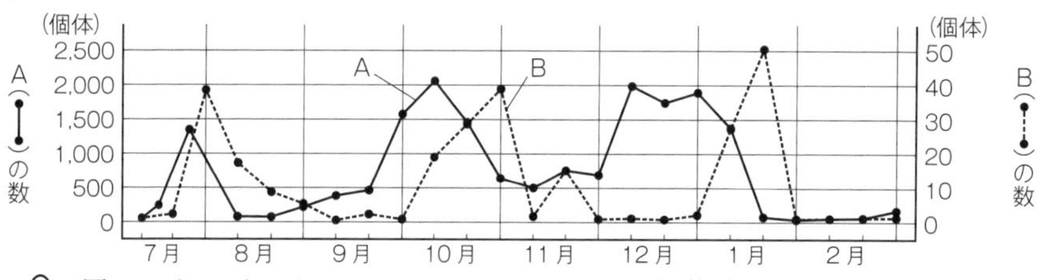

① 図のAがカブリダニ，Bがコウノシロハダニの個体数変化である。

② 個体数が周期的に変化するのは，おもに被食者の食べるオレンジの量の増減による。

③ カブリダニの個体数が減少するのは，環境中の老廃物の蓄積がおもな原因である。

④ コウノシロハダニを取り除くと，カブリダニの個体数が急激に増加する。

⑤ コウノシロハダニしか入れないような避難場所を作った場合の，個体数変動である。

（2019 自治医科大改）

108 ［生態ピラミッド］ 次の文章を読み，以下の問いに答えよ。

生産者と消費者，あるいは消費者において“食う－食われる”の関係が一連に続くことを$_a$食物連鎖というが，実際の自然界における食物連鎖の関係は複雑なので$_b$食物網といわれる。生態系において食物連鎖の各段階を栄養段階❶という。生物の個体数などを栄養段階が下位のものから上位のものに順に積み重ねるとピラミッド型になることが多く，これらをまとめて$_c$生態ピラミッドという。

❶ p.106
要点Check▶2
正誤Check 9

(1) 下線部aにおける捕食者❷と被食者❸の関係を，被食者から捕食者に向かう矢印で表したとき，**誤っているもの**を次の①～⑥のうちから一つ選べ。

❷ ❸ p.105
要点Check▶2

① 草本→バッタ→クモ→モズ　② 草本→バッタ→モズ→タカ
③ バッタ→カエル→ヘビ→タカ　④ ミミズ→カエル→モズ→タカ
⑤ ミミズ→ムカデ→タカ→イタチ　⑥ ミミズ→ケラ→モグラ→タカ

(2) 下線部bについて，8種の生物(A～H)が生息するある海洋生態系では，次のような食う－食われるの関係がある。この生態系で生産者と考えられる生物を，A～Hの中から二つ選べ。

・種Cは種B・D・F・G・Hを食べ，種B・Dは種Aを食べる。
・種Hは種F・Gを食べ，種Eは種F・Gに食べられる。

(3) 下線部cについて，生態ピラミッドを描くと必ずピラミッド型になるものはどれか。次の①～④のうちから一つ選べ。

① 種数　② 生産量　③ 現存量　④ 個体数

(2015 大阪工業大改)

109 ［キーストーン種］ 次の文章を読み，下の問いに答えよ。

北アメリカのある潮間帯の岩礁(がんしょう)(岩場)には，ヒトデや藻類を含む15種の生物が生息している。表❶はヒトデが捕食する生物(A～F)についてまとめたものである。この生態系には複雑な食物網❷が成立しており，ヒトデは藻類以外の生物を捕食する。この生態系からヒトデを継続的に除去する実験を行うと，開始後3か月目にはEが岩礁の大部分を占め，AとBが減少した。1年後にはEに代わってDが岩場をほぼ独占し，CとEはところどころに散在する程度になった。また，生物種は8種にまで減少した。

❶ ❷ p.106
要点Check▶2
正誤Check 8

生物の種類	A	B	C	D	E	F
ヒトデが捕食した各生物の個体数の割合	3 %	5 %	1 %以下	27 %	63 %	1 %
おもなえさ	岩場にはえる藻類		D，E	プランクトン		
生活様式	移動性			固着性		

(1) 下線部でAとBの数が減少した理由を述べよ。

(2) 次の①～④の文のうちから適当なものをすべて選べ。

① ヒトデとDは捕食－被食の関係である。
② ヒトデは岩礁生態系における上位の捕食者である。
③ 実験前の岩礁生態系ではヒトデの個体数が最も多い。
④ ヒトデによる捕食は藻類の生存に間接的に影響を及ぼす。

(3) この実験におけるヒトデのように，生態系のバランスを保つ重要な役割を果たしている生物を何と呼ぶか答えよ。

(2015 大阪工業大改)

■ 演習問題

110 ［多様度指数］ 次の文章を読み，下の問いに答えよ。

生物多様性のとらえ方の一つに，種の多様性がある。種の多様性を数値化したものに多様度指数があり，群集の単純度の逆数で表すことができる。そして，群集の単純度は，群集の中から二つの個体を無作為に復元抽出(取り出した標本を母集団に戻してから，次の標本を取り出す)したとき，その2個体が同じ種となる確率で表すことができる。

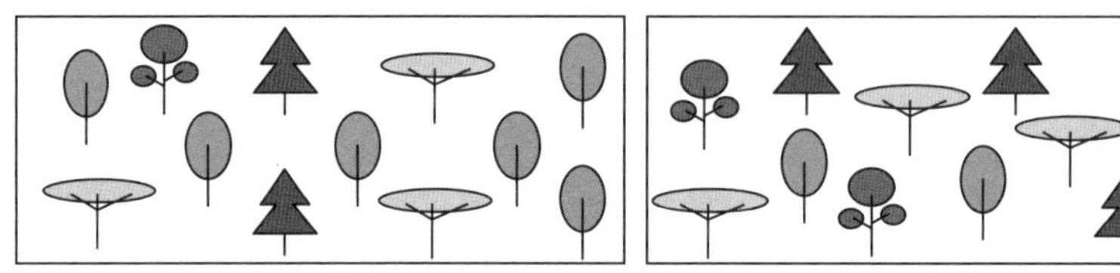

図１　　　図２

※図１および図２の樹木の形の違いは，種の違いを表している。

問１ 図1，2に示される樹木の群集の多様度指数をそれぞれ答えよ。

問２ 問１の多様度指数の性質について述べた次の①～③の文のうちから，適当なものをすべて選べ。

① 群集に含まれる種ごとの個体数に偏りが大きいほど，多様度指数は小さくなる。

② 種数の違う群集どうしの多様度指数を比べたとき，種数のより大きな群集の方が，多様度指数が高くなる。

③ 特定の群集における多様度指数が最大となるのは，群集に含まれるすべての種の個体数が同じときで，最大値は群集の種数に等しくなる。

（2017 横浜国大改）

111 ［生態系］ 次の文章を読み，下の問いに答えよ。

生態系を構成する生物には，光合成を行う植物である［ア］，［ア］を食べる植食性動物および植食性動物を食べる肉食動物である［イ］や，さらにこれらを食べる高次の［イ］が存在している。このような被食者と捕食者の連続的なつながりは［ウ］と呼ばれており，栄養分の摂り方によって生物を段階的に分けるとき，これを［エ］という。実際の生態系においては，多くの生物は複数種類の生物を食べ，また複数種類の生物に捕食されている。このような被食者－捕食者の相互関係に注目して，群集の全体像を表現したものを［オ］という。［オ］を中心とした生物群集に関する概念は，人間活動と自然環境の間で生じている様々な問題のメカニズムを解明するうえで有効である。たとえば，近年，水産資源の持続可能な利用の重要性が増しており，人間による漁業活動が生態系に与える影響の評価が注目を集めている。

北太平洋に多数生息していたラッコは，毛皮貿易のための乱獲によって20世紀初頭には絶滅寸前にまで激減した。その後の乱獲禁止の国際的な取り組みの結果，1970年代には個体数が回復した。しかし，1990年代には再びラッコの個体数が急減し，それと同時にラッコの生息場所でもある巨大な海藻ジャイアントケルプ(コンブの一種)の個体数も急減した。このようなラッコを取り巻く生物群集の個体群変動の一要因として，近年に活発化した人間による沖合での漁業活動の影響が指摘されている。これは，海洋では陸域に比べて，生物や物質の移動する空間スケールが大きいため，被食者－捕食者の相互関係を介して，人間活動の影響がより広範囲に及ぶ可能性を示す一例である。

問1　文中の**ア**～**オ**に入る語句として最も適当なものを，次の①～⑬のうちから選べ。

①　順位制　②　生産者　③　栄養段階　④　利用者　⑤　消費者
⑥　個体群　⑦　連鎖反応　⑧　食物連鎖　⑨　正のフィードバック
⑩　栄養状態　⑪　栄養水準　⑫　食物網　⑬　種の多様性

問2　下線部で示されるラッコの個体数変動が人間による魚類を対象とした漁業活動によって引き起こされたと仮定した場合に，図のA～Eにあてはまる生物名の組合せとして最も適当なものを，次の①～⑧のうちから一つ選べ。

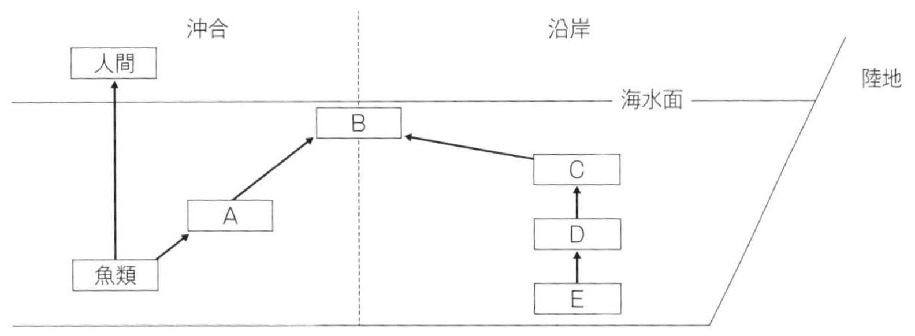

（注）矢印は被食者から捕食者への方向を表す
ラッコを取り巻く生物群集の被食－捕食関係

	A	B	C	D	E
①	ウニ	シャチ	アザラシ類	ラッコ	ジャイアントケルプ
②	アザラシ類	ラッコ	シャチ	ウニ	ジャイアントケルプ
③	アザラシ類	シャチ	ラッコ	ウニ	ジャイアントケルプ
④	ラッコ	アザラシ類	シャチ	ジャイアントケルプ	ウニ
⑤	シャチ	ラッコ	アザラシ類	ウニ	ジャイアントケルプ
⑥	シャチ	ラッコ	アザラシ類	ジャイアントケルプ	ウニ
⑦	アザラシ類	シャチ	ラッコ	ジャイアントケルプ	ウニ
⑧	ウニ	アザラシ類	シャチ	ラッコ	ジャイアントケルプ

問3　図に示された群集構成種の個体数変動の要因が，図中に示してある被食－捕食関係だけと仮定して，次の(1)，(2)に答えよ。

(1)　シャチ個体群が絶滅した場合に予想される魚類個体群とウニ，ジャイアントケルプの個体数の変化として最も適当なものを，次の①～⑧のうちから一つ選べ。

	魚類個体群	ウニ	ジャイアントケルプ
①	増加する	増加する	増加する
②	増加する	増加する	減少する
③	増加する	減少する	増加する
④	増加する	減少する	減少する
⑤	減少する	増加する	増加する
⑥	減少する	増加する	減少する
⑦	減少する	減少する	増加する
⑧	減少する	減少する	減少する

(2)　人間による漁業活動の縮小が被食者－捕食者の相互関係を介して，Eの個体数を増加させた場合のA～Dの生物の応答として最も適当なものを，次の①～⑥のうちから一つ選べ。

① Aは減少し，Bは個体数の多いCを集中的に捕食するようになった結果として，Cは減少し，Dは増加した。
② Aは増加し，Bは個体数の多いAを集中的に捕食するようになった結果として，Cは増加し，Dも増加した。
③ Aは減少し，Bは個体数の多いCを集中的に捕食するようになった結果として，Cは減少し，Dも減少した。
④ Aは増加し，Bは個体数の多いAを集中的に捕食するようになった結果として，Cは増加し，Dは減少した。
⑤ Aは減少し，Bは個体数の多いCを集中的に捕食するようになった結果として，Cは増加し，Dは減少した。
⑥ Aは増加し，Bは個体数の多いAを集中的に捕食するようになった結果として，Cは減少し，Dは増加した。

(2015 岡山大改)

112 [被食者捕食者相互関係] 次の文章を読み，以下の問いに答えよ。

動物は食物を食べなければ生きていけない。食うほうの生物を ア ，食われるほうの生物を イ と呼び，両者の個体数は図1のように周期的に変動することが多い。このとき， ア は図1の ウ ， イ は図1の エ に相当する。この周期的変動について，種aの個体数を横軸，種bの個体数を縦軸として模式的に表すと オ のように示すことができる。図2～5の矢印は種a，bの個体数変化を示しており，その変化は矢印❶～❹の順に起こる。たとえば， オ の矢印❷のような個体数変化は，図1に示した カ の時間に生じている。

図1

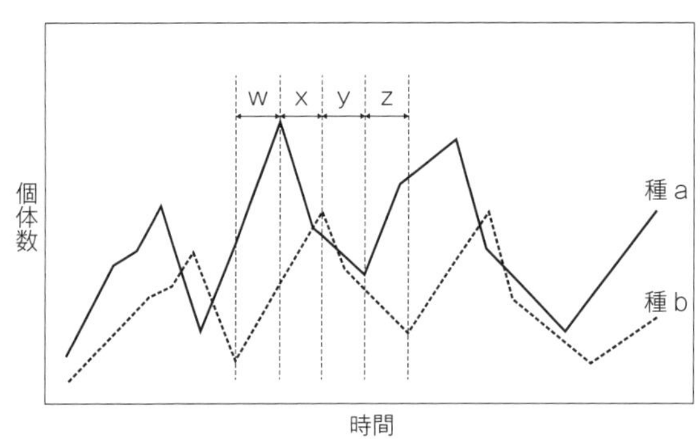

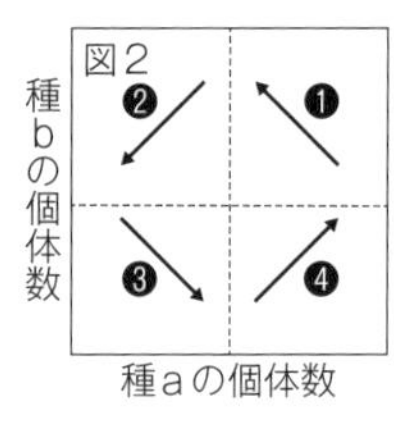

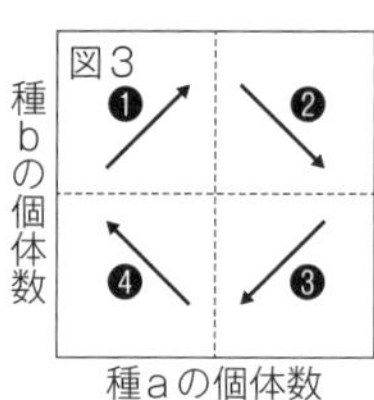

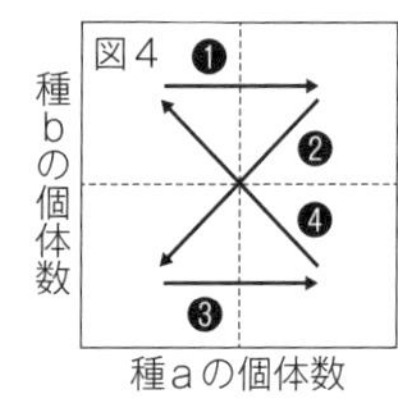

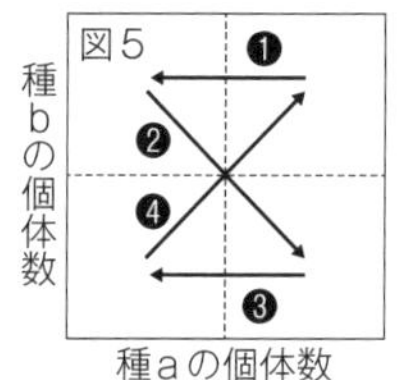

問1 文中の**ア**，**ウ**に入る語の組合せとして最も適当なものを，次の①～⑧のうちから一つ選べ。
① 分解者，種a ② 分解者，種b ③ 生産者，種a ④ 生産者，種b
⑤ 捕食者，種a ⑥ 捕食者，種b ⑦ 被食者，種a ⑧ 被食者，種b

問2 文中の**イ**，**エ**に入る語の組合せとして最も適当なものを，次の①～⑧のうちから一つ選べ。
① 分解者，種a ② 分解者，種b ③ 生産者，種a ④ 生産者，種b
⑤ 捕食者，種a ⑥ 捕食者，種b ⑦ 被食者，種a ⑧ 被食者，種b

問3 文中の**オ**に入るものとして最も適当なものを，次の①～④のうちから一つ選べ。
① 図2 ② 図3 ③ 図4 ④ 図5

問4 文中の**カ**に入るものとして最も適当なものを，次の①～④のうちから一つ選べ。
① w ② x ③ y ④ z

4節 生態系のバランスと保全

▶1 生態系のバランス

生態系は自然災害や外来生物，人間の活動などの様々な外部要因によってかく乱されている。かく乱の規模が小さい場合，生態系は復元することができる。しかし，かく乱の規模が大きく復元力を超える場合，生態系は復元できずにバランスを崩すことがある。

●**河川の自然浄化**…河川は汚水などで汚染されても，細菌の働きなどによってきれいな状態に戻る。この働きを自然浄化という。

●**里山**…集落に隣接し，人間により管理された雑木林や農地，ため池などが混在した地域。里山はおだやかで継続的なかく乱により維持されているため，生物多様性が高い。

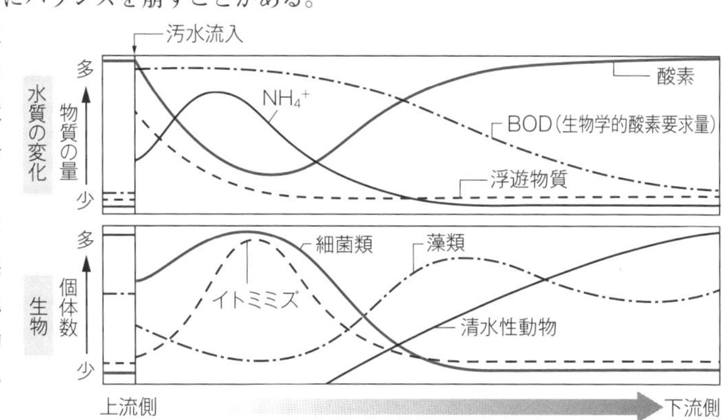

▶2 人間生活と生態系

(1)人間生活による環境への影響

地球温暖化	地球の平均気温が上昇する現象。化石燃料の燃焼や森林伐採などにより，CO_2 の濃度が上昇することで進行する(現在の大気中の CO_2 濃度は約 0.04%)。CO_2，メタン，フロンなどを**温室効果ガス**という。 〔影響〕陸上の氷の融解，海水面の上昇，生物の分布域の変化など
酸性雨	石油や石炭などの化石燃料を燃やすことで排出される窒素酸化物や硫黄酸化物が雨水に溶け込み，**酸性雨**となって湖沼や土壌を酸性化する。 〔影響〕湖沼に生息する魚類の死滅，森林の枯死，土壌生物の死滅など
オゾン層の破壊	冷蔵庫やエアコンの冷媒などに使われていたフロンがオゾン層を破壊し，南極上空にオゾン濃度が低い領域(**オゾンホール**)が現れている。 〔影響〕皮膚がんや白内障の増加
森林の破壊	森林は地球全体の陸上面積の約 30 %を占めるが，伐採や農地転用などで破壊され，森林面積が減少している。 〔影響〕森林に生息・生育する生物の減少，CO_2 濃度の増加，土壌流失など
砂漠化	過剰な放牧や耕作，森林の伐採，異常気象の影響などにより，世界の各地域で，かつて植生が分布していた土地が不毛になる現象(**砂漠化**)が進行している。
富栄養化	生活排水などが河川や海洋へ流入し，水中の栄養塩類の濃度が上昇する現象。急速に富栄養化が進むと，淡水では**水の華**(アオコ)が，海水では**赤潮**が発生する。 〔影響〕水中の酸素欠乏や毒素の大量発生により，多くの魚介類が死滅する。
生物濃縮	特定の物質が生物に取り込まれ，まわりの環境より高い濃度で蓄積する現象を**生物濃縮**という。分解・排出されにくい物質ほど体内に蓄積し，食物連鎖を通じて高次の消費者ほど高濃度となる。 例)DDT

要点Check

4章 生物の多様性と生態系

(2)人間生活による生物多様性への影響

種の絶滅	野生生物の乱獲や森林の伐採などにより，個体数の少ない種(絶滅危惧種)がさらに減少し，やがて絶滅に至ることがある。種の絶滅は，生物多様性を低下させ，生態系のバランスを崩す要因となる。
外来生物	人間の活動に伴って本来の分布域から移入され，定着した生物。これに対し，もとから生息していた生物を在来生物という。人間生活や生態系，生物多様性への影響が特に大きな外来生物を侵略的外来生物という。 〔影響〕近縁な在来生物との交雑による地域固有の種の遺伝的特性の損失，在来生物の絶滅など 例)セイタカアワダチソウ，ブタクサ，アライグマ，オオクチバス，アレチウリ

要点Check

▶3 生態系の保全

(1)生態系サービス 人間は，食料や資源の供給，大気や水質の浄化，レクリエーションの場の提供など，生態系から様々な恩恵(生態系サービス)を受けている。

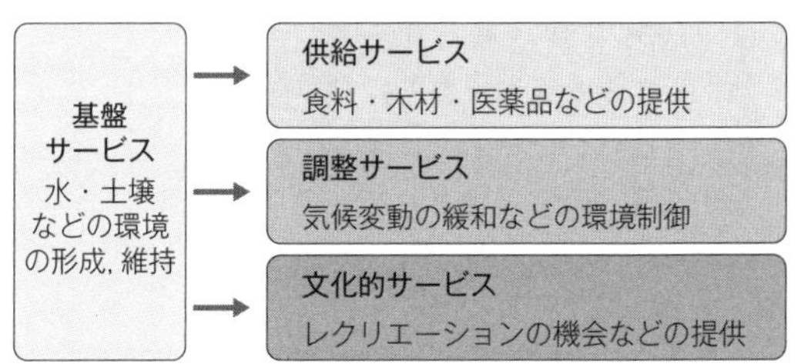

(2)遺伝子資源の保全 各国で絶滅危惧種の一覧(レッドリスト)を作成し，これを本にまとめたレッドデータブックを公開している。日本では環境省や各自治体が作成し，保護活動を進めている。また，日本では規制・防除対象の特定外来生物を指定している。

●日本のレッドリストに掲載されている生物(一例)

カテゴリー	生物名
絶滅(EX)	ニホンオオカミ(哺乳類)，キタタキ(鳥類)，タチガヤツリ(植物)
野生絶滅(EW)	ツクシカイドウ(植物)
絶滅危惧ⅠA類(CR)	トキ(鳥類)，ジュゴン(哺乳類)，ミヤコタナゴ(魚類)，ベッコウトンボ(昆虫類)
絶滅危惧ⅠB類(EN)	アマミノクロウサギ(哺乳類)，イヌワシ(鳥類)，アカウミガメ(は虫類)
絶滅危惧Ⅱ類(VU)	クマゲラ(鳥類)，アオウミガメ(は虫類)，オオサンショウウオ(両生類)
準絶滅危惧(NT)	ホンドオコジョ(哺乳類)，カラスバト(鳥類)，アサザ(植物)

(3)循環型社会 環境への負荷を軽減するために，天然資源の消費抑制と再利用促進，廃棄物の発生抑制と再利用促進などの取り組みが求められている。

(4)持続可能な開発 生態系の保全と開発の両立を図るために，「将来の世代の欲求を損なわず，現在の世代の欲求を満たす，節度ある開発」を進める必要がある。1980年に提唱された。開発にあたっては，生態系にどのような影響があるかを事前に推測し，開発の是非や進め方を十分に検討する**環境アセスメント**(環境影響評価)が行われている。

(5)SDGs Sustainable Development Goalsの略で，日本語では「持続可能な開発目標」という。17の目標からなり，2016年から2030年の間に達成をめざす国際目標。取り組む課題は，貧困の解消，格差の是正，気候変動への緊急対応，平和と正義の推進など多岐にわたる。

正誤Check

次の各文のそれぞれの下線部について，正しい場合は○を，誤っている場合には正しい語句を記せ。

□ **1** 河川で$_{ア}$自然浄水が起こるとき，汚れの原因である$_{イ}$有機物は，$_{ウ}$細菌などが酸素を利用して分解している。 — 1 ア ×→自然浄化 イ ○ ウ ○

□ **2** 生態系やその一部を，外部からの力によって変化させることをかく乱という。 — 2 ○

□ **3** 雑木林とため池や畑・水田などからなる集落に隣接した一帯を人里といい，日本の伝統的な田園風景ともなっている。 — 3 ×→里山

□ **4** 二酸化炭素には，地表面から放射される赤外線(熱)を吸収し，大気の温度を上昇させる保温効果と呼ばれる性質がある。 — 4 ×→温室効果

□ **5** 大気中の二酸化炭素の濃度の増加に伴い，地球規模で大気の温度が上昇する地球温暖化が進行している。 — 5 ○

□ **6** 現在，大気中の二酸化炭素の濃度は約20 %である。 — 6 ×→ 0.04 %

□ **7** 窒素酸化物やフッ素酸化物は，酸性雨の原因となり，湖沼を酸性化して水生生物の生存を困難にしている。 — 7 ×→硫黄酸化物

□ **8** 大気の上層にあるオゾン層は，太陽からの有害なX線を吸収し，地上の生物への悪影響を軽減することに役立っている。 — 8 ×→紫外線

□ **9** 冷蔵庫の冷媒として使われるフロンは，大気中に出てオゾン層を壊し，南極上空にはオゾン濃度の低いオゾンホールが現れている。 — 9 ○

□ **10** 湖沼の水の栄養塩類が増加することを$_{ア}$富栄養化，生活排水などに含まれる有機物を微生物が分解する働きを$_{イ}$浄化作用という。 — 10 ア ○ イ ×→自然浄化

□ **11** 水質の$_{ア}$貧栄養化が進むと，$_{イ}$水の華(アオコ)や赤潮が発生し，多くの魚介類の死滅を招く。 — 11 ア ×→富栄養化 イ ○

□ **12** 絶滅の危機にある生物種を$_{ア}$絶滅危惧種といい，絶滅のおそれのある野生生物の一覧を$_{イ}$イエローリストという。 — 12 ア ○ イ ×→レッドリスト

□ **13** 在来生物を駆逐したり，近縁な在来生物との交雑が起こるなど，生態系に大きな影響を及ぼす外来生物を侵略的外来生物という。 — 13 ○

□ **14** 生態濃縮とは，生物体内での分解や排出が困難な化学物質が，しだいに体内に蓄積し，高濃度になることをいう。 — 14 ×→生物濃縮

□ **15** 人間が生態系から受ける恩恵を$_{ア}$生態系サービスといい，食料，木材などを供給する$_{イ}$農業サービスや，レクリエーションの機会を与える$_{ウ}$文化的サービスなどがある。 — 15 ア ○ イ ×→供給 ウ ○

□ **16** 開発にあたり，その事業が環境へ及ぼす影響を，事前の調査の結果に基づいて予測，評価する手続きを$_{ア}$環境影響評価，または$_{イ}$環境モニタリングという。 — 16 ア ○ イ ×→環境アセスメント

正誤Check

4章 生物の多様性と生態系

標準問題

113 ［生態系のバランス］ 次の文章を読み，下の問いに答えよ。

科学技術の進歩にともなって拡大した人間の活動は，地球生態系の復元力では回復できないような変化を引き起こしつつある。たとえば，不安定な生態系の乾燥地帯では，過放牧や過耕作による自然植生の破壊が土壌の保水力を低下させ，土壌が流亡して作物が生産できない環境を作り出しつつある。この現象が［ア］である。

❶ p.105 要点Check▶1
p.107 正誤Check 2

一方，冷蔵庫の冷媒，半導体の洗浄剤，スプレーの噴霧剤など人間の生活の中で広く使われてきた［イ］は，地球上に暮らすヒトや動物を有害な紫外線から守るための［ウ］を破壊することが知られている。南極上空の［ウ］は破壊されて穴があいたようになっているため，これを［エ］と呼んでいる。紫外線は生物の細胞中の［オ］に損傷を与えることがあり，ヒトでも多くの病気の原因になっている。

(1) 文中の**ア**～**オ**に適語を入れよ。

(2) 下線部について，紫外線照射によって引き起こされる病気を二つ答えよ。

（2007 鳥取大改）

114 ［地球温暖化］ 次の文章を読み，下の問いに答えよ。

大気中の二酸化炭素は，温室効果ガスと呼ばれる。化石燃料の燃焼などの人間活動によって，図1のように大気中の二酸化炭素濃度は年々上昇を続けている。また，陸上植物の光合成による影響を受けるため，大気中の二酸化炭素濃度には，周期的な季節変動がみられる。図2のように，冷温帯に位置する岩手県の綾里（りょうり）の観測地点と，亜熱帯に位置する沖縄県の与那国島（よなぐにじま）の観測地点とでは，二酸化炭素濃度の季節変動のパターンに違いがある。

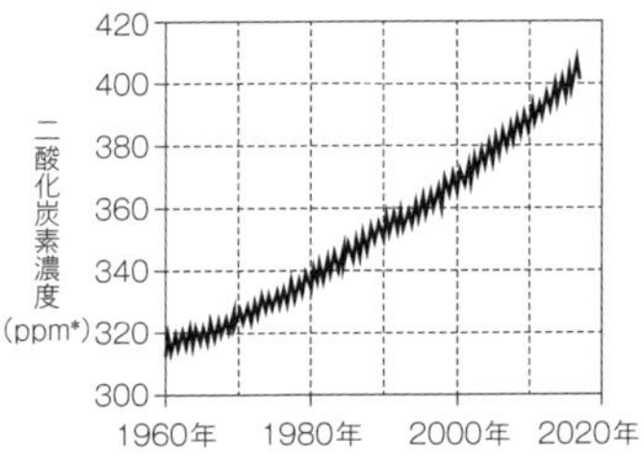

図1

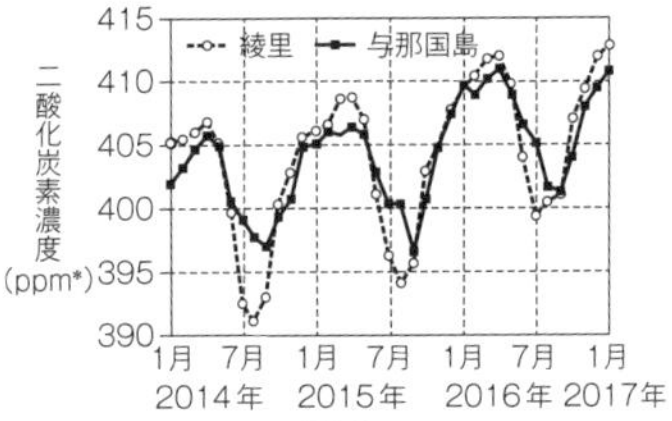

図2

*ppm：1ppm は 100 万分の 1，体積の割合を表す。

(1) 下線部について，二酸化炭素以外の温室効果ガスを二つ答えよ。

(2) 次の文章は，図1・図2をふまえて，大気中の二酸化炭素濃度の変化について考察したものである。**ア**～**ウ**に入る語の組合せとして最も適当なものを，下の①～⑧のうちから一つ選べ。

2000 ～ 2010 年における大気中の二酸化炭素濃度の増加速度は，1960 ～ 1970 年に比べて［ア］。また，亜熱帯の与那国島では，冷温帯の綾里に比べて，大気中の二酸化炭素濃度の季節変動が［イ］。このような季節変動の違いが生じる一因として，季節変動が大きい地域では，一年のうちで植物が光合成を行う期間が［ウ］ことがあげられる。

❶ p.113 要点Check▶2

	ア	イ	ウ
①	大きい	大きい	短い
②	大きい	大きい	長い
③	大きい	小さい	短い
④	大きい	小さい	長い
⑤	小さい	大きい	短い
⑥	小さい	大きい	長い
⑦	小さい	小さい	短い
⑧	小さい	小さい	長い

（2020 センター改）

115 ［自然浄化］ 次の文章を読み，下の問いに答えよ。

❶ p.113 要点Check ▶1

河川や湖沼の水がどの程度汚染されているかを測る指標として，生物学的酸素要求量(BOD)❶がある。BOD は，水中の様々な有機物を，微生物が分解する際に消費する［ア］の量として示すことから，その数字が大きいほど水が［イ］と判断する。リン酸塩を含む下水が湖に大量に流れ込むと，［ウ］化が起きやすくなる。［ウ］化が起きた湖は，湖表層部では，おもに［エ］が盛んに光合成を行いながら増殖している。しかし，湖底では，それらの死骸を微生物が分解するために大量の［オ］を消費し，極端な低［オ］環境になるので，湖底における生物種が減少する。

(1) 文中の**ア**～**オ**に入る適語を，次の①～⑭のうちからそれぞれ一つずつ選べ。ただし，同じ番号を複数回選んでもよい。

① 窒素　② 塩素　③ 酸素　④ 二酸化炭素　⑤ 貧栄養
⑥ 高リン酸　⑦ 富栄養　⑧ 有機リン　⑨ テングサ　⑩ 大腸菌
⑪ ミジンコ　⑫ シアノバクテリア　⑬ 汚れていない　⑭ 汚れている

(2) 下線部について，特定のプランクトンが異常発生し水面が青緑色になる現象を何というか。

（2015 東京海洋大改）

116 ［生物濃縮］ 表は，生物濃縮❶される物質として知られる PCB の濃度を海水や各種生物について測定したものである。下の問いに答えよ。

❶ p.113 要点Check ▶2 p.115 正誤Check 14

(1) 表を説明する文として**適当でないもの**を，次の①～④のうちから一つ選べ。

① イルカの栄養段階は最も高い。
② イワシはイルカの被食者である。
③ プランクトンは生産者である。
④ 魚類は消費者である。

海水および生物	PCB 濃度 (mg/トン)
海水	0.00028
イルカ	3700
イワシ	68
プランクトン	48

(2) 表に関する記述として**誤っているもの**を，次の①～⑤のうちから一つ選べ。

① 高次消費者ほど濃度は高くなるので，重大な影響が出ることがある。
② 高次消費者に移るときの濃度上昇の割合は，ほぼ一定である。
③ 高次消費者ほど濃度が高いのは，体外に排出されにくいからである。
④ 高次消費者ほど寿命が長く，蓄積される濃度が高い。
⑤ 海水からプランクトンまでで，PCB は 17 万倍以上濃縮されている。

(3) PCB のほかに生物濃縮される物質として適当なものを，次の①～⑤のうちからすべて選べ。

① ジクロロジフェニルトリクロロエタン(DDT)
② 水銀　③ ハイドロフルオロカーボン(HFC)
④ 六フッ化硫黄(SF_6)　⑤ ヨウ素

(4) 生物濃縮を表す単位として，ppm〔(百万分率)，1ppm = 0.0001 %〕が利用される。イルカで測定された PCB 濃度を ppm で表した場合，最も適当な数値を次の①～⑤のうちから一つ選べ。

① 0.37ppm　② 3.7ppm　③ 37ppm　④ 370ppm
⑤ 3700ppm

（2000 センター追試改）

117 ［生物多様性の保全］ 次の文章を読み，下の問いに答えよ。

生物多様性には a 3つの段階があり，生物多様性が高いほど生態系は安定し，その生態系を通して我々は多くの恩恵を受けている。生物多様性は自然現象だけでなく，土地の開発，乱獲，b 外来生物の移入，c 環境汚染などの人間活動によっても損なわれる。現在では多くの生物種が絶滅の危機に瀕している。破壊された生態系を元に戻すことは困難であるため，生態系を保存・回復する取り組みが d 国際的にもなされている。

(1) 下線部 a について，多様性を保全することが確認された階層として**誤っているもの**を，次の①～④のうちから一つ選べ。

① 遺伝子　② 細胞　③ 種　④ 生態系

(2) 次の文章は下線部 b に関する説明である。**ア**～**ウ**に適語を入れよ。

外来生物❶が生態系に移入すると，外来生物による在来生物の［ア］，生息場所や食べ物等を巡る外来生物と在来生物との競合が起こり，在来生物が駆逐・排除されることがある。また，［イ］の持ち込み，外来生物と在来生物との交雑が起こることもある。その結果，局所的な在来生物の減少や絶滅がもたらされる。生物多様性を脅かすおそれがある外来生物は侵略的外来生物と呼ばれる。日本においては，外来生物法により生態系，人類の生命・身体，農林水産業へ被害を及ぼすもの，または及ぼすおそれがある外来生物は，［ウ］に指定され，輸入・飼育・栽培等の取り扱いが規制され，野に放つことも禁止されている。

❶ p.114 要点Check▶2

(3) 外来生物として現在では日本に定着しているものとして**適当でないもの**を，次の①～⑦のうちから一つ選べ。

① ブタクサ　② セイヨウタンポポ　③ ウシガエル　④ キタキツネ
⑤ セイタカアワダチソウ　⑥ アメリカシロヒトリ　⑦ ヒメジョオン

(4) 下線部 c について，温室効果ガス❷の増加による地球温暖化が懸念されている。温室効果ガス全体の中で，次の**エ**～**カ**の特徴をもつ温室効果ガス名をそれぞれ記せ。

❷ p.113 要点Check▶2

エ スプレー缶の噴射剤や冷蔵庫等の冷媒として使用された。オゾン層を破壊する。

オ 化石燃料の使用増加や森林破壊に伴い，大気中の濃度が増加している。

カ 発生源として家畜，水田，汚泥や糞尿処理場があげられる。

(5) 絶滅のおそれのある生物種は何と呼ばれるか答えよ。

(6) 日本で絶滅のおそれのある生物種は，レッドリスト❸に選定され，記載される。次の①～⑥の中で，環境省のレッドリスト(2019)に記載されていない生物を選べ。

❸ p.114 要点Check▶3

① オオサンショウウオ　② アマミノクロウサギ
③ ニホンウナギ　④ タガメ
⑤ キジ　⑥ コウノトリ

(7) 下線部 d に関して，生物の多様性保全や持続可能な開発❹を目的とし，1992年の地球サミットで署名された国際条約名を答えよ。

❹ p.114 要点Check▶3

(8) 2015年9月の国連サミットで採択された「持続可能な開発のための2030アジェンダ」にて記載された2030年までに持続可能でよりよい世界をめざす国際目標を何というか。アルファベット4文字で答えよ。

（2020 日本獣医生命科学大改）

118 ［生態系サービス］ 次の文章を読み，下の問いに答えよ。

生物種の絶滅を防ぎ，人間生活に役立つ，いろいろな生物種から構成された ［ア］ の多様性や，それを含む生態系を包括的(ほうかつてき)に保全するという，新しい自然保護活動が始まっている。その一例が図で表される生態系サービスという考え方である。生態系サービスとは，❶人間が能動的に自然を管理していくことで，生態系のもつ機能をサービスとして活用し，経済価値に結びつける考え方である。生態系による物質循環や土壌形成などは基盤サービスと呼ばれ，生態系サービスの土台となる。この基盤サービスの上に，人間生活に必要なサービスとして，供給，調整，そして文化的サービスが考えられている。

図　生態系サービスの模式図

❶ p.114
要点Check▶3

(1) 文中の**ア**に適語を入れよ。

(2) 下線部について，生物種の絶滅の直接的な原因と考えられる人間の行為を，次の①～⑥のうちからすべて選べ。

① 害獣の天敵の導入　② 社寺林の間伐(かんばつ)　③ ダム建設
④ 焼き畑農業　⑤ ペットの飼育　⑥ 動物園の運営

(3) 次のa～jは，図の生態系サービスを構成する供給，調整，文化的サービスの3つのいずれかにあてはまる。それぞれにあてはまるものを選んだときの数の組合せとして最も適当なものを，次の①～⑥のうちから一つ選べ。

a. 食料　b. 気候制御　c. 木材　d. 精神　e. 水の浄化
f. 燃料　g. 治水　h. 教育　i. 飲料水
j. レクリエーション

	供給サービス	調整サービス	文化的サービス
①	2	4	4
②	3	3	4
③	3	4	3
④	4	3	3
⑤	4	4	2
⑥	4	2	4

(4) 3つのサービスのうち，生物多様性が重要であるものを，次の①～③のうちからすべて選べ。

① 供給サービス　② 調整サービス　③ 文化的サービス

演習問題

119 ［生物濃縮］ 次の文章を読み，下の問いに答えよ。

化学物質の中には，自然環境中に放出された後に生態系の中で残存し，問題となるものがある。生物が外界から取り込んだ特定の化学物質が，通常の代謝を受けることなく，あるいは分解や排出をされないために体内に蓄積して環境中よりも高濃度になることを，［ア］という。また，そのような物質を蓄積した生物を捕食する，より上位の消費者では，さらに体内の濃度が上昇することがある。このように生物間で被食者と捕食者が作る一連の生物のつながりを［イ］という。

このような生態系における化学物質の分布を調べるため，図に示すような，ある地域を流れて湖に注ぐ河川の河口付近を選んだ。この河川は絶えずゆるやかに流れて水深の浅い湖に注ぎ，湖内に流入物を堆積させている。河口付近では土砂が堆積し，その上層には湖の周辺に比べて非常に多くの微生物を含む泥層が形成されている。また，河口周辺の湖岸には湿地が広がっており，様々な生物が棲息している。表は，殺虫剤のDDTが，図中の湖周辺の生態系においてどのような分布をするのか，被食と捕食の関係にある生物の種類とともに含有量を示したものである。

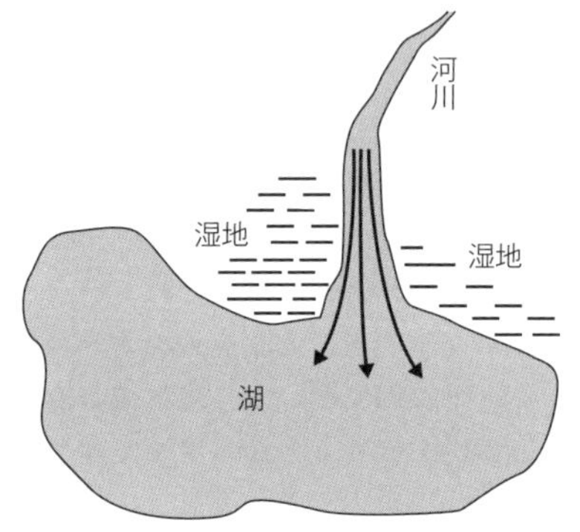

生物名	シオグサ（緑藻類）	ウグイ（小型魚類）	アオサギ（鳥類）
DDTの含有量（mg/kg）	0.080	0.94	3.54

問1 文中の**ア**と**イ**に適語を入れよ。

問2 文中の下線部の物質の溶解性には，どのような性質があるか。最も適当なものを，次の①〜③のうちから一つ選べ。

① 水溶性（水に溶けやすい）
② 脂溶性（油に溶けやすい）
③ 両親媒性（水にも油にも溶けやすい）

問3 表中の生物間の関係において，DDTはシオグサからアオサギまで，何倍濃縮されたか。小数点以下を四捨五入した値を答えよ。

問4 表中のアオサギの肝臓と筋肉をハサミで細切した後，細胞破砕液（ホモジェネート）を調製し，1グラムあたりに含まれるDDTの含有量を測定した。その結果，どちらの臓器のDDT含有量が多かったか。理由とともに答えよ。

問5 図に示す河口付近において，湿地と湖底の泥層からそれぞれ土壌を採取してDDTの含有量を測定した結果，湿地のほうが湖底よりも40倍以上高い値を示した。この結果について，河川から生物の死骸を含む多くの堆積物が運ばれる湖底に比べ，なぜ湿地の土壌のほうが高い値を示したのか。考えられる理由を簡潔に述べよ。

（2015　大阪薬科大改）

120 ［自然浄化］ 次の文章を読み，下の問いに答えよ。

河川に有機物の豊富な汚水が流れ込んだ場合，a<u>ある程度の量であれば，上流から下流へと流れるにしたがって，微生物などの働きにより自然浄化されていく</u>。この過程において，有機窒素化合物は分解され，無機窒素化合物であるアンモニウムイオンが生じる。このアンモニウムイオンは硝化という作用により酸化される。b<u>これら無機窒素化合物やリン酸塩は，農業で使われる肥料などからも水域に流れ込み，最終的には海洋に到達する</u>。

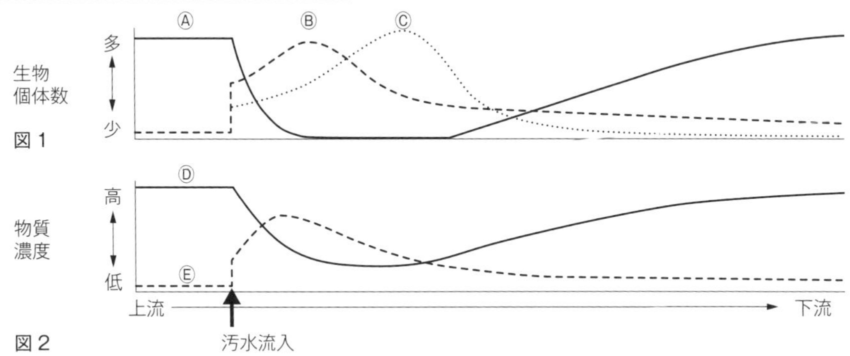

問１ 下線部 a の過程において，好気性の従属栄養細菌(ここでは細菌と呼ぶ)や原生生物，藻類は特徴的な増減を示す。図１，２は，生物の個体数と物質濃度の上流から下流への相対的な変化を，汚水の流入点とともに示したものである。図のⒶ～Ⓔに入る語句の組合せとして最も適当なものを，次の①～⑤のうちから一つ選べ。

	Ⓐ	Ⓑ	Ⓒ	Ⓓ	Ⓔ
①	藻類	細菌類	原生生物	無機窒素化合物	酸素
②	細菌類	原生生物	藻類	無機窒素化合物	酸素
③	藻類	細菌類	原生生物	酸素	無機窒素化合物
④	細菌類	原生生物	藻類	酸素	無機窒素化合物
⑤	藻類	原生生物	細菌類	酸素	無機窒素化合物

問２ 河川の汚染の程度は，水生昆虫などの生物相の変化によって表すことができる。このような生物を何というか。

問３ 下線部 b について，次(1)，(2)に答えよ。

(1) 栄養塩類が水界で増加することを何というか答えよ。

(2) 海洋の沿岸部の栄養塩類が過剰に増加すると，どのような問題を起こすと予想されるか。60字以内で述べよ。

(2015 自治医科大改)

大学入学共通テスト特別演習

大学入試センター試験にかわり，2020 年度より大学入学共通テストが導入されました。この共通テストでは，知識の理解の質を問う問題や，思考力と判断力を発揮して解くことが求められる問題を重視した出題が想定されています。これらの問題の対策として，大学入学共通テスト特別演習を設けましたので，ぜひ取り組んでみてください。

Challenge

大学入試共通テスト特別演習(1)　(解答時間 30 分　配点 50 点(各問題の配点は別冊解答に掲載))

第 1 問　次の文章(A・B)を読み，下の問い(**問 1 ～ 6**)に答えよ。

A　すべての生物は，そのからだが細胞からできているという共通の特徴をもつ。動物や植物のからだを作る細胞には，ₐ種々の構造体が存在する。

細胞内では様々な化学反応が行われており，これらの化学反応をまとめて代謝という。個々の代謝の過程は，b連続した反応から成り立っていることが多く，それらの一連の反応によってc生命活動に必要な物質の合成，あるいは必要に応じて有機物の分解が行われる。

ある原核生物では，図 1 に示す反応系により，物質 A から，生育に必要な物質が合成される。この過程には，酵素 X，Y，および Z が働いている。通常，この原核生物は，培養液に物質 A を加えておくと生育できる。一方，酵素 X，Y または Z のいずれか一つが働かなくなったもの(以後，変異体と呼ぶ)では，物質 A を加えても生育できない。そこで，これらの変異体を用いて，[ア]～[ウ]の物質を加えたときに，生育できるかどうかを調べたところ下の結果 I ～ III が得られた。ただし，[ア]～[ウ]には物質 B，C または D のいずれかが，[エ]～[カ]には酵素 X，Y または Z のいずれかが入る。

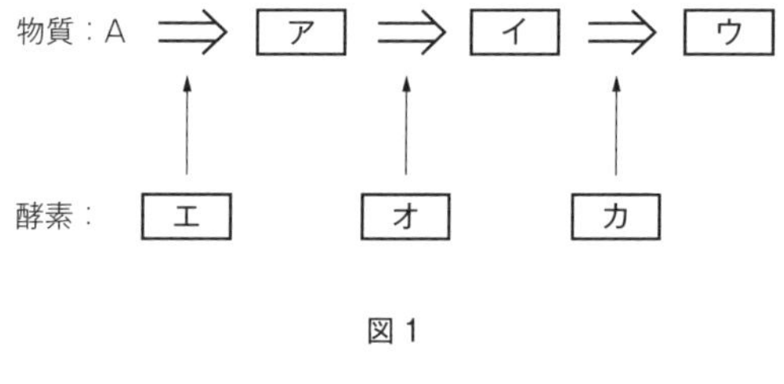

図 1

結果

I：酵素 X が働かなくなった変異体の場合，物質 B を加えたときのみ生育できる。

II：酵素 Y が働かなくなった変異体の場合，物質 B，C，または D のいずれか一つを加えておくと生育できる。

III：酵素 Z が働かなくなった変異体の場合，物質 B または C を加えると生育できる。

問 1　下線部 **a** に関連して，ミトコンドリアに関する記述として最も適当なものを，次の①～⑤のうちから一つ選べ。

① ミトコンドリアの内部の構造は，光学顕微鏡によって観察することができる。

② ミトコンドリアは，動物細胞にはみられるが，植物細胞にはみられない。

③ ミトコンドリアは呼吸に関係する酵素を含み，有機物を取り込み分解することで酸素を作り出す。

④ ミトコンドリア内で起こる反応では水(H_2O)が生じる。

⑤ ミトコンドリアでは，光エネルギーを利用して ATP が作られる。

問2　下線部**b**に関連した実験の結果から，図1中の ア ， エ ，および オ に入る物質と酵素の組合せとして最も適当なものを，次の①～⑥のうちから一つ選べ。

	ア	エ	オ		ア	エ	オ		ア	エ	オ
①	B	X	Y	②	B	Y	Z	③	C	X	Y
④	C	Y	Z	⑤	D	X	Y	⑥	D	Y	Z

問3　下線部**c**に関連して，次の物質ⓐ～ⓒのうち，リンを構成元素としてもつ物質を過不足なく含むものを，次の①～⑦のうちから一つ選べ。

ⓐ　ATP　　ⓑ　DNA　　ⓒ　RNA

①　ⓐ　　②　ⓑ　　③　ⓒ　　④　ⓐ，ⓑ　　⑤　ⓐ，ⓒ
⑥　ⓑ，ⓒ　　⑦　ⓐ，ⓑ，ⓒ

（2016 本試 1A 改）

B　DNAの遺伝情報に基づいてタンパク質を合成する過程は，d DNAの遺伝情報をもとにmRNAを合成する転写とe mRNAをもとにタンパク質を合成する翻訳との2つからなる。

問4　下線部**d**に関連して，転写においては，遺伝情報を含むDNAが必要である。それ以外に必要な物質と必要でない物質との組合せとして最も適当なものを，次の①～④のうちから一つ選べ。

	DNAのヌクレオチド	RNAのヌクレオチド	DNAを合成する酵素	mRNAを合成する酵素
①	○	×	○	×
②	○	×	×	○
③	×	○	○	×
④	×	○	×	○

（注：○は必要な物質を，×は必要でない物質を示す。）

問5　下線部**e**に関連して，翻訳では，mRNAの3つの塩基の並びから1つアミノ酸が指定される。この塩基の並びが「○○C」の場合，計算上，最大何種類のアミノ酸を指定することができるか。その数値として最も適当なものを，次の①～⑨のうちから一つ選べ。ただし，○はmRNAの塩基のいずれかを，Cはシトシンを示す。

①　4　　②　8　　③　9　　④　12　　⑤　16
⑥　20　　⑦　25　　⑧　27　　⑨　64

問6　下線部**e**に関連して，転写と翻訳の過程を試験管内で再現できる実験キットが市販されている。この実験キットでは，まず，タンパク質Gの遺伝情報をもつDNAから転写を行う。次に，転写を行った溶液に，翻訳に必要な物質を加えて反応させ，タンパク質Gを合成する。タンパク質Gは，紫外線を照射すると緑色光を発する。mRNAをもとに翻訳が起こるかを検証するため，この実験キットを用いて，図2のような実験を計画した。図2の キ ～ ケ に入る語句の組合せとして最も適当なものを，次の①～⑥のうちから一つ選べ。

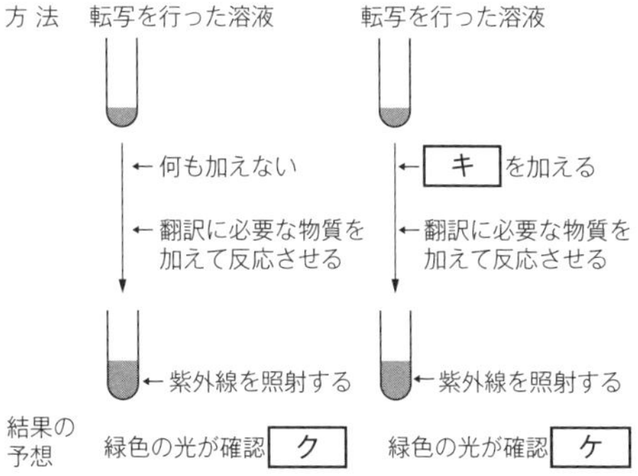

図2

	キ	ク	ケ
①	DNA を分解する酵素	される	されない
②	DNA を分解する酵素	されない	される
③	mRNA を分解する酵素	される	されない
④	mRNA を分解する酵素	されない	される
⑤	mRNA を合成する酵素	される	されない
⑥	mRNA を合成する酵素	されない	される

(2021 本試 1B 改)

第２問 次の文章(A・B)を読み，下の問い(**問１～６**)に答えよ。

A ヒトの体液には，細胞を取り巻く組織液，血管内を流れる$_{a}$血液，リンパ管内を流れるリンパ液が含まれる。体液は$_{b}$循環系によって循環し，$_{c}$体内環境を一定の状態に維持する。

問１ 下線部**a**に関する記述として最も適当なものを，次の①～⑥のうちから一つ選べ。

① 酸素は，大部分が血しょうに溶解して運搬される。
② 血しょうは，グルコースや無機塩類を含むが，タンパク質は含まれない。
③ フィブリンが分解して，血ぺいができる。
④ 血小板は，二酸化炭素を運搬する。
⑤ 白血球は，ヘモグロビンを多量に含む。
⑥ 酸素濃度(酸素分圧)が上昇すると，より多くのヘモグロビンが酸素と結合する。

問２ 下線部**b**に関連して，ヒトにおける血液の循環に関する記述として最も適当なものを，次の①～⑥のうちから一つ選べ。

① 運動すると，筋肉に流入する血液の量は減少する。
② 交感神経が心臓に作用すると，心拍数は減少する。
③ 肺動脈を流れる血液は動脈血である。
④ 毛細血管では，血しょうの一部がしみ出し，組織液に加わる。
⑤ 腎静脈を流れる血液には，腎動脈を流れる血液よりも多くの酸素が含まれる。
⑥ 静脈からリンパ管に血液が流入する。

問３ 下線部**c**に関連して，肝臓に関する記述として**誤っているもの**を，次の①～⑥のうちから一つ選べ。

① 肝臓では，アンモニアから尿素が生成される。
② 肝臓には，肝動脈と肝門脈から血液が流入する。
③ 肝臓には高い再生能力があるので，生体からの肝臓移植が可能である。
④ 肝臓には，有害な物質を無害なものに変える解毒作用がある。
⑤ 肝臓から十二指腸に分泌される胆汁には，脂肪を分解する酵素が含まれる。
⑥ 肝臓では，活発な代謝に伴って多量の熱が発生する。

(2017 本試 2A 改)

B　ヒトは食事をすると，［ア］が血液中に取り込まれ，血糖濃度が上昇する。間脳の［イ］などが，血糖濃度の上昇を感知すると，［ウ］のランゲルハンス島に指令を出し，インスリンの分泌を促進する。インスリンや様々なホルモンなどによって，d <u>血糖濃度は調節される</u>。血糖濃度を下げるしくみが働かないと，常に高い血糖濃度となる。この病気を糖尿病という。糖尿病は大きく二つに分けられる。一つは，1型糖尿病と呼ばれ，インスリンを分泌する細胞が破壊されて，インスリンがほとんど分泌されない。もう一つは，2型糖尿病と呼ばれ，インスリンの分泌が減少したり，標的細胞へのインスリンの作用が低下する場合で，生活習慣病の一つである。

問4　上の文中の［ア］～［ウ］に入る語の組合せとして最も適当なものを，次の①～⑧のうちから一つ選べ。

	ア	イ	ウ		ア	イ	ウ
①	グリコーゲン	延髄	肝臓	②	グリコーゲン	延髄	すい臓
③	グリコーゲン	視床下部	肝臓	④	グリコーゲン	視床下部	すい臓
⑤	グルコース	延髄	肝臓	⑥	グルコース	延髄	すい臓
⑦	グルコース	視床下部	肝臓	⑧	グルコース	視床下部	すい臓

問5　下線部dに関する記述として**誤っているもの**を，次の①～⑤のうちから一つ選べ。

① インスリンは，細胞へのグルコースの取り込みを促進する。
② グルカゴンは，肝臓の細胞に作用して，血糖濃度を上昇させる。
③ アドレナリンは，肝臓におけるグリコーゲンの合成を促進し，血糖濃度を上昇させる。
④ 副腎皮質刺激ホルモンは，糖質コルチコイドの分泌を促進する。
⑤ 糖質コルチコイドは，タンパク質からグルコースの合成を促進し，血糖濃度を上昇させる。

問6　健康な人，糖尿病患者Aおよび糖尿病患者Bにおける，食事開始前後の血糖濃度と血中インスリン濃度の時間変化を図に示した。図から導かれる記述として適当なものを，次の①～⑥のうちから二つ選べ。

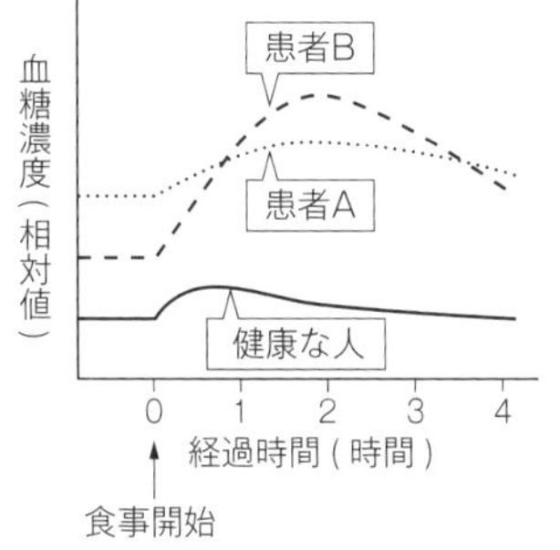

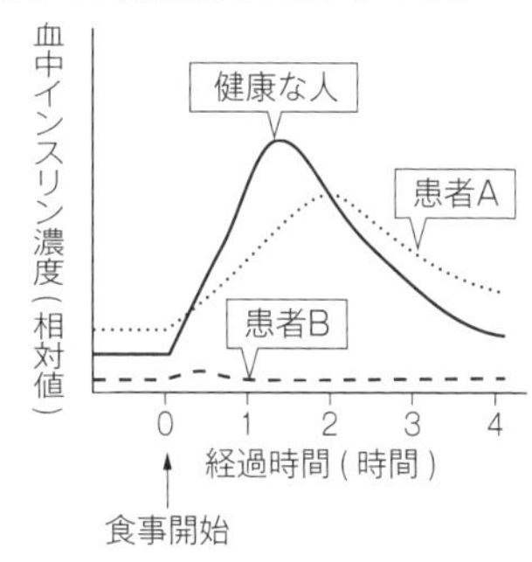

① 健康な人では，食事開始から2時間の時点で，血中インスリン濃度は食事開始前に比べて高く，血糖濃度は食事開始前の値に近づく。
② 健康な人では，血糖濃度が増加すると血中のインスリン濃度は低下する。
③ 糖尿病患者Aにおける食事開始後の血中インスリン濃度は，健康な人の食事開始後の血中インスリン濃度と比較して急激に上昇する。
④ 糖尿病患者Aは，血糖濃度と血中インスリン濃度の推移から判断して，2型糖尿病と考えられる。
⑤ 糖尿病患者Bでは，食事開始後に血糖濃度の上昇がみられないため，インスリンが分泌されないと考えられる。
⑥ 糖尿病患者Bでは，食事開始から2時間の時点での血糖濃度は高いが，食事開始から4時間の時点では低下して，健康な人の血糖濃度よりも低くなる。

(2019追試2A改)

第３問　次の文章(A・B)を読み，下の問い(**問１～４**)に答えよ。

A　火山活動が活発なハワイ島には，狭い地域の中に，過去の噴火によって形成された多数の溶岩台地がある。形成後の年数(古さ)が異なる溶岩台地の間で，台地上の植生や土壌の状態を比較することによって，遷移の過程を調べることができる。古さが異なる溶岩台地における植生の状態を調べたところ，表の結果が得られた。

溶岩台地の古さ(約)	群落高(m)*	種類	おもな植物種の被度(%)**					
			草本Ａ	低木Ｂ	高木Ｃ	シダＤ	高木Ｅ	木生シダＦ***
10年	0	10	0.1	0.1	-	-	0.01	-
50年	3	25	0.1	0.1	2	29	5	0.6
140年	7	36	0.1	2.5	22	78	15	0.1
300年	10	64	-	1.1	24	7	8	73
1400年	22	62	-	0.1	42	-	15	83
3000年	18	60	-	0.6	-	10	43	88

* 群落高：調査地に生えている植物の平均的な高さ（少数点以下は切り捨て）。
** 被度：その植物種の葉で覆われる地面の面積率。「-」は存在しないことを示す。
*** 木生シダ：成長すると数メートルの高さに達するシダの仲間。

問１　表の各調査地において土壌の深さを調べたとき，溶岩台地の古さ(横軸)と土壌の深さ(縦軸)との関係を示すグラフとして最も適当なものを，次の①～⑥のうちから一つ選べ。

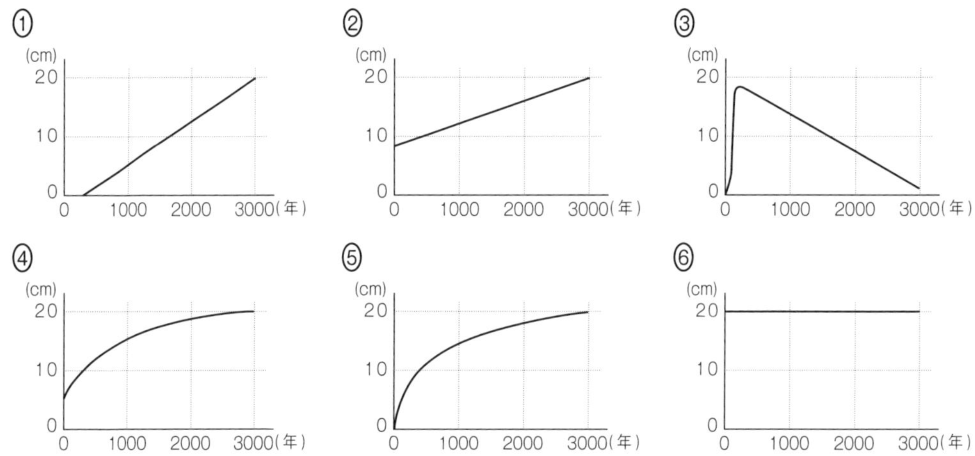

問２　表の結果から導かれる，この調査地における遷移についての説明として適当なものを，次の①～⑧のうちから二つ選べ。

① 極相種は高木Ｃである。
② 遷移の進行に伴い，優占種は草本→シダ→低木→高木の順に移り変わる。
③ 遷移の進行に伴い，シダ植物は減少していく。
④ 植物の種数は，最初の300年間は，遷移の進行に伴い増加する。
⑤ 植物の種数は，植被率(おもな植物種の被度の合計)が大きいほど減少する。
⑥ 植物の種数は，群落高に比例して増加する。
⑦ 植被率は，遷移開始から約50年後より，約300年後のほうが大きい。
⑧ 群落高は，遷移開始から約300年で最大値に達する。

(2020追試3B改)

B　外来生物は，在来生物を捕食したり食物や生息場所を奪ったりすることで，在来生物の個体数を減少させ，絶滅させることもある。そのため，外来生物は生態系を乱し，生物多様性に大きな影響を与えうる。

問３　下線部に関する記述として最も適当なものを，次の①～⑤のうちから一つ選べ。

① 捕食性の生物であり，それ以外の生物を含まない。

② 国外から移入された生物であり，同一国内の他地域から移入された生物を含まない。

③ 移入先の生態系に大きな影響を及ぼす生物であり，移入先の在来生物に影響しない生物を含まない。

④ 人間の活動によって移入された生物であり，自然現象に伴って移動した生物を含まない。

⑤ 移入先に天敵がいない場合であり，移入先に天敵がいるため増殖が抑えられている生物を含まない。

問４　図は在来種であるコイ・フナ類，モツゴ類，およびタナゴ類が生息するある沼に，肉食性(動物食性)の外来魚であるオオクチバスが移入される前と，その後の魚類の生物量(現存量)の変化を調査した結果である。この結果に関する記述として適当なものを，次の①～⑥のうちから二つ選べ。

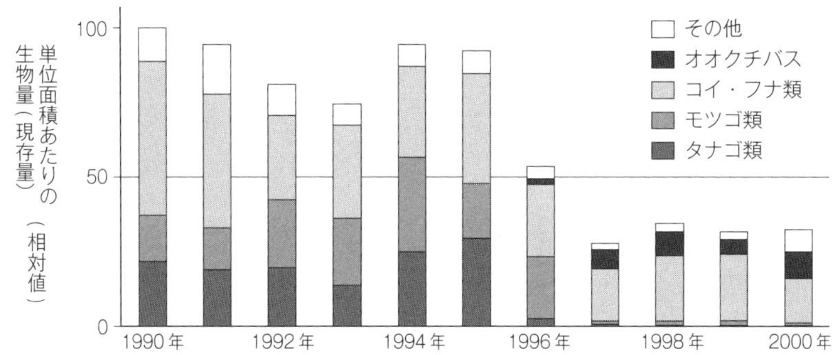

① オオクチバスの移入後，魚類全体の生物量(現存量)は，2000年には移入前の3分の2まで減少した。

② オオクチバスの移入後の生物量(現存量)の変化は，在来魚の種類によって異なった。

③ オオクチバスは，移入後に一次消費者になった。

④ オオクチバスの移入後に，魚類全体の生物量(現存量)が減少したが，在来魚の多様性は増加した。

⑤ オオクチバスの生物量(現存量)は，在来魚の生物量(現存量)の減少がすべて捕食によるとしても，その減少量ほどには増えなかった。

⑥ オオクチバスの移入後，沼の生態系の栄養段階の数は減少した。

(2021追試3B改)

大学入試共通テスト特別演習(2)　(解答時間 30 分　配点 50 点)

第 1 問　次の文章(A・B)を読み,下の問い(**問 1 〜 6**)に答えよ。

A　生物のからだは,細胞からできている。細胞には a 顕微鏡を使用しなければ観察できないものから,肉眼でも観察できるものまで, b 様々な大きさのものが存在する。真核生物の細胞内には複雑な構造体が存在しており,生命活動に必要な物質の合成などが行われている。植物細胞内で起こるデンプン合成のようすを調べるため,次の**実験**を行った。

実験　アジサイの葉の半分程度をアルミニウム箔で覆って遮光した後,直射日光が当たる場所で 6 時間放置した。湯せんで温めたエタノール中で葉を脱色処理した後,薄めたヨウ素液で染色したところ,アルミニウム箔で覆わなかった部分は濃く染まったが,アルミニウム箔で遮光した部分は染まらなかった。

問 1　次の文章は,光合成反応のしくみ,および**実験**に関する記述である。文章中の ア ・ イ に入る語句の組合せとして最も適当なものを,下の①〜⑧のうちから一つ選べ。

植物は,葉緑体で光合成を行っている。葉緑体で光エネルギーが吸収されると,そのエネルギーを利用して ATP が合成される。この ATP を用いて, ア からデンプンなどの有機物を合成する化学反応が進行する。アジサイの斑入りの葉(緑と白のまだら模様の葉)を用いて,**実験**と同様の操作を行ったところ,アルミニウム箔で イ の部分だけが濃く染まった。これは,葉の一部分のみが正常な葉緑体をもち,光合成によってデンプンを蓄積したためと考えられる。

	ア	イ		ア	イ
①	O_2	覆った側の緑	②	O_2	覆った側の白
③	O_2	覆わなかった側の緑	④	O_2	覆わなかった側の白
⑤	CO_2	覆った側の緑	⑥	CO_2	覆った側の白
⑦	CO_2	覆わなかった側の緑	⑧	CO_2	覆わなかった側の白

問 2　下線部 **a** に関連して,図は,10 倍の接眼レンズと 10 倍の対物レンズを用いて,文字と格子状の線が印刷されたスライドガラスを,光学顕微鏡で観察したときの視野のようすを示している。同じスライドガラスを高倍率で観察するため,レボルバーを回して対物レンズを 40 倍に変えてピントを合わせたとき,観察される視野のようすとして最も適当なものを,次の①〜⑧のうちから一つ選べ。ただし,しぼりや反射鏡などの明るさに関わる部品については,対物レンズの倍率を変える前と同じ状態であったものとする。

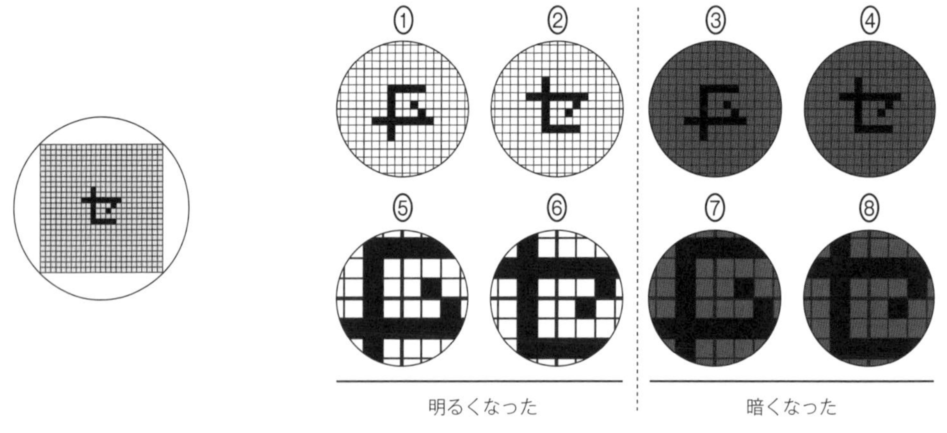

問3　下線部**b**に関連して，次のⓐ～ⓓのうち，ヒトの赤血球よりも小さなものの組合せとして最も適当なものを，下の①～⑥のうちから一つ選べ。

ⓐ　大腸菌　　ⓑ　タマネギの根端細胞
ⓒ　バクテリオファージ(T_2ファージ)　　ⓓ　ヒトの卵

①　ⓐ，ⓑ　②　ⓐ，ⓒ　③　ⓐ，ⓓ　④　ⓑ，ⓒ　⑤　ⓑ，ⓓ　⑥　ⓒ，ⓓ

(2019 追試 1A 改)

B　遺伝情報を担う物質として，どの生物も $_c$DNA をもっている。それぞれの生物がもつ遺伝情報全体を $_d$ゲノムと呼び，動植物では生殖細胞(配偶子)に含まれる一組の染色体を単位とする。また，DNA の塩基配列のうえでは，$_e$ゲノムは「遺伝子として働く部分」と「遺伝子として働かない部分」とからなっている。

問4　下線部**c**に関連して，DNA を抽出するための生物材料として適当でないものを，次の①～⑥のうちから一つ選べ。

①　ニワトリの卵白　②　タマネギの根　③　アスパラガスの若い芽
④　バナナの果実　⑤　ブロッコリーの花芽　⑥　ブタの肝臓

問5　下線部**d**に関する記述として最も適当なものを，次の①～⑤のうちから一つ選べ。

①　ヒトのどの個々人の間でも，ゲノムの塩基配列は同一である。
②　受精卵と分化した細胞では，ゲノムの塩基配列が著しく異なる。
③　ゲノムの遺伝情報は，分裂期の前期に 2 倍になる。
④　ハエのだ腺染色体は，ゲノムの全遺伝情報を活発に転写して膨らみ，パフを形成する。
⑤　神経の細胞と肝臓の細胞とで，ゲノムから発現される遺伝子の情報は大きく異なる。

問6　下線部**e**に関連する次の文章中の［ウ］・［エ］に入る数値の組合せとして最も適当なものを，下の①～⑧のうちから一つ選べ。

ヒトのゲノムは約 30 億塩基対からなっている。タンパク質のアミノ酸配列を指定する部分(以後，翻訳領域と呼ぶ)は，ゲノムのわずか 1.5 %程度と推定されているので，ヒトのゲノム中の個々の遺伝子の翻訳領域の長さは，平均して約［ウ］塩基対だと考えられる。また，ゲノム中では平均して約［エ］塩基対ごとに一つの遺伝子(翻訳領域)があることになり，ゲノム上では遺伝子として働く部分は飛び飛びにしか存在しないことになる。

	ウ	エ		ウ	エ		ウ	エ		ウ	エ
①	2千	15万	②	2千	30万	③	4千	15万	④	4千	30万
⑤	2万	150万	⑥	2万	300万	⑦	4万	150万	⑧	4万	300万

(2015 本試 1B 改)

第２問　次の文章(A・B)を読み，下の問い(**問１～５**)に答えよ。

A　腎臓では，まず a 血液が糸球体でろ過されて原尿が生成する。その後，水分や塩分など多くの物質が血中に再吸収されることで，尿が生じる。その際，尿中の様々な物質は濃縮されるが，その割合は物質の種類によって大きく異なっている。表は，健康なヒトの静脈に多糖類の一種であるイヌリンを注射した後の，血しょう，原尿，および尿中のおもな成分の質量パーセント濃度を示している。

b 副腎皮質から分泌された鉱質コルチコイドが働くと，原尿からのナトリウムイオンの再吸収が促進され，恒常性が維持されている。なお，イヌリンは，すべて糸球体でろ過されると，細尿管では分解も再吸収もされない。また，尿は毎分 1mL 生成され，血しょう，原尿，および尿の密度は，いずれも 1g/mL とする。

成分	質量パーセント濃度(%)		
	血しょう	原尿	尿中
タンパク質	7	0	0
グルコース	0.1	0.1	0
尿素	0.03	0.03	2
ナトリウムイオン	0.3	0.3	0.3
イヌリン	0.01	0.01	1.2

問１　下線部**a**について，表から導かれる，１分間あたりに生成する原尿の量として最も適当な値を，次の①～⑤のうちから一つ選べ。

①　0.008 mL　　②　1mL　　③　60 mL　　④　120 mL　　⑤　360 mL

問２　下線部**b**について，表から導かれる，１分間あたりに再吸収されるナトリウムイオンの量として最も適当な数値を，次の①～⑤のうちから一つ選べ。

①　1mg　　②　60 mg　　③　118 mg　　④　357 mg　　⑤　420 mg

問３　下線部**b**に関連して，鉱質コルチコイドの作用に関する次の文章中の［ア］～［ウ］に入る語句の組合せとして最も適当なものを，下の①～⑧のうちから一つ選べ。

鉱質コルチコイドの作用でナトリウムイオンの再吸収が促進されると，尿中のナトリウムイオン濃度は［ア］なる。このとき，腎臓での水の再吸収量が［イ］してくると，体内の細胞外のナトリウムイオン濃度が維持される。その結果，徐々に体内の細胞外液(体液)の量が［ウ］し，それに伴って血圧が上昇してくると考えられる。

	ア	イ	ウ
①	低く	増加	増加
②	低く	増加	減少
③	低く	減少	増加
④	低く	減少	減少
⑤	高く	増加	増加
⑥	高く	増加	減少
⑦	高く	減少	増加
⑧	高く	減少	減少

(2021 追試 2A 改)

B　獲得免疫には，$_c$ 細胞性免疫と，抗体の働きによる $_d$ 体液性免疫があり，体内から毒物を排除している。

問4　下線部cに関連して，次の文章中の［エ］～［カ］に入る語句の組合せとして最も適当なものを，下の①～⑧のうちから一つ選べ。

体内に侵入した抗原は図1に示すように，免疫細胞Pに取り込まれて分解される。免疫細胞QおよびRは抗原の情報を受け取り活性化し，免疫細胞Qは別の免疫細胞Sの食作用を刺激して病原体を排除し，免疫細胞Rは感染細胞を直接排除する。免疫細胞の一部は記憶細胞の一部となり，再び同じ抗原が体内に侵入すると急速で強い免疫応答が起きる。免疫細胞Pは［エ］であり，免疫細胞Qは［オ］である。免疫細胞P～Sのうち記憶細胞になるのは［カ］である。

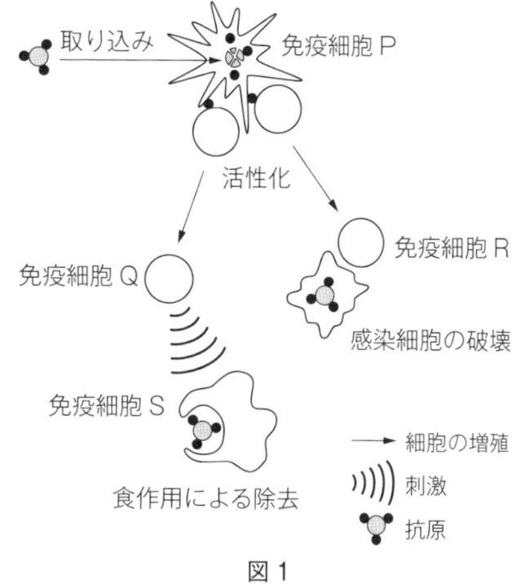

図1

	エ	オ	カ
①	マクロファージ	キラーT細胞	PとS
②	マクロファージ	キラーT細胞	QとR
③	マクロファージ	ヘルパーT細胞	PとS
④	マクロファージ	ヘルパーT細胞	QとR
⑤	樹状細胞	キラーT細胞	PとS
⑥	樹状細胞	キラーT細胞	QとR
⑦	樹状細胞	ヘルパーT細胞	PとS
⑧	樹状細胞	ヘルパーT細胞	QとR

問5　下線部dに関連して，抗体の産生に至る免疫細胞間の相互作用を調べるため，次の**実験**を行った。**実験**の結果の説明として最も適当なものを，下の①～⑤のうちから一つ選べ。

実験　マウスからリンパ球を採取し，その一部をB細胞およびB細胞を除いたリンパ球に分離した。これらと抗原とを図2の培養の条件のように組合せて，それぞれに抗原提示細胞(抗原の情報をリンパ球に提供する細胞)を加えた後，含まれるリンパ球の数が同じになるようにして，培養した。4日後に細胞を回収し，抗原に結合する抗体を産生している細胞の数を数えたところ，図2の結果が得られた。

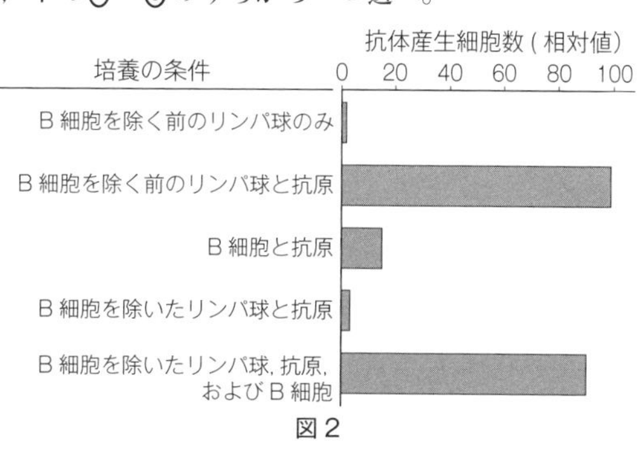

図2

① B細胞は，抗原が存在しなくても抗体産生細胞に分化する。
② B細胞の抗体産生細胞への分化には，B細胞以外のリンパ球は関与しない。
③ B細胞を除いたリンパ球には，抗体産生細胞に分化する細胞が含まれる。
④ B細胞を除いたリンパ球には，B細胞を抗体産生細胞に分化させる細胞が含まれる。
⑤ B細胞を除いたリンパ球には，B細胞が抗体産生細胞に分化するのを妨げる細胞が含まれる。

(2020 本試 2B 改)

第3問 次の文章(A・B)を読み，下の問い(**問1～5**)に答えよ。

A 図1は，世界の気候とバイオームを示す図中に，日本の4都市(青森，仙台，東京，大阪)と，2つの気象観測点XとYが占める位置を書き入れたものである。図中のQとRは，それぞれの矢印がさす位置の気候に相当するバイオームの名称である。

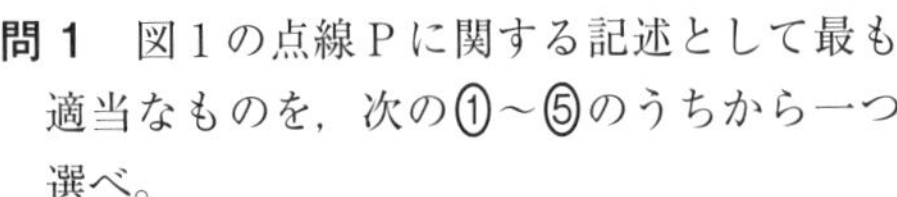

図1

問1 図1の点線Pに関する記述として最も適当なものを，次の①～⑤のうちから一つ選べ。

① 点線Pより上側では，森林が発達しやすい。

② 点線Pより上側では，雨季と乾季がある。

③ 点線Pより上側では，常緑樹が優占しやすい。

④ 点線Pより下側では，樹木が生育できない。

⑤ 点線Pより下側では，サボテンやコケの仲間しか生育できない。

問2 図1に示した気象観測点XとYは，同じ地域の異なる標高にあり，それぞれの気候から想定される典型的なバイオームが存在する。次の文章は，今後，地球温暖化が進行した場合の，観測点XまたはYの周辺で生じるバイオームの変化についての予測である。文章中の［ア］～［ウ］に入る語句の組合せとして最も適当なものを，下の①～⑧のうちから一つ選べ。

地球温暖化が進行したときの降水量の変化が小さければ，気象観測点［ア］の周辺において，［イ］を主体とするバイオームから［ウ］を主体とするバイオームに変化すると考えられる。

	ア	イ	ウ
①	X	常緑針葉樹	落葉広葉樹
②	X	落葉広葉樹	常緑広葉樹
③	X	落葉広葉樹	常緑針葉樹
④	X	常緑広葉樹	落葉広葉樹
⑤	Y	常緑針葉樹	落葉広葉樹
⑥	Y	落葉広葉樹	常緑広葉樹
⑦	Y	落葉広葉樹	常緑針葉樹
⑧	Y	常緑広葉樹	落葉広葉樹

問3 青森と仙台は，図1ではバイオームQの分布域に入っているが，実際にはバイオームRが成立しており，日本ではバイオームQはみられない。このバイオームQの特徴を調べるため，青森，仙台，およびバイオームQが分布するローマとロサンゼルスについて，それぞれの夏季(6～8月)と冬季(12月～2月)の降水量(降雪量を含む)と平均気温を比較した図2と図3を作成した。図1，図2，および図3をもとに，バイオームQの特徴をまとめた下の文章中の［エ］～［カ］に入る語句の組合せとして最も適当なものを，下の①～⑧のうちから一つ選べ。

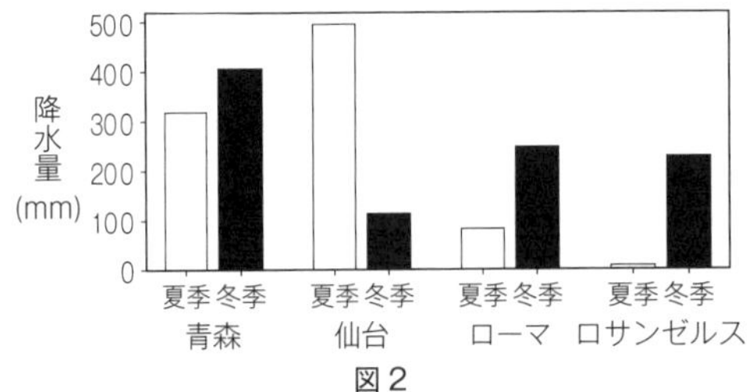

図2

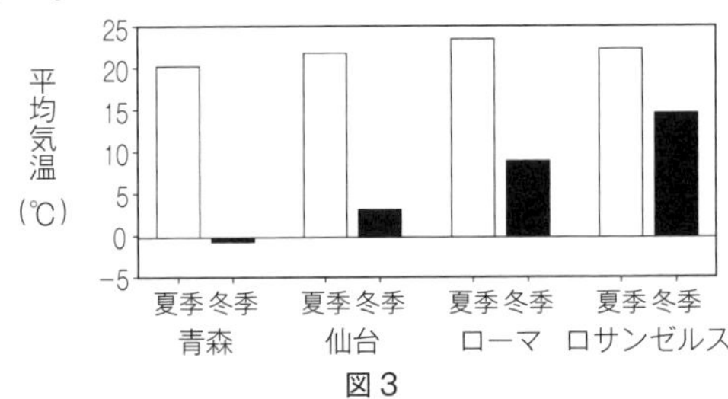

図3

バイオームQは **エ** であり，オリーブやゲッケイジュなどの樹木が優占する。このバイオームの分布域では，夏の降水量が **オ** ことが特徴である。また，冬は比較的気温が高いため，**カ** ことも気候的な特徴である。

	エ	オ	カ
①	雨緑樹林	多　い	降雪がほぼみられず湿潤である
②	雨緑樹林	多　い	降雨が蒸発しやすく乾燥する
③	雨緑樹林	少ない	降雪がほぼみられず湿潤である
④	雨緑樹林	少ない	降雨が蒸発しやすく乾燥する
⑤	硬葉樹林	多　い	降雪がほぼみられず湿潤である
⑥	硬葉樹林	多　い	降雨が蒸発しやすく乾燥する
⑦	硬葉樹林	少ない	降雪がほぼみられず湿潤である
⑧	硬葉樹林	少ない	降雨が蒸発しやすく乾燥する

(2021 本試 3A 改)

B 自然の生態系では，a 構成する生物の種類や個体数，非生物的環境などが，短期間でみれば大きく変動しながらも，長期間でみれば一定の範囲内に保たれていることが多い。しかし近年，b 人間の様々な活動により，生態系のバランスが崩れつつある。

問４ 下線部aに関連して，図4は，ある草原で単位面積あたりのヤチネズミの捕獲個体数を20年以上にわたって調べたものである。このようにヤチネズミの個体数が一定の範囲内に保たれた原因として**考えられないもの**を，次の①～⑥のうちから一つ選べ。

① ヤチネズミが増えると，一部のヤチネズミが別の草原を求めて移動した。

② ヤチネズミが増えると，捕食者であるワシやタカの個体数が増えた。

③ ヤチネズミが増えると，ヤチネズミの子が病気などで死亡する率が高まった。

④ ヤチネズミが減ると，ヤチネズミのおもな食物であるカヤツリグサが増えた。

⑤ ヤチネズミが減ると，別種のネズミが侵入してヤチネズミの資源を消費した。

⑥ ヤチネズミが減ると，個体あたりの資源が増加し，出生率が高まった。

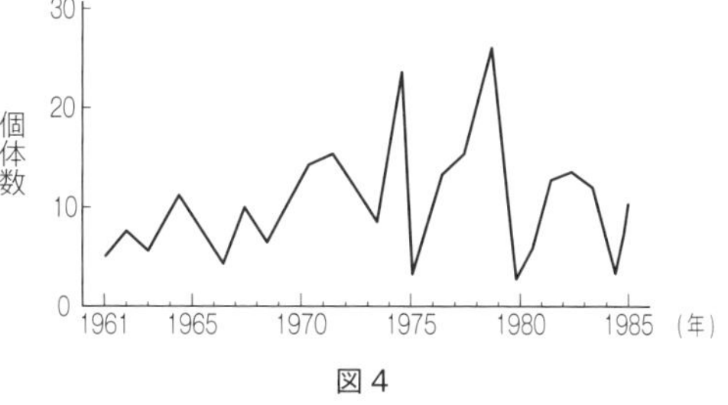

図4

問５ 下線部bに関する次の記述ⓐ～ⓔのうち，正しい記述の組合せとして最も適当なものを，下の①～⑧のうちから一つ選べ。

ⓐ 人間が放牧を行った土地では，降水量が多くても森林が発達せず，一次遷移のごく初期に現れるコケ植物しか生育できない。

ⓑ 人間が草刈りや，落ち葉かき，伐採などによって維持している里山の雑木林では，遷移の最終段階に出現する陰樹が優占する。

ⓒ 人間によってもち込まれたオオクチバス(ブラックバス)が湖沼に棲む在来の小型魚を捕食し，激減させることがある。

ⓓ 人間がおもな居住地として利用する平地や低地とは異なり，高山帯には人間が居住しないため，ハイマツなどからなる低木林しかみられない。

ⓔ 石油などの化石燃料の大量消費は，大気中に占める二酸化炭素の割合を増やし，地球温暖化や気候変動を引き起こすと考えられる。

① ⓐ，ⓑ	② ⓐ，ⓒ	③ ⓐ，ⓔ	④ ⓑ，ⓒ
⑤ ⓑ，ⓓ	⑥ ⓒ，ⓓ	⑦ ⓒ，ⓔ	⑧ ⓓ，ⓔ

(2016 本試 3B 改)

生物学習のための化学知識

▶1 元素　物質を構成する基本成分を**元素**といい，元素の種類を表す記号を**元素記号**という。

例

元　素	水素	炭素	窒素	酸素	リン	硫黄
元素記号	H	C	N	O	P	S

▶2 原子　各元素を構成する基本粒子を**原子**という。原子は**原子核**とその周囲を回る**電子**(負の電荷を帯びる)からなる。原子核は**中性子**と**陽子**(正の電荷を帯びる)からなる。原子核を構成する陽子数は元素によって決まっている。この陽子数を**原子番号**という。原子を構成する陽子と電子は同数で，原子は電気的に中性である。

例　炭素原子 $^{12}_{6}C$

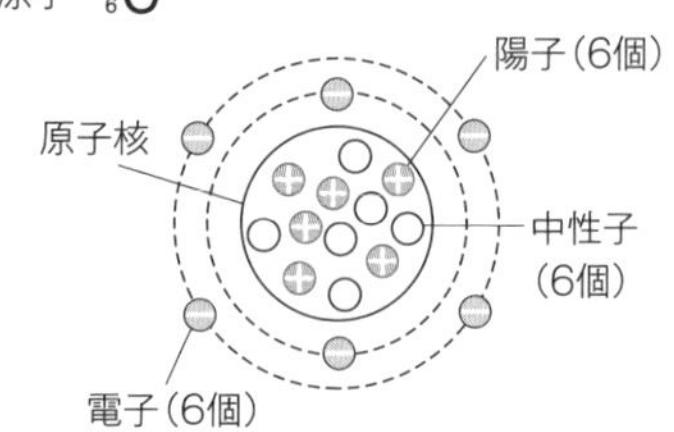

▶3 原子量　原子の質量は，原子核を構成する陽子と中性子の数で決まるが，極めて小さいため実質的でない。そこで，質量数12の炭素原子(^{12}C)の質量数を12として，これを基準に他の原子の相対的質量の平均値が決められている。これを**原子量**という。

例

原　子	H	C	N	O	Na	P	S	K	Ca	Fe
原子量	1	12	14	16	23	31	32	39	40	56

▶4 同位体　同じ種類の元素のうち，中性子の数が異なるものを互いに**同位体**(アイソトープ)であるという。同位体のうち，構造が不安定なため時間とともに放射性崩壊を起こし，放射線を放出するものを**放射性同位体**(ラジオアイソトープ)という。

例

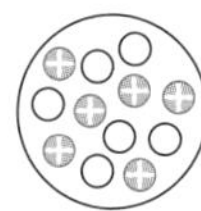

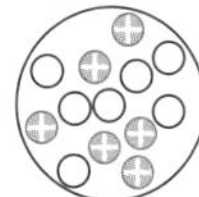

非放射性同位体	^{1}H　^{2}H　^{12}C　^{13}C　^{14}N　^{15}N　^{16}O　^{18}O　^{31}P　^{32}S　など
放射性同位体	^{3}H　^{14}C　^{32}P　^{35}S　など

▶5 分子　その物質固有の化学的性質をもつ最小単位を**分子**といい，原子がいくつか集まって(共有結合で)できている。金属(金属結合する)や食塩(イオン結合による結晶)のように分子を作らないものもある。同一元素の原子のみからなる純物質を**単体**といい，2元素以上の原子からできた純物質を**化合物**という。

▶6 分子式　分子を構成する原子の種類と数を表した式を**分子式**という。

単　体	水素(H_2)，窒素(N_2)，酸素(O_2) など
化合物	水(H_2O)，二酸化炭素(CO_2)，グルコース($C_6H_{12}O_6$) など

▶7 分子量・式量　分子を構成する原子の原子量の総和を**分子量**という。食塩(NaCl)のように分子を作らず組成式で表される物質では，分子量に相当する値として**式量**(組成式を構成する元素の原子量の総和)が用いられる。

▶8 物質量　原子量，分子量，式量(分子量など)の数字にグラム(g)をつけた質量に含まれる物質量が1 mol(モル)と定義される。この質量の中に6.02×10^{23}個(アボガドロ数という)の原子または分子が含まれる。

例

物質	分子式	式量(分子量など)の求め方	式量(分子量など)	1 molの質量
酸素	O_2	$16 \times 2 = 32$	32	32g
水	H_2O	$1 \times 2 + 16 \times 1 = 18$	18	18g
二酸化炭素	CO_2	$12 \times 1 + 16 \times 2 = 44$	44	44g
グルコース	$C_6H_{12}O_6$	$12 \times 6 + 1 \times 12 + 16 \times 6 = 180$	180	180g

▶9 溶液の濃度

(1)質量パーセント濃度(%)　溶液の質量に対する溶質の質量を百分率で表した濃度。

例 0.9 %食塩水…9 g の食塩を水に溶かして全体の質量を 1 kg に合わせた溶液。

(2)モル濃度(mol/L)　溶液 1 L 中に溶けている溶質を物質量で表した濃度。

例 2 mol/L グルコース溶液…2 mol(360g)のグルコースを水に溶かして全体の体積を 1 L に合わせた溶液。

▶10 イオン

電気的に中性の原子が，電子を放出したり受け取ったりして電気を帯びた状態になったものを**イオン**という。電子を放出すると正の電気をもった**陽イオン**になり，電子を受け取ると負の電気をもった**陰イオン**となる。水に溶けてイオンに分離する物質を**電解質**といい，イオンに分離しない物質を**非電解質**という。

陽イオン	H^+　Na^+　K^+　NH_4^+　Mg^{2+}　Fe^{2+}　Fe^{3+} など
陰イオン	Cl^-　OH^-　NO_3^-　SO_4^{2-}　CO_3^{2-} など
電解質	食塩(塩化ナトリウム)NaCl，水酸化ナトリウム NaOH，酢酸 CH_3COOH など
非電解質	メタノール CH_3OH，エタノール C_2H_5OH，グルコース $C_6H_{12}O_6$ など

▶11 酸と塩基

(1)酸　水溶液中で H^+ を生じる物質を酸という。酸味が強く，青色のリトマス紙を赤くする性質(**酸性**)をもつ。例 CH_3COOH (酢酸)，HCl(塩酸)，H_2CO_3(炭酸)

(2)塩基　水溶液中で OH^- を生じる物質を**塩基**という。塩基の中で，水に溶けやすいものを**アルカリ**といい，その水溶液は赤色のリトマス紙を青くする性質(**アルカリ性**)をもつ。

例 NaOH(水酸化ナトリウム)，KOH(水酸化カリウム)，NH_3(アンモニア)

(3)塩　酸とアルカリの**中和反応**によって，水とともにできる物質を塩という。

例 HCl + NaOH → NaCl(塩化ナトリウム) + H_2O

▶12 水素イオン指数

水溶液の酸性･アルカリ性の度合いは，**水素イオン濃度**によって決まる。水溶液中では，水素イオン$[H^+]$が増せば水酸化物イオン$[OH^-]$が減り，$[H^+]$が減れば$[OH^-]$が増す。これを示す数を**水素イオン指数**といい，$[H^+]$の逆数の対数をｐＨとして定めている。純水では，1 L 中の水素イオン濃度$[H^+]$と水酸化物イオン濃度$[OH^-]$がともに 10^{-7}mol であり，pH ＝ 7(中性)である。

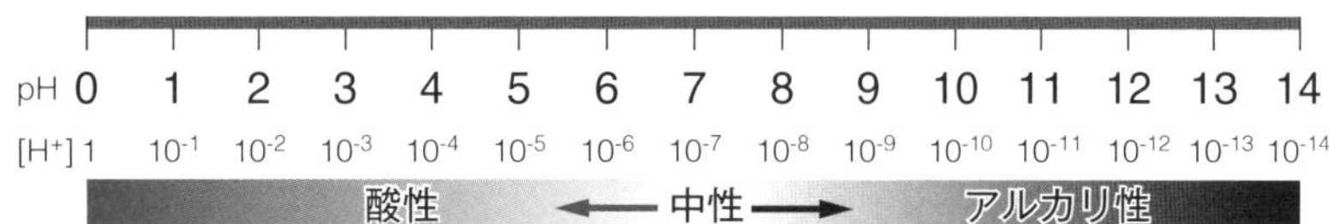

▶13 酸化と還元

物質の**酸化**と**還元**は次のように定義される。

酸化	還元
物質が酸素と結合する。	物質が酸素を失う。
物質が水素を失う。	物質が水素と結合する。
物質が電子を失う。	物質が電子を得る。

▶14 分圧

空気は，窒素･酸素･二酸化炭素などの混合気体である。この空気が 1 気圧(1013hpa)の圧力を示す場合，それぞれの気体が占める圧力をその成分気体の**分圧**という。分圧は，その成分気体が占める分子数(mol 数)・体積に比例する。

例 1 気圧の空気中で酸素は 21 %の体積を占める。

　したがって，酸素分圧は 1013hpa × 21 ÷ 100 ≒ 212.73hpa と計算できる。

重要用語Check

高等学校「生物基礎」で扱われる重要用語などを単元順に並べ，解説文を記載しました。テスト前の単元ごとの復習にも利用できます。

1章　生物の特徴

液胞 →p.4	糖・有機酸・色素(アントシアン)などを細胞液として貯蔵する細胞小器官。植物において，細胞の成長とともに発達する。
核 →p.4,6	真核細胞において染色体を格納する細胞小器官。核膜で囲まれており，内部は染色体を含む核液で満たされている。
核膜 →p.4	真核細胞において細胞質と核を隔てる膜。多数の核膜孔をもつ二重の膜で，この核膜孔によって核内外の連絡が図られている。
系統 →p.4	生物の進化に基づく類縁関係。
系統樹 →p.4	系統を表した図は樹木のようにみえることから系統樹と呼ばれる。
原核細胞 →p.4	核膜がなく，細胞小器官もない原始的な細胞。DNA は細胞内全体に広がっている。
原核生物 →p.4	原核細胞からなる生物。細菌が該当する。
細胞 →p.4,6	生物の構造および機能上の最小単位。
細胞質 →p.4	細胞膜に囲まれた部分のうち，核を除いたものすべて。
細胞質基質 →p.4	細胞質のうち，細胞膜・ミトコンドリア・葉緑体・液胞などの細胞小器官の間を埋める液状部分。
細胞小器官 →p.4	形態的・機能的に独立した細胞内の様々な構造体。核・ミトコンドリア・葉緑体など。
細胞壁 →p.4,6	動物細胞以外の細胞の外側にあり，細胞を保護し，形を維持する強固な膜。植物細胞ではセルロースやペクチンを主成分とする。
細胞膜 →p.4	細胞の内外を隔て，物質の出入りを調節する膜。リン脂質を主成分とし，タンパク質が入り混じった構造をしている。
種 →p.4	生物の分類における最も基本的な単位。同種の個体間でのみ子孫を残すことができる。
進化 →p.4	生物が世代を重ねるうちに変化し，種を増やしてきた過程。
真核細胞 →p.4	核膜で囲まれた核をもち，細胞小器官がみられる細胞。
真核生物 →p.4	真核細胞からなる生物。細菌以外の生物が該当する。
セルロース →p.4	グルコースが多数結合してできた多糖類。植物細胞の細胞壁の主要な構成成分。
ウイルス →p.5,28	DNA や RNA を遺伝情報としてもつ。自ら代謝を行わず，宿主となる細胞内で増殖する。細胞膜をもたないので生物として扱われていない。
多細胞生物 →p.5	1 個体が多数の分化した細胞からなる生物。
単細胞生物 →p.5	一生を通じて，1 個の細胞で生命活動のすべてを行う生物。特殊な細胞小器官が発達しているものがある。
分解能 →p.5	2 点がそれぞれ独立した点として区別できる最短の距離のこと。顕微鏡や望遠鏡などの能力を示す値。
アデノシン →p.16	アデニンとリボースが結合した物質。ATP や RNA の構成要素である。
異化 →p.16	複雑な物質を単純な物質に分解してエネルギーを取り出す代謝の過程。呼吸や発酵など。

ADP →p.16	アデノシン二リン酸(Adenosine diphosphate)。アデノシンに2つのリン酸(H_3PO_4)が結合した構造。
ATP →p.4,16	アデノシン三リン酸(Adenosine triphosphate)。ADPとリン酸に分解されるとき，エネルギーが放出され，生命活動に利用される。
エネルギー代謝 →p.16	代謝の過程におけるエネルギーの出入りや変換のこと。
基質 →p.16	酵素が作用する特定の物質。
基質特異性 →p.16	酵素が特定の基質にのみ作用する性質。
高エネルギーリン酸結合 →p.16	ATP内に存在するリン酸どうしの結合。この結合に蓄積された高いエネルギーは，加水分解によって放出される。
酵素 →p.16,46	細胞内で合成される。タンパク質を主成分とする生体触媒。特定の反応だけを進めるため多くの種類がある。
従属栄養生物 →p.16	無機物から有機物をつくることができず，独立栄養生物が合成した有機物を直接または間接に摂取し利用する生物。
触媒 →p.16	化学反応の前後で自身は変化せずに，化学反応を促進する物質。無機触媒と，生物によってつくられる生体触媒に分けられる。
代謝 →p.4,16	生体内における化学反応の全体。その多くは酵素によって促進される。同化と異化に大別される。
デンプン →p.16	グルコースが多数結合してできた多糖類。光合成の最終産物の一つでおもに植物細胞に含まれるエネルギー貯蔵物質である。
同化 →p.16	エネルギーを使って無機物から有機物を合成する反応。光合成など。
独立栄養生物 →p.16	自身で無機物から有機物をつくることができる生物。緑色植物や一部の細菌など。
無機触媒 →p.16	金属化合物などの無機物質からなる触媒。一例は，過酸化水素(H_2O_2)を水と酸素に分解する酸化マンガン(Ⅳ)。
有機物 →p.16,17	二酸化炭素をはじめとする炭素の酸化物や金属の炭酸塩などごく一部を除いたすべての炭素化合物のこと。有機化合物ともいう。
リボース →p.16,46	RNAのヌクレオチドを構成する炭素数5の単糖類。ATPの構成要素でもある。
グルコース →p.17,70	化学式$C_6H_{12}O_6$で表される単糖類。生物にとって最も基本的なエネルギー源である。ブドウ糖ともいう。
光合成 →p.17,91	光エネルギーを用いて二酸化炭素と水から有機物を合成する反応。葉緑体やシアノバクテリアの細胞で行われる。
呼吸 →p.17,91	細胞内で酸素を使って有機物を分解し，取り出したエネルギーをATPに蓄える過程。外呼吸との区別から細胞呼吸とも呼ばれる。
呼吸基質 →p.17	呼吸によって分解される有機物。グルコースなどの炭水化物のほかに，脂肪やタンパク質も用いられる。
ミトコンドリア →p.4,17	呼吸を行う細胞小器官。独自のDNAをもつ。
葉緑体 →p.4,17	植物細胞に存在する，光合成を行う細胞小器官。独自のDNAをもつ。

2章 遺伝子とその働き

遺伝子 →p.28	生物の遺伝情報を担う因子。その実体はDNAであるが，遺伝子として働く部分は染色体を構成するDNAのごく一部にすぎない。
形質転換 →p.28	細胞外部からDNAが取り込まれることで，個体の遺伝的性質が変化する現象。
肺炎双球菌 →p.28	肺炎を引き起こす細菌。莢膜をもつS型菌には病原性があり，莢膜のないR型菌には病原性がない。
バクテリオファージ →p.28,29	細菌に感染するウイルスの総称。単にファージと呼ばれることが多い。
アデニン →p.16,29	DNAやRNAを構成する塩基の一つ。チミンおよびウラシルと相補的に結合する。ATPの構成要素としても知られる。
遺伝情報 →p.29	遺伝形質を決定する情報。その情報源は染色体を構成するDNAの塩基配列である。
塩基 →p.29	ヌクレオチドの構成成分。DNAの塩基はアデニン・チミン・グアニン・シトシン。RNAの塩基は，アデニン・ウラシル・グアニン・シトシン。
塩基対 →p.29	アデニンとチミン(RNAではウラシル)，およびシトシンとグアニンが相補的に結合してできる塩基の対。
塩基配列 →p.29	1本のヌクレオチド鎖で4種類の塩基が結合する順序。
グアニン →p.29	DNAやRNAを構成する塩基の一つ。シトシンと相補的に結合する。
ゲノム →p.29	生物が生命活動を行う上で必要な最小の遺伝情報。ヒトの体細胞は2組のゲノムをもつ。

シトシン →p.29
DNA や RNA を構成する塩基の一つ。グアニンと相補的に結合する。

シャルガフの規則 →p.29
すべての生物において，アデニンとチミン，グアニンとシトシンの塩基数の比は等しくなるという規則性。

染色体 →p.29,38
塩基性色素でよく染まる核内の物質。遺伝情報をもつ DNA とヒストンと呼ばれるタンパク質からなる。

相同染色体 →p.29
体細胞にみられる同形同大の 1 対の染色体。

相補性 →p.29
アデニンとチミン(RNA ではウラシル)間，およびシトシンとグアニン間のみで塩基間の結合がみられる性質。

チミン →p.29
DNA を構成する塩基の一つ。アデニンと相補的に結合する。

DNA →p.4,29
デオキシリボ核酸(Deoxyribonucleic acid)。ヌクレオチドの糖がデオキシリボースであり，二重らせん構造をとる。遺伝子の本体。

デオキシリボース →p.29
DNA のヌクレオチドを構成する炭素数 5 の単糖類。リボースのヒドロキシ基(-OH)の一つが水素(-H)になっている構造。

二重らせん構造 →p.29
DNA が通常とる構造。向かい合った 2 本の DNA 鎖が互いの塩基の部分で弱く結合してらせん状にねじれたもの。

ヌクレオチド →p.29
DNA や RNA の構成単位。糖・塩基・リン酸からなる。リン酸が外れたものはヌクレオシドと呼ばれる。

放射性同位体 →p.35
同位体のうち，構造が不安定なため時間とともに放射性崩壊を起こし放射線を放出するもの。ラジオアイソトープともいう。

間期 →p.38
細胞周期のうち，核分裂が行われていない時期。G_1 期(DNA 合成準備期)，S 期(DNA 合成期)，G_2 期(分裂準備期)に分けられる。

細胞周期 →p.38
母細胞が分裂して娘細胞になるまでの細胞内の周期的変化。間期と分裂期とに分けられ，これが繰り返される。

細胞分裂 →p.38
1 個の母細胞が 2 個またはそれ以上の娘細胞に分裂する現象。体細胞分裂と減数分裂に大別される。

体細胞 →p.38
多細胞生物において，からだを作る細胞のこと。卵や精子などの生殖細胞を除くすべての細胞。

体細胞分裂 →p.38
多細胞生物において，体細胞が増殖するときに起こる細胞分裂。

分裂期 →p.38
細胞周期のうち，核分裂が行われている時期。前期・中期・後期・終期に分けられる。M 期ともいう。

半保存的複製 →p.39
新たに複製された 2 本鎖 DNA の一方が新しく合成された鎖，もう一方が鋳型となったもとの鎖となる複製様式。

複製 →p.39
もとの DNA と同一の塩基配列をもつ DNA を合成する過程。

アミノ酸 →p.46
アミノ基($-NH_2$)とカルボキシ基(-COOH)をもつ有機化合物の総称。タンパク質の構成単位となるアミノ酸は 20 種類ある。

アミノ酸配列 →p.46
タンパク質を構成する 20 種類のアミノ酸が結合する順序。

RNA →p.46
リボ核酸(Ribonucleic acid)。ヌクレオチドの糖がリボースである一本鎖の構造をとる。遺伝情報の発現に働く。

ウラシル →p.46
RNA を構成する塩基の一つで，DNA には含まれない。アデニンと相補的に結合する。

タンパク質 →p.46
多数のアミノ酸がペプチド結合と呼ばれる結合によって長く連なった高分子化合物。多くの種類があり，様々な働きをもつ。

転写 →p.46
DNA の一方の鎖を鋳型として相補的な mRNA を合成する過程。

tRNA →p.46, 47
転移 RNA(transfer RNA)。アミノ酸をタンパク質合成の場であるリボソームに運ぶ働きをもつ RNA。

mRNA →p.46
伝令 RNA(messenger RNA)。DNA の塩基配列を写し取り，アミノ酸配列に変換する働きをもつ RNA。

コドン →p.47
特定のアミノ酸を指定する連続した 3 つの mRNA の塩基配列。遺伝暗号ともいう。

セントラルドグマ →p.47
遺伝情報が DNA から RNA へ転写され，翻訳を経てタンパク質へ流れるという考え方。

だ腺染色体 →p.47
ユスリカやショウジョウバエなどの幼虫のだ腺を構成する細胞にみられる巨大な染色体。パフで転写が盛んに行われている。

発現 →p.47
DNA の遺伝情報が mRNA を経て，タンパク質へと翻訳され，それが生体内で機能すること。

パフ →p.47
だ腺染色体がほどけてふくらんだ構造。転写が盛んに行われている。成長段階によって発生場所が変化する。

分化 →p.47
多細胞生物において，各細胞が特有の遺伝子発現を行うことによって，特有の構造と機能をもつようになること。

翻訳 →p.47
mRNA の塩基配列がアミノ酸配列に変換され，タンパク質が合成される過程。

3章　ヒトのからだの調節

血液 →p.58	体液のうち，血管を通り，全身の細胞に栄養分や酸素を運搬したり，二酸化炭素や老廃物を運び出す働きをもつもの。
血管 →p.58	血液を全身に送るための通路となる管。動脈・静脈・毛細血管などがある。
血球 →p.58	血液の約 45 %を占める有形成分の総称。赤血球・白血球・血小板に大別される。
血しょう →p.58	血液の約 55 %を占める液体成分。物質運搬，血液凝固，免疫などの働きをもつ。
血小板 →p.58	出血した際，すぐに傷口に集合して止血するほか，血液凝固にも働く血球。無核。
恒常性 →p.4,58	多細胞動物において，体外環境が変化しても，体内環境は生命活動に適した一定の範囲に保たれるしくみ。ホメオスタシスともいう。
鎖骨下静脈 →p.58	左右両側にあって鎖骨の下を通る比較的大きな静脈。リンパ管を流れたリンパ液の大半はここで合流する。
循環系 →p.58	各組織への物質の供給や各組織からの物質の排出に働く管系。脊椎動物では，血管系とリンパ系に分かれる。
静脈 →p.58	からだの各部から心臓に向かう血管のこと。薄い筋肉の層からなり，弾力性に乏しい。静脈弁をもつ。
心室 →p.58	心臓の一部で，血液を動脈に拍出する部位。ヒトなどの哺乳類の心臓は 2 心室である。
心臓 →p.58	脊椎動物にみられる筋肉性の器官で，規則的に収縮して全身の血液を循環させる。心房・心室などの構造がみられる。
心房 →p.58	心臓の一部で，静脈からの血液を受け入れ，心室に送る部位。ヒトなどの哺乳類の心臓は 2 心房である。
赤血球 →p.58, 59	ヘモグロビンをもち，おもに酸素の運搬を行う血球。哺乳類では無核であるが，哺乳類以外の脊椎動物では有核である。
組織液 →p.58	体液のうち，組織の細胞間を満たすもの。毛細血管からしみ出た血しょうに由来する。周辺の細胞に必要な成分を供給する。
体液 →p.58	多細胞動物の体内の液体。脊椎動物では，血液・組織液・リンパ液に分けられる。
体循環 →p.58	心臓の左心室から出た血液が大動脈から全身の毛細血管を経て大静脈に入り右心房に戻る血液の循環経路。
大静脈 →p.58	体中から集まる静脈血を心臓の右心房へと送る太い静脈。 心臓より上にある上大静脈と，下にある下大静脈の二つがある。
大動脈 →p.58	心臓の左心室から出る太い動脈。 全身へ血液を送る最初の経路。
体内環境 →p.58	血液・組織液・リンパ液など，細胞や組織を取り巻く体液の状態。
洞房結節 →p.58	心臓の右心房上部にある特殊な心筋細胞群。拍動のリズムを決定するペースメーカーの役割を担う。
動脈 →p.58	心臓からからだの各部へ向かう血管のこと。厚い筋肉の層からなり，弾力性に富む。
肺 →p.58	空気中の酸素を摂取し，二酸化炭素を排出する呼吸器官。両生類・は虫類・鳥類・哺乳類に存在する。
肺循環 →p.58	心臓の右心室から出た血液が肺動脈から肺を経て肺静脈に入り左心房に戻る血液の循環経路。
白血球 →p.58,78	有核の血球で，生体防御に中心的な役割を果たす。樹状細胞・マクロファージ・好中球・リンパ球など。
ひ臓 →p.58,78	ヒトでは古くなった血液の分解・除去を行い鉄分を貯蔵する器官。他の脊椎動物では造血器官としても働く。
ペースメーカー →p.58	心臓を規則正しく拍動させるための電気刺激を一定のリズムで発生させる装置。
リンパ液 →p.58	体液のうち，リンパ管内を流れるもの。組織液の一部がリンパ管に入りリンパ液となる。
リンパ節 →p.58,78	リンパ管の途中にあるふくらみ。リンパ球をはじめとする白血球が多数存在し，異物の体内への拡散を防止する。
血液凝固 →p.59	体外に出た血液，または，血管から組織に出た血液が凝固する現象。フィブリンが血球と絡み合い血ぺいが作られることで起こる。
血清 →p.59,79	血液が凝固したときに上澄みにできる淡黄色の液体成分のこと。成分は血しょうに近い。
血ぺい →p.59	血液凝固の際に生じる，フィブリンと血球が絡み合ってできた暗赤色のかたまり。
酸素ヘモグロビン →p.59	酸素とヘモグロビンが結合したもの。酸素濃度の高い肺で形成され，酸素濃度の低い組織で解離し，酸素が供給される。
線溶 →p.59	血液凝固の際に生成されたフィブリンが酵素の働きで分解されること。フィブリン溶解ともいう。

フィブリン →p.59
血球と絡み合い血ぺいを作って血液凝固を起こす繊維状のタンパク質。フィブリノーゲンを前駆物質とする。

ヘモグロビン →p.46,59
脊椎動物の赤血球に存在する赤色の色素タンパク質。酸素を組織に運搬する機能をもつ。

肝臓 →p.60
脊椎動物における最大の器官。栄養物質の貯蔵，タンパク質の合成，胆汁の生成，解毒作用，発熱，血液の貯蔵などの働きがある。

グリコーゲン →p.60,70
グルコースが多数結合してできた多糖類。おもに動物細胞に含まれるエネルギー貯蔵物質である。

解毒作用 →p.60
体内で生じた有害物質やアルコールなどが，肝臓で毒性の低い物質に変えられること。

原尿 →p.60
糸球体を流れる血液がボーマンのうにこし出されたあとのろ液。血液から，血球とタンパク質が除去されたもの。

再吸収 →p.60
原尿が細尿管を通るときに，水・グルコース・アミノ酸・無機塩類などの有用成分が毛細血管内に回収されること。

細尿管 →p.60
腎臓のボーマンのうにつづく細い管。原尿が細尿官を流れる際に，グルコースや無機塩類，水などの有用成分が毛細血管に再吸収される。

糸球体 →p.60
ボーマンのうとともに腎小体を構成する。毛細血管からなり，血液がここでろ過され，原尿がボーマンのうにこし出される。

集合管 →p.60
腎臓の部位。細尿管の下流で複数の細尿管が集まった管。尿の通路となるほか，バソプレシンの作用により水の再吸収も行われる。

腎う →p.60
腎臓の一部で，集合管を通過した尿を集め輸尿管に送る袋状の部分。

腎小体 →p.60
腎臓において，血液のろ過を行う部分。糸球体とボーマンのうで構成される。

腎臓 →p.60
脊椎動物の排出器官で，血液の浄化のほか，体内の塩類濃度の調節も行っている。

胆汁 →p.60
肝臓で生成される緑がかった黄色の液。十二指腸に分泌され，脂肪の消化吸収を促す。

尿素 →p.60
哺乳類・両生類・軟骨魚類の尿に含まれる窒素代謝の最終産物。軟骨魚類では体内の塩類濃度の調節に利用される。

ネフロン →p.60
腎小体とそれにつながる細尿管を合わせた構造。腎臓を構成する基本単位で，腎単位とも呼ばれる。

ぼうこう →p.60
尿を体外へ排出するまでの間にためておく器官。

ボーマンのう →p.60
糸球体とともに腎小体を構成する。糸球体を取り囲んでおり，こし出された原尿を集めて細尿管に送る働きをもつ。

輸尿管 →p.60
腎うで集められた尿をぼうこうまで送る管。

感覚神経 →p.68
受容器で受け取った刺激を中枢である脳や脊髄に伝える末梢神経。

間脳 →p.68
自律神経系および内分泌系の中枢。大脳と中脳の間にあり，大脳の働きと直接には関係せずに自律的に内臓諸器官の働きを調節する。

拮抗作用 →p.68
ある現象に対して，二つの要因が互いにその効果を打ち消し合うように働く作用。

交感神経 →p.68
自律神経のうち，おもに活動時に働く神経。副交感神経との拮抗作用によって各器官の働きを調節する。

自律神経系 →p.68
無意識のうちに内臓諸器官の働きを調節する末梢神経系の一つ。交感神経と副交感神経があり，拮抗的に働いている。

神経系 →p.68
神経細胞の集まり。受容器と効果器の間に介在し，体内における情報伝達を担う。中枢神経系と末梢神経系からなる。

神経細胞 →p.68
神経組織を構成する細胞。細胞体・樹状突起・軸索で構成される。ニューロンとも呼ばれる。

脊髄 →p.68
脊椎の背側にあり，脳とともに中枢神経系を構成する器官。

体性神経系 →p.68
感覚神経と運動神経の総称で，自律神経系とともに末梢神経系を構成する。

中枢神経系 →p.68
多数の神経細胞が集まり形態的・機能的な中枢となる神経系の部位。脳と脊髄で構成される。

脳 →p.68
頭蓋骨内にあり，脊髄とともに中枢神経系を構成する器官。大脳・間脳・中脳・小脳・延髄からなる。

副交感神経 →p.68
自律神経のうち，おもに安静時に働く神経。交感神経との拮抗作用によって各器官の働きを調節する。

末梢神経系 →p.68
中枢神経系とからだの各部を結ぶ神経。体性神経系と自律神経系で構成される。

アドレナリン →p.69
副腎髄質から分泌されるホルモン。血糖量を増加させる。刺激は，間脳視床下部から交感神経を経て副腎髄質に達する。

インスリン →p.69, 70
ランゲルハンス島のB細胞から分泌されるホルモン。血糖濃度を低下させる。刺激は間脳視床下部から副交感神経を経てB細胞に達する。

A 細胞 →p.69
すい臓のランゲルハンス島に含まれる細胞で，グルカゴンを分泌する。

グルカゴン →p.69
ランゲルハンス島の A 細胞から分泌されるホルモン。血糖量を上昇させる。刺激は，間脳視床下部から交感神経を経て A 細胞に達する。

鉱質コルチコイド →p.69
副腎皮質から分泌されるホルモンの一つ。細尿管でのナトリウムイオン（Na^+）の再吸収を促進する。

甲状腺 →p.69
ヒトの内分泌腺の一つ。首の前側に位置し，チロキシンを分泌する。

甲状腺刺激ホルモン →p.69
脳下垂体前葉から分泌されるホルモンの一つ。チロキシンの分泌を促進する。

視床下部 →p.69,70
間脳の一部分で，自律神経系と内分泌系の中枢として働く場所。

受容体 →p.69
ホルモンなどを特異的に受容する細胞膜上または細胞内のタンパク質。

神経分泌細胞 →p.69
間脳の視床下部にあり，ホルモンを分泌する神経細胞。脳下垂体におけるホルモン分泌に深く関与する。

すい臓 →p.69,70
脊椎動物の腺。ホルモンを分泌する内分泌腺と，種々の消化酵素を含むすい液を分泌する外分泌腺を合わせもつ。

成長ホルモン →p.69
脳下垂体前葉から分泌されるホルモンの一つ。骨や筋肉などの成長を促進する。

チロキシン →p.69
甲状腺から分泌されるホルモン。代謝を促進する。

糖質コルチコイド →p.69,70
副腎皮質から分泌されるホルモンの一つ。血糖濃度を増加させる。副腎皮質刺激ホルモンによって分泌が促進される。

内分泌系 →p.69
内分泌腺から分泌されたホルモンが体液によって全身に運ばれ，標的器官に作用してその働きを調節するしくみ。

内分泌腺 →p.69
腺のうち，排出管がなく，分泌物（ホルモン）を体液中に放出するもの。

脳下垂体 →p.69
間脳から垂れ下がる内分泌腺。視床下部の支配を受けながら様々なホルモンを分泌する。前葉・中葉・後葉に分かれる。

バソプレシン →p.69
脳下垂体後葉から分泌されるホルモン。腎臓の集合管での水の再吸収を促進する。

パラトルモン →p.69
副甲状腺から分泌されるホルモン。血液中のカルシウムイオン（Ca^{2+}）濃度を上昇させる。

B 細胞（すい臓） →p.69
すい臓のランゲルハンス島に含まれる細胞で，インスリンを分泌する。

標的器官 →p.69
ホルモンの作用対象となる器官。ホルモンの種類によって作用する器官が異なる。

標的細胞 →p.69
標的器官を構成する細胞。特定のホルモンと結合する受容体をもつ。

フィードバック →p.69
ある反応の結果がその原因となる部分に作用すること。ホルモン分泌の調節機構が一例。

副甲状腺 →p.69
ヒトの内分泌腺の一つ。甲状腺の背側に 4 つ存在する。パラトルモンを分泌する。

副腎 →p.69
ヒトの内分泌腺の一つ。左右の腎臓の上部に存在する。皮質から糖質および鉱質コルチコイド，髄質からアドレナリンを分泌する。

副腎皮質刺激ホルモン →p.69
脳下垂体前葉から分泌されるホルモンの一つ。糖質コルチコイドの分泌を促進する。

分泌 →p.69
特定の物質を細胞内で産生し，細胞外に放出する細胞の働き。

放出ホルモン →p.69
間脳の視床下部にある神経分泌細胞から分泌され，脳下垂体前葉のホルモン分泌を促す働きをもつホルモン。

放出抑制ホルモン →p.69
間脳の視床下部にある神経分泌細胞から分泌され，脳下垂体前葉のホルモン分泌を抑制する働きをもつホルモン。

ホルモン →p.46,69
内分泌腺から血液中に分泌され，ごく微量で標的器官に大きな作用を示す調節物質。

ランゲルハンス島 →p.69
ヒトの内分泌腺の一つ。すい臓に存在する。A 細胞からグルカゴン，B 細胞からインスリンを分泌する。

血糖 →p.70
血液中のグルコースのこと。血糖の量を血糖量，血糖の濃度を血糖濃度と呼ぶ。

糖尿 →p.70
尿中にグルコースが排出されること。

糖尿病 →p.70
糖尿や高血糖を症状とする慢性疾患。1 型糖尿病（インスリン分泌低下）と 2 型糖尿病（インスリン感受性低下）に分けられる。

獲得免疫 →p.78
異物をその種類に応じて特異的に排除する働き。適応免疫とも呼ばれ，体液性免疫と細胞性免疫に大別される。

胸腺 →p.78
リンパ系に属する器官で，T 細胞の成熟など，特に免疫系において重要な働きをもつ。

抗原 →p.78
白血球によって非自己と認識され，獲得免疫を誘導する物質。細菌やウイルスなど。

抗原抗体反応 →p.78
抗原に特異的な抗体が結合する反応。この結合によって抗原が無毒化・排除される。

抗体 →p.46,78
生体内に侵入した抗原と特異的に結合し無毒化・排除する物質の総称。免疫グロブリンを主成分とする。

好中球 →p.78
白血球の一種で，マクロファージや樹状細胞とともに食作用をもつ。

骨髄 →p.78
骨の中に存在する柔らかい組織で，リンパ系に属する。造血幹細胞を含み，様々な血球を産生する。

自然免疫 →p.78
白血球が，異物をその種類に関係なく排除する働き。先天性免疫とも呼ばれ，物理的・化学的防御や食作用が該当する。

樹状細胞 →p.78
白血球の一種で，抗原提示を行う細胞。

食細胞 →p.78
食作用をもつ白血球のこと。マクロファージや好中球，樹状細胞がこれに相当する。

食作用 →p.78
細胞が比較的大きな物質を膜小胞の形で取り込み，消化・分解する働き。

造血幹細胞 →p.78
赤血球，白血球，血小板などすべての血球に分化することのできる細胞。おもに骨髄に存在する。

T 細胞 →p.78
骨髄の造血幹細胞から分化し，胸腺(Thymus)で成熟するリンパ球。ヘルパーT 細胞やキラーT 細胞などがあり，免疫全般に働く。

B 細胞(リンパ球) →p.78
骨髄(Bone marrow)で造血幹細胞から分化し，ひ臓で成熟するリンパ球。特定の抗原によって分裂・増殖し，抗体産生細胞に分化する。

マクロファージ →p.78
白血球の一種で，好中球や樹状細胞とともに食作用をもつ大型の細胞。

免疫 →p.78
生体防御のうち，生体の構造などによる物理・化学的な防御以外の機構。自然免疫と獲得免疫に大別される。

免疫グロブリン →p.78
抗体を構成するタンパク質。特定の抗原にのみ結合する特異性をもつ。

アレルギー →p.79
花粉・卵白・ダニなどの特定の抗原に対して，免疫反応が過剰に起こり，生体に不都合が生じる状態。

アレルゲン →p.79
アレルギーの原因となる抗原のこと。

一次応答 →p.79
1 回目の抗原侵入時の免疫反応。

記憶細胞 →p.79
一度侵入した抗原の情報を記憶し，再度侵入があった場合に急速に増殖して抗原を不活性化させるリンパ球。

拒絶反応 →p.79
移植された他人の臓器が定着せずに脱落する現象。キラーT 細胞による移植臓器への攻撃・排除がその原因である。

キラーT 細胞 →p.79
T 細胞のうち，抗原に感染した自己の細胞を直接攻撃し，破壊するもの。細胞傷害性 T 細胞とも呼ばれる。

血清療法 →p.79
ウマやウサギなどの動物に抗原を注射して抗体を作らせ，その抗体を含む血清を注射して病気の治療を行う方法。

抗原提示 →p.79
樹状細胞が抗原の一部を細胞表面へ提示すること。提示された抗原はヘルパーT 細胞に認識され獲得免疫が活性化される。

抗体産生細胞 →p.79
抗原提示を受けたヘルパーT 細胞からの信号によって分化し，抗体を産生するようになった B 細胞。形質細胞ともいう。

後天性免疫不全症候群 →p.79
HIV(ヒト免疫不全ウイルス)がヘルパーT 細胞に感染・破壊し，免疫機能を極端に低下させる病気。エイズ(AIDS)の呼称で知られる。

細胞性免疫 →p.79
キラーT 細胞が抗原に感染した細胞を直接攻撃し，排除する獲得免疫。B 細胞や抗体は関与しない。

自己免疫疾患 →p.79
自己のからだの一部を非自己と誤って認識し攻撃する疾患。関節リウマチやバセドウ病，橋本病などがある。

体液性免疫 →p.79
抗体産生細胞が放出する抗体によって抗原を排除する獲得免疫。

二次応答 →p.79
一度侵入した抗原が再び体内に侵入したとき，一度目に比べてすみやかに免疫反応が起こること。記憶細胞の働きによる。

日和見感染 →p.79
免疫機能が低下しているために，通常なら感染症を起こさないような感染力の弱い病原体が原因で起こる感染。

ヘルパーT 細胞 →p.79
T 細胞のうち，樹状細胞からの抗原提示を受け，B 細胞やキラーT 細胞などを活性化させる働きをもつもの。

免疫不全 →p.79
免疫機能が低下して感染症にかかりやすくなった状態。

予防接種 →p.79
弱毒化した病原体や毒素をワクチンといい，これを接種して記憶細胞を形成させ，病気を予防すること。

ワクチン →p.79
予防接種に用いられる弱毒化した病原体や毒素。これを人体に接種して記憶細胞を形成させ病気を予防する。

4章　生物の多様性と生態系

階層構造 →p.90
発達した森林にみられる植物の層構造。高木層・亜高木層・低木層・草本層・コケ層などに分けられる。

植生 →p.90
ある場所に生息する植物の集団。森林・草原・荒原・水生植生などに分けられる。

生活形 →p.90
生物の生活のしかたを反映した形態，またそれを類型化したものをいう。ラウンケルは休眠芽の位置により分類した。

相観 →p.90
植生の外観のこと。植生が森林・草原・荒原・水生植生のいずれであるかは相観によって判断される。

優占種 →p.90
植生を構成する植物の中で個体数が最も多く，最も広い空間を占める種。その植生を特徴づける植物種。

林冠 →p.90
森林の最上層で太陽光を直接に受ける高木の枝葉が繁茂する部分。

林床 →p.90
森林の地表面。林冠によって太陽光が遮られるため，耐陰性の強い植物が生育する。

陰生植物 →p.91
日陰など光の弱い環境でも生育できる植物。陽生植物に比べて，呼吸速度が小さく，光補償点・光飽和点とも低い。

光合成速度 →p.91
単位時間あたりの光合成量。光合成による二酸化炭素吸収速度で表されることが多い。

呼吸速度 →p.91
単位時間あたりの呼吸量。呼吸による二酸化炭素放出速度で表されることが多い。

団粒構造 →p.91
発達した土壌に存在する，すきまの多い団子状の構造。保水力が高い。

土壌 →p.91
地表の最外層にあり，岩石が風化したものに生物の遺体が堆積し，一部混ざり合って，土壌生物や植物の根が分布する層。

光飽和点 →p.91
光合成速度がそれ以上増えなくなるときの光の強さ。光以外の要因で光合成速度が制限される場合がある。

光補償点 →p.91
光合成速度と呼吸速度が等しいときの光の強さ。植物の生育には光補償点よりも強い光が必要になる。

見かけの光合成速度 →p.91
光合成を行っている植物における二酸化炭素吸収速度の実測値。実際の光合成速度は，この値に呼吸速度を足したもの。

陽生植物 →p.91
日なたでよく生育する植物。陰生植物に比べて，呼吸速度が大きく，光補償点・光飽和点とも高い。

一次遷移 →p.92
土壌も植物もないところから始まる遷移のこと。

陰樹 →p.92
林床など弱い光の環境でも生育できる樹木。遷移が進んだ森林に出現し，やがて極相林を構成する。

乾性遷移 →p.92
一次遷移のうち，火山の噴火後などの裸地から始まる遷移。

ギャップ →p.92
老化や災害などによって大木が倒れ，森林に空間が生じた状態。

極相 →p.92
遷移の最終段階にある比較的安定した植生。クライマックスともいう。

混交林 →p.92
林冠を構成する樹種が２種以上で形成される森林。特に，陰樹と陽樹からなる森林に用いられることが多い。

湿性遷移 →p.92
一次遷移のうち，湖沼から始まる遷移。

遷移 →p.92
時間の経過に伴い植生が少しずつ変化していくようす。一次遷移と二次遷移に大別される。

二次遷移 →p.92
河川の氾濫や山火事などによって植生が一掃されたあとに始まる遷移のこと。一次遷移に比べ植生の回復が早い。

二次林 →p.92
二次遷移によって形成された森林。

陽樹 →p.92
生育に強い光を必要とする樹木。遷移の初期に出現・拡大するが，暗い林床での生育には適さず，やがて陰樹と交代する。

荒原 →p.90,99
強い乾燥や低温など厳しい環境のため，植物がごくまばらにしか生息できない植生。砂漠とツンドラが相当する。

森林 →p.90,99
高木が一定の広がりをもって群生し，林冠がすき間なく覆われている植生。湿潤な地域に広く分布する。

森林限界 →p.99
高山や高緯度地域において，気温などの環境要因により森林が成立できなくなる境界。

垂直分布 →p.99
標高に応じたバイオームの分布。山岳地帯では，標高によって気温が異なるため，垂直的にバイオームが変化する。

水平分布 →p.99
緯度に応じたバイオームの分布。緯度の違いによって気温が異なるため，多様なバイオームが形成される。

草原 →p.90,92,99
草本植物が優占して広がる植生。乾燥地域に広く分布するほか，河川敷，断崖地などにも成立する。

バイオーム →p.99
広い範囲の地域に生育，生息するすべての生物のまとまり。気温と降水量によって形成されるバイオームがほぼ決まる。

環境形成作用 →p.105
生物が非生物的環境に影響を与え，これを変化させること。反作用ともいう。

作用 →p.105
非生物的環境が生物的環境に与える影響。

消費者 →p.105
生産者が生産した有機物を直接または間接に摂取し生命活動のエネルギーを得ている従属栄養生物のこと。

食物連鎖 →p.106
生物的環境における捕食者と被食者の関係による生物間の直線的なつながり。

生産者 →p.105
生態系において，無機物から有機物を合成し，消費者にエネルギーと物質を供給する独立栄養生物のこと。

生態系 →p.105
ある地域に生息するすべての生物とそれを取り巻く非生物的環境を一つのまとまりとして捉えたもの。

生物多様性 →p.105
多様な生物や生態系が存在すること。生態系の多様性，種の多様性，遺伝子の多様性の３つの概念からなる。

生物的環境 →p.105
生態系の環境要因のうち，同種や異種の生物のこと。

被食 →p.105
生物(主に動物)が異種の動物に食べられること。

非生物的環境 →p.105
生態系の環境要因のうち，光・温度・大気・土壌などの非生物的な要素のすべて。

分解者 →p.105
生物の遺体や排出物を分解する菌類や細菌。

捕食 →p.105
動物が異種の生物(主に動物)を食べること。

一次消費者 →p.106
生産者(植物)が生産した有機物を直接摂取し生命活動のエネルギーを得ている従属栄養生物。植物食性動物。

栄養段階 →p.106
食物網を構成する生物を，有機物の生産と消費の観点によって位置づけしたもの。生産者・一次消費者・二次消費者などに整理される。

間接効果 →p.106
直接的に捕食－被食の関係にない生物種の間でも，間接的には影響が及んでいること。

キーストーン種 →p.106
生態系のバランスを保つのに重要な役割を果たす生物種。個体数が少なく，食物連鎖の上位の捕食者であることが多い。

食物網 →p.106
実際の生態系における食物連鎖が複雑に入り組んだ網目状の状態。

生態ピラミッド →p.106
各栄養段階における個体数や現存量(一定空間あたりの生物の重量)を帯状に積み上げて図式化したもの。

赤潮 →p.113
植物プランクトンの異常繁殖により，海水がとくに赤色に変色する現象。

温室効果 →p.113
大気中の物質によって，地表から放射される赤外線が吸収され，気温が上昇する現象。

温室効果ガス →p.113
温室効果をもたらす気体の総称。二酸化炭素・メタン・一酸化二窒素・フロンなどのほか，水蒸気も含まれる。

かく乱 →p.113
生態系の全体やその一部を破壊して変化させるような外部的な要因。

酸性雨 →p.113
大気中の窒素酸化物や硫黄酸化物が雨水に溶け込むことによって生じる酸性の降水。湖沼や土壌の酸性化の原因となる。

自然浄化 →p.113
湖沼・河川・海洋などの水界生態系に流入した汚濁物質が，微生物に分解されるなどして，しだいに減少する現象。

生物濃縮 →p.113
特定の物質が生物に取り込まれ，まわりの環境より高い濃度で蓄積する現象。食物連鎖を通じて高次の消費者ほど高濃度となる。

地球温暖化 →p.113
地球の大気や海洋の平均気温が上昇する現象。化石燃料の燃焼や森林の伐採などによる温室効果ガスの増加が原因とされる。

富栄養化 →p.113
工場廃液や生活排水などが河川・湖沼・海洋に流れ出し，水中の栄養塩類や有機物の濃度が高まった状態。

水の華 →p.113
微小藻類(アオコ)の異常繁殖により淡水域が緑色や褐色に変色する現象。水中の酸素欠乏などにより，多くの魚介類が死滅する。

外来生物 →p.114
他の地域から人為的にもち込まれた生物のこと。かつては，帰化生物・移入生物などとも呼ばれた。

生態系サービス →p.114
食料や資源の供給，大気や水質の浄化，レクリエーションの場の提供など，人類が生態系から受ける様々な恩恵。

絶滅 →p.114
一つの生物種のすべての個体が消滅すること。生息域に区切って用いられることもある。

絶滅危惧種 →p.114
乱獲や森林伐採などによって個体数が急激に減り，このまま放置するとやがて絶滅すると推定される種。

特定外来生物 →p.114
外来生物法によって規制・防除対象となった外来生物。アライグマ・ウシガエル・アレチウリなど100種以上。

ベストフィット生物基礎

表紙・本文デザイン：難波邦夫
写　　真：㈱アフロ

●編　者――実教出版編修部
●発行者――小田　良次
●印刷所―― TOPPANクロレ株式会社

●発行所――実教出版株式会社
〒102-8377
東京都千代田区五番町5
電話〈営業〉(03)3238-7777
〈編修〉(03)3238-7781
〈総務〉(03)3238-7700
https://www.jikkyo.co.jp/

002502022　ISBN978-4-407-36052-3

ヒトゲノムマップ

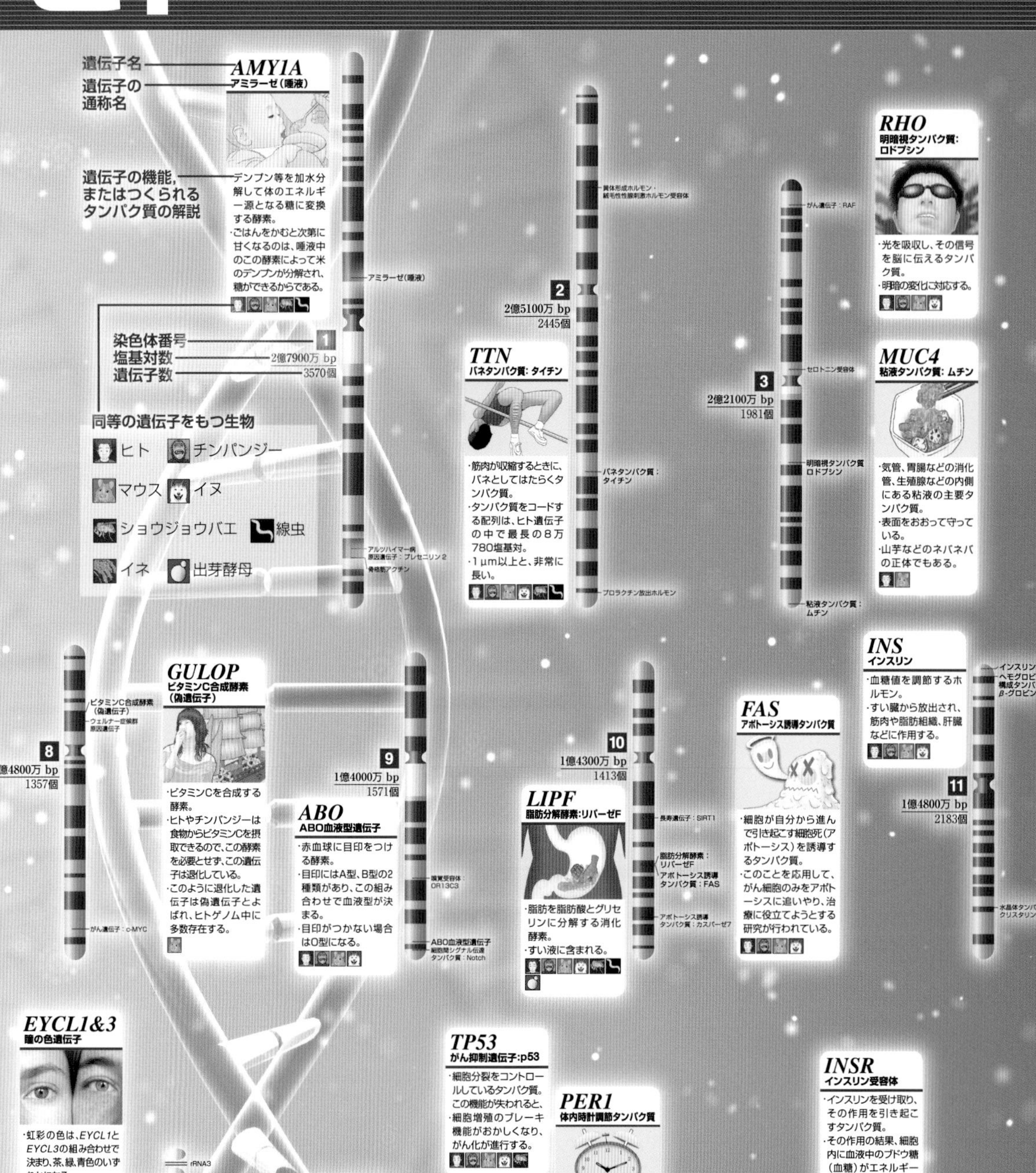
遺伝子名
遺伝子の通称名
遺伝子の機能，またはつくられるタンパク質の解説
染色体番号
塩基対数
遺伝子数
同等の遺伝子をもつ生物
ヒト
チンパンジー
マウス
イヌ
ショウジョウバエ
線虫
イネ
出芽酵母
AMY1A
アミラーゼ(唾液)
・デンプン等を加水分解して体のエネルギー源となる糖に変換する酵素。
・ごはんをかむと次第に甘くなるのは，唾液中のこの酵素によって米のデンプンが分解され，糖ができるからである。
1
2億7900万 bp
3570個
アミラーゼ(唾液)
アルツハイマー病原因遺伝子：プレセニリン2
骨格筋アクチン
2
2億5100万 bp
2445個
黄体形成ホルモン・絨毛性性腺刺激ホルモン受容体
バネタンパク質：タイチン
プロラクチン放出ホルモン
TTN
バネタンパク質：タイチン
・筋肉が収縮するときに，バネとしてはたらくタンパク質。
・タンパク質をコードする配列は，ヒト遺伝子の中で最長の8万780塩基対。
・1 µm以上と，非常に長い。
3
2億2100万 bp
1981個
がん遺伝子：RAF
セロトニン受容体
明暗視タンパク質ロドプシン
粘液タンパク質：ムチン
RHO
明暗視タンパク質：ロドプシン
・光を吸収し，その信号を脳に伝えるタンパク質。
・明暗の変化に対応する。
MUC4
粘液タンパク質：ムチン
・気管，胃腸などの消化管，生殖腺などの内側にある粘液の主要タンパク質。
・表面をおおって守っている。
・山芋などのネバネバの正体でもある。
8
1億4800万 bp
1357個
ビタミンC合成酵素(偽遺伝子)
ウェルナー症候群原因遺伝子
がん遺伝子：c-MYC
GULOP
ビタミンC合成酵素(偽遺伝子)
・ビタミンCを合成する酵素。
・ヒトやチンパンジーは食物からビタミンCを摂取できるので，この酵素を必要とせず，この遺伝子は退化している。
・このように退化した遺伝子は偽遺伝子とよばれ，ヒトゲノム中に多数存在する。
9
1億4000万 bp
1571個
嗅覚受容体 OR13C3
ABO血液型遺伝子
細胞間シグナル伝達タンパク質：Notch
ABO
ABO血液型遺伝子
・赤血球に目印をつける酵素。
・目印にはA型，B型の2種類があり，この組み合わせで血液型が決まる。
・目印がつかない場合はO型になる。
10
1億4300万 bp
1413個
長寿遺伝子：SIRT1
脂肪分解酵素：リパーゼF
アポトーシス誘導タンパク質：FAS
アポトーシス誘導タンパク質：カスパーゼ7
LIPF
脂肪分解酵素：リパーゼF
・脂肪を脂肪酸とグリセリンに分解する消化酵素。
・すい液に含まれる。
FAS
アポトーシス誘導タンパク質
・細胞が自分から進んで引き起こす細胞死(アポトーシス)を誘導するタンパク質。
・このことを応用して，がん細胞のみをアポトーシスに追いやり，治療に役立てようとする研究が行われている。
INS
インスリン
・血糖値を調節するホルモン。
・すい臓から放出され，筋肉や脂肪組織，肝臓などに作用する。
11
1億4800万 bp
2183個
インスリン
ヘモグロビン構成タンパク質：β-グロビン
水晶体タンパク質：クリスタリン
EYCL1&3
瞳の色遺伝子
・虹彩の色は，EYCL1とEYCL3の組み合わせで決まり，茶，緑，青色のいずれかになる。
・茶色：父母から受け継いだ2つのEYCL3のうち1つでも正常である場合。
・緑色：EYCL3の2つともが変異し，かつ，2つあるEYCL1のうち1つでも正常である場合。
・青色：EYCL3の2つともが変異し，さらにEYCL1の2つともが変異している場合。
15
1億 bp
1265個
rRNA3
瞳の色遺伝子(茶/青)：EYCL3
シグナル伝達酵素：MAPキナーゼキナーゼ
HIV増殖抑制因子：インターロイキン16
16
1億400万 bp
1348個
ヘモグロビン構成タンパク質：α-グロビン
グルタミン酸受容体2A
精子核タンパク質：プロタミン1
耳あか型決定遺伝子
細胞接着タンパク質：E-カドヘリン
TP53
がん抑制遺伝子：p53
・細胞分裂をコントロールしているタンパク質。この機能が失われると，
・細胞増殖のブレーキ機能がおかしくなり，がん化が進行する。
17
8800万 bp
1798個
がん抑制遺伝子：p53
体内時計調節タンパク質：PER1
乳がん原因遺伝子1
PER1
体内時計調節タンパク質
・体内時計をコントロールするタンパク質。
・睡眠，血圧，体温などのリズムを約24時間周期で調節している。
・このタンパク質は昼間活発にはたらき，夜間はほとんどはたらかない。
・体内時計は光によってリセットされる。
18
8600万 bp
571個
細胞接着タンパク質：N-カドヘリン
TNF受容体
INSR
インスリン受容体
・インスリンを受け取り，その作用を引き起こすタンパク質。
・その作用の結果，細胞内に血液中のブドウ糖(血糖)がエネルギーとして取り込まれるので，血糖値が下がる。
・インスリンは11番染色体上のINS遺伝子からつくられる。
19
7200万 bp
2072個
インスリン受容体
瞳の色遺伝子(緑/青)：EYCL1
体脂肪率調節：アポリポタンパク質E

1章 | 生物の特徴

1節 生物の多様性と共通性　標準問題

1 [生物の共通性] (p.8)

解答

(1) ア―③　イ―①　ウ―④　エ―①　オ―③
(2) 生物が様々な環境に適応し，長い時間をかけて進化してきたから。
(3) 系統樹
(4) 生物が共通の祖先から進化したから。

ベストフィット 生物の共通性は，細胞，DNA，代謝，ATP，生殖，恒常性

解説

(1)(4) 地球上に存在するすべての生物は，共通の祖先から進化してきた。そのため，生物にはいくつかの共通する性質がみられる。「細胞を基本単位とする」，「遺伝物質としてDNAをもつ」，「代謝を行う」，「エネルギーの受け渡しにATPを用いる」，「生殖により子を残す」，「恒常性を備える」などがその例である。

(2) 現在，地球上には，海や川，森林や砂漠など様々な環境があり，それぞれに適した形態や機能をもった多様な生物が生活している。生命が誕生した頃の地球は，現在のような多様な環境ではなかったと考えられており，光合成による酸素濃度の上昇など生物が多様な環境を作り出してきた側面もある。生物は長い時間をかけて形態や機能を変化させ，様々な環境に適応してきた。生物が世代を重ねるうちに変化することを進化といい，進化は遺伝情報をもつDNAの変化が積み重なって生じると考えられている。

(3) 多様な環境に適応しながら進化してきた生物たちの類縁関係のことを系統といい，系統関係を表した図を系統樹と呼ぶ。系統樹は樹木のように表され，全生物の共通祖先から様々な種へ枝分かれしていくようすが描かれる。

2 [細胞の構造] (p.8)

解答

(1) ア―原核　イ―真核　ウ―細胞膜　エ―細胞壁　オ―細胞質基質
(2) ①
(3) セルロース
(4) ③

ベストフィット 植物細胞や原核細胞には細胞壁がみられる。

解説

(1) 生物は核の有無で原核生物と真核生物に分けることができる。細胞壁の有無に注目すると，真核生物のうち植物や菌類には細胞壁があり，さらに，原核生物も細胞壁をもつ。植物の細胞壁の主成分がセルロースであるのに対し，菌類の細胞壁はキチンを含み，原核生物の細胞壁にはペプチドグリカンなどが含まれるなどの違いがみられる。

(2) 原核生物と真核生物の特徴と具体的な生物をまとめると下表のようになる。

	真核生物	原核生物
DNA	あり	あり
核（核膜）	あり	なし
細胞膜	あり	あり
細胞壁	植物細胞（主成分はセルロース） 菌類の細胞（主成分はキチン）	細菌（主成分はペプチドグリカン）
細胞小器官	あり	なし
具体的な生物例	・動物 ・植物 ・菌類 →酵母（⑤），シイタケ，アオカビなど ・藻類 →クラミドモナス（②）など ・その他 →ゾウリムシ（③），ミドリムシ（④），アメーバなど	・細菌 →乳酸菌，大腸菌 ・シアノバクテリア →イシクラゲ（①），ネンジュモなど

インフルエンザウイルス（⑥）などのウイルスは，細胞をもたず代謝も行わないため，生物として扱われていない。

(3) 植物細胞の細胞壁の主成分はセルロースであるため，セルロースは地球上で最も多く存在する炭水化物といわれている。このほかにも，植物の細胞壁にはペクチンやリグニンなどが含まれている。

(4) 原核生物の代表例である，大腸菌や乳酸菌は3μm程度，ネンジュモの細胞は5μm程度である。

3 ［細胞の構造と機能］（p.9）

解答

(1) **ア**―ミトコンドリア　**イ**―核　**ウ**―葉緑体　**エ**―液胞　**オ**―細胞膜　**カ**―細胞壁　**キ**―細胞質基質

(2) ①―ウ　②―エ　③―キ　④―ア　⑤―カ

(3) ②

(4) 葉緑体をもち，細胞が細胞壁で取り囲まれていて，液胞が発達しているため。

(5) ①

ベストフィット 細胞壁・葉緑体・液胞がそろってみられるのは植物細胞。

解説

(1)(2) **ア**は棒状（桿状）の小さな構造体であり，ミトコンドリアと判断される。ミトコンドリアはおもに呼吸の場であり，酸素を用いて有機物を分解しエネルギーを取り出す。**イ**は球状の大きな構造体であり，核と判断される。核には染色体が含まれる。**ウ**は楕円状の構造体であり，葉緑体と判断される。葉緑体内部には光合成色素の一つであるクロロフィルが含まれ，光合成が行われる。**エ**は不定形の構造体であり，液胞と判断される。液胞には養分や老廃物が貯蔵され，水分や物質濃度の調節が行われる。**オ**は細胞を仕切る膜であり，細胞膜と判断される。**カ**は細胞膜の外側にある構造であり，細胞壁と判断される。**キ**は細胞の内部に満たされた液状部分であり，細胞質基質と判断される。

(3)(4) 図の細胞が葉緑体をもつことから植物と判断できる。まれに，ミドリムシなど植物以外の生物が葉緑体をもつ場合があるので，判断理由には細胞壁や液胞についても言及しておいたほうがよい。また，細胞壁は植物だけでなく細菌類や菌類の細胞にもみられるため，細胞壁の説明だけでは不十分である。

(5) タンパク質は非常に種類が多く，筋肉や皮膚，髪の毛などを構成する成分である。酵素や抗体，ヘモグロビンなどの体内で重要な役割を担う物質もタンパク質でできている。

4 ［細胞内構造の比較］(p.9)

解答

(1) **ア**―細胞壁　**イ**―葉緑体　**ウ**―ミトコンドリア　**エ**―核

(2) a―③　b―①，④，⑤　c―⑥　d―②

(3) ④

ベストフィット 菌類の細胞には，核と細胞壁があるが，葉緑体はない。

解説

(1) **ア**は「セルロースを主成分とする」から細胞壁，**イ**は「光エネルギーを用いて」から葉緑体，**ウ**は「呼吸」からミトコンドリア，**エ**は「DNAの大部分」から核がそれぞれ想起される。瞬間的に判断できるようにしておきたい。

(2) aは細胞壁と葉緑体をともにもつことから植物細胞と判断される。選択肢の中で植物は③ユキノシタだけである。bは核とミトコンドリアをもつが，葉緑体と細胞壁をもたないので動物細胞と判断される。選択肢の中で動物細胞をもつ生物は①アメーバ，④ヒト，⑤イモリである。cは核，ミトコンドリア，細胞壁をもつが，葉緑体をもたないので菌類と判断される。選択肢の中で菌類は⑥酵母だけである。dは核をもたない原核生物と判断される。選択肢の中では②大腸菌が相当する。

(3) ミドリムシはべん毛によって運動するなど動物的な性質をもちながら，細胞内に葉緑体をもち光合成を行っている。動物との違いは葉緑体の有無，植物との違いは細胞壁の有無である。ミドリムシは進化の過程で原生生物に緑藻類が共生して成立したと考えられている。

5 ［単細胞生物，多細胞生物］(p.10)

解答

(1) **ア**―組織　**イ**―器官

(2) (ii)―⑥　(iii)―①

(3) ②

(4) ③

ベストフィット 植物は，細胞→組織→組織系→器官→個体。
動物は，細胞→組織→器官→器官系→個体。

解説

(1) 多細胞生物は，同じような形や機能をもった細胞が集まって組織を形成し，いくつかの組織が集まってまとまった働きをする器官を形成している。植物では組織と器官の間に，相互に関連する分化した組織が集まり，より機能を高めた組織系が構成される。組織系には表皮系・維管束系・基本組織系の3つがある。動物では器官の上位に，機能上関連のある器官の集まりである器官系が構成される。器官系には，消化系や循環系，神経系などがある。

(2) 選択肢のうち，まずインフルエンザウイルスは生物ではない。①～⑤の生物を分類すると下表のようになる。原核生物はすべて単細胞生物であることを覚えておこう。よって（ⅱ）にあてはまる生物はいないため⑥，（ⅲ）にあてはまる生物は酵母，アメーバ，ゾウリムシ，ミドリムシとなり，アメーバと酵母を含む①が答えとなる。

		単細胞生物	多細胞生物	
原核生物	細菌	乳酸菌，大腸菌		（ⅱ）
	シアノバクテリア	ネンジュモ，イシクラゲ		
真核生物	動物			
	植物		ゼニゴケ（コケ植物）	
	菌類	酵母		
	その他	アメーバ，ゾウリムシ，ミドリムシ	（ⅲ）	

(3) 肉眼の分解能は0.1mmであり，ゾウリムシは肉眼でかろうじてみることができるサイズである。ゾウリムシは収縮胞と呼ばれる構造で水の調節や老廃物の排出を行っている。細胞口は食物などを取り入れる部分である。

(4) ①動物の皮膚などの一部は死細胞でできている。②ヒトなどの哺乳類の赤血球は核やミトコンドリアなどの細胞小器官をもたない。③多細胞生物の器官は，組織が集まってできたものであり，器官が集まって組織を作るのではない。④シダ植物や種子植物の根の先端には，盛んに細胞分裂を繰り返して根を成長させる根端分裂組織と呼ばれる組織がみられる。

6 ［細胞の大きさ］（p.11）

解答

(1) 光学顕微鏡―① 電子顕微鏡―④

(2) 1,400倍

(3) ④，⑧

(4) ⑩，⑪，⑫

(5) ア―② イ―① ウ―② エ―①

ベストフィット 分解能→肉眼：0.1mm 光学顕微鏡：0.2μm 電子顕微鏡：0.2nm

解説

(1) 1mm = 1,000μmであり，1μm = 1,000nmである。肉眼，光学顕微鏡，電子顕微鏡の分解能は覚えておく必要があり，それぞれ0.1mm（100μm），0.2μm（200nm），0.2nmである。

(2) 140μm = 140,000nmであるので，140,000 ÷ 100 = 1,400となる。

(3)(4) 選択肢の各項目を大きい順に並べると，⑧座骨神経（1m）＞④ゾウリムシ（200μm）＞⑨花粉粒子（40μm）＞⑤白血球（15μm）＞⑦ネンジュモ（10μm）＞⑥赤血球（8μm）＞①酵母（7μm）＞②葉緑体（5μm）＞③乳酸菌（2μm）＞⑪インフルエンザウイルス（100nm）＞⑫2本鎖DNA分子（太さ0.2nm）＞⑩ナトリウム原子（0.1nm），となる（大きさはおおよその値）。

(5) **ア** ミトコンドリア（2μm）よりも葉緑体（5μm）のほうが大きい。これは図示された細胞小器官の名称を判断する際に役立つので覚えておくとよい。**イ** ブドウ球菌（1μm）は細菌である。一般に細菌のほうがウイルス（100nm程度）よりも大きい。**ウ** 動物の卵（卵細胞）は，初期発生に必要な栄養分を含んでいるため，一般的な細胞よりも大きい。**エ** 精子は鞭毛が発達しており細長い構造をしているが，細胞の長さは60μm程度である。ゾウリムシ（200μm）は一つの細胞で生命活動を行っており，細胞内に食胞や収縮胞などの構造が発達し，細胞のサイズは比較的大きい。

7 [細胞の発見] (p.11)

解答

(1) A—⑧ B—⑨ C—⑤ D—⑥ E—⑦

(2) ⑩

(3) ア—コルク イ—細胞説

ベストフィット シュライデンは植物で，シュワンは動物で，それぞれ細胞説を提唱した。

解説

(1) (2) (3) フック (Robert Hooke) はイギリスの生物学者で，1660年にフックの法則 (ばねの伸びと力の関係) を発見した物理学者でもある。自作の複式顕微鏡で様々なものを観察・スケッチし，1665年に著書『ミクログラフィア』を発刊した。その中で，コルクの薄片の小さな部屋を「細胞 (cell)」と名付けたほか，様々な生物学用語を定めた。オランダのレーウェンフック (Antony van Leeuwenhoek) は，商業を営むかたわら自作の単式顕微鏡で様々なものを観察・スケッチし，1674年頃に生きた細菌やゾウリムシ，ミドリムシなどの原生生物を発見したほか，赤血球や精子なども発見した。ブラウン (Robert Brown) はイギリスの植物学者で，1831年に植物細胞中に核があることを発見したほか，原形質流動やブラウン運動 (溶媒中に浮遊する微粒子が不規則に運動する現象) も発見した。シュライデン (Matthias Jakob Schleiden) はドイツの植物学者で，植物の発生過程の観察から，1838年に著書『植物発生論』の中で「細胞が植物の構造と機能の基本単位である」とする細胞説を発表した。シュワン (Theodor Schwann) はドイツの動物学者で，動物組織の観察から，シュライデンの発表の翌年 (1839年) に著書『動物および植物の構造と成長の一致に関する顕微鏡的研究』を発表し，細胞説を全生物界に拡張・一般化した。シュワンは消化酵素のペプシンを発見したり，その名が神経繊維の部所名として残るなど (シュワン鞘，シュワン細胞)，細胞説の提唱以外にも多くの業績を残した。フィルヒョー (Rudolf Virchow) はドイツの生物学者で，腫瘍などを顕微鏡で観察し，1855年に著書『記録集』の巻頭で「すべての細胞は細胞から生じる」の標語を立て，1858年に著書『細胞病理学』の中でその根拠を示した (細胞説の確立)。

8 [細胞を構成する物質] (p.12)

解答

(1) ア—タンパク質 イ—脂質 ウ—炭水化物

(2) エ—ヒト オ—トウモロコシ カ—大腸菌

ベストフィット 植物細胞はセルロース (炭水化物) を主成分とする細胞壁をもつ。

解説

(1) (2) 真核細胞である動物細胞 (ヒト) と植物細胞 (トウモロコシ)，そして原核細胞である大腸菌の比較である。いずれの細胞も最も多く含む物質は水であることがわかる。2番目に多い物質に注目すると，**エ**と**カ**では，物質**ア**であるのに対し，**オ**は物質**ウ**である。多くの生物の場合，細胞に含まれる物質は，水の次にタンパク質が多いが，植物細胞の場合，セルロース (糖の一種) を主成分とする細胞壁をもつため，炭水化物の割合が多くなる。このため，物質**ア**がタンパク質，物質**ウ**は炭水化物であり，**オ**は植物細胞であることがわかる。また，原核細胞は細胞に占めるDNAやRNAの割合が大きいことが知られている。このことから，**エ**がヒト，**カ**が大腸菌であることがわかる。なお，原核細胞も細胞壁をもつが，その主成分は植物細胞のセルロースとは異なり，ペプチドグリカン (糖とペプチドの化合物) という物質である。

9 ［光学顕微鏡の操作］(p.12)

解答

(1) a—接眼レンズ　b—鏡筒　c—調節ねじ　d—レボルバー　e—対物レンズ　f—ステージ　g—しぼり　h—反射鏡
(2) ⑤
(3) 70μm
(4) 短くなる
(5) ③

ベストフィット 光学顕微鏡の観察像は上下左右とも逆転している。

解説

(1) 光学顕微鏡の各部の名称とその機能は確実に覚えておこう。
(2) ⑤の方法では対物レンズ(e)とプレパラートがぶつかり，破損してしまうおそれがある。ピントを合わせる際は，まず横から見ながら調節ねじ(c)を回し，対物レンズをプレパラートに近づける。次いで，接眼レンズをのぞきながら，対物レンズとプレパラートを遠ざけつつピントを合わせる。
(3) 接眼ミクロメーター1目盛りの長さは次の式で求められる。

$$\text{接眼ミクロメーター1目盛りの長さ}(\mu m) = \frac{\text{対物ミクロメーターの目盛り数} \times 10(\mu m)}{\text{接眼ミクロメーターの目盛り数}}$$

図2より，対物ミクロメーター7目盛りと接眼ミクロメーター5目盛りが一致しているので，接眼ミクロメーター1目盛りの長さは，$(7 \times 10\mu m) \div 5 = 14(\mu m)$となる。図3より，細胞の長径は接眼ミクロメーター5目盛り分なので，$14 \times 5 = 70(\mu m)$となる。
(4) 高倍率にすると，拡大率が上がるため，接眼ミクロメーター1目盛りの長さは短くなる。また，視野が狭くなり，ピントが合わせにくくなる。なお，対物ミクロメーターは絶対目盛りであり，レンズの倍率が変わっても目盛りの長さは変わらない。
(5) 光学顕微鏡の観察像は，実際の観察試料と上下方向および左右方向とも逆転しているため，プレパラートが動く方向と観察像が動く方向は逆方向になる。

演習問題

10 ［細胞の構造と機能］(p.13)

解答

問1. ③　問2. ③　問3. ⑤

正誤 Check

細胞の構造と機能に関する次の問いに答えよ。

問1 以下に示す**ア**～**シ**は，真核細胞の各構造について述べたものである。真核細胞の各構造にあてはまる記述を過不足なく含むものを，下の①～⑥のうちから一つ選べ。

ア 細胞液を包む膜である。
→液胞(液胞膜)

イ セルロースを主成分とする。
→植物細胞の細胞壁

ウ 有機物を分解してエネルギーを取り出す。
→ミトコンドリア

エ DNAを含む。
→核・ミトコンドリア・葉緑体

オ アントシアンを含む。
→液胞

カ クロロフィルを含む。
→葉緑体

キ　二酸化炭素を発生する。
→ミトコンドリア

ク　動物細胞には存在しない。
→葉緑体・細胞壁

ケ　酢酸カーミンで染色される。
→核

コ　ATPを合成する。
→ミトコンドリア・葉緑体・細胞質基質

サ　サフラニンで赤色に染色される。
→細胞壁・核

シ　動物細胞にまれにみられるが発達しない。
→液胞

	構造	記述		構造	記述		構造	記述
①	核	誤エキケ 正エケサ	②	ミトコンドリア	誤ウキコ 正ウエキコ	③	葉緑体	エカクコ
④	液胞	誤オコシ 正アオシ	⑤	細胞膜	誤アイ 正該当なし	⑥	細胞壁	誤イサシ 正イクサ

問2　**問1**の**ア**～**シ**にいずれも**あてはまらない**細胞内構造を，次の①～⑤のうちから一つ選べ。

①　細胞質基質　②　細胞質　**③**　細胞膜　④　細胞壁　⑤　液胞

②の細胞質は，細胞膜と細胞小器官から構成され，細胞質からそれらを除いた部分は細胞質基質と呼ばれる。

問3　次に示すすべての細胞でみられる構造を，**問1**の①～⑥のうちから一つ選べ。

ヒトの赤血球　筋細胞　大腸菌　精子

①　核　②　ミトコンドリア　③　葉緑体　④　液胞　**⑤**　細胞膜　⑥　細胞壁

⑤の細胞膜をもたない細胞はなく，すべての細胞は細胞膜をもつ。ヒトの赤血球は，①核，②ミトコンドリア，③葉緑体，④液胞，⑥細胞壁をもたない。筋細胞と精子は，③葉緑体，④液胞，⑥細胞壁をもたない。大腸菌は原核生物であり，①核，②ミトコンドリア，③葉緑体，④液胞をもたない。

11　［原核生物と真核生物］(p.13)

解答

問1. ア―⑥　イ―②
問2. ウ―④　エ―⑥　オ―②　カ―①　キ―③
問3. ①
問4. ⑦

リード文 Check

次の文章を読み，下の問いに答えよ。

様々な生物の細胞を調べると，構造や機能についてほとんどすべての細胞で共通した部分と，A細胞の種類によって異なる部分がある。たとえば，共通した部分としては，DNAと［ア］をもち，a細胞の構成成分がほぼ等しいことがあげられる。異なる部分としては，bDNAが膜に包まれているかいないか，［ア］の外側に，c［イ］という構造をもつかもたないかなどがある。

ベストフィット

Aウ，エに入る生物は大腸菌，ハツカネズミ，トウモロコシのいずれかであり，ハツカネズミは哺乳類に含まれるので除外。原核生物，真核生物（動物細胞または植物細胞）の3つの細胞の成分を比較する。

正誤 Check

問1　文中の**ア**・**イ**に入る語を，次の①～⑥のうちからそれぞれ一つずつ選べ。

①　染色体　イ　**②**　細胞壁　③　ミトコンドリア　④　液胞　⑤　葉緑体　ア　**⑥**　細胞膜

すべての生物の構成単位である細胞は，細胞膜に包まれ，内部にDNAを含む。原核生物・植物・菌類の細胞には，細胞膜の外側に細胞壁がある。

問2　下線部**a**について，表中の**ウ**～**キ**に入る語を，次の①～⑦のうちからそれぞれ一つずつ選べ。
カ ①　炭水化物　**オ** ②　タンパク質　**キ** ③　脂質　**ウ** ④　大腸菌　⑤　ハツカネズミ
エ ⑥　トウモロコシ　⑦　インフルエンザウイルス

哺乳類の細胞の構成成分で最も多いものは水で，その次に多いのは筋肉を構成し，酵素や抗体の主成分となっている②タンパク質（**オ**）である。表中の**カ**の割合をみると，**エ**に比較的多く含まれている。哺乳類の細胞にはほとんど含まれておらず**エ**に多く含まれている物質を考えると，**エ**は，主成分がセルロース（炭水化物）の細胞壁をもつ植物細胞（⑥トウモロコシ）で，**カ**は①炭水化物であることがわかる。**キ**は哺乳類の細胞に比較的多く含まれていて，水，タンパク質，炭水化物，DNA・RNA以外の物質であることをふまえると，③脂質であることがわかる。⑦のインフルエンザウイルスは生物として扱われず，細胞構造をもたないので**ウ**にはあてはまらない。したがって**ウ**は④大腸菌となる。

問3　下線部**b**について，DNAが膜に包まれていない細胞からなる生物の説明として適当なものを，次の①～④のうちから一つ選べ。
①　エネルギーの受け渡しにATPが使われる。　②　ミトコンドリアをもつ。
③　ゾウリムシや酵母などの単細胞生物が含まれる。　④　葉緑体をもつ。

原核細胞はミトコンドリアや葉緑体などの細胞小器官をもたない。原核細胞からなる生物（原核生物）はすべて単細胞生物であるが，単細胞生物のゾウリムシや酵母は真核生物である。原核生物，真核生物ともに，エネルギーの受け渡しにはATPが使われる（①）。

問4　下線部**c**について，**イ**をもつ生物を過不足なく含むものを，下の①～⑧のうちから一つ選べ。
ク　酵母　**ケ**　ソメイヨシノ　**コ**　ヒキガエル　**サ**　スギゴケ　**シ**　バフンウニ
ス　イチョウ　**セ**　ハツカネズミ　**ソ**　ニワトリ　**タ**　ネンジュモ　**チ**　ベニシダ
①　**ク，タ**　②　**ク，サ，チ**　③　**シ，セ，ソ**　④　**ケ，サ，ス，チ**　⑤　**コ，シ，セ，ソ**
⑥　**ク，コ，シ，セ，ソ**　⑦　**ク，ケ，サ，ス，タ，チ**　⑧　**ク，コ，シ，セ，ソ，タ**

細胞壁（**イ**）をもつ生物は，原核生物，植物，菌類である。**ク**～**チ**のうち，原核生物はシアノバクテリアのネンジュモ（**タ**），植物はソメイヨシノ（**ケ**），スギゴケ（**サ**），イチョウ（**ス**），ベニシダ（**チ**），菌類は酵母（**ク**）である。したがって，これらが細胞壁をもつ。

12 ［細胞の発見，ウイルス］（p.14）

解答

問1. **ア**―⑩　**イ**―⑤　**ウ**―⑥　**エ**―②　**オ**―⑫　**カ**―⑦　**キ**―④　**ク**―⑬
問2. A―①　B―④　C―③　D―⑤　E―②
問3. ①，②
問4. 自身では代謝を行わず，他の細胞に侵入しなければ増殖できない。（30字）

リード文 Check

次の文章を読み，下の問いに答えよ。

細胞は光学顕微鏡で[A]コルク片を観察していた［ア］によって発見された。この発見後，「細胞が生物体を作る基本単位である」という細胞説を唱えたのは，植物については［イ］であり，動物については，［ウ］であった。今日では，すべての生物のからだは細胞でできていることがわかっている。顕微鏡の性能の向上に伴い，細胞には様々な大きさがあることがわかり，また，細胞内部の微細な構造も観察できるようになった。

ベストフィット

[A]コルクガシという常緑樹の樹皮を加工したものであり，生きた細胞ではない。そのため，フックが観察したのは細胞壁だけだといわれている。
[B]細胞内を満たす液体をさす。様々な化学反応の場となる。
[C]動物細胞にも液胞は存在する

図は，様々な細胞やウイルスの大きさについて示したものである。すべての細胞には，DNAと，細胞内部を外界から仕切る細胞膜，B様々な生命活動を行う細胞質基質が備わっている。しかし，aウイルスには生物の細胞にある基本構造がそろっていない。したがって，bウイルスは生物と無生物の中間と考えられる。

が発達しておらず観察は困難である。

細胞には，原核細胞と真核細胞があるが，その違いは染色体を包む［エ］の有無と，細胞小器官である［オ］の有無である。真核細胞はさらに，植物細胞と動物細胞に大別され，その違いは，［カ］を主成分とし細胞を保護する［キ］の有無，細胞小器官である［ク］の有無，C発達した液胞の有無である。

正誤Check

問1 文中の**ア～ク**にあてはまる最も適当な語句や人名を①～⑰のうちから一つずつ選べ。

①アントシアン　エ②核膜　③クロロフィル
キ④細胞壁　イ⑤シュライデン　ウ⑥シュワン
カ⑦セルロース　⑧染色体膜　⑨フィルヒョー
ア⑩フック　⑪ブラウン　オ⑫ミトコンドリア
ク⑬葉緑体　⑭リグニン　⑮ルスカ
⑯レーウェンフック　⑰RNA

原核細胞には核膜がないうえに，すべての真核生物がもっているミトコンドリアが存在しない。細胞壁や葉緑体の有無は，植物細胞と動物細胞の比較に用いられる項目である。

問2 図のA～Eにあてはまる細胞や構造体の大きさとして最も適当なものを，次の①～⑥のうちから一つずつ選べ。

A①インフルエンザウイルス　E②ウズラの卵黄　C③酵母　B④大腸菌
D⑤タマネギの表皮細胞　⑥ヒトの座骨神経

細胞の大きさについては，ある程度は覚えておく必要があるが，選択肢や図の情報から導き出すことができる。選択肢のうち，⑥座骨神経は長さが1mほどもある長い細胞であるので，図中のいずれにもあてはまらない。残る5つを小さい順に並べればよい。インフルエンザウイルス(100nm)をはじめとするウイルスは，生物の細胞などに感染し増殖する構造体であり，生物のもつ細胞よりもはるかに小さい。また，原核細胞と真核細胞を比較すると，多くの場合，原核細胞のほうが構造が単純でサイズも小さい。つまり大腸菌(3μm)＜酵母(5μm)となる。卵黄は，子の成長に必要な栄養分を多く含むので，大きな細胞の例として知られている。タマネギの表皮細胞(500μm)は細長い構造をしており，比較的大きい細胞であるが，光学顕微鏡での観察実験で用いられることからも，ウズラの卵黄(1cm)より小さいことは明らかである。

問3 下線部aに関して，どのウイルスにも存在しないものはどれか。次の①～⑤のうちからすべて選べ。

①細胞質基質　②細胞膜　③DNA　④RNA　⑤該当なし

ウイルスは細胞構造をもたず，おもに遺伝物質(DNAまたはRNA)とタンパク質の殻で構成されている。

問4 ウイルスについて，下線部bとあるが，それはなぜか。「生物の細胞にある基本構造がそろっていないこと」以外の理由を，30字以内で述べよ。

ウイルスは感染した他の細胞に依存して代謝を行い，増殖する。ウイルス単体では代謝も増殖もできないため，生物としては扱われていない。

13 ［光学顕微鏡の操作］（p.15）

解答

問1. 5.6µm

問2. 12mm/時

問3. ア―③　イ―⑦

リード文 Check

光学顕微鏡を用いて植物の細胞を観察すると，A細胞質が流れるように動くB原形質流動（細胞質流動）を観察することができる。図は，オオカナダモの葉における原形質流動のようすについて，観察開始時（図左）と15秒後（図右）の細胞を接眼ミクロメーターの目盛りとともに描いたものである。この観察について下の問いに答えよ。

ベストフィット

A細胞の内部から核を除いた部分をさす。

B生きている細胞の内部で，細胞質が流動する現象。死んだ細胞ではみられない。

正誤 Check

問1　接眼ミクロメーターの1目盛りの長さは，観察する顕微鏡の倍率によって変わるので，あらかじめ求めておく必要がある。いま，接眼レンズ10倍，対物レンズ20倍の組合せのとき，接眼ミクロメーターの18目盛りがステージ上の対物ミクロメーターの10目盛りと重なっていた。接眼ミクロメーターの1目盛りが何µmに相当するかを答えよ。ただし，対物ミクロメーターには1mmを100等分した目盛りがついている。答えが整数で割り切れない場合は，小数第2位を四捨五入した値を答えよ。

対物ミクロメーターの1目盛りは，1/100 mm = 10µm であり，対物ミクロメーター10目盛りが接眼ミクロメーターの18目盛りと重なったことから，接眼ミクロメーターの1目盛りは，(10 × 10µm) ÷ 18= 5.55… ≒ 5.6µm となる。

問2　観察開始時に矢印Aで示した細胞小器官はその後矢印Bの方向に動いていた。15秒後の矢印Aの細胞小器官の位置に注目し，この細胞における原形質流動の速度を時速（mm/時）で求めよ。ただし，観察に用いた顕微鏡の設定は接眼ミクロメーターを含めすべて**問1**と同じとする。答えが整数で割り切れない場合は，小数第1位を四捨五入した値を答えよ。

細胞小器官Aは15秒間に接眼ミクロメーターの9目盛りぶん動いたことがわかる。原形質流動の速度を求めるには，Aの移動速度を求めればよい。**問1**より，1目盛りは5.6µmであるので，Aの時速（mm/時）は $\frac{5.6 \times 9}{15} \times \frac{60 \times 60}{1000} = 12.096 \fallingdotseq 12$（mm/時）となる。

問3　原形質流動の速度は，いつも一定ではなく，周囲の環境の影響を受けて変化する。原形質流動の速度に及ぼす光と温度の影響を調べた。表1～表2はその結果をまとめたものである。これらの実験からどのようなことが考えられるか。次の文中の**ア**，**イ**にあてはまる最も適切な語句をそれぞれの選択肢の中から一つ選び，文章を完成させよ。ただし，表1の実験は30℃で，表2の実験は6000ルクスで行ったものとする。

原形質流動は，［ア］の分解により得られるエネルギーが必要であることが知られており，［ア］を得るためには光合成や呼吸の働きが重要である。このことをふまえると，本実験結果より，活発な原形質流動のためには適切な［イ］の条件が必要であると考えられる。

ア　①　ヌクレオチド　②　リン酸　③　ATP　④　脂肪

イ　①　光　②　二酸化炭素　③　湿度　④　温度　⑤　酸素
⑥　光と二酸化炭素　⑦　光と温度　⑧　二酸化炭素と湿度

表1は，光の強さのみを変化させて行った実験の結果である。光の強さを弱くすると原形質流動の速度が低下していき，暗所の場合，窓際よりも速度が100分の1まで低下することがわかる。また，表2のように，光の強さを変えずに温度のみを変化させた場合，40 ℃や20 ℃，10 ℃では30 ℃の場合と比較して原形質流動の速度が遅くなることがわかる。これらのことから，原形質流動の速度は光の強さと温度の両方の影響を受けることがわかる。原形質流動はエネルギー消費を伴う反応であり，生体内のエネルギーはおもにATPの化学エネルギーが使われる。ATPはおもに呼吸による有機物の分解によって得られるが，呼吸で用いられる有機物は光合成によって合成される。このように，原形質流動に必要なエネルギーは光合成や呼吸と密接に関わっているため，活発な原形質流動のためには適切な光と温度の条件が必要である。

●原核生物の定義を覆す細菌の発見

生物は，原核生物と真核生物に大別される。これらを分ける違いは，おもにゲノムDNAを包む膜である“核膜”があるかどうかである。しかし，2020年にこの定義を覆す可能性のある細菌が発表された。その細菌からは，原核生物である細菌がもつはずのない「ゲノムDNAを包む膜」が発見された。産業技術総合研究所の片山らが発見したこの新種の細菌は，千葉県の南関東ガス田の堆積物試料から分離・培養された。世界最高レベルの分解能をもつ電子顕微鏡で，自然状態に近い状態で立体的に細菌を可視化した結果，核膜に似た膜構造が発見された。この膜の役割や起源，真核生物の核膜との違いについてなどまだ不明な点も多いが，生物の分類に一石を投じる大発見であることは間違いない。

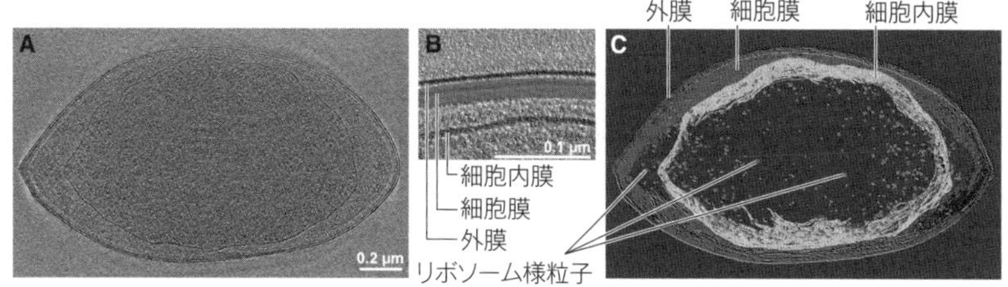

RT761株の細胞の膜構造　写真提供：産業技術総合研究所

(A) RT761株の細胞内構造。(B)膜構造の拡大写真。(C) (A)の細胞を様々な角度から撮影し復元した立体構造。リボソーム様粒子は細胞内膜の内側と外側の両方に観察された。

(Katayama et al., 2020)

2節 細胞とエネルギー　標準問題

14 [代謝とエネルギー](p.19)

解答

ア―代謝　イ―同化　ウ―異化　エ―光合成　オ―根　カ―気孔　キ―呼吸　ク―独立栄養
ケ―従属栄養

ベストフィット 同化はエネルギー吸収反応，異化はエネルギー放出反応。

解説

生体内の化学反応は代謝と呼ばれ，代謝は同化と異化に大別される。同化と異化の違いを区別できるようにしよう。同化は，単純な物質から複雑な物質を作る反応であり，複雑な物質を生成するためにはエネルギーが必要である。そのため，同化の例である光合成では，有機物を合成するために外部から光エネルギーを吸収している。一方，異化は複雑な物質から単純な物質を生成する反応であり，複雑な物質を分解した際にはエネルギーが放出される。異化の例である呼吸では，有機物を分解することでエネルギーを取り出し，生命活動に使っている。光合成などを行い，自分で無機物から有機物を合成することができる生物は，独立栄養生物と呼ばれる。有機物を自分では合成せずに，外部から取り込む生物は従属栄養生物と呼ばれる。

15 [生命活動とエネルギー](p.19)

解答

(1) ⑫
(2) ②

ベストフィット 光合成　二酸化炭素＋水＋光エネルギー　→　有機物＋酸素
呼吸　有機物＋酸素　→　二酸化炭素＋水＋化学エネルギー(ATP)

解説

(1) 図中の**ア**は，植物が光合成の際に取り込むものであり，また，植物も動物も呼吸を行う際に放出する物質である。光合成は，光エネルギーを利用して二酸化炭素と水から有機物を合成する反応であり，呼吸は，酸素を用いて有機物を分解しエネルギーを取り出す過程で二酸化炭素と水を放出する反応である。よって，**ア**に適するのは二酸化炭素と水である。

(2) 植物は光合成によって，デンプンなどの有機物を合成する。光合成が行われるのはおもに葉であるため，葉の細胞の葉緑体内にデンプンが一時的に蓄えられる。葉に蓄えられたデンプンは，その後，スクロースに変えられ，師管を通って根などのほかの器官に運ばれる。

16 [エネルギーとATP](p.20)

解答

(1) ア―アデニン　イ―リボース　ウ―アデノシン　エ―3　オ―ヌクレオチド
(2) ①
(3) ⑤
(4) ③，⑤
(5) ③

ベストフィット ATPには，高エネルギーリン酸結合が2か所ある。

解説

(1) ATPのほかに，DNAやRNAもヌクレオチドの一種である。これらの物質に共通しているのは，リン酸と糖と塩基が結合した構造をもつ点である。ATPの場合，リン酸は3分子結合しており，糖はリボース，塩基はアデニンである。アデニンとリボースが結合した物質をアデノシンと呼ぶ。

(2) ①ATPの末端のリン酸どうしの結合は，高エネルギーリン酸結合といい，切り離されるとエネルギーが放出される。正しい。

②ADPとリン酸からATPを合成するときは，エネルギーを吸収する必要がある。誤り。

③カタラーゼなどの酵素は化学反応を促進させる触媒として機能する物質である。カタラーゼは基質(この場合は過酸化水素)と反応する際にエネルギーを消費しない。誤り。

④高エネルギーリン酸結合はリン酸どうしの結合であるため，3分子のリン酸では高エネルギーリン酸結合は2か所である。誤り。

(3) 単位の換算に注意しよう。1日に細胞1個あたり約0.83ngのATPが利用されているため，60兆個の細胞では，$0.83\text{ng} \times (6.0 \times 10^{13}\text{個}) = 4.98 \times 10^{13}\text{ng}$のATPを利用していることになる。

ここで，$1\text{ng} = 1 \times 10^{-3}\mu\text{g} = 1 \times 10^{-6}\text{mg}$であり，$1\text{mg} = 1 \times 10^{-3}\text{g} = 1 \times 10^{-6}\text{kg}$であるため，

$4.98 \times 10^{13} \times 10^{-6} \times 10^{-6}\text{kg} = 49.8\text{kg}$ となるため，⑤が正解である。

(4) 真核生物は，おもに呼吸によって有機物からエネルギーを取り出し，ATPを合成している。そのため，呼吸の場であるミトコンドリアではATPの合成が起こっている。ただし，ATPの合成が起こるのは呼吸だけではないことに注意する。光合成では，まず太陽の光エネルギーを利用してATPを合成し，ATPのもつ化学エネルギーを利用して有機物を合成している。そのため，光合成の場である葉緑体でもATPは合成されている。

(5) 酵素による分解であり，エネルギーは消費されないため，③は誤り。

17 [ATPの構造] (p.20)

解答

(1) a―アデノシン三リン酸　b―アデノシン二リン酸

(2) 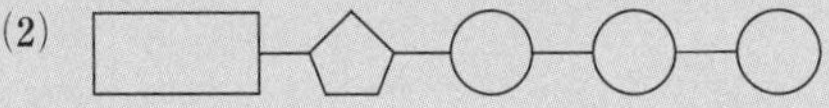

(3) 

ベストフィット ADPは，アデニン＋リボース＋リン酸＋リン酸。

解説

(1)(2)(3) ATPはAdenosine triphosphateの略称で，アデノシンに3つのリン酸が結合した物質を意味する。ADPはAdenosine diphosphateの略称で，アデノシンに2つのリン酸が結合した物質を意味する。

18 [代謝と酵素] (p.21)

解答

(1) ア―アミラーゼ　イ―マルトース　ウ―マルターゼ

(2) a―触媒　b―基質　c―基質特異性

(3) ②

ベストフィット　酵素自体は化学反応の前後で変化しないため，くり返し作用することができる。

解説

(2) a 化学反応を促進する物質は触媒と呼ばれ，触媒のうち，生体内で働くものは生体触媒（酵素）と呼ばれている。触媒にはそのほかに，無機触媒があり，過酸化水素を酸素と水に分解する反応を触媒する酸化マンガン（Ⅳ）などが知られている。

b，c 酵素の反応相手を基質といい，問題文の例の場合，アミラーゼの基質はデンプンであり，マルターゼの基質はマルトースである。アミラーゼはデンプンを分解するが，マルトースを分解することはできない。このように，酵素によって反応する基質が決まっており，この性質を基質特異性と呼んでいる。

(3) ①酵素の主成分はタンパク質である。誤り。②酵素には様々な種類が存在し，たとえば，葉緑体には光合成に必要な酵素が多数含まれ，ミトコンドリアには呼吸に必要な酵素が多く含まれる。これらの酵素は細胞内で働くが，消化酵素などのように細胞外に分泌される酵素も多く存在する。よって正しい。③④酵素自体は化学反応の前後で変化しないため，反応生成物の一部にはならない。このような性質をもつため，酵素は反応後も繰り返し働くことができ，基質よりはるかに少ない量で，化学反応が進行する。

19 [酵素反応の実験] (p.21)

解答

(1) $2H_2O_2 \rightarrow 2H_2O + O_2$

(2) **実験２，実験４**

(3) ③

(4) カタラーゼ

(5) 酵素は細胞内で合成されるタンパク質を主成分とする触媒であり，無機触媒は金属化合物などの無機物質からなる触媒である。

ベストフィット　酵素は反応の前後で変化せず，何度も作用対象（基質）と結合する。

解説

(1) 過酸化水素（H_2O_2）が水（H_2O）と酸素（O_2）に分解する化学反応式は覚えておこう。

(2) 過酸化水素の分解によって生じる気体は酸素である。**実験１**は，酸化マンガン（Ⅳ）の作用対象（基質）である過酸化水素が含まれないため酸素は発生しない。**実験２**は，過酸化水素に酸化マンガン（Ⅳ）が作用して分解反応が促進され，酸素が発生する。**実験３**は，過酸化水素に石英砂は作用しないので，酸素は発生しない。**実験４**は，過酸化水素にブタの肝臓中に含まれるカタラーゼが作用して分解反応が促進され，酸素が発生する。

(3) ①**実験１**の試験管には酸化マンガン（Ⅳ）が含まれているので，過酸化水素水を加えると酸素が発生する。したがって，正しい。②③**実験２**の試験管の酸化マンガン（Ⅳ）は変化することなく残っているが，過酸化水素は分解されて残っていない。この試験管に過酸化水素を加えると酸素が発生するが，酸化マンガン（Ⅳ）を加えても酸素は発生しない。したがって，②が正しく，③は誤り。④**実験３**の試験管には過酸化水素が分解されずに残っているので，酸化マンガン（Ⅳ）を加えると酸素が発生する。したがって，正しい。

(4) ブタの肝臓には過酸化水素を分解する酵素であるカタラーゼが含まれている。

(5) 酵素と無機触媒には，構成成分の違いによって，いくつかの性質の違いがみられる。たとえば，酵素には，化学反応が最もよく進行する温度帯やpH帯があるが，無機触媒にはそのような性質はみられない。

20 ［呼吸と光合成］(p.22)

解答

(1) ア―異化　イ―同化
(2) 呼吸―ミトコンドリア　光合成―葉緑体
(3) 呼吸―⑥　光合成―③
(4) ⑤
(5) シアノバクテリア

ベストフィット 呼吸は異化であり，真核生物ではミトコンドリアで行われる。光合成は同化であり，真核生物では葉緑体で行われる。

解説

(4) ①呼吸は有機物を分解してエネルギーを取り出し，ATPを合成する反応であり，酸素を取り込み，水と二酸化炭素を放出する。正しい。②呼吸はエネルギーを取り出す反応であり，取り出したエネルギーをもとにATPが合成される。ここで注意が必要なのは，呼吸だけでなく光合成でもATPの合成が行われることである。光合成では，葉緑体のクロロフィルにおいて，光エネルギーを利用してATPが合成され，ATPのもつ化学エネルギーを利用して有機物が合成される。③同化反応はエネルギーの吸収反応である。正しい。④植物の光合成の反応は葉緑体で進行するため，光合成に必要な酵素群は葉緑体に存在する。正しい。⑤呼吸の反応の一部は細胞質基質で行われるため，細胞質基質にも呼吸に関わる酵素群は含まれる。ただし，真核細胞では呼吸の反応の中心はミトコンドリアであり，ミトコンドリア内にも多数の呼吸に関わる酵素が含まれるため，不適切である。

(5) 真核生物の場合，光合成の場は葉緑体である。そのため，葉緑体がなければ光合成を行うことができない。一方で，原核生物は細胞内に細胞小器官をもたないため，葉緑体ももっていないが，ネンジュモやイシクラゲに代表されるシアノバクテリアなどの一部の原核生物は，細胞質に含まれる酵素により，光合成を行うことができる。

21 ［呼吸とエネルギー］(p.22)

解答

(1) 呼吸基質
(2) ①
(3) 酸素を用いた化学反応でエネルギーが生じる点は似ているが，燃焼で生じるエネルギーのほとんどは熱エネルギーや光エネルギーとして放出されるのに対し，呼吸で生じるエネルギーの一部は化学エネルギーとしてATPに蓄えられる点で異なる。
(4) ②

ベストフィット 呼吸は，有機物の分解で生じた化学エネルギーを利用してATPを合成する。

解説

(1)(2) 呼吸により分解される有機物を呼吸基質と呼ぶ。呼吸には炭水化物や脂質，タンパク質などの様々な有機物が呼吸基質として利用され，これらの物質が分解された際に放出されたエネルギーをもとにATPが合成される。ヒトの場合，おもな呼吸基質はグルコースなどの炭水化物であり，優先的に消費される。一方，貯蔵という観点からは炭水化物よりも脂肪のほうが適しており，長期的な有機物の貯蔵には脂肪が利用されている。炭水化物や脂肪を利用しきったあとの飢餓状態では，タンパク質が呼吸基質として利用される。

(3) 呼吸では，グルコースなどの有機物が分解されて，二酸化炭素と水が生じる。この過程では酸素が必要となるが，酸素が有機物と直接反応するわけではない。燃焼では，有機物に限らず様々な物質が直接酸素と反応することにより熱エネルギーと光エネルギーが放出される。

(4) ①太陽からの光エネルギーを化学エネルギーに変えて有機物に蓄える働きは光合成であり，微生物に限らず，植物なども行っているため，誤り。

②動物は食物として取り込んだ有機物の一部を呼吸基質として利用する。有機物に蓄えられた化学エネルギーの一部は呼吸の際にATP合成に利用されるが，多くは熱エネルギーとして生体外へ出ていき，大気へ放出される。正しい。

③生物が利用できるエネルギーは，化合物に蓄えられた「化学エネルギー」と光合成の際に利用する「光エネルギー」，そして，近年一部の細菌で利用されていることが確認された「電気エネルギー」のみである。熱エネルギーを繰り返し利用する生物は確認されていない。誤り。

④生命活動のエネルギーの源は，もとをたどれば太陽の光エネルギーであるので，誤り。植物などの独立栄養生物は，光エネルギーを用いて有機物を合成しており，合成した有機物を自身の呼吸に利用している。一方，動物などの従属栄養生物は，植物などが合成した有機物を食べることでエネルギーを得ている。

演習問題

22 [酵素反応の実験] (p.23)

解答

問1. 試験管A—肝臓片を水に入れても線香の燃焼を促すのに十分な酸素が発生しないことを示すため。

試験管B—過酸化水素水だけでは線香の燃焼を促すのに十分な酸素が発生しないことを示すため。

問2. 気泡の発生はみられず，炎を消した直後の線香を差し込んでも炎はみられない。

問3. ②

リード文 Check

細胞に存在する，ある酵素の働きを確かめる実験について下の問いに答えよ。なお発生した気体は，線香を燃焼させた後は試験管内に残留しないものとする。

実験1　3本の試験管A，B，Cのうち試験管Aには水を，試験管BとCには1％過酸化水素水をそれぞれ1mLずつ入れた。次に試験管AとCにブタの肝臓片を入れたところ，[A]試験管Cでは激しく泡立ち気体が発生したが，試験管AとBには変化がみられなかった。試験管Cで気泡の発生がみられなくなった後，3本の試験管すべてに炎を消した直後の線香を差し込んだところ，試験管Cに入れた[B]線香は再び炎をあげて燃えたが，試験管AとBに入れた線香では炎はみられなかった。

ベストフィット

[A]過酸化水素水と肝臓片が反応したときだけ気体が発生することがわかる。
[B]試験管Cで発生した気体が酸素であることがわかる。
[C]肝臓片に含まれる酵素は変化せずに残っており，新たに加えられた過酸化水素がその酵素によって分解されたことを意味する。

実験２　**実験１**で用いた試験管C内の液体のみを捨てて，新たに1%過酸化水素水1mLを加えたところ，**実験１**の[C]試験管C内の反応と同程度の勢いで気泡が発生し，炎を消した直後の線香を差し込むと，線香が再び炎をあげて燃えた。

正誤 Check

問１　**実験１**で，試験管AとBの実験を行う理由をそれぞれ説明せよ。

この実験では，肝臓片の中に含まれるカタラーゼという酵素が，過酸化水素を分解して酸素が発生することを示したいのだが，試験管Cの実験だけでは，「過酸化水素がなくても酸素が発生する可能性」や，「過酸化水素だけでも酸素が発生する可能性」などを排除できない。そのため，酸素の発生が過酸化水素と肝臓片の反応によるものであると示すためには，試験管Aと試験管Bの実験を行う必要がある。このような実験は対照実験と呼ばれる。

問２　**実験２**の下線部の操作の代わりに，「肝臓片のみを捨てて，新たにブタの肝臓片を加える。」という操作を行った場合，どのような結果が予想されるか。気泡の発生具合と，線香の燃焼のようすについて説明せよ。

実験１で用いた試験管Cは，気体の発生がすでにみられなくなっている。これは，肝臓片に含まれるカタラーゼによって過酸化水素が完全に分解されたことを意味している。この試験管に新たに肝臓片を加えても，基質である過酸化水素が存在しないため，新たに気体は発生しないと考えられる。

問３　これらの結果から，**実験１**の試験管C内の反応についてわかることとして最も適当なものを，次の①～④のうちから一つ選べ。

① 基質も酵素もほぼなくなって反応が止まった。
② 基質がほぼなくなって反応が止まったが，酵素はなくならなかった。
③ 酵素がほぼなくなって反応が止まったが，基質はなくならなかった。
④ 反応は止まったが，基質も酵素もなくならなかった。

実験２では，**実験１**で反応させた後の試験管Cに新たに過酸化水素水を加えると，再び酸素が同程度発生することが示された。このことから，**実験１**の試験管Cで反応が止まったのは，基質である過酸化水素がなくなったためであり，また，肝臓片に含まれている酵素の活性には変化がないことがわかる。

23 ［酵素反応の実験］（p.23）

解答

問．②

リード文 Check

酵素に関する次の文章を読み，下の問いに答えよ。

トリプシンはキモトリプシンやペプシンとともに，消化管中の食物のタンパク質を分解する酵素である。タンパク質は，アミノ酸が連結した大きな分子であり，[A]アミノ酸間の結合が切断されることで小さな分子の断片に分解（断片化）される。そこで，これらの酵素の働きを比較するために，あるタンパク質（P）の溶液に酵素を添加し，[B]pH8.0，37℃に保ってPから生じる断片数の時間変化を調べた。

トリプシンを一定量添加した場合には図の曲線**ア**の結果が得られた。図は，[C]Pのアミノ酸間の結合がすべて切断されたときに生じ

ベストフィット

[A]ペプチド結合と呼ばれる。
[B]限られた条件であることを意味する。
[C]Pを構成するアミノ酸の数を意味する。
[D]Pが1000個のアミノ酸で構成されていたとすると，10%の断片数は，1000個×10%(0.1)=100となる。
[E]断片数が同数であるということを意味する。

る断片数をD100％とした相対値を示したものである。キモトリプシンを一定量添加した場合にもEトリプシンと同じ曲線**ア**が得られたが，ペプシンを添加した場合には断片数のF増加が認められなかった（曲線**イ**）。一方，上と同じ量のトリプシンとキモトリプシンを同時に添加した場合には，G曲線**ウ**が得られた。Pを濃塩酸中で100℃に加熱した場合には，H曲線**エ**が得られた。

Fこの条件ではペプシンは働かないことを意味する。
G断片数が増えたことを表している。
H時間とともに断片数が増加している。

正誤 Check

問 実験結果からわかることとして最も適当なものを，次の①～④のうちから一つ選べ。

① 濃塩酸を用いるよりも，トリプシンやキモトリプシンを用いるほうが，Pをアミノ酸にまで速やかに分解することができる。

② 1分子のPから生じる断片の数は，トリプシンとキモトリプシンの場合でほぼ同じである。

③ ペプシンは，どのような条件でもPを分解することができない。

④ トリプシンとキモトリプシンは，Pを同じ箇所で切断する。

①は曲線**ア**で断片数が10％程度にとどまり，これ以上時間が経過しても断片数が増加しないこと，一方で曲線**エ**では時間の経過とともに断片数が増加していることから，否定される。②はトリプシンもキモトリプシンも同じ曲線を示すので，正しい。③は酵素によって，酵素が最もよく働く最適条件が異なるため，断定できない。ちなみに，ペプシンはpH2.0付近，37℃前後で最も反応速度が大きくなる。④は同じ箇所を切断するのであれば，同時に添加した場合でも断片は増えないはずなので，正しくない。

24 ［光合成の実験］（p.24）

解答

問1.(1) ⑧　(2) ①，③，④，⑤，⑥，⑦　**問2.** ①　**問3.** ①，④

リード文 Check

様々な色の植物体を用いて，光合成が行われたかどうかを確かめる実験についての次の文章を読み，下の問いに答えよ。

10本の試験管（a～j）を準備し，それぞれの試験管にチモールブルーとフェノールレッドの混合溶液であるpH指示薬を1mLずつ加えた。新鮮なホウレンソウの葉と，緑色のピーマン，黄色のピーマン，赤色のピーマンの新鮮な果実をそれぞれ，試験管に入る太さで同じ長さに切り揃えて，2本ずつ準備した。以下の図および表に示すように，各材料をpH指示薬につかないようにして試験管に入れ，試験管の口をゴム栓でふさいだ。A残りの2本の試験管には，何の材料も加えずに，同様にして試験管の口をゴム栓でふさいだ。また，同じ材料の入った試験管のうちの1本は，それぞれBアルミニウム箔(はく)で完全に覆った。試験管立てに試験管を並べ，光を1時間当てたあと，各試験管のpH指示薬の色を調べた。なお，実験開始直後のpH指示薬の色はすべて黄赤色であったが，このpH指示薬はC二酸化炭素量が微量でも増えると黄色に，微量でも減ると赤色に，さらに減ると赤紫色へと変化する。

実験の結果，試験管内のpH指示薬の色として，D3種類の色が観察された。このうち，pH指示薬が黄赤色を示した試験管の中には，

ベストフィット

Aこのような対照群はコントロールとも呼ばれ，対照実験を行ううえで重要である。この実験では，材料を何も入れなければｐＨ指示薬の色が変化しないことを証明するために設置する。
B光を遮断することで，光合成が起こらないようにする操作。
C光合成量よりも呼吸量が多い場合は黄色に，光合成量のほうが多い場合は赤色または赤紫色へ変化することを意味している。
D表中の「黄赤色」や**問1**に記載のある「黄色」以外にもう一色観察されたことを示している。
E緑色のピーマンには葉緑体が存在することを示唆している。

試験管dとjが含まれていた。なお，E 黄色のピーマンと赤色のピーマンの果実には，葉緑体は存在しない。

正誤 Check

問1　1時間後にpH指示薬が(1)黄赤色，および(2)黄色を示す試験管として適当なものを，次の①～⑧のうちからそれぞれすべて選べ。

(2)① a　② b　(2)③ c　(2)④ e　(2)⑤ f　(2)⑥ g　(2)⑦ h　(1)⑧ i

試験管iは，二酸化炭素量に変化がないはずであり，実験後も黄赤色であると考えられる。a～hの試験管には，ホウレンソウやピーマンなどの植物細胞が入っており，いずれの細胞も呼吸を行っているはずである。そのため，これらの試験管でもし光合成が行われていなければ，二酸化炭素濃度は上昇し，pH指示薬は黄色に変化するはずである。ここで，試験管dが実験後も黄赤色のままであったという結果は，呼吸により二酸化炭素を放出するとともに，光合成により同量の二酸化炭素を吸収したことを意味している。光合成には光の照射と葉緑体が必要であることから，d以外で光合成が行われていると考えられるのは，試験管bだけである。このため，試験管a，c，e，f，g，hは呼吸により指示薬は黄色に変化する。ここで，仮に試験管bがdと同様に黄赤色になったとすると，すべての試験管が黄色または黄赤色であり，3種類の色が観察されたという結果と矛盾する。試験管bはホウレンソウの葉であり，果実よりも光合成量が多いと考えられ，二酸化炭素放出量よりも吸収量が上回り，指示薬は赤色または赤紫色になったと推測できる。

問2　文中の下線部について，試験管dで起こったことの説明として最も適当なものを，次の①～④のうちから一つ選べ。

① 光合成も呼吸も行われた。
② 光合成も呼吸も行われなかった。
③ 光合成は行われたが，呼吸は行われなかった。
④ 呼吸は行われたが，光合成は行われなかった。

問1の解説のとおり，試験管dが実験前後で色の変化がなかったのは，呼吸による二酸化炭素放出量と光合成による二酸化炭素吸収量が等しくなり，見かけ上，二酸化炭素量に変化がみられなかったためと考えれる。そのため，①が正しい。

問3　文中の下線部や**問1**の結果からわかることとして適当なものを，次の①～⑤のうちから二つ選べ。

① 葉以外の器官の組織でも，葉緑体が存在する細胞は光合成を行うことができる。
② 葉以外の器官の組織では，葉緑体が存在する細胞でも光合成を行うことができない。
③ 葉緑体が存在する細胞を含んだ組織では，呼吸が行われない。
④ 葉緑体が存在する細胞を含んだ組織でも，呼吸が行われる。
⑤ 葉内の細胞だけが呼吸を行う。

試験管dで光合成が行われていたことから，葉以外の器官の組織でも光合成を行うことができるため，①が正しく，②は誤り。葉緑体が存在する細胞を含んだ組織で呼吸が行われないとすると，試験管dは赤色または赤紫色になるはずであるため，③⑤は誤り，④は正しい。

25 ［光合成の実験条件と顕微鏡操作］(p.25)

解答

問1. ①　問2. ③

リード文 Check

アキラとカオルは，次の図1のように，オオカナダモの葉を光学顕微鏡で観察し，[A]それぞれスケッチをしたところ，図2のようになった。

カオル：おや，君の見ている細胞は，私が見ているのよりも少し小さいようだなあ。

アキラ：どれどれ，本当だ。同じ大きさの葉を，葉の表側を上にして，同じような場所を同じ倍率で観察しているのに，細胞の大きさはだいぶ違うみたいだなあ。

カオル：調節ねじ(微動ねじ)を回して，[B]対物レンズとプレパラートの間の距離を広げていくと，最初は小さい細胞が見えて，その次は大きい細胞が見えるよ。その後は何も見えないね。

アキラ：それに[C]調節ねじを同じ速さで回していると，大きい細胞が見えている時間のほうが長いね。

カオル：そうか，a観察した部分のオオカナダモの葉は2層の細胞でできているんだ。[D]ツバキやアサガオの葉とはだいぶ違うな。

アキラ：アサガオといえば，葉をエタノールで脱色してヨウ素液で染める実験をしたね。

カオル：日光に当てた葉でデンプンが作られることを確かめた実験のことだね。

アキラ：bデンプンが作られるには，光以外の条件も必要なのかな。

カオル：　オオカナダモで実験してみようよ。

ベストフィット

[A]このスケッチは葉の表側から見た細胞のようすであり，二人のスケッチのスケールは同じなので，それぞれが見ている細胞のサイズが違うことがわかる。一方で，このスケッチから細胞の厚みまで推測することはできない。

[B]この場合，葉の裏側付近にある細胞から，表側付近にある細胞へピントをずらしていっていることになり，裏側に小さい細胞が，表側に大きい細胞があることがわかる。

[C]このことから，平面でみて大きい細胞は厚みも大きいことがわかる。

[D]一般に水草はその他の陸上植物と比較して葉が薄く，観察に適している。ツバキやアサガオの葉には柵状組織や海綿状組織などの多層の細胞層がみられ，厚みがある。

正誤 Check

問1　下線部aについて，二人の会話と図2をもとに，葉の横断面(次の図3中のP－Q で切断したときの断面)の一部を模式的に示した図として最も適当なものを，図の①～⑥のうちから一つ選べ。ただし，いずれの図も，上側を葉の表側とし，■はその位置の細胞の形と大きさを示している。

①～⑥の図は，上側が葉の表側，下側が葉の裏側を表しており，アキラとカオルは葉の表側から顕微鏡で観察している。二人のスケッチが表しているサイズの違いは，葉を表側から見たときの縦幅や横幅のサイズの違いのことである。対物レンズとプレパラートの間の距離を広げていくと，裏側の細胞から表側の細胞にピントが合っていく。カオルが「最初は小さい細胞が見えて，その次は大きい細胞が見える」といっているので，裏側に小さい細胞が，表側に大きい細胞がある2層構造になっていることがわかる。二人のスケッチから，アキラは裏側に近い細胞を，カオルは表側に近い細胞を描いたのだろう。このことから，表側のほうが個々の細胞の幅が小さい②，④や，細胞の幅が表裏で変わらない⑤，⑥は不適である。さらに，「調節ねじを同じ速さで回していると，大きい細胞が見えている時間のほうが長い」といっているので，表側の細胞は裏側の細胞よりも厚みがあることがわかる。よって，①が正解である。

問2　下線部bについて，葉におけるデンプン合成には，光以外に，細胞の代謝と二酸化炭素がそれぞれ必要であることを，オオカナダモで確かめたい。そこで，次の処理Ⅰ～Ⅲについて，表の植物体A～H を用いて，デンプン合成を調べる実験を考えた。このとき，調べるべき植物体の組合せとして最も適当なものを，下の①～⑨のうちから一つ選べ。

処理Ⅰ：温度を下げて細胞の代謝を低下させる。

処理Ⅱ：水中の二酸化炭素濃度を下げる。

処理Ⅲ：葉に当たる日光を遮断する。

① A，B，C　② A，B，E　③ A，C，E　④ A，D，F　⑤ A，D，G
⑥ A，F，G　⑦ D，F，H　⑧ D，G，H　⑨ F，G

この実験の仮説は，「葉におけるデンプン合成には，光以外に，細胞の代謝と二酸化炭素がそれぞれ必要である」ということである。この仮説を検証するには，細胞の代謝と二酸化炭素のみを変化させ，それ以外は変化させない条件で比較実験を行う必要がある。このことから，何も処理を行わない植物体(A)と，細胞の代謝のみを低下させる植物体(E)，水中の二酸化炭素濃度のみを下げる植物体(C)を比較すればよい。デンプン合成に光が必要であることは問題文からすでにわかっているので，処理Ⅲを行ってしまうとデンプンが合成されず，その上で処理ⅠやⅡを行い代謝や二酸化炭素の条件を変化させても，その影響をみることができなくなってしまうことに注意する。

●光合成をやめた植物たち

植物の中には光合成をやめてしまったものがいくつか知られている。熱帯アジアのラフレシアは，他の植物に寄生し栄養を奪う寄生植物である。このような植物は光合成をする必要がないため，葉をもたない。さらに，全身が真っ白のギンリョウソウ(銀竜草)は，キノコやカビなどの菌類から栄養を得ており，このような植物は腐生植物と呼ばれている。菌類には樹木や落ち葉から栄養を得ているものがある。つまり，腐生植物は菌類を介して間接的に他の植物から栄養を得ていることになる。このことから腐生植物は「森を食べる植物」などと表現されることもある。我々の見えないところで有機物を巡る複雑なネットワークが形成されているのだ。

他の生物から栄養を得るという意味では，虫を捕える食虫植物もいるが，食虫植物には緑の葉があり，光合成も行っている。虫からはおもに窒素分を得ており，炭水化物などを得るためには光合成をやめるわけにはいかないのだ。植物の栄養の摂り方は実に多様である。

（塚谷裕一「森を食べる植物」）
（園池公毅「トコトンやさしい光合成の本」）

2章｜遺伝子とその働き

1節 遺伝情報とDNA　標準問題

26 [DNAの抽出]（p.31）

解答

(1) ア—④　イ—③
(2) a—③　b—②
(3) ①
(4) ④
(5) ①

ベストフィット 実験には，細胞の体積に対する核の比率が大きい材料を選ぶ。

解説

(1) (2) 手順②中性洗剤に含まれる界面活性剤によって細胞膜と核膜を破壊し，DNAを抽出しやすくする。
手順③ろ液に細胞から浸み出したDNA分解酵素が含まれるため，ろ液を冷やすことで酵素の働きを低下させる。
手順④6～12％の食塩水はDNAをよく溶かす。食塩はタンパク質とDNAの結合を切る働きがある。
手順⑤タンパク質を熱により凝固させ，除去しやすくする。
手順⑦DNAやRNAはエタノールに溶けにくいのでエタノール層に浮いてくる。このとき冷却したエタノールを用いることで，よりDNAやRNAが溶液に溶けにくくなる。タンパク質は比重が大きいので沈む。

(3) 糸状のDNAは多くの分子の集合体である。DNA分子は肉眼ではみえない。
(4) 一般に，DNAはcm単位の長さがあるが，RNAはnm（ナノメートル）単位の長さしかない。
(5) ニワトリの卵の核は卵黄にあり，卵白はDNAを含まないため，材料としては不適当である。

27 [形質転換]（p.32）

解答

(1) ア—肺炎双球菌（肺炎レンサ球菌，肺炎球菌）　イ—形質転換　ウ—DNA　エ—DNA
(2) ③

ベストフィット 形質転換の原因物質は加熱殺菌しても変化しない。

解説

(1) 肺炎双球菌を培地上で培養すると，外観の異なる2種類のコロニーが形成される。病原性の菌株は，表面にしわのないなめらかな（Smooth）コロニーを作るので，頭文字をとってS型菌と呼ばれる。非病原性の菌株は，表面にしわの多いざらざらした（Rough）コロニーを作るので，R型菌と呼ばれる。イギリスのグリフィス（Frederick Griffith）は肺炎双球菌のR型菌が，S型菌の物質によって，S型菌に形質転換することを発見し，アメリカのエイブリー（Oswald Theodore Avery）らは形質転換の原因物質がDNAであることを示唆した。**ウ**は形質転換の原因物質がDNAであることを知っていることが前提となっている問いである。ある酵素によってDNAがなくなることから，DNA分解酵素と答えられる。

(2) 形質転換は，突然変異や適応現象ではなく，外来遺伝子の導入によって起こる。具体的には，S型菌のプラスミド(細菌の細胞内に存在する染色体以外の環状2本鎖DNA)がR型菌に入り込んで起こる。したがって，③が正しい。加熱殺菌したS型菌を用いても形質転換が起こることから，原因物質は耐熱性の高い物質である。

28 [形質転換] (p.32)

解答

(1) ②

(2) **実験4—③　実験5—②　実験6—③**

ベストフィット S型菌が検出されるのは，S型菌のDNAとR型菌を組み合せて培養するかマウスに注射することによって，R型菌がS型菌へ形質転換する場合である。

解説

(1) 実験1　S型菌は熱処理により死滅するため，マウスは死亡しない。

(2) 実験2　DNAは熱処理をしても構造は壊れない。S型菌のDNAとR型菌が存在するので，R型菌からS型菌への形質転換が起こる。

実験3　S型菌がもつ多糖類でできた莢膜(きょうまく)の遺伝子を含むDNAが，R型菌に取り込まれると，R型菌はS型菌に形質転換して，莢膜をもつようになる。

実験4　S型菌をすりつぶして作った抽出液にはDNAが含まれる。S型菌のDNAとR型菌が存在するので，R型菌からS型菌への形質転換が起こる。

実験5　S型菌をすりつぶして作った抽出液にはDNAが含まれる。この抽出液をDNA分解酵素で処理するとDNAが分解されるので，R型菌からS型菌への形質転換は起こらない。

実験6　S型菌をすりつぶして作った抽出液にはDNAが含まれる。この抽出液をタンパク質分解酵素で処理してもS型菌のDNAは分解しないので，R型菌からS型菌への形質転換が起こる。

29 [ファージの増殖] (p.33)

解答

(1) ②

(2) ③

ベストフィット DNAは子孫に伝えられるが，タンパク質は伝えられない。

解説

(1)(2) 親ファージのDNAには放射性の^{32}Pが，タンパク質には放射性の^{35}Sがそれぞれ含まれる。親ファージが大腸菌に感染すると，DNAだけが大腸菌内に入り，増殖を開始する。親ファージのDNAの複製によって作られる子孫ファージのDNAには^{32}Pが含まれる。子孫ファージのDNAの転写・翻訳によって作られる子孫ファージのタンパク質には，非放射性のS(イオウ)は含まれるが，放射性の^{35}Sは含まれない。

30 [DNAの構造] (p.33)

解答

(1) デオキシリボ核酸

(2) **ア**—RNA　**イ**—ヌクレオチド　**ウ**—糖(五炭糖)　**エ**—リン酸　**オ**—デオキシリボース
カ—二重らせん　**キ**—チミン　**ク**—グアニン　**ケ**—相補的　**コ**—シャルガフ

(3) コ

ベストフィット シャルガフの規則は，二重らせん構造発見のヒントになった。

解説

(1) (2) DNAの構造に関する基本的な知識を問う問題である。**ウ**の糖(五炭糖)と**エ**のリン酸は，文中の「名前の由来」という表現などから判断できる。1951年，アメリカのシャルガフ(Erwin Chargaff)は，生物がもつDNAにおいて，アデニン(A)の数とチミン(T)の数が等しく，シトシン(C)の数とグアニン(G)の数が等しいという規則(シャルガフの規則)を見出した。

(3) アメリカのワトソンとイギリスのクリックは，シャルガフの規則の意味することが，アデニンとチミン，グアニンとシトシンが結合しているということにほかならないと気づいた。この発見が，1953年の二重らせん構造のモデル提唱へとつながった。

31 [遺伝子とゲノム] (p.33)

解答

ア—2　**イ**—細胞分裂　**ウ**—相同染色体　**エ**—ゲノム　**オ**—30
カ—22,000

ベストフィット ヒトのDNAの総延長は核あたり2 m，染色体数は23種類×2本で46本もつ。ヒトゲノムは30億塩基対，22,000個の遺伝子からなる。

解説

ヒトの1細胞あたりのDNAの長さ**ア**は約2 mであることが知られているが，これは次の計算式からも求められる。ヒトゲノムは約30億塩基対からなり，隣接する塩基対間の距離は0.34nmなので，DNAの長さは$3 \times 10^9 \times 0.34 \times 10^{-9}$m = 1.02mとなる。ヒトの体細胞には2組のゲノムが含まれるので，1細胞あたりのDNAの長さは$1.02 \times 2 \fallingdotseq 2$mとなる。なお，DNAは10塩基対で1回転する二重らせんなので，これを1ピッチ3.4nmと表現することがある。ヒトの体細胞では約2 mのDNAが46本に分かれて，ヒストンと呼ばれるタンパク質に巻き付き，染色体として存在している。ヒトの細胞には，1細胞あたり平均8,000個ものミトコンドリアが存在する。

●RNAからはじまった

1980年代に酵素活性をもつRNA(リボザイム)が発見されて以降，最初の遺伝物質はDNAではなくRNAであったという考え方が広まった。RNAがタンパク質合成の中心的な役割を果たしているだけでなく，酵素のような触媒機能をもつことが明らかになり，現在では，生物の基本的な活動がRNAによって行われていた時代，「RNAワールド」があったと考えられている。RNAを鋳型にしたDNAが作られるようになると，遺伝情報の保持は，安定した構造をもち，正確な複製が可能なDNAが担うようになった。DNAの登場により，RNAは翻訳・調節および中間体としての現在の役割を果たすようになった。

演習問題

32 ［形質転換］(p.34)

解答

問1.④　問2.①　問3.⑧

リード文 Check

次の文章を読み，下の問いに答えよ。

肺炎双球菌には，Ａ炭水化物の鞘（カプセル）をもつ病原性のＳ型菌と，鞘をもたない非病原性のＲ型菌とがある。この2種類の肺炎双球菌をネズミに注射して，発病のようすを調べた。

煮沸して殺したＳ型菌と生きたＲ型菌を混ぜてネズミに注射すると，ネズミは肺炎にかかって死亡し，その体内から生きたＳ型菌がみつかった。一方，Ｒ型菌はみつからなかった。

ベストフィット

ＡＳ型菌は，カプセルによって白血球の攻撃を免れるため病原性がある。Ｒ型菌は，体内に侵入すると白血球の攻撃を受けて排除されるため，病原性がない。

正誤 Check

問1　下線部の実験から「煮沸したＳ型菌から生きたＲ型菌に物質が移り，Ｒ型菌の形質をＳ型菌の形質に変化（形質転換）させたことを示している」という結論に到達するためには，下線部の実験の他に対照実験が必要である。対照実験では次のｐ・ｑのことを証明しなければならない。ｐ・ｑはそれぞれ次に記述した(あ)～(う)の実験のうちどの実験によって証明できるか。最も適当な組合せを，下の①～⑥のうちから一つ選べ。

ｐ：煮沸して殺したＳ型菌は生き返らない。　ｑ：Ｒ型菌は単独ではＳ型菌に変わらない。

(あ)：Ｒ型菌をネズミに注射すると，ネズミは肺炎にかからず，その体内からは肺炎双球菌はみつからなかった。

(い)：Ｓ型菌をネズミに注射すると，ネズミは肺炎にかかって死亡し，その体内から生きたＳ型菌がみつかった。

(う)：煮沸して殺したＳ型菌をネズミに注射すると，ネズミは肺炎にかからず，その体内からは肺炎双球菌はみつからなかった。

	ｐ	ｑ		ｐ	ｑ		ｐ	ｑ
①	(あ)	(い)	②	(い)	(あ)	③	(あ)	(う)
④	(う)	(あ)	⑤	(い)	(う)	⑥	(う)	(い)

「p: 煮沸して殺したＳ型菌は生き返らない」ことを示さないと，Ｓ型菌が生き返ったものか，Ｒ型菌から形質転換したものか判断することができない。そのため，ｐは(う)の実験を行うことで証明する必要がある。また，「ｑ：Ｒ型菌は単独ではＳ型菌に変わらない」ことを示さないと，Ｒ型菌が単独でＳ型菌に変わったのか，Ｓ型菌からの物質によりＲ型菌からＳ型菌に形質転換したのか判断することができない。そのため，ｑは(あ)の実験を行うことで証明する必要がある。したがって，④が正しい。

問2　下線部に関して，煮沸して殺したＳ型菌と生きたＲ型菌を混ぜてペトリ皿の培地上で培養すると，Ｒ型菌に混じってＳ型菌がみつかる。下線部でＲ型菌がみつからなかった理由として最も適当なものを，次の①～④のうちから一つ選べ。

① Ｒ型菌はネズミの白血球により攻撃されて死滅したから。
② Ｒ型菌はＳ型菌の作用により死滅したから。
③ Ｒ型菌はネズミの腎臓によって排出されたから。
④ Ｒ型菌はネズミの血小板によって凝固されて死滅したから。

ネズミの体内でも，ペトリ皿の培地上と同じように，Ｒ型菌とＳ型菌がともに存在しているはずである。しかし，ネズミの体内では免疫が働き，白血球がＲ型菌とＳ型菌を攻撃する。鞘（カプセル）をもつS型菌は排除されずに生き残ることができるが，R型菌は白血球の攻撃を受けて排除される。したがって，R型菌から形質転換したS型菌のみ，ネズミの体内からみつかる。

問3 S型菌をすりつぶして抽出液（炭水化物，RNA，DNA，タンパク質を含む）を次の(え)～(き)のように酵素処理して実験した。結果として「ネズミは肺炎にかかって死亡し，その体内から生きたS型菌がみつかる」実験を過不足なく含む組合せとして最も適当なものを，下の①～⑨のうちから一つ選べ。

(え)：S型菌をすりつぶして抽出液を作り，その抽出液を炭水化物分解酵素で処理をしてから生きたR型菌と混ぜてネズミに注射した。

(お)：S型菌をすりつぶして抽出液を作り，その抽出液をRNA分解酵素で処理をしてから生きたR型菌と混ぜてネズミに注射した。

(か)：S型菌をすりつぶして抽出液を作り，その抽出液をDNA分解酵素で処理をしてから生きたR型菌と混ぜてネズミに注射した。

(き)：S型菌をすりつぶして抽出液を作り，その抽出液をタンパク質分解酵素で処理をしてから生きたR型菌と混ぜてネズミに注射した。

① (え)　② (お)　③ (か)　④ (え)・(お)　⑤ (お)・(き)　⑥ (か)・(き)

⑦ (え)・(お)・(か)　⑧ (え)・(お)・(き)　⑨ (お)・(か)・(き)

R型菌をS型菌に形質転換させる物質はDNAであることから，S型菌をすりつぶした抽出液に含まれるDNAをDNA分解酵素で処理すると，S型菌は現れなくなる。炭水化物分解酵素，RNA分解酵素，タンパク質分解酵素ではDNAは分解されないため，(え)，(お)，(き)ではS型菌のDNAが残っており，R型菌からS型菌への形質転換が起こると考えられる。したがって，⑧が正しい。

33 ［遺伝子の本体］（p.35）

解答

問1.③　問2.②　問3.①　問4.②　問5.②，③

問6.ウ―殻（タンパク質）

エ―DNA

リード文 Check

ハーシーとチェイスの実験に関する次の文章を読み，下の問いに答えよ。

彼らは，T_2ファージを用いて次の**実験1，2**を行い，ファージのタンパク質とDNAがファージの増殖に果たす役割を明らかにした。

実験1 放射性同位体である^{32}Pあるいは^{35}Sで標識されたファージをそれぞれ大腸菌と混ぜた。そのあと，A強く撹拌したものと全く撹拌しないものを作り，それらをB遠心分離により上ずみと沈殿に分けた。そして，それぞれの上ずみと沈殿の放射性同位体量（放射能）を測定した。測定結果を，それぞれ最初に加えた標識ファージの放射能に対する上ずみの放射能の割合で示したのが次の表である。

実験2 ^{32}Pあるいは^{35}Sで標識されたファージをそれぞれ大腸菌と混ぜた。そのあとそのまま培養を続け，培地中に現れた子孫ファージを回収した。そして子孫ファージの放射能を測定した。その結果，C^{32}Pで標識されたファージを加えた場合は，最初の放射能のうち約30％が子孫ファージで観測されたが，^{35}Sで標識されたファージを加えた場合はほとんど観測されなかった。

ベストフィット

Aファージが大腸菌に感染する際，ファージは大腸菌に付着する。撹拌は，大腸菌とファージを離すために行われる操作である。

B試料に遠心力をかけて大腸菌とファージを分離・分画し，大腸菌のみを沈殿させる。撹拌により大腸菌から離れたファージは上ずみに含まれる。

C^{32}Pで標識された物質がファージの増殖に関与し，^{35}Sで標識された物質はファージの増殖に関与しない。

このような実験結果をふまえ彼らは，ファージの［ウ］は大腸菌の表面にとどまり大腸菌内での子孫ファージの成長に何の役割も果たしておらず，大腸菌内に注入される［エ］こそが大腸菌内での子孫ファージの成長に何らかの役割を果たしていると結論づけた。

正誤 Check

問1　実験1の遠心分離で沈殿するものは何か。最も適当なものを，次の①～⑤のうちから一つ選べ。

①　大腸菌　　②　ファージ　　③　大腸菌とそれに付着したファージ

④　大腸菌に付着しなかったファージ　　⑤　ファージの殻

^{32}Pあるいは^{35}Sで標識されたファージをそれぞれ大腸菌と混ぜると，ファージは大腸菌に感染する。撹拌しない場合（撹拌時間0分），大部分のファージが大腸菌の表面に付着していると考えられる。強く撹拌した場合（撹拌時間2.5分），大部分のファージが大腸菌の表面からはがれると考えられる。どちらの場合でも，付着したファージのすべてが大腸菌からはがれることはなく，実験1の遠心分離では大腸菌が沈殿するので，「大腸菌とそれに付着したファージ」となる。したがって③が正しい。

問2　実験1の撹拌操作で起こることは何か。最も適当なものを，次の①～⑤のうちから一つ選べ。

①　大腸菌の細胞膜と細胞壁の破壊　　②　ファージとファージの殻の大腸菌からの分離

③　ファージの殻の破壊　　④　ファージとファージの殻の大腸菌への付着

⑤　ファージDNAの大腸菌内への注入

大腸菌の表面に付着したファージはミキサーにかけることによって大腸菌の表面からはがすことができる。ミキサーによる撹拌操作では①③はほとんど起こらない。また，④⑤が撹拌操作によって促されるわけではない。したがって，②が正しい。

問3　実験1の，撹拌時間0の結果の解釈として最も適当なものを，次の①～④のうちから一つ選べ。

①　加えたファージの80％以上が大腸菌に付着したこと

②　加えたファージの20％未満が大腸菌に付着したこと

③　加えたファージの20％未満のDNAが大腸菌内に入ったこと

④　加えたファージの20％未満の殻が大腸菌内に入ったこと

撹拌していないことから，ほとんどのファージが大腸菌の表面に付着していて，大腸菌に付着していなかった一部のファージが上ずみの放射能として検出されたと考えられる。上ずみの放射能の割合が，^{32}Pあるいは^{35}Sで標識されたファージを加えたとき，いずれの場合も20%を下回っている。したがって，①が正しい。

問4　実験1の撹拌時間2.5分の空欄**ア**，**イ**に入る数字の組合せとして最も適当なものを，次の①～④のうちから一つ選べ。

①　ア：21，イ：21　　②　ア：21，イ：81　　③　ア：81，イ：21　　④　ア：81，イ：81

強く攪拌すると，大腸菌の表面からファージやファージの殻がはがされるため，上ずみから検出される放射能の割合は，^{35}S，^{32}Pいずれも増加する，また，上ずみにはファージが大腸菌に感染した際に，大腸菌に取り込まれなかった物質が多く残ると考えられる。**実験2**の結果から，^{32}Pは子孫ファージから検出されたが，^{35}Sはほとんど検出されなかったことから，^{32}Pは大腸菌に取り込まれるが，^{35}Sは取り込まれなかったと考えられる。したがって，大腸菌に取り込まれなかった物質はタンパク質であり，上ずみから検出される放射能の割合は^{35}Sのほうが高くなるため，②が正しい。

問5　実験2の結果がT_2ファージの増殖について示唆することは何か。次の①～⑤のうちから正しいものをすべて選べ。

①誤 親ファージの殻は子孫ファージの一部となる。

子孫ファージから^{35}Sがほとんど検出されなかったことから誤り。

②　親ファージの殻は子孫ファージには受け継がれない。
③　親ファージのDNAを受け継ぐ子孫ファージが存在する。
④誤 親ファージのDNAは子孫ファージには受け継がれない。
子孫ファージから^{32}Pが検出されていることから誤り。
⑤誤 親ファージの殻とDNAは全く分離しない。
子孫ファージで，殻を標識した^{35}Sはほとんどみられず，^{32}Pはみられたことから，殻とDNAは分離する。

実験２から，大腸菌に取り込まれた物質はDNA（^{32}P）で，大腸菌に取り込まれなかった物質はタンパク質（^{35}S）であるとわかる。したがって，親ファージの殻（タンパク質）は子孫ファージに受け継がれず，親ファージのDNAが子孫ファージに引き継がれるため，②③が正しい。

問６　彼らのこの実験の結論について，文中の**ウ**，**エ**に適語を入れよ。

大腸菌内に入ったのはファージのDNAで，親ファージのDNAが子孫ファージに引き継がれたことから，遺伝子の本体がDNAであることが証明された。

34 ［DNAの構造］（p.36）

解答

問１．⑧
問２．④
問３．④
問４．①，④，⑦，⑧
問５．(1)—①　(2)—⑤　(3)—④

リード文 Check

次の文章を読み，下の問いに答えよ。

遺伝子の本体であるDNAは通常，[A]二重らせん構造をとっている。しかし，例外的ではあるが，[B]1本鎖の構造をもつDNAも存在する。表は，いろいろな生物材料のDNAを解析し，構成要素（構成単位）であるA，G，C，Tの数の割合（%）と核1個あたりの平均のDNA量を比較したものである。

生物材料	DNA中の各構成要素の数の割合(%) A	G	C	T	核1個あたりの平均のDNA量（$\times 10^{-12}$g）
ア	26.6	23.1	22.9	27.4	95.1
イ	27.3	22.7	22.8	27.2	34.7
ウ	28.9	21.0	21.1	29.0	6.4
エ	28.7	22.1	22.0	27.2	3.3
オ	32.8	17.7	17.3	32.2	1.8
カ	29.7	20.8	20.4	29.1	—
キ	31.3	18.5	17.3	32.9	—
[C]ク	24.4	24.7	18.4	32.5	—
ケ	24.7	26.0	25.7	23.6	—
コ	15.1	34.9	35.4	14.6	—

—：データなし

ベストフィット

[A]二重らせん構造のDNAでは，「A：T＝1：1」，「G：C＝1：1」の関係が成り立つ。これをシャルガフの規則という。
[B]1本鎖のDNAには，相補的塩基対が形成されず，シャルガフの規則が成り立たない。
[C]シャルガフの規則が成り立っていない。

正誤 Check

問1 解析した10種類の生物材料(**ア～コ**)の中に，1本鎖のDNAをもつものが一つ含まれている。最も適当なものを，次の①～⑩のうちから一つ選べ。

① **ア**　② **イ**　③ **ウ**　④ **エ**　⑤ **オ**
⑥ **カ**　⑦ **キ**　(⑧) **ク**　⑨ **ケ**　⑩ **コ**

シャルガフの規則が成立していない生物材料を表1から探す。

問2 核1個あたりのDNA量が記載されている生物材料(**ア～オ**)の中に，同じ生物の肝臓に由来したものと精子に由来したものがそれぞれ一つずつ含まれている。この生物の精子に由来したものとして最も適当なものを，次の①～⑤のうちから一つ選べ。

① **ア**　② **イ**　③ **ウ**　(④) **エ**　⑤ **オ**

生物材料**ア～オ**の中から，次の1)，2)の条件を満たすものを探す。1)同じ生物であるから塩基組成が似ているもの。 2)肝臓に含まれる染色体数は，精子の染色体数の2倍であるから，核1個あたりのDNA量が2：1の関係にあるもの。1)の条件では，**オ**を除く4種の生物材料の塩基組成がおおよそ似ていると判断できる。2)の条件では，**ウ**：**エ**および**エ**：**オ**がおおよそ2：1の関係にあると判断できる。1)と2)の条件をともに満たすのは，**ウ**と**エ**であり，**ウ**：**エ**＝2：1であるから，**ウ**が肝臓，**エ**が精子であると考えられる。

問3 新しいDNAサンプルを解析したところ，TがGの2倍含まれていた。このDNAの推定されるAの割合として最も適当な値を，次の①～⑥のうちから一つ選べ。ただし，このDNAは，二重らせん構造をとっている。

① 16.7 %　② 20.1 %　③ 25.0 %　(④) 33.4 %　⑤ 38.6 %　⑥ 40.2 %

二重らせん構造のDNAでは，「A＝T」，「G＝C」である(シャルガフの規則)。また，問題文から「T＝2G」すなわち「G＝1/2T＝1/2A」である。塩基の全量は100 %であるから，

$$A + T + G + C = 100\ \%$$
$$A + A + 1/2A + 1/2A = 100\ \%$$
$$3A = 100\ \%$$
$$A \fallingdotseq 33.33\ \%$$

したがって，A≒33.33 %に最も近い値である④の33.4が適当であると判断される。

問4 DNAの塩基組成をA，C，G，Tで表すとき，すべての生物でほぼ等しくなるものを，次の①～⑧のうちからすべて選べ。

(①) A÷T　② T÷C　③ A÷G　(④) G÷C　⑤ (A＋T)÷(G＋C)
⑥ (G＋C)÷(A＋T)　(⑦) (A＋G)÷(T＋C)　(⑧) (A＋C)÷(G＋T)

A＝T，G＝Cであることから考える。①A÷T＝1，④G÷C＝1より，①④はすべての生物でほぼ等しくなる。A(T)とG(C)の割合は，ふつう異なっているため，②③は1にはならず，生物によって値が異なる。また，⑤～⑧の式に，A＝T，G＝Cを代入すると，⑤⑥は1にはならないが，⑦⑧は1となる。したがって，⑦⑧もすべての生物でほぼ等しくなる。

問5 次の(1)～(3)に入る人物名として最も適当なものを，下の①～⑦のうちから一つ選べ。

DNAの二重らせん構造は，(　1　)がX線回折で得たデータと，(　2　)がいろいろな生物のDNAの塩基組成を分析した結果をもとに(　3　)がモデルを発表した。

(1) (①) ウィルキンスとフランクリン　② メンデル　③ シャルガフとクリック
(3) (④) ワトソンとクリック　(2) (⑤) シャルガフ　⑥ ワトソンとフランクリン
⑦ ワトソンとウィルキンス

1949年，シャルガフは，生物によってDNAに含まれる4種類の塩基の数の割合が異なること，それにもかかわらず，どの生物のDNAでもAとT，GとCの数の割合が等しいことをみいだした。一方，1952年，ウィルキンスとフランクリンはX線を用いて，DNAがらせん構造をもつことを示すX線回折写真を撮影することに成功した。これらの結果を根拠に，1953年，ワトソンとクリックは，AとT，GとCが水素結合し，2本のヌクレオチド鎖が二重らせん構造をとっていると考えた。

35 [DNAの大きさ] (p.37)

解答

問1.② 問2.⑧ 問3.③

リード文 Check

DNAの二重らせんは10塩基対(A 3.4nm)で1回転する。また，1gのDNAはB 2.0 × 10^{21} 個の塩基を含んでいる。ある生物の体細胞中の1個の核に含まれるDNA量は6.4 × 10^{-12}gである。これらの値をもとに，次の問いに答えよ。

ベストフィット

A 1nm(ナノメートル)は1/10^9m = 10^{-9}mなので，3.4 × 10^{-9}mである。

B 2.0 × 10^{21} 個の塩基なので，塩基対はその半分の1.0 × 10^{21} 個ある。

正誤 Check

問1 ある生物の体細胞中の1個の核に含まれるDNAの総回転数として最も適当なものを，次の①～⑥のうちから一つ選べ。

① 3億 ② 6億 ③ 13億 ④ 32億 ⑤ 64億 ⑥ 128億

❶まず，核あたりの総塩基数を求める。

(1gのDNAに含まれる塩基) × (核に含まれるDNA量〔g〕) = (2.0 × 10^{21} 塩基) × (6.4 × 10^{-12}g) = 12.8 × 10^9 塩基

❷核あたりの総塩基対数を求める。

塩基対は塩基数の半分なので，2で割る。

(12.8 × 10^9 塩基) ÷ 2 = 6.4 × 10^9 塩基対

❸総回転数を求める。

10塩基対で1回転するので，さらに10で割る。

(6.4 × 10^9 塩基対) ÷ 10 = 6.4 × 10^8 = 640,000,000回転

したがって，6億4千万回転に最も近い値である②の6億が適当であると判断される。

問2 ある生物の体細胞中の1個の核に含まれる全DNAの長さとして最も適当なものを，次の①～⑫のうちから一つ選べ。

① 1.1mm ② 2.2mm ③ 4.4mm ④ 1.1cm ⑤ 2.2cm ⑥ 4.4cm
⑦ 1.1m ⑧ 2.2m ⑨ 4.4m ⑩ 10.9m ⑪ 21.8m ⑫ 43.5m

10塩基対(3.4nm)で1回転するから，核あたりの総回転数に3.4nmをかければよい。

(6.4 × 10^8 回転) × (3.4 × 10^{-9}m) = 21.76 × 10^{-1} = 2.176m

したがって，2.176mに最も近い値である⑧の2.2mが適当であると判断される。

問3 ある生物の体細胞中の1個の核に含まれるタンパク質のアミノ酸配列を指定する部分(以後，翻訳領域と呼ぶ)がDNAの塩基配列全体の1.5%のとき，翻訳領域の長さ(塩基対)の全体として最も適当なものを，次の①～④のうちから一つ選べ。

① 96万塩基対 ② 960万塩基対 ③ 9,600万塩基対 ④ 9億6,000万塩基対

核あたりの総塩基対数は6.4×10^9塩基対。そのうち1.5%が翻訳領域なので，0.015をかければよい。
$(6.4 \times 10^9$塩基対$) \times 0.015 = 9.6 \times 10^7$塩基対$= 96,000,000$塩基対
したがって，③が適当と判断される。

36 ［ゲノムと遺伝情報］(p.37)

解答
問1.③　問2.⑤　問3.①　問4.②　問5.②

リード文 Check

次の文章を読み，下の問いに答えよ。

DNAの塩基配列の上では，ゲノムは「遺伝子として働く部分」と「遺伝子として働かない部分」とからなっている。ヒトの場合，ゲノムは約30億塩基対からなり，Aタンパク質のアミノ酸配列を指定する部分（以後，翻訳領域と呼ぶ）は，ゲノム全体のわずか1.5%程度と推定されているので，ヒトのゲノムの中の個々の遺伝子の翻訳領域の長さは，平均して約［ア］塩基対だと考えられている。また，ゲノム中では平均して約［イ］塩基対ごとに一つの遺伝子（翻訳領域）があることになり，ゲノム上では遺伝子として働く部分は飛び飛びにしか存在していないことになる。

ベストフィット
Aヒトの遺伝子は約22,000個あるとされている。この22,000個の遺伝子の塩基対数を合計したものが，ゲノム全体（約30億塩基対）の1.5％と推定されている。

正誤 Check

問1　下線部に関連して，この中に遺伝子はおよそいくつあるとされているか。最も適当なものを，次の①～⑤のうちから一つ選べ。
①　2,200　②　4,400　③　22,000　④　44,000　⑤　220,000

ヒトの遺伝子数は20,500～22,000とされている。塩基対数（ゲノムサイズ）が大きければ遺伝子数も大きいとは限らない。

問2　下線部に関する記述として最も適当なものを，次の①～⑤のうちから一つ選べ。
①　個々人のゲノムの塩基配列は誤同一である。
正少しずつ異なる
②　ゲノムの遺伝情報は，誤分裂期の前期に2倍になる。
正細胞分裂に伴って増加することはない
③　受精卵と分化した細胞とでは，ゲノムの塩基配列が誤著しく異なる。
正同じである
④　ハエのだ腺染色体は，ゲノムの誤全遺伝子を活発に転写して膨らみ，パフを形成する。
正特定の遺伝子
⑤　神経の細胞と肝臓の細胞とで，ゲノムから発現される遺伝子の種類は大きく異なる。

受精卵から多細胞生物のからだが完成する過程では，体細胞分裂による細胞数の増加と器官や組織の分化が起こる。体細胞分裂では受精卵のDNAはほぼ完璧に複製されて娘細胞に渡されるので，多細胞生物のからだを構成する細胞は原則としてすべて同一のゲノムをもつ。一方，細胞が個々の役割に応じた機能と形態を発達させる過程では，個々の細胞に応じた遺伝子を発現させるように調節される。遺伝子の発現を調節するものの一つにホルモンがある。

問3　文中の**ア**に入る数値として最も適当なものを，次の①～⑤のうちから一つ選べ。
①　2,000　②　4,000　③　20,000　④　40,000　⑤　200,000

リード文より，ヒトゲノムは約30億塩基対，その約1.5 %が翻訳領域であり，遺伝子数は22,000であるので，個々の遺伝子の翻訳領域の平均の長さは，30億塩基対（ゲノムサイズ）× 1.5 %（翻訳領域の割合）÷ 22,000（遺伝子数）で求めることができる。

すなわち，30億 × 0.015 ÷ 22,000 = 2,045.4545… ≒ 2,045塩基対

したがって，2,045に最も近い値である①の2,000が適当であると判断される。

問4　文中の**イ**に入る数値として最も適当なものを，次の①～⑥のうちから一つ選べ。

①　3万　　◎②　15万　　③　30万　　④　150万　　⑤　300万　　⑥　1,500万

概算を求めればよいので，翻訳領域以外の領域98.5 %を約100 %として考え，30億 ÷ 22,000 = 136,363.6363… ≒ 136,364塩基対　となり，最も近い値である②が適当であると判断される。

問5　ヒトのゲノムに含まれているDNAの長さは約90cmである。1本の染色体に含まれるDNAの平均の長さは約何cmになるか。最も適当なものを，次の①～⑦のうちから一つ選べ。ただし，各染色体のDNAの長さはすべて同長として考えよ。

①　2.0cm　　◎②　3.9cm　　③　5.4cm　　④　7.8cm　　⑤　9.0cm

⑥　12.4cm　　⑦　15.8cm

ヒトのゲノムは，23種類の染色体に含まれる遺伝情報をすべて合わせたものである。23本の染色体にはDNAが含まれ，長さは約90cmである。「(23本の）各染色体のDNAの長さはすべて同長として考えよ」とあるので，90（cm）÷ 23（本）で求めることができる。

90 ÷ 23 = 3.913… ≒ 3.91（cm）より，最も近い値である②が適当であると判断される。

37 [体細胞分裂] (p.41)

解答

(1) ア―③, ⑨　イ―⑤, ⑦　ウ―①, ⑩　エ―②, ⑧　オ―④, ⑥

(2) 細胞質分裂の際，植物細胞では赤道面に細胞板が形成されるのに対し，動物細胞では赤道面付近の細胞膜がくびれて細胞が二分する。

ベストフィット 細胞質分裂のきっかけは，植物なら細胞板，動物ならくびれ。

解説

(2) 植物細胞には細胞壁があるため，細胞がくびれたり，変形したりすることはない。植物細胞の細胞質分裂では，新しい細胞壁となる細胞板が形成され，細胞が二分される。

38 [体細胞分裂の観察] (p.41)

解答

(1) ア―塩酸　イ―酢酸オルセイン(酢酸カーミン)　ウ―カバーガラス

(2) エ―間期　オ―終期　カ―前期　キ―中期　ク―中期

(3)

(4) 実験2

(5) 12

ベストフィット 染色体は紡錘糸に引かれて両極へ移動する。

解説

(1) 細胞分裂観察用プレパラートの作製手順は，次のようになる。

根端の採取：細胞分裂の盛んな分裂組織付近を，細胞分裂の盛んな時間帯に切り取る。

固定：酢酸やアルコールなどを用い，形を壊さないように細胞を瞬間的に殺して固める。

解離：60 ℃の薄い塩酸を用いて，細胞間の結合をゆるめたり，細胞壁を柔らかくして，つぶれやすくする。

染色：酢酸オルセインなどで染色体を染めて，観察しやすくする。

押しつぶし：スライドガラス上に試料を置き，カバーガラスとろ紙をかぶせて押しつぶす。

(2) この問題のように，スケッチの情報だけで判断できるようにしておきたい。

エ：核がはっきり見えるので間期と判断できる。

オ：細胞板が見えるので終期と判断できる。

カ：糸状の染色体が見られるが，染色体の配置がバラバラなので前期と判断できる。

キ：染色体が赤道面に集まっているので中期と判断できる。

ク：染色体が太く短く縦裂していることから中期と判断できる。

染色体は，前期では太く短くなりきっていない状態であり，後期では娘染色体に分かれている。また，終期では細胞板が見える。

(3) 染色体をそれぞれ12本に分け，それぞれの極に引っ張られているよう，二つ折りに曲げて描く。

(4) **実験２**では紡錘糸が形成されないため，中期の染色体が形成されたところで分裂が停止する。そのため，分裂像は**実験１**よりも多くなる。

(5) **ク**の染色体数を数えると12本ある。中期の染色体で，染色体が縦裂しているため，2本ずつセットのように見えるが，1セットを1本と数える。

39 ［体細胞分裂と細胞周期］(p.42)

解答

(1) **ア**—核　**イ**—細胞質　**ウ**—前期　**エ**—中期　**オ**—後期　**カ**—終期　**キ**—赤道面　**ク**—間期

(2) ①

(3) ②

(4)

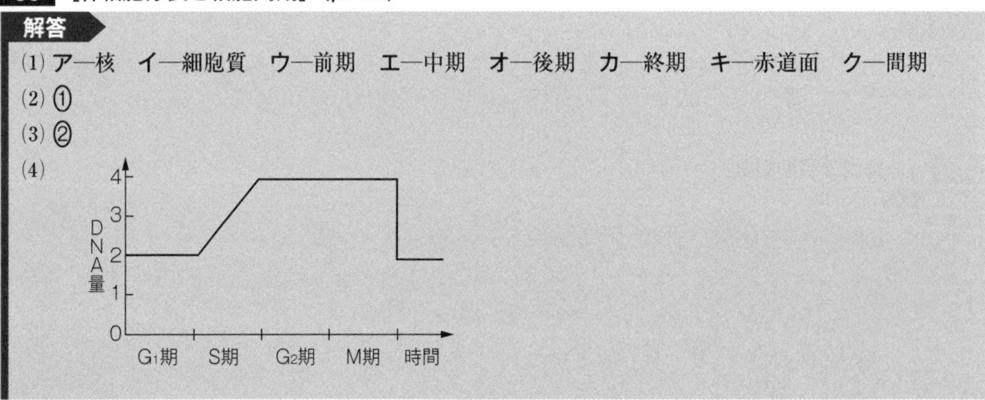

ベストフィット 細胞周期はG_1，S，G_2，Mの各期のサイクルで，S期にDNAの複製が行われる。

解説

(1) 細胞分裂は核が分裂する核分裂と，細胞質が分裂する細胞質分裂に区別される。核分裂は前期，中期，後期，終期の順に進行し，終期に細胞質分裂が起こる。中期には細胞の赤道面に染色体が並ぶ。後期には染色体が紡錘糸に引かれて両極に移動する。紡錘糸が形作る構造全体を紡錘体というため，中期には紡錘体の赤道面に染色体が並ぶという表現をすることもある。

(2) 分裂期をM期といい，間期はG_1期(DNA合成準備期)，S期(DNA合成期)，G_2期(分裂準備期)の順に進む。DNA合成期とはDNAの複製が行われる時期をいう。

(3) 細胞分裂の起こる時期をM期(分裂期)という。

(4) 核1個あたりのDNA量は間期のS期に合成されて2倍に増加し，細胞分裂の終期に半分に減少する。

40 ［半保存的複製］(p.42)

解答

(1) **ア**—①　**イ**—②

(2) **ウ**—2　**エ**—2　**オ**—2　**カ**—1

(3) ①—C　②—G　③—T　④—T　⑤—G　⑥—G　⑦—C　⑧—A　⑨—A　⑩—C　⑪—C　⑫—G　⑬—T　⑭—T　⑮—G

(4) 半保存的複製

ベストフィット もとの鎖に相補的な塩基をもつヌクレオチドが結合することで，塩基配列が全く同じ新しいDNAが2本できる。

解説

(1) 真核細胞では，DNAはタンパク質（ヒストン）などと結合して染色体を形成している。細胞周期の間期では，染色体は糸状の（クロマチン繊維）で核内に広がり，互いに絡まり合っている。分裂期に入ると，糸状の染色体は凝縮して棒状になり，絡まりがほどけて互いに分離する。

(2) 分裂期の直前にはDNAは複製されて2倍になり，2本の染色分体からなる染色体となる。分裂前期には，染色分体どうしは全長にわたって接着しているが，分裂中期になると染色分体それぞれが凝集して棒状になり，一部でつながっているだけになる（図1）。分裂中期の染色体ではDNAが2本（2分子），分裂後期の染色体はDNAが1本（1分子）ずつの状態になっている。いずれもDNAは2本鎖の状態である。

(3) 塩基には相補性があり，A（アデニン）とT（チミン），G（グアニン）とC（シトシン）のように，特定の塩基とのみ結合する性質をもつ。相補的に結合した2つの塩基を塩基対という。また，1本のヌクレオチド鎖で4種類のヌクレオチドが結合する順序を塩基配列という。

(4) DNAの複製では，二重らせんがほどけて，もとの鎖の塩基に相補的な塩基をもつヌクレオチドが結合していくことで新しい鎖が作られる。つまり，新しく作られたDNAには，もとの鎖と新しく合成された鎖が含まれる。このような複製方式を半保存的複製という。

●クロマチン繊維はいい加減に折りたたまれていた

ヒトの体細胞1個に含まれるDNAの全長は約2mにおよび，直径約0.7μmの核の中に納まっている。DNAはヒストンと呼ばれるタンパク質に巻き付いて，ヌクレオソームを形成している。このヌクレオソームが規則正しく折りたたまれることでクロマチン繊維を形成し，さらにそれが折りたたまれることで，分裂期にみられる染色体構造ができる。1976年にイギリスのクルーグらは，ヌクレオソームがらせん状に規則正しく折りたたまれて，クロマチン繊維が形成されることを提唱し，この説が大学や高校の生物学の教科書に記載されてきた。ところが最新の研究によると，ヌクレオソームは不規則に折りたたまれていることが明らかになってきた。規則正しいクロマチン繊維の構造を作るよりも，最低限の秩序を保つ構造を作り，あとはなるべくエネルギーを使わずに「いい加減」に凝縮して染色体を作るほうが合理的で，真核生物はそのような生存戦略をとったと考えられている。

演習問題

41 [体細胞分裂の観察] (p.43)

解答

問1. ⑪　問2. ②　問3. ③　問4. ①　問5. ③　問6. ④

リード文 Check

体細胞分裂に関する次の**実験1・2**を読み，下の問いに答えよ。

実験1　ある植物の種子を発根させ，その根を用いて体細胞分裂の様子を観察するためにプレパラートを作成した。ただし，実験操作a～fは順不同に並べてある。

a　A 根を先端から1cmのところで切り取った。

b　B 60℃の4％希塩酸の中で3～5分間温めた。

c　C 酢酸オルセイン溶液を1滴たらし，約5分間置いた。

d　D 冷却した45％酢酸に10分間浸した。

e　E 水洗後，スライドガラスにのせて先端部から2mmを切り残し，ほかの部分は取り除いた。

f　F カバーガラスをかけてから，ろ紙でおおって上から強く押しつぶし，プレパラートを作成した。

実験2　**実験1**のプレパラートを顕微鏡で観察し，分裂期の各時期と間期の細胞についてスケッチを行った(図)。なお，各図の上の数字は，顕微鏡の同一視野内に観察された細胞の数である。

ベストフィット

A 根の先端(根端)付近には分裂組織があり，分裂が盛んに行われている。

B 希塩酸で温めると，細胞間の結合がゆるみ，無理なく押しつぶせるようになる。この操作を「解離」という。

C 酢酸オルセインは核や染色体を赤く染めて見やすくする染色液であり，この操作を「染色」という。

D 採取した根端の組織を45％酢酸で素早く殺し，タンパク質を固める。これにより生きていたときの形状が保たれる。この操作を「固定」という。

E 余分な塩酸は染色を妨げるので水洗いし，不要な部分は観察の妨げとなるので取り除く。

F 細胞が重ならないように組織と細胞を押しつぶし，観察しやすくする操作。この操作を「押しつぶし」という。

正誤 Check

問1　**実験1**のa～fの操作を手順通りに並べるとどのようになるか。正しいものを，次の①～⑫のうちから一つ選べ。

① a→b→c→d→e→f　② a→b→d→c→e→f　③ a→c→b→d→e→f
④ a→c→d→b→e→f　⑤ a→d→b→c→e→f　⑥ a→d→c→b→e→f
⑦ a→b→c→e→d→f　⑧ a→b→d→e→c→f　⑨ a→c→b→e→d→f
⑩ a→c→d→e→b→f　**⑪ a→d→b→e→c→f**　⑫ a→d→c→e→b→f

根端の採取(a)→固定(d)→解離(b)→水洗(e)→染色(c)→押しつぶし(f)の順序で行う方法が，最も一般的な手法である。標準問題**38**(本冊p.41)のような固定液を用いる場合や，酢酸オルセインに希塩酸を混ぜて解離と染色を同時に行う場合もあるので，柔軟に対応したい。

問2　**実験1**のbの操作を行う理由として最も適当なものを，次の①～④のうちから一つ選べ。

① 細胞を殺菌消毒して，腐敗させないため。
② 細胞どうしの結合をゆるめて，つぶしやすくするため。
③ 細胞内の化学反応を止めて，細胞の状態を一定に保つため。
④ 染色体が色素によって赤色に染色され，観察しやすくなるため。

3～4％希塩酸に浸し，60℃で3分間温めると，細胞間の結合がゆるみ，無理なく押しつぶせるようになる。温度と時間を正確に計測しないと，細胞が染まりにくくなったり，組織が固くてつぶれにくくなったりする。

問3　**実験1**のdの操作を行う理由として最も適当なものを，**問2**の①～④のうちから一つ選べ。

① 細胞を殺菌消毒して，腐敗させないため。

② 細胞どうしの結合をゆるめて，つぶしやすくするため。

◎③ 細胞内の化学反応を止めて，細胞の状態を一定に保つため。

④ 染色体が色素によって赤色に染色され，観察しやすくなるため。

45％酢酸に浸すことで，細胞内の化学反応を止めて殺し，タンパク質を固める。これによって，生きていたときの形状が保たれ，細胞分裂など細胞の活動の様子を止めて観察することができる。

問4　**実験1**のeの操作で先端部から2mmを観察に用いた理由として最も適当なものを，次の①～⑥のうちから一つ選べ。

◎① 根の先端部分で最もよく体細胞分裂が行われているから。

② 根毛で最もよく体細胞分裂が行われているから。

③ 先端にこだわる必要はないが，先端が切り取りやすいから。

④ プレパラートの作成には少量のほうが重なる細胞が少なく，観察に適しているから。

⑤ 根の先端部分の細胞は細胞壁が未発達で，観察に適しているから。

⑥ 根の先端部分の細胞では，植物細胞に特徴的な細胞小器官がよく発達しているから。

根の先端（根端）から1mm程度の部分に分裂組織があり，分裂が盛んに行われているので，この部分を大切にする。不要な部分は観察の妨げとなるので取り除く。

問5　この実験に用いた植物の細胞の分裂期の長さが2時間で一定であるとしたとき，1回の分裂に要する時間として最も適当なものを，次の①～⑥のうちから一つ選べ。ただし，分裂は細胞ごとに独立に始まり，進行しているものとする。

① 11時間　② 21時間　◎③ 23時間　④ 27時間　⑤ 59時間　⑥ 92時間

次の関係に気づけば，容易に解答できる。

（分裂期の細胞数）：（全個数）＝（分裂期の長さ）：（1回の分裂に要する時間）

(4 + 22 + 5 + 5)：(378 + 4 + 22 + 5 + 5) ＝ 2：（1回の分裂に要する時間）

36：414 ＝ 2：（1回の分裂に要する時間）

1回の分裂に要する時間 ＝ 414 × 2 ÷ 36

＝ 23（時間）

したがって，③の23時間が適当であると判断される。

問6　**問5**と同じ条件であるとき，分裂後期に要する時間として最も適当なものを，次の①～⑥のうちから一つ選べ。

① 1分　② 2分　③ 6分　◎④ 13分　⑤ 17分　⑥ 73分

問5と同様に，次の関係に気づけば，容易に解答できる。

（分裂後期の細胞数）：（分裂期の細胞数）＝（分裂後期に要する時間）：（分裂期の長さ）

4：(4 + 22 + 5 + 5) ＝（分裂後期に要する時間）：2

4：36 ＝（分裂後期に要する時間）：2

分裂後期に要する時間 ＝ 4 × 2 ÷ 36

＝ 0.22…（時間）

これを分に換算すると，0.22… × 60 ＝ 13.33…（分）となる。

したがって，13.33…分に最も近い値である④の13分が適当であると判断される。

42 [細胞周期] (p.44)

解答

問1. ア—① ウ—② **問2.** ⑥ **問3.** ④

リード文 Check

細胞分裂に関する次の文章を読み，下の問いに答えよ。

細胞は染色体の複製と分裂を周期的に繰り返して増殖しており，この繰り返しを細胞周期という。図1はタマネギの根端細胞の細胞周期を示しており，図中の矢印は細胞周期の進む方向を，A矢頭(▽)は細胞質分裂の完了する時期を表している。図2は，ある細胞集団について細胞あたりのDNA量に対する細胞数の分布を表している。

ベストフィット

A細胞質分裂完了の矢頭(▽)はM期(分裂期)の終了，G_1期の開始を示す。

正誤 Check

問1 図1の**ア**と**ウ**に相当する細胞周期の時期として最も適当なものを，次の①～④のうちからそれぞれ一つずつ選べ。

ア① G_1期　ウ② G_2期　③ M期　④ S期

問2 マウスの小腸上皮細胞では，細胞周期の長さはM期1時間，S期7.5時間，G_1期9時間，G_2期1.5時間である。この細胞の間期にかかる時間として最も適当なものを，次の①～⑧のうちから一つ選べ。

① 5時間　② 9時間　③ 10時間　④ 11.5時間
⑤ 17.5時間　⑥ 18時間　⑦ 19時間　⑧ 23時間

間期はG_1期，S期，G_2期からなるから，9 + 7.5 + 1.5=18時間となる。

問3 図2の**カ**が示す細胞群は，細胞周期のどの時期と考えられるか。最も適当なものを，次の①～⑧のうちから一つ選べ。

① G_1期　② G_2期　③ M期　④ S期　⑤ G_1期とM期
⑥ G_1期とS期　⑦ G_2期とM期　⑧ G_2期とS期

細胞あたりのDNAの相対量は，G_1期を1とすると，S期1～2，G_2期とM期は2である。M期の終わりに細胞質分裂が起こり，DNA量が半分に減少する。

43 [細胞周期] (p.44)

解答

問1. ⑤ **問2.** ③ **問3.** ① **問4.** ④

リード文 Check

次の文章を読み，下の問いに答えよ。

体細胞の分裂期の始まりから次の分裂期の始まりまでの過程を細胞周期といい，細胞はこの過程を繰り返すことによって増殖する。この細胞周期は図のように描くことができる。aM期は分裂期のことで，それ以外のG_1期，bS期，G_2期をまとめて間期という。

細胞周期の全体について細胞が均等に分布している10,000個の細胞集団を用いて，^{3}H-チミジンの取り込み実験を行った。^{3}H-チミジンとは，Aチミジンの中の水素(H)を放射性同位体の水素(^{3}H)に置き換えたものである。これを取り込んだ細胞は放射性物質を含むことになるので，放射線を検出することによりチミジンを取り込んだ細胞がわかる。Bチミジンは S期の細胞にのみ取り込まれる。

ベストフィット

Aデオキシリボースとチミンの結合したものをチミジンという。
BS期はDNA合成期であり，チミジンはDNA合成の際に取り込まれる。
C100個の細胞を細胞周期全体の長さとすると，各時期の細胞数はその時期の長さと考えることができる。
D^{3}H-チミジンが取り込まれている細胞，すなわちS期の細胞を表す。

実験　細胞を^{3}H-チミジンを含む培養液に短時間浸した後，^{3}H-チミジンを含まない通常の培養液に移した。この細胞集団から5分ごとにC100個の細胞を取り出し，D放射線が検出された細胞(X)とM期の細胞(Y)の数を調べた。その結果，検出開始から5時間までの間はEXが40個，FYが5個あり，Yからは放射線は検出されなかった。5時間過ぎからYの中に放射線が検出される細胞が出現し始め，検出開始から6時間後にすべてのYから放射線が検出されるようになった。

E Xが40個とは，S期が細胞周期の40/100の長さということ。
F Yが5個とは，M期が5/100の長さということ。

正誤 Check

問1　下線部aのM期の細胞分裂において，植物細胞にみられ，動物細胞にはみられない構造として最も適当なものを，次の①～⑤のうちから一つ選べ。

①　娘細胞　②　赤道面　③　核膜　④　染色体　⑤　細胞板

細胞質分裂の際，動物細胞では赤道付近の細胞膜がくびれて細胞が二分するのに対し，植物細胞では赤道面に細胞板が形成される。細胞板は細胞壁が板状になったものであり，動物細胞にはみられない。

問2　下線部bのS期のSは，ある物質の合成(Synthesis)を意味する英単語の頭文字である。S期に合成される物質として最も適当なものを，次の①～⑤のうちから一つ選べ。

①　タンパク質　②　酵素　③　DNA　④　RNA　⑤　ATP

S期とはDNAの複製を行う時期である。すなわち，合成されるのはDNAである。DNAの複製には，DNAポリメラーゼ(DNA合成酵素)がおもに働く。

問3　**実験**に用いた細胞のM期の長さとして最も適当なものを，次の①～⑤のうちから一つ選べ。

①　1時間　②　2時間　③　5時間　④　6時間　⑤　8時間

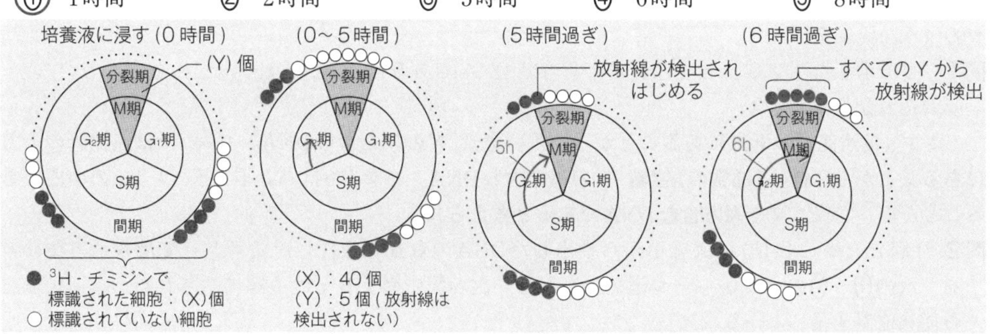

放射線が検出された細胞(X)とは，^{3}H-チミジンが取り込まれている細胞，すなわちS期の細胞を表す。また，問題文中にYがM期の細胞であることが示されている。5時間過ぎからYの中に放射線が検出されるということから，S期からM期までの間の長さ，すなわちG_2期は5時間ということになる。さらに，6時間後にすべてのYから放射線が検出されたことから，M期の長さは6－5＝1時間ということになる。ここで，100個の細胞を細胞周期全体の長さと仮定すると，各時期の細胞数はその時期の長さと考えることができる。すなわち，Y(M期)の数が5個で，これが1時間に相当することから，X(S期)の数の40個は，40÷5＝8時間に相当することになる。同様に，細胞周期全体の時間は，100÷5＝20時間と求められる。G_2期(5時間)，M期(1時間)，S期(8時間)，細胞周期(20時間)なので，G_1期の長さは，20－(5＋1＋8)＝6時間となる。

問4　**実験**に用いた細胞のG_1期の長さとして最も適当なものを，**問3**の①～⑤のうちから一つ選べ。

①　1時間　②　2時間　③　5時間　④　6時間　⑤　8時間

問3の解説を参照。

44 ［半保存的複製］(p.45)

解答

問1. a—Z　b—Y　c—X　**問2.** ②　**問3.** ⑤　X：Y：Z＝3：1：0

リード文 Check

次の文章を読み，下の問いに答えよ。

DNAの複製にはいくつかの仮説があり，メセルソンとスタールは以下の実験を行うことでDNAの複製方式を明らかにした。

実験1　大腸菌を通常の窒素^{14}Nよりも重い^{15}Nで置き換えた塩化アンモニウムを窒素源として用いた培地(^{15}N培地)で，何世代も培養した。するとA ^{14}Nが完全に^{15}Nに置き換わったDNAをもつ大腸菌ができた。

実験2　大腸菌を^{14}N培地に移してさらに増殖させ，1回，2回と分裂を繰り返した菌からそれぞれDNAを抽出して，そこに含まれるDNAの質量の違いを分析した。DNAは^{14}Nのみを含むDNA(X)，^{14}Nと^{15}Nを両方含むDNA(Y)，^{15}Nのみを含むDNA(Z)に分離できた。

DNAの質量の違いを分析するための測定を行ったとき，図に示すような結果が得られた。ただし，分裂前の大腸菌を1代目，1回分裂後の大腸菌を2代目とする。

ベストフィット

A ^{15}NでつくられたDNAの方が，^{14}NでつくられたDNAに比べて重い。

正誤 Check

DNAが2本鎖からなることにヒントを得て，メセルソンとスタールによってDNAが複製されるしくみが明らかにされた。彼らは，通常の窒素^{14}Nとそれよりも重い窒素の同位体^{15}Nを用いて右ページのような実験を行った。

問1　図に示したバンドa, b, cは質量の異なるDNAであるX, Y, Zのうちのどれを含んでいるか。それぞれ記号で答えよ。

バンドaは遠沈管の下方にあることから，重い窒素^{15}Nのみを含むDNA。バンドcは遠沈管の上方にあることから，軽い(通常の)窒素^{14}Nのみを含むDNA。バンドbはバンドaとバンドcの中間にあることから，^{15}Nと^{14}Nを両方含むDNAであると考えられる。

問2　1回分裂後(2代目)の大腸菌から抽出したDNAの質量を分析した結果として最も適当なものを，次の①～⑦のうちから一つ選べ。ただし，次の図中のa, b, cは上図に示されたバンドa, b, cと同じ位置を表している。

DNAに^{15}Nのみをもつ大腸菌を，^{14}Nの培地($^{14}NH_4Cl$)に移し，1回目の分裂をさせると，^{15}NのみをもつDNAの2本鎖がほどけ，それぞれに^{14}Nからなる新しい鎖が作られるため，^{15}Nと^{14}Nを半分ずつ含むDNAができる。したがって，1回分裂後(2代目)の大腸菌から抽出したDNAのバンドはbのみとなる。

問3　3回分裂後(4代目)の大腸菌から抽出したDNAの質量を分析した結果として最も適切なものを，**問2**の①～⑦のうちから一つ選べ。また，抽出したDNAのX, Y, Zの量の比率を，最も簡単な整数の比で答えよ。

3回分裂後(4代目)には，^{15}Nと^{14}Nを半分ずつ含むDNAが2本，^{14}NのみをもつDNAが6本できる。したがって，DNAのバンドはcとbの位置に3：1の比でできる。

実験手順	DNAのモデル図	実験結果 ①②③のそれぞれから大腸菌のDNAを抽出して，塩化セシウムを含む溶液中で遠心分離する。
①重い窒素^{15}Nの培地($^{15}NH_4Cl$)で何世代も培養し，DNAに^{15}Nのみをもつ大腸菌を作る。	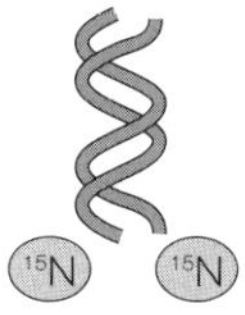 ^{15}N ^{15}N 重いDNA (1本のバンド)	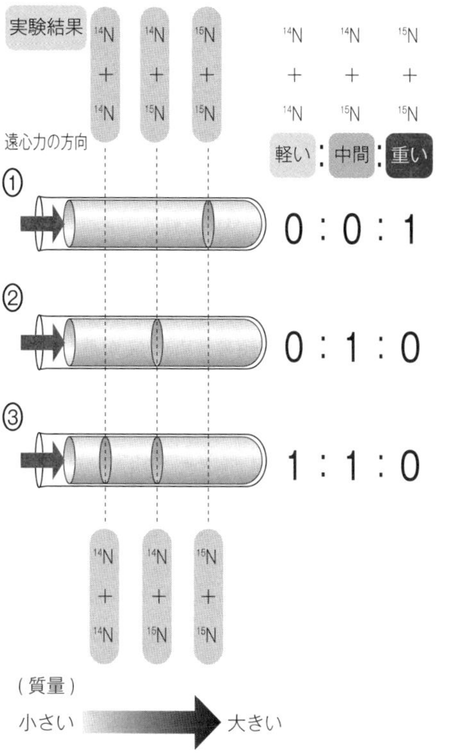 実験結果 ^{14}N + ^{14}N　^{14}N + ^{15}N　^{15}N + ^{15}N 遠心力の方向 軽い：中間：重い ① 0：0：1 ② 0：1：0 ③ 1：1：0 (質量) 小さい → 大きい
②通常の窒素^{14}Nの培地($^{14}NH_4Cl$)に移し，1回目の分裂をさせる。	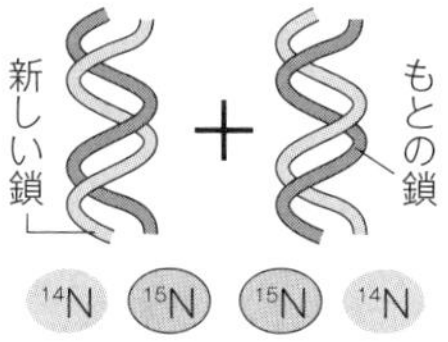 新しい鎖 + もとの鎖 ^{14}N ^{15}N ^{15}N ^{14}N 中間のDNA (1本のバンド)	
③通常の窒素^{14}Nの培地($^{14}NH_4Cl$)で，2回目の分裂をさせる。	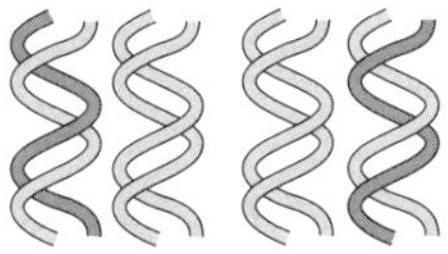 中間のDNAと軽いDNA (2本のバンド)	

45 [タンパク質と核酸] (p.49)

解答

(1) **ア**—アミノ酸 **イ**—リン酸 **ウ**—塩基 **エ**—ヌクレオチド

(2) DNAを構成する糖はデオキシリボースであるが，RNAではリボースである。また，DNAを構成する塩基はアデニン・チミン・グアニン・シトシンであるが，RNAではアデニン・ウラシル・グアニン・シトシンである。

(3) a—⑤ b—⑥ c—② d—⑧

ベストフィット タンパク質はアミノ酸からなり，アミノ酸の配列はDNAの塩基配列で指定される。

解説

(1) DNAやRNAは，リン酸，糖(五炭糖)，塩基からなるヌクレオチドが長く連結したものである。タンパク質は20種類のアミノ酸が連結して作られる。タンパク質のアミノ酸配列はDNAの塩基配列によって指定される。実際には，3個の連続した塩基配列が1つのアミノ酸に対応している。

(2) DNAは構成する五炭糖がデオキシリボースなのでデオキシリボ核酸，RNAは構成する五炭糖がリボースなのでリボ核酸とそれぞれ呼ばれ，命名の由来となっている。また，構成する塩基の種類がDNAではA・T・G・C，RNAではA・U・G・Cであり，DNAのT(チミン)とRNAのU(ウラシル)が両者の相違点となる。

(3) ①セルロースは細胞壁の主成分で，炭水化物の一種である。②インスリンは血糖濃度を下げる働きをもつ，タンパク質からなるホルモンである。③アントシアンは赤色，紫色，青色などにみえる水溶性色素の総称で，植物細胞の液胞に含まれる。④グリセリンは$C_3H_8O_3$で表されるアルコールの一種である。⑤コラーゲンは皮膚や骨，軟骨，靱帯，腱などに多く含まれる生体構築タンパク質の一種である。⑥カタラーゼは過酸化水素を水と酸素に分解する酵素で，タンパク質の一種である。⑦グリコーゲンはグルコースが多数連なった物質で，炭水化物の一種である。⑧ヘモグロビンは赤血球に多く含まれる鉄を含む赤色のタンパク質で，酸素の運搬に重要な役割を果たす。

46 [DNA・RNA・転写・翻訳] (p.49)

解答

(1) **ア**—⑧ **イ**—⑦ **ウ**—⑩ **エ**—⑨ **オ**—④

(2) ⑤，⑦，⑧，⑨

(3) ⑥

(4) ①

ベストフィット DNAの特徴は，二重らせん構造，糖にデオキシリボース，塩基にTをもつ。
RNAの特徴は，1本鎖，糖にリボース，塩基にUをもつ。

解説

(1) DNAのヌクレオチドは，「リン酸－デオキシリボース－塩基」という構成で，このうちのリン酸とデオキシリボースが交互に連結して鎖状構造を形成する。デオキシリボースには塩基が結合しており，塩基はA，T，G，Cの4種類からなる。DNAは向かい合う塩基どうしが相補的に結合した2本鎖の二重らせん構造を形成している。

(2) mRNAのヌクレオチドは,「リン酸－リボース－塩基」という構成で, リン酸とリボースが交互に連結して鎖状構造を形成する。DNAと異なる点は, 1本鎖である点, デオキシリボースに代わってリボースが使われている点, 塩基の種類がA, U, G, Cからなる点である。また, mRNAはDNAに比べて著しく短い。

(3) タンパク質合成は大きく転写と翻訳という2つの過程に分けられる。DNAの遺伝情報がmRNAに写し取られる過程を転写, mRNAの塩基配列に基づいてタンパク質が合成される過程を翻訳という。

(4) ①各組織は一般的に分化しており, その組織の働きに応じて必要なタンパク質を合成している。正しい。②「ヌクレオチド」は誤りで, 正しくは「アミノ酸」である。③「形質転換」は誤りで, 正しくは「セントラルドグマ」である。④「タンパク質」は誤りで, 正しくは「アミノ酸」である。なお, mRNAの塩基3つの並びは, コドンと呼ばれる。

47 [転写・翻訳と塩基の相補性] (p.50)

解答

(1) ②, ③, ⑤, ⑥

(2) **ア**―チミン **イ・ウ**―グアニン・シトシン (順不同) **エ**―二重らせん **オ**―16 **カ**―64

(3) mRNA (伝令RNA)

(4) **キ**―リボース **ク**―ウラシル **ケ**―シトシン **コ**―グアニン **サ**―アデニン

(5) コドン

ベストフィット 転写の際, DNAのアデニンには, mRNAのウラシルが結合する。

解説

(1) ①脂肪は1分子のグリセリンと3分子の脂肪酸が結合したものである。②筋肉はアクチンやミオシンなどのタンパク質を主成分とする。③つめはケラチンというタンパク質を主成分とする。④コルクは植物の樹皮を乾燥させたもので, スベリンを主成分とする。⑤酵素はすべてタンパク質が主成分である。⑥抗体はすべてタンパク質からなる。⑦グルコースはブドウ糖とも呼ばれる糖の一種である。⑧アミノ酸はタンパク質の成分であるが, タンパク質ではない。タンパク質を分解すると生じる。⑨デンプンはグルコースが結合してできる多糖類である。

(2) 二重らせん構造をとるDNAでは, アデニンとチミン, グアニンとシトシンが相補的に結合している。そのため, アデニンとチミン, グアニンとシトシンの量はほぼ等しい。2つの塩基で1つのアミノ酸を決定すると仮定すると, DNAの塩基は4種類あるから, 最大$4 \times 4 = 4^2 = 16$種類のアミノ酸に対応できる。3つの塩基で1つのアミノ酸を決定すると仮定すると, 同様に, 最大$4 \times 4 \times 4 = 4^3 = 64$種類のアミノ酸に対応できる。

(4) RNAのヌクレオチドは「リン酸－リボース－塩基」からなるので, **キ**はリボースと判断される。DNAのアデニンに対応するmRNAの塩基**ク**はウラシルである。同様に, グアニンに対応する塩基**ケ**はシトシン, シトシンに対応する塩基**コ**はグアニン, チミンに対応する塩基**サ**はアデニンである。

(5) mRNAのトリプレットを特にコドンという。DNAやRNAのトリプレットを遺伝暗号, 遺伝子コードなどという場合もある。遺伝暗号, 遺伝子コードでも間違いとはいえない。

48 ［転写・翻訳と塩基の相補性］（p.50）

解答

(1) 図1―転写　図2―翻訳
(2) **ア**―C　**イ**―G　**ウ**―T　**エ**―U
(3) **オ**―G　**カ**―C　**キ**―U　**ク**―A

ベストフィット DNAとRNAの対応関係は，AにU，TにA，GとC。RNAどうしの対応関係はAとU，GとC。

解説

(1) 図1は鋳型DNAとmRNAが塩基対を形成しているので転写とわかる。図2はmRNAとtRNAが塩基対を形成しているので翻訳とわかる。
(2) DNAとRNAの対応関係は，AにU，TにA，GとCであるから，**ア**がC，**イ**がG，**ウ**がT，**エ**がUと判断できる。
(3) RNAどうしの対応関係はAとU，GとCなので，**オ**はG，**カ**はC，**キ**はU，**ク**はAと判断できる。

49 ［コドン表］（p.51）

解答

(1) メチオニン
(2) UAA，UAG，UGA
(3) メチオニン，トリプトファン

ベストフィット コドン表は，1番目の塩基，2番目の塩基，3番目の塩基をUCAGの順に配列した表で，コドンが指定するアミノ酸が示されている。

解説

(1) コドン表の1番目の塩基がA，2番目の塩基がU，3番目の塩基がGの欄をみると，メチオニン（開始）とある。したがってAUGが指定するアミノ酸はメチオニンである。
(2) コドン表の（終止）となっているコドンを探すと，UAA，UAG，UGAがみつかる。
(3) コドン表に1つしかないアミノ酸を探すと，AUGのメチオニンとUGGのトリプトファンがみつかる。

50 ［セントラルドグマ］（p.51）

解答

(1) セントラルドグマ
(2) **ア**―複製　**イ**―転写　**ウ**―翻訳
(3) **ア**―核　**イ**―核　**ウ**―リボソーム

ベストフィット 核ではDNAの複製と転写が，リボソームでは翻訳がそれぞれ行われる。

解説

(1) セントラルドグマはすべての生物に共通する基本原理であるが，逆転写という例外もある。HIV（ヒト免疫不全ウイルス）は遺伝子としてRNAをもち，酵素によってRNAからDNAを合成する。
(2) **ア**はDNAからDNAという情報の流れになっているので，DNAの複製と判断される。**イ**はDNAからRNAという情報の流れになっているので，転写と判断される。**ウ**はRNAからタンパク質という情報の流れになっているので，翻訳と判断される。

(3) 真核生物では，DNAの複製と転写は核内で行われるが，mRNAは核膜孔を通過して細胞質へと移動し，リボソームに結合して翻訳される。

51 ［だ腺染色体］(p.51)

解答

(1) **ア―だ腺　イ―転写**

(2) パフ

(3) 2

(4) だ腺染色体をメチルグリーン・ピロニン染色液で染色し観察する。

ベストフィット だ腺染色体では転写が盛んに行われているパフが観察される。

解説

(1)(2) ショウジョウバエやユスリカなどの双翅類の幼虫のだ腺の染色体には，通常の染色体の100～150倍の大きさのだ腺染色体がみられる。だ腺染色体ではDNAがほどけて転写が盛んに行われているパフが観察できる。パフの位置は幼虫の発育段階に応じて変化するので，どの段階でどの遺伝子が発現しているかを容易に観察できる。

(3) ユスリカの幼虫には13個の体節があり，だ腺は第2体節付近に1対ある。

(4) DNAとRNAを同時に検出できる染色液にメチルグリーン・ピロニン染色液がある。メチルグリーンはDNAを青緑色に染色し，ピロニンはRNAを赤桃色に染色するので，染色体は青緑色に染色され，パフでは転写によって合成されたRNAが赤桃色に染色される。

●新型コロナウイルス感染症予防に使われるmRNAワクチン

通常，ワクチンの開発には5年以上の時間がかかるが，2019年12月に中国で新型コロナウイルスが発生してからわずか1年後の2020年12月8日に，世界で初めて新型コロナウイルス感染症のワクチンが，英国で接種された。それがファイザーとビオンテックが開発した「mRNAワクチン」である。2020年1月に公開された新型コロナウイルスのゲノム情報をもとに，ウイルスの表面のタンパク質の情報をもつmRNAを作成した。このmRNAをワクチンとして接種することで，ウイルスの表面のタンパク質を人為的に体内で産生させ，そのタンパク質に対する免疫反応を起こさせることができる。従来のワクチンには，あらかじめ弱毒化または無毒化した病原体や毒素などが使われており，ウイルスを使う必要があったが，今回開発されたmRNAワクチンを用いればウイルスそのものを使う必要がなくなった。遺伝子工学をはじめ，さまざまな技術が進歩し，核酸（DNAやRNA）の合成が数時間でできるようになったことや，過去に研究をすすめていたSARSウイルスと今回の新型コロナウイルスが似ていたことがワクチンのスピード開発につながった。現在，mRNAワクチンだけでなく，従来の不活化ワクチンや組換えタンパクワクチンを用いた新型コロナウイルスワクチンの開発も進められている。

演習問題

52 [DNA・RNAの塩基組成] (p.52)

解答

問1. ⑧　問2. ⑥　問3. ③　問4. ⑤　問5. ④

リード文 Check

次の文章を読み，下の問いに答えよ。

あるmRNAについて，これを構成する4種の塩基の分子数の割合(塩基組成)を調べたところ，[A]アデニン(A)が20％，グアニン(G)とシトシン(C)がいずれも22％であった。このmRNAを転写した元のDNA鎖を鋳型となったDNAといい，この[B]mRNAと同数の塩基が含まれているものとする。

ベストフィット

[A]mRNAは1本鎖なので，ウラシルの割合は100%からアデニン，グアニン，シトシンのそれぞれの割合を引いて求められる。
[B]鋳型となったDNAの塩基組成は，A(36％)，T(20％)，G(22％)，C(22％)となる。

正誤 Check

問1　鋳型となったDNAの塩基組成のうち，アデニンの割合として最も適当なものを，次の①～⑫のうちから一つ選べ。

①　0％　②　20％　③　21％　④　22％　⑤　25％　⑥　28％
⑦　30％　**⑧　36％**　⑨　40％　⑩　42％　⑪　50％　⑫　56％

mRNAの塩基は，A(20％)，G(22％)，C(22％)なので，U(ウラシル)は，100－(20＋22＋22)＝36％となる。鋳型となったDNAのA(アデニン)は，mRNAのUと相補的に結びつくので，36％となる。したがって，⑧が正しい。

問2　鋳型となったDNAが相補的なDNAと2本鎖を形成したとすると，この2本鎖DNAの塩基組成のうち，アデニンの割合として最も適当なものを，**問1**の①～⑫のうちから一つ選べ。

①　0％　②　20％　③　21％　④　22％　⑤　25％　**⑥　28％**
⑦　30％　⑧　36％　⑨　40％　⑩　42％　⑪　50％　⑫　56％

鋳型となったDNAの塩基組成は，A(36％)，G(22％)，C(22％)，T(20％)となる。したがって，相補的なDNAの塩基組成は，A(20％)，G(22％)，C(22％)，T(36％)となる。この2本鎖DNAのA(アデニン)の割合は，(20＋36)÷2＝28％となる。したがって，⑥が正しい。

問3　**問2**の2本鎖DNAの塩基組成について，(A＋G)／(T＋C)の値はいくらか。最も適当なものを次の①～⑥のうちから一つ選べ。

①　0.8　②　0.9　**③　1.0**　④　1.1　⑤　1.2　⑥　1.3

問2の2本鎖DNAに限らず，すべての2本鎖DNAでは「Aの割合＝Tの割合」，「Gの割合＝Cの割合」なので，(A＋G)／(T＋C)＝(A＋G)／(A＋G)＝1となる。

問4　このmRNAのある領域Xでの塩基配列が「AUGCU」であることがわかった。領域Xの鋳型となったDNAの塩基配列として最も適当なものを，次の①～⑥のうちから一つ選べ。

①　ATGCT　②　AUGCU　③　CGATG　④　GCTAC　**⑤　TACGA**　⑥　UACGU

「mRNAの塩基→鋳型のDNA」で表すと，「A→T」「U→A」「G→C」「C→G」「U→A」となるから，⑤のTACGAが正しい。

問5　**問4**の領域Xに対応する2本鎖DNAの領域を領域Yとしたとき，2本鎖DNAに含まれるチミンのこの領域Y内での割合として最も適当なものを，次の①～⑥のうちから一つ選べ。

①　0％　②　10％　③　20％　**④　30％**　⑤　40％　⑥　50％

mRNAの領域XがAUGCUなので，鋳型となるDNAの領域Yの塩基配列はTACGA，相補的なDNAの領域Yの塩基配列はATGCTとなる。領域Yの2本鎖DNAの10塩基のうち，T(チミン)は3

つあるので，④の30％が正解となる。

53 ［遺伝情報と翻訳］(p.52)

解答

問1. ア―64　イ―6　ウ―300　エ―900　**問2.** ACC　**問3.** 20種類　**問4.** 63個

リード文 Check

次の文章を読み，下の問いに答えよ。

DNAの塩基配列は，RNAに転写され，塩基3つの並びが一つのアミノ酸を指定する。たとえば，トリプトファンとセリンというアミノ酸は，右の表の塩基3つの並びによって指定される。Ａ任意の塩基3つの並びがトリプトファンを指定する確率は［ア］分の1であり，セリンを指定する確率はトリプトファンを指定する確率の［イ］倍と推定される。

あるタンパク質Xの平均分子量は60,000であった。Ｂアミノ酸の平均分子量を200として計算した場合，このタンパク質Xは［ウ］個のアミノ酸から構成されていることが予測される。1個のアミノ酸は3個の塩基によって指定されるので，アミノ酸数から想定されるmRNAの長さは最低でも［エ］塩基あることになる。なお，このmRNAのすべての塩基は，端から順にアミノ酸に対応する遺伝暗号として使われるものとする。

ベストフィット

Ａ任意の塩基(A,U,G,C)3つの組合せは$4 \times 4 \times 4 = 4^3 = 64$通りある。

Ｂ1つのアミノ酸の分子量を200として計算する。

正誤 Check

問1　文中の**ア**～**エ**に入る数字を答えよ。

(ア)任意の塩基(A，U，G，C)3つの組合せは64(4^3)通りあり，そのうちトリプトファンを指定する塩基の3つ組はUGGのみであるため，64分の1となる。(イ)セリンを指定する塩基の3つ並びは6通り(UCA，UCG，UCC，UCU，AGC，AGU)あるため，セリンを指定する確率は64分の6となる。したがって，セリンを指定する確率はトリプトファンを指定する確率の6倍となる。

(ウ)タンパク質はアミノ酸が多数結合した構造である。平均分子量200のアミノ酸が何個結合して平均分子量が60,000のタンパク質になるかを考える。すなわち，$60{,}000 \div 200 = 300$個となる。(エ)1個のアミノ酸は3個の塩基(コドン)によって指定されるので，300個のアミノ酸を指定する塩基の数は，$300 \times 3 = 900$塩基となる。

問2　トリプトファンを運搬するtRNA(転移RNA)がもつ，mRNAのコドンと結合する部分の塩基配列を答えよ。

トリプトファンを運搬するtRNAは，トリプトファンを指定するmRNAのコドンUGGに相補的な塩基配列であるアンチコドンACCをもつ。

問3　生物のタンパク質を構成するアミノ酸は何種類あるか。

生物を構成するタンパク質は20種類のアミノ酸から構成されている。20種類のアミノ酸は終止コドン(UAA，UAG，UGA)を除いた61通りのコドンによって指定される。

問4　次に示すのは，あるタンパク質Yの遺伝子Yから転写されたmRNAの一部である。実際には，このmRNAの塩基は両側に続いており，下に示しているのは，mRNA上の開始コドンAUGの「A」を1番目として数えて172番目の「C」から終止コドンまでの部分である。このmRNAから翻訳されるアミノ酸の個数を答えよ。

mRNA　…CUUGUUAUCAAAAGAGGAUAG…

問題文に,「終止コドンまでの部分」を示しているとあるので,最後の「UAG」が終止コドンに相当することがわかる。その一つ前の「A」は,172番目の「C」から数えると,189番目に相当する。したがって,このmRNAから翻訳されるアミノ酸の個数は,189 ÷ 3 = 63(個)となる。

54 [翻訳](p.53)

解答

問1. ① 問2. ②, ④ 問3. ⑤

リード文 Check

次の文章を読み,遺伝暗号表を参考にして,下の問いに答えよ。

[A]ニーレンバーグやコラーナの研究グループは,次に示すような**実験1,2**を行い,各コドンに対応するアミノ酸を明らかにした。表は,彼らによって得られた遺伝暗号表である。

実験1 [B]ACが交互に繰り返すmRNAからはトレオニンとヒスチジンが交互につながったペプチド鎖が生じた。

実験2 [ア]の3つの塩基配列が繰り返すmRNAからはアスパラギンとグルタミンとトレオニンのいずれかのアミノ酸だけからなる3種類のポリペプチド鎖が生じた。

イ～カには,アスパラギン,グルタミン,トレオニン,ヒスチジン,フェニルアラニンのいずれかが入る。

ベストフィット

[A]アメリカのニーレンバーグ(Marshall Warren Nirenberg)は,遺伝暗号の翻訳とタンパク質合成の研究により,同じくアメリカのコラーナ(Har Gobind Khorana),ホリー(Robert William Holley)とともに,1968年にノーベル生理学・医学賞を受賞した。

[B]遺伝暗号表の読み方を知らなくても,この文を解釈すれば,解答できる。

正誤 Check

問1 **実験2**で用いた[ア]の塩基配列は次の①～⑤のうちのいずれかであった。[ア]に入る塩基配列として最も適当なものを,次の①～⑤のうちから一つ選べ。

(①) AAC ② AAU ③ ACU ④ CAU ⑤ UUU

実験1よりACA,CACが,トレオニン,ヒスチジンのいずれかに対応していることがわかる。

実験2([ア])の3つの塩基配列の繰り返しからは,アスパラギン,グルタミン,トレオニンを指定するため,選択肢①～⑤それぞれの3つの塩基配列の繰り返しによって指定されるアミノ酸を確認すればよい。

①AAC →AAC([カ]),ACA([ウ]),CAA([オ])

②AAU →AAU([カ]),AUA(イソロイシン),UAA(終止) イソロイシンと終止を指定するため誤り。

③ACU →ACU([ウ]),CUA(ロイシン),UAC(チロシン) ロイシンとチロシンを指定するため誤り。

④CAU →CAU([エ]),AUC(イソロイシン),UCA(セリン) イソロイシンとセリンを指定するため誤り。

⑤UUU →UUU([イ]) 1種類しか指定されないため誤り。

したがって,[ア]の塩基配列である可能性があるものは選択肢の中で①AACとなる。

問2 **実験1**と**2**から決定できる,コドンとそれに対応するアミノ酸の組合せとして適当なものを,次の①～⑦のうちから二つ選べ。

① AAU　アスパラギン　② ACA　トレオニン　③ ACC　トレオニン
④ CAC　ヒスチジン　⑤ CAG　グルタミン　⑥ CAU　ヒスチジン
⑦ UUU　フェニルアラニン

実験1のACの2つの塩基配列の繰り返しから生じるアミノ酸と，**実験2**のAACの3つの塩基配列の繰り返しから生じるアミノ酸を比較すると，塩基配列「ACA」とアミノ酸「トレオニン」が共通している。そのためACAはトレオニンに対応するとわかる。また，**実験1**より，残りのCACがヒスチジンに対応することもわかる。したがって，②④が正しい。

問3　遺伝暗号表の完成により，DNAの塩基配列から作られるタンパク質が推定できるようになったのと同時に，タンパク質の一次構造からDNAの塩基配列が推定できるようになった。あるタンパク質の一次構造の部分配列が，メチオニン－イソロイシン－セリン－グルタミン酸－アラニンであったときに，これに対応するmRNAの塩基配列の種類として最も適当なものを，次の①～⑨のうちから一つ選べ。

① 4　② 5　③ 32　④ 64　⑤ 144　⑥ 243
⑦ 256　⑧ 288　⑨ 576

遺伝暗号表を使って，それぞれのアミノ酸に対応する3つの塩基配列が何種類あるか確認することで求めることができる。メチオニンは1種類，イソロイシンは3種類，セリンは6種類，グルタミン酸は2種類，アラニンは4種類である。なお，［イ］～［カ］にこれらのアミノ酸が入ることはないことが問題文に示されている。したがって，このタンパク質の一次構造の部分配列に対応するmRNAの塩基配列の種類は，$1 \times 3 \times 6 \times 2 \times 4 = 144$となり，⑤が正しい。

55 ［翻訳］(p.54)

解答

問1.ア—②，イ—⑩　問2.ア—③，⑦，イ—⑧

リード文 Check

次の文章を読み，下の問いに答えよ。

コドンと対応するアミノ酸の関係は，A人工的に合成したmRNAを翻訳に必要な成分が入っている溶液に入れ，生じたポリペプチドを調べることで明らかにされていった。次の表には，人工的に合成したmRNAの塩基配列とその結果生じたポリペプチドを示す。

ベストフィット

Aコドンが指定するアミノ酸を知らなくても，コドンの種類と対応するアミノ酸の組合せがわかれば解答できる。アミノ酸を指定しないコドンは3種類(UAA，UAG，UGA)あり，これらは終止コドンと呼ばれる。

	人工的に合成したmRNAの塩基配列	生じたポリペプチド	コドンの種類
(a)	ACACACAC…の繰り返し	トレオニンとヒスチジンが交互に結合したポリペプチド	ACA,CAC
(b)	AACAACAAC…の繰り返し	トレオニンのみからなるポリペプチド グルタミンのみからなるポリペプチド アスパラギンのみからなるポリペプチド	AAC, ACA, CAA
(c)	AUAUAUAU…の繰り返し	イソロイシンとチロシンが交互に結合したポリペプチド	AUA, UAU
(d)	AAUAAUAAU…の繰り返し	イソロイシンのみからなるポリペプチド アスパラギンのみからなるポリペプチド	AAU, AUA, UAA
(e)	GUGUGUGU…の繰り返し	バリンとシステインが交互に結合したポリペプチド	GUG, UGU
(f)	GGUGGUGGU…の繰り返し	バリンのみからなるポリペプチド トリプトファンのみからなるポリペプチド グリシンのみからなるポリペプチド	GGU, GUG, UGG

正誤 Check

問1　表の結果から判断して，次のコドンに対応するアミノ酸として最も適当なものはどれか。下の①～⑩のうちから一つずつ選べ。

ア　CAC　　イ　GGU

①　トレオニン　ア②　ヒスチジン　③　グルタミン　④　グリシン　⑤　イソロイシン
⑥　チロシン　⑦　バリン　⑧　システイン　⑨　トリプトファン
イ⑩　表からは決めることができない。

(a)と(b)から，どちらもACAがあることからACAはトレオニン，CACはヒスチジンとわかる。(c)と(d)から，どちらもAUAがあることからAUAはイソロイシン，UAUはチロシンとわかる。(e)と(f)から，どちらもGUGがあることからGUGはバリン，UGUはシステインとわかる。(b)，(d)，(f)の残りのコドンが指定するアミノ酸については，表の結果から決めることはできない。したがって，ア CACは②ヒスチジン，イ GGUは⑩表からは決めることができないとなる。

問2　コドンの3番目の塩基は異なる塩基でも同一のアミノ酸を指定することが多く，「コドンのゆらぎ」と呼ばれている。このことを参考にした場合，アスパラギンのコドンとして予想されるものとして最も適当なものはどれか。また，その場合に終止コドンであることが予想できるコドンとして最も適当なものはどれか。下の①～⑧のうちからそれぞれすべて選べ。

ア　アスパラギンのコドン　　イ　終止コドン

①　ACA　②　CAC　ア③　AAC　④　CAA　⑤　AUA　⑥　UAU
ア⑦　AAU　イ⑧　UAA

コドンのゆらぎを参考にすると，(b)と(d)はどちらもアスパラギンが作られ，(b)AACと(d)AAUは3番目の塩基のみ異なるコドンである。(b)と(d)で3番目の塩基のみ異なるコドンはほかにない。このことから，AACとAAUはアスパラギンのコドンであると考えられる。これにより，(d)ではAAUがアスパラギン，AUAがイソロイシンを指定することになり，残りのUAAが指定するアミノ酸が存在しないことになる。したがって，UAAは終止コドンと考えられる。終止コドン3種類(UAA，UAG，UGA)を覚えていれば，イはすぐにわかる。

56　[遺伝情報とタンパク質の合成]（p.54）

解答

問1．④，⑤　問2．③，④　問3．①，⑤　問4．③，⑤　問5．ア―⑦，イ―②

正誤 Check

問1　RNAの説明として適当なものを，次の①～⑤のうちから二つ選べ。

①　RNAは通常一本鎖として存在し，一般にDNAより誤長い。
正短い

②　RNAは誤デオキシリボースを含む。
正リボース

③　RNAとDNAの化学構造で誤唯一の違いは，塩基のTがUに置き換えられている点である。
正塩基の

④　RNAは一般にDNAの塩基配列を相補的に写し取ってできる。

⑤　RNAはヌクレオチドが構成単位となっている。

RNAは一般にDNAから転写されてできる。RNAはDNA同様，「リン酸－糖－塩基」からなるヌクレオチドが多数結合した高分子化合物である。RNAのヌクレオチドを構成する糖はリボース，塩基はA，U，G，Cである。

問2 塩基対に関する説明として正しいものを，次の①～⑤のうちから二つ選べ。

① 複製の際に誤mRNAとDNAの間で塩基対ができる。
正DNA

② 翻訳の際にmRNAと誤DNAの間で塩基対ができる。
正tRNA

◎③ 翻訳の際にmRNAとtRNAの間で塩基対ができる。

◎④ 転写の際にmRNAとDNAの間で塩基対ができる。

⑤ 転写の際にmRNAと誤tRNAの間で塩基対ができる。
正DNA

塩基対は，複製ではDNAとDNAの間に，転写ではDNAとmRNAの間に，翻訳ではmRNAとtRNAの間にできる。

問3 DNAの複製や遺伝子の発現に関する説明として正しいものを，次の①～⑤のうちから二つ選べ。

◎① DNAの複製は，主として細胞周期のS期に行われる。

② もとのDNAと全く同一のDNAが合成されることを，誤セントラルドグマという。
正複製

③ DNAの遺伝情報をもとにmRNA（伝令RNA）が合成される過程を，誤翻訳という。
正転写

④ mRNA（伝令RNA）分子は，誤二重らせん構造をもつ。
正1本鎖

◎⑤ 筋細胞にもインスリン遺伝子は存在するが，発現していない。

様々に分化した細胞も，もともとは1個の受精卵が体細胞分裂によって増えてできたものであるため，どの細胞も基本的に同じ遺伝情報をもっている。

問4 tRNA（転移RNA）に関して**誤っているもの**を，次の①～⑤のうちから二つ選べ。

① mRNAの情報に対応したアミノ酸をリボソームに運搬する。

② コドンと相補的な塩基配列をもつ。

◎③ tRNAは誤RNAを鋳型として合成される。
正DNA

④ tRNAにはアミノ酸が結合するが，どのアミノ酸が結合するかは決まっている。

◎⑤ アミノ酸を運搬した後にtRNAは誤酵素により分解され，再利用されることはない。
正再利用される

mRNA，tRNA，rRNAいずれもDNAを鋳型として合成される。tRNAは分子内の塩基による水素結合によって，1本のヌクレオチド鎖が平面的にみるとクローバー型となっている。tRNAの働きはmRNA のコドンを認識することとアミノ酸を結合することである。mRNAのコドンを認識し結合する部位をアンチコドンという。

問5 タンパク質の合成に関連して，次の文章中の［ア］・［イ］に入る数値としてそれぞれ最も適当なものを，下の①～⑦のうちから一つずつ選べ。ただし，同じものを繰り返し選んでもよい。

DNAの塩基配列は，まずRNAに転写され，コドンとよばれる塩基3つの並びが一つのアミノ酸を指定する。例えば，UGGというコドンはトリプトファンというアミノ酸を指定し，UCX（XはA, C, G, またはUを表す）およびAGY（YはUまたはCを表す）はいずれもセリンというアミノ酸を指定する。塩基配列に偏りがないと仮定すると，任意のコドンがトリプトファンを指定する確率は［ア］分の1であり，セリンを指定する確率はトリプトファンを指定する確率の［イ］倍と推定される。

① 4　イ②　6　③ 8　④ 16
⑤ 20　⑥ 32　ア⑦　64

アについて，塩基は4種類あり，「塩基3つの並びが一つのアミノ酸を指定する」ことから，コドンの組み合わせは，4×4×4＝64通りある。このうち，トリプトファンを指定するコドンはUGGの1つのみなので，求める確率は1/64となる。イについて，セリンを指定するコドンは6種類（UCA，UCC，UCG，UCU，AGU，AGC）あるので，確率は6/64となり，セリンを指定する確率は6種類÷1種類＝6倍となる。

57 ［パフ］（p.55）

解答
問1. ②　問2. ①　問3. ④

リード文 Check

次の文章を読み，下の問いに答えよ。
図はショウジョウバエの蛹化前から蛹化完了までのAだ腺染色体のパフの位置変化を示したものである。

ベストフィット
Aだ腺染色体はショウジョウバエやユスリカのだ腺の細胞核中にみられる巨大な染色体である。パフの位置では転写が盛んに行われているので，発生の段階でパフの位置が異なるということは転写される遺伝子が異なることを意味する。

正誤 Check

問1　パフの部分で行われている特徴的な反応として最も適当なものを，次の①～⑤のうちから一つ選べ。
① DNAの合成　② RNAの合成
③ タンパク質の合成　④ 糖の合成　⑤ ATPの合成
パフでは染色体の束がほどけてふくらんでおり，転写が盛んに行われてRNAが合成されている。

問2　図中の①～④の遺伝子のうち，幼虫形質の維持に必要と考えられる遺伝子はどれか。最も適当なものを，①～④のうちから一つ選べ。
①は幼虫の時期でのみ発現していて，蛹化開始以降は発現していないことから，幼虫形質の維持に必要と考えられる遺伝子である。

問3　図に示された結果からは示すことができないものについて述べているのはどれか。最も適当なものを，次の①～④から一つ選べ。
① 幼虫の期間中に発現し，蛹の期間中は発現しない遺伝子がある。
② 幼虫の期間中には発現せず，蛹の期間中に発現する遺伝子がある。
③ 幼虫の期間中と蛹の期間中，どちらにも発現している遺伝子がある。
④ 一度発現した後，しばらくしてから再び発現する遺伝子がある。
実際にはそのような遺伝子は存在するが，この実験結果（図）からは示すことができないため，④は誤り。

●コドンのゆらぎ

アミノ酸を指定するそれぞれのmRNAのコドンについて，一つずつtRNAが存在するのであれば，61種類のtRNAが存在することになる。しかし，実際にはtRNAは全部で45種類程度であり，二つ以上のコドンに結合できるtRNAが存在することになる。これは，mRNAのコドンの3番目の塩基とtRNAの対応するアンチコドンの塩基対形成が，コドンの1番目や2番目の塩基対形成ほど厳密ではないためである。たとえば，tRNAアンチコドンのウラシル(U)は，mRNAコドンの3番目のアデニン(A)とグアニン(G)のどちらとも塩基対を形成することができる。このような塩基対形成のあいまいさを「コドンのゆらぎ」という。特定のアミノ酸に対するコドンで3番目の塩基が異なることが多い理由は，コドンのゆらぎにより説明することができる。

●巨大な染色体―だ腺染色体

ショウジョウバエやユスリカの幼虫のだ腺の細胞の中には，だ腺染色体とよばれる巨大な染色体がみられる。数千本の染色体が束になったもので，多糸染色体ともいう。ほかの細胞でみられるふつうの染色体の100～200倍もあり，肉眼でもみえるほどの大きさである。だ腺染色体は，細胞分裂をともなわないDNAの複製が繰り返し行われることで形成される。染色分体(DNAの複製後，染色体の中央の一部で結合した状態の染色体)が互いに融合したまま複製が複数回行われるため，巨大な染色体となる。だ腺染色体には，バーコードのようなしま模様がみられ，これを手がかりにして染色体の異常や遺伝子が発現している場所を調べたり，分類学的な同定をしたりするのに利用されている。特定のタンパク質を大量に生成する細胞でよくみられる。

3章 ヒトのからだの調節

1節 体内環境　標準問題

58 [体液の組成と働き] (p.62)

解答

(1) **ア**—恒常性　**イ**—リンパ液　**ウ**—体内　**エ**—血しょう　**オ**—酸素　**カ**—血液凝固　**キ**—骨髄　**ク**—肝臓　**ケ**—グルコース　**コ**—尿素
(2) 赤血球，血小板
(3) 赤血球，血小板
(4) ヘモグロビン
(5) タンパク質

ベストフィット 血球の中で，血管壁を通過できるのは白血球だけである。

解説

(1) 脊椎動物の体液は，血液・組織液・リンパ液に分けられる。体液は細胞内液と細胞外液に分けて考えられることもあるが，一般的には細胞内液は体液に含まない。体積比で血液の45％ほどを占める血球(大半は赤血球)は，椎骨や胸骨，上腕骨や大腿骨など，比較的太い骨の内部にある骨髄において，造血幹細胞と呼ばれる共通の細胞から分化して生じる。赤血球の寿命は約120日，血小板の寿命は10日ほどで，古くなったものは，ひ臓や肝臓でマクロファージに取り込まれて破壊され，分解産物は肝臓で処理される。

(2) 白血球は毛細血管を構成する内皮細胞の間をすり抜けて組織中へ出るが，赤血球と血小板は通り抜けることができない。白血球は，血管系やリンパ系を通って絶えず体内を巡回し，侵入してくる病原体からからだを守っている。感染がみつかったときには，白血球は血液中から組織の損傷部位へと移動しなければならない。その際，白血球は，遊出と呼ばれる過程を経て血管壁を通過する。

(3) 赤血球は，骨髄で分化して生じる際，最終的に脱核し，酸素を消費するミトコンドリアやそのほかの細胞小器官を失った後，骨髄を出ていく。ただし，哺乳類以外の脊椎動物の赤血球には核がある。血小板は，造血幹細胞から分化した巨核球の細胞質が数千個にちぎれて生じるために核をもたない。

(4) ヘモグロビンは鉄を含むタンパク質で，酸素の多い肺では酸素と結合し，酸素の少ない組織ではこれを放すことによって酸素の運搬を行う。ヒトの赤血球の乾燥重量の約9割はヘモグロビンで占められる。

(5) 血しょう中には約7％のタンパク質(アルブミン，グロブリン，フィブリノーゲンなど)が含まれる。低分子物質は毛細血管の血管壁を通過できるが，高分子の血しょうタンパク質は通過できない。

59 [血液の循環] (p.62)

解答

(1) **ア**—右心房　**イ**—ペースメーカー　**ウ**—自律　**エ**—体循環　**オ**—右心室　**カ**—左心房　**キ**—左心室
(2) e—右心房　f—左心房　g—右心室　h—左心室
(3) h→b→a→e→g→c→d→f→h

(4) a, c, e, g
(5) h （理由）肺のみへ血液を送り出す右心室(g)に比べ，全身へ血液を送り出す左心室(h)のほうがはるかに大きな収縮力が必要となるから。

ベストフィット ヒトの心臓は2心房2心室からなり，血液の循環経路は体循環と肺循環に分かれる。

解説

(1) 哺乳類および鳥類の心臓は2心房2心室で，血液の循環経路は肺循環と体循環に明確に分かれており，酸素を多く含む動脈血と二酸化炭素を多く含む静脈血が混じり合うことなく，酸素を効率よく各組織へ運ぶことができるようになっている。心房と心室は交互に収縮を繰り返すことにより，肺におけるガス交換を円滑に進めるとともに，血液を全身の隅々にまで送り出している。心臓の拍動のリズムは，右心房と上大静脈の境界付近にある洞房結節の一群の心筋細胞の自発的な収縮活動に基づく。洞房結節で生じる興奮(電気的な信号)は，特殊な心筋細胞からなる刺激伝導系と呼ばれるルートを経て，心房，次いで心室へと伝えられるので，まず心房が収縮し，その後，心室が収縮することになる。洞房結節には自律神経が接続しており，交感神経が働くと心拍数が増加し，副交感神経が働くと心拍数は減少する。
(2) 血液を受け入れる部屋が心房，血液を送り出す部屋が心室である。また，心臓を描いた図は，特に断りがない限り，ヒト(動物)を腹面からみたものを示す。したがって，図の左側が右心房，右心室となり，右側が左心房，左心室となる。
(3) aは全身をめぐった血液を右心房に戻す大静脈(下大静脈)，bは左心室から血液を全身に送り出す大動脈，cは右心室から左右の肺へ血液を送り出す肺動脈，dは肺をめぐった血液を左心房に戻す肺静脈である。
(4) 全身の組織を巡り，二酸化炭素を多く含む暗赤色の血液(静脈血)は，大静脈(a)から右心房(e)に流れ込み，右心室(g)，肺動脈(c)を経て肺へ送られる。
(5) 実際に，ヒトの心臓の左心室壁の厚さは10mm前後，右心室壁の厚さはその1/3～1/4ほどである。

60 ［酸素解離曲線］(p.63)

解答

(1) ア―大き(高)　　イ―小さ(低)
(2) 68 %

ベストフィット 酸素ヘモグロビンの割合は，酸素濃度が高いほど大きく，二酸化炭素濃度が高いほど小さくなる。

解説

(1) 酸素解離曲線は，実際には，酸素と結合しているヘモグロビン(酸素ヘモグロビン)の割合を示しているので，「酸素結合曲線」として捉えたほうがわかりやすい。ヘモグロビンの酸素との親和性は，酸素濃度，pH，温度などの条件によって変化する。酸素ヘモグロビンの割合は，酸素濃度が高いほど大きいが，pHが低いほど，また，温度が高いほど小さくなる。二酸化炭素濃度が高くなると，赤血球内部のpHが低くなり，ヘモグロビンの酸素との親和性は低下する。酸素濃度が高く二酸化炭素濃度が低い肺では，大半のヘモグロビンが酸素と結合するが，末端の組織では，呼吸が活発に行われるほど酸素濃度が低下し，二酸化炭素濃度が上昇するので，より多くの酸素が供給されることになる。なお，ヘモグロビンの，一酸化炭素との親和性は，酸素との親和性に比べて200倍以上とはるかに大きい。そのため，一酸化炭素を吸い込むとヘモグロビンの酸素運搬の働きが低下し，特に酸素を多く消費する脳や心臓の機能に重大な障害を生じる(一酸化炭素中毒)。

(2) 酸素分圧が100mmHg，二酸化炭素分圧が40mmHgの肺胞における酸素ヘモグロビンの割合は95％，酸素分圧が30mmHg，二酸化炭素分圧が70mmHgの組織における酸素ヘモグロビンの割合は30％であることを，図から読み取ることができる。したがって，肺胞で酸素と結合したヘモグロビンのうち，組織で酸素を解離したヘモグロビンの割合(％)は，$\frac{95-30}{95}\times 100 \fallingdotseq 68$(％)となる。

61 [血液凝固] (p.63)

解答

(1) ア—血小板　イ—フィブリン　ウ—血ぺい
(2) 血液凝固反応
(3) 線溶(フィブリン溶解)

ベストフィット 血管が損傷を受けたとき，血小板が作る凝集塊と，血液凝固反応の結果できる血ぺいによって損傷箇所を埋め，出血を止める。

解説

(1)(2) 血管が損傷を受けると，傷ついた血管の内皮に血小板が接着，凝集して損傷箇所を埋める(一次止血)。次いで，血小板および血しょうに含まれる多様な凝固因子の働きによって生じた繊維状のフィブリンが赤血球や白血球を絡め取って血ぺいと呼ばれる凝固塊を形成し，血ぺいは血小板の凝集塊とともに損傷箇所を埋める(二次止血)。止血の過程における後者の一連の反応を血液凝固反応という。

(3) 血管内に形成された血ぺいは血流を阻害する。このため，血管の修復に伴って血しょう中の不活性なプラスミノーゲンが酵素活性をもつプラスミンに変化し，プラスミンの作用によってフィブリンが分解され，血ぺいは取り除かれる。

62 [腎臓の構造と働き] (p.63)

解答

(1) ア—ネフロン(腎単位)　イ—糸球体　ウ—タンパク質　エ—原尿　オ—細尿管　カ—塩類濃度
(2) 肝臓で，アンモニアから生成される。
(3) ホルモン—バソプレシン
部位—脳下垂体後葉

ベストフィット 腎臓は，ネフロンにおけるろ過と再吸収により，老廃物の排出とともに体液の塩類濃度と循環血液量の調節を行っている。

解説

(1) ヒトの腎臓は，握り拳大，扁平で，ソラマメのような形をしており，横隔膜下，背側部の左右に1対あって，血液の水分量と塩類濃度を調節するとともに，老廃物の排出を行い，体液の恒常性の維持において極めて重要な役割を担っている。機能上の単位であるネフロン(腎単位)は，分枝した毛細血管の塊(糸球体)をボーマンのうが包む腎小体とボーマンのうから伸びる細尿管からなり，一つの腎臓に100万個ほどある。血しょう成分の調節は，腎小体におけるろ過と，細尿管および細尿管に連なる集合管における再吸収の2段階の過程を経て行われている。

(2) 肝臓は多様な機能を営む臓器であるが，その一つに尿素の生成がある。タンパク質やアミノ酸の分解産物として体内に生じる有害なアンモニアは，肝臓で毒性の低い尿素に変えられ，腎臓から排出される。

(3) 脳下垂体後葉から分泌されるバソプレシンは，腎臓の集合管に作用して，原尿から血液中への水の再吸収を促す。結果として，排出する尿量の抑制と血液量の維持につながるため，バソプレシンは抗利尿ホルモンまたは血圧上昇ホルモンともいわれる。

63 ［腎臓の働き］(p.64)

解答

(1) ア—0　イ—1.0　ウ—0

(2) グルコース

(3) クレアチニン　(濃縮率) 80倍

ベストフィット 腎臓の細尿管と集合管では，原尿中の水と有用成分が選択的に再吸収される。

解説

(1) 血しょう中のタンパク質は糸球体の血管壁を通過できないので，原尿にはタンパク質が含まれない。一方，グルコースは糸球体の血管壁を通過して原尿中へ出るが，健康なヒトでは細尿管で再吸収され，すべてが血液中へ回収されるので，尿には含まれない。

(2) グルコースは，通常，尿中には排出されないが，血糖濃度が0.16 %を越えると，細尿管で再吸収しきれないために尿中に排出される。

(3) 濃縮率は，その成分の尿中の濃度 (mg/mL) を血しょう中の濃度 (mg/mL) で割ることによって求められる。クレアチニンの濃縮率は (0.8mg/mL) / (0.01mg/mL) = 80 (倍) となり，表の血しょう中の成分の中で最も大きい。クレアチニンは，筋肉においてエネルギーの供給源として使われるクレアチンリン酸の代謝産物で，血液によって腎臓へ運ばれ，糸球体でろ過された後，細尿管でほとんど再吸収されることなく，尿中へ排出される。このため，クレアチニンの血液中の濃度と尿中の濃度，および尿の量から糸球体におけるおおよそのろ過量を推定し，この値 (クレアチニンクリアランス) をもとに腎臓の機能を調べることが行われている。

64 ［肝臓の働き］(p.64)

解答

(1) ア—体温　イ—肝動脈　ウ—肝門脈　エ—グリコーゲン　オ—血糖濃度　カ—アンモニア　キ—尿素　ク—胆のう　ケ—脂肪

(2) 解毒作用

(3) ビリルビン　破壊された赤血球のヘモグロビンに由来する。

(4) 小腸を流れた血液には吸収された栄養分や有害物質が含まれるため，肝臓で栄養分の量を調節したり，有害物質を無毒化する必要があるから。

ベストフィット 肝臓は，血しょうタンパク質の合成，栄養分の貯蔵，解毒などによって，血液成分の調節を行い，体液の恒常性の維持に直接関わっている。

解説

(1) ヒトの肝臓は，体重の約50分の1，1～1.5kgほどの体内最大の器官であり，構造的・機能的な単位である肝小葉が約50万個集合してできている。肝小葉の一つ一つは，約50万個の肝細胞で構成されている。肝細胞では，500を超える多様な化学反応が活発に行われており，肝臓は「体内の化学工場」ともいわれる。肝小葉には，酸素を豊富に含む血液が肝動脈を通って流れるとともに，消化管を経由した血液が肝門脈を通って流れ込む。肝細胞は，消化管で吸収された物質の一部を貯蔵，あるいは他の物質に変えることによって，血しょう成分の調整を行っている。また，肝小葉には，血管とは別に，毛細胆管が分布しており，肝細胞における活発な代謝によって生じた不要な物質は胆汁として毛細胆管に放出される。胆汁は，一時的に胆のうに蓄えられた後，胆管を経て十二指腸中に出される。胆汁は，いわば「廃液」であり，肝臓は排出器官としても機能しているということができる。

(2) 酒類に含まれるアルコール（エタノール）は，中枢神経系の働きを抑制する有害物質である。アルコールは，胃および小腸から血液中に吸収され，肝細胞に取り込まれた後，酵素の働きによって酢酸にまで分解される。また，病気の治療のために服用する薬剤の多くは解毒の対象となり，同じ種類の薬を使い続けると，その薬に対する解毒作用が強化されるためにしだいに効きにくくなる。したがって，多量の飲酒や薬の多用は肝臓に大きな負荷をかけることになる。

(3) 胆汁に含まれる黄色の色素（ビリルビン）は，古くなって破壊された赤血球に含まれていたヘモグロビンが肝臓で分解されて生じたものである。ビリルビンは大腸の腸内細菌の働きによってウロビリノーゲンと呼ばれる色素に変化し，便の色のもとになる。

(4) 消化管では栄養分が血液中に吸収されるが，食物に含まれる有害物質が血液中に取り込まれることもある。こうした血液がそのまま心臓に戻されると，全身を巡る血液の成分組成は大きく変動し，また，全身の細胞が有害物質の影響をこうむることになる。しかし，実際には，消化管を流れた血液は，肝門脈を経て肝臓に流れ込み，そこで，血液中の各種成分の濃度が調節されるとともに，有害物質の無害化が行われているので，体内環境の好適な状態が保たれる。

●「赤血球の構造の妙」～酸素を使わない酸素の運び屋～

ヒトの赤血球は，直径が約6～9μm，厚さが約2μmの円盤状で，中央がくぼんだ形をしており，血液$1mm^3$中に約500万個ある。これに対して，魚類や両生類の赤血球は，楕円形で大きく，数が少ない。この違いにはどのような意味があるのだろうか。

100gの粘土を使って球形の団子を作るとしよう。100gの粘土で1個の団子を作るのと10gの団子を10個作るのでは，団子1個あたりの表面積は100gの団子のほうが大きい（100gの団子：10gの団子≒4.6：1）が，総表面積は，10gの団子10個の方が大きくなる（100gの団子1個：10gの団子10個≒4.6：10）。次に，10gの粘土で作った球形の団子を上から押しつぶして平たくする。団子の表面積は平たくするほど大きくなる。平たくなった団子の中央をくぼませると，表面積はさらに大きくなる。哺乳類の中にはヒトのものより小さい赤血球をもつものがあるが，その形状はよく似ている。

一方，哺乳類の赤血球の内部には，設計図の格納庫である核のほか，ATPを生成するミトコンドリアなどの細胞小器官やタンパク質の合成に関わるリボソームがなく，細胞質は水とヘモグロビンでほぼ満たされている。ミトコンドリアがないために，必要なATPは解糖系と呼ばれる酸素を使わない反応系によって作られる。

哺乳類は，体温を維持するために多くのエネルギーを消費し，そのエネルギーを得るために，相当量の酸素を使う。酸素は赤血球に含まれるヘモグロビンと結合して運搬されるが，哺乳類では，ヘモグロビンの総量を多くするとともに，血しょう中の酸素と接触する赤血球の表面積を大きくすることにより，酸素の運搬効率を高めているといえる。

赤血球は，血管の中を転がりながら高速で移動するために消耗は激しく，ヒトの場合，その寿命は120日ほどである。古くなった赤血球はひ臓や肝臓で破壊，処理され，骨髄では常時，膨大な数の赤血球が作られている。

演習問題

65 ［血液循環］(p.65)

解答

問1. A：肺

（理由）身体の各部から心臓に戻るすべての血液が肺へ送られるので，血流量が最も多いAは肺である。

B：骨格筋

（理由）骨格筋では，安静時に比べて運動時に酸素とエネルギーが最も多く消費されるので，運動時には肺に次いで血流量が大きく増加する。

問2. 1分

問3. 0.04cm/秒

リード文 Check

次の文章を読み，下の問いに答えよ。

ヒトの全身を流れる血液の量は，体重の約13分の1を占める。この血液の流量の調節は，A心臓の拍動の頻度や収縮力の強弱を調節することで行われている。また，B組織や器官ごとへの血流量の調節は，各臓器の毛細血管への入口の大きさを変えることで行われている。

ベストフィット

A心臓の拍動の調節は，自律神経によって行われている。
B末梢の血管の血流量の調節は，おもに交感神経によって行われている。

解説

問1 図1は，ヒトの安静時と運動時の主要な臓器(脳，肺，腎臓，肝臓と消化管，骨格筋)の血流量を示している。グラフのAとBはどの臓器の血流量を示しているか，それぞれ選んで答えよ。また，そのように考えた理由を述べよ。

毛細血管は一層の内皮細胞からなるが，毛細血管へ血液を送り込む細動脈の血管壁は内皮細胞の層とそれを取り巻く筋細胞(平滑筋)の層からなっている。細動脈の平滑筋層には交感神経が分布しており，おもに交感神経の働きによって毛細血管における血流量が調節されている。運動時には，心泊出量は増加し，血圧が上昇するが，C～E(脳，腎臓，肝臓と消化管)における血流量は安静時とほとんど変わらない。これは，交感神経の作用によって細動脈の平滑筋が収縮し，毛細血管への血液の流入が抑制されているからである。一方，骨格筋(B)に血液を送り込む細動脈の平滑筋の収縮の度合いは相対的に小さく，その結果，運動時の骨格筋における血流量は，安静時と比べて増大する。

問2 血液量と血流量から計算すると，左心室を出た血液が再び左心室に戻る時間はどのくらいになると推定されるか。計算して答えよ。ただし，体重は65kg，血液の密度は1g/1mL，血流量は図1の安静時の値とする。

体重が65kgのヒトの血液の重量は65kg × 1/13 = 5kgなので，血液の体積は5Lとなる。1分間に左心室から全身に送り出される血液の量は，1分間に肺を流れる血液の量と等しいので，図1から，安静時におけるその量は5L/分であることがわかる。したがって，左心室を出た5Lすべての血液が再び左心室に戻るのに要する時間は，5L ÷ 5L/分 = 1分となる。

問3 図2は，ヒトの左心室から右心房までの体循環の血管系の模式図である。また，表は各血管部位の性質をまとめたものである。安静時において，大動脈での平均血流速度が20cm/秒であるとすると，毛細血管での血流速度はどのような値であると推定されるか。計算して答えよ。

血液の流速は，血管の内径が大きいほど遅くなり，同じ量の血液が流れる速さは，血管内部の断面積に反比例する。大動脈の内径に比べて毛細血管の内径ははるかに小さいが，毛細血管の総断面積($2500cm^2$)は大動脈の断面積($5cm^2$)の500倍なので，毛細血管における血流速度は，大動脈での血流速度の1/500になると考えられる。したがって，20cm/秒 × 1/500 = 0.04cm/秒となる。

66 [心臓の構造と働き] (p.65)

解答

問1. 房室弁―閉じている　大動脈弁―閉じている　**問2.** イ

リード文 Check

次の文章を読み，下の問いに答えよ。

図はヒトの心臓の左心室内における圧変化と容積変化の関係を模式的に示している。血液は左心房からA房室弁を通って左心室に入り，B大動脈弁を通って左心室から出ていく。図において，心臓が収縮を始めると，左心室内の圧が**ア**から**イ**へと上昇し，続いて左心

ベストフィット

A房室弁は心房と心室の間にあって，心室から心房への血液の逆流を防いでいる。左心房と左心室の間にある房室弁を僧帽弁，

室内の容積が**イ**から**ウ**を通って**エ**へと減少する。弛緩が始まると，左心室内の圧が**エ**から**オ**へと低下し，続いて左心室内の容積が**オ**から**ア**へと増加する。こうして心臓の収縮と弛緩の一つのサイクルが終了する。房室弁と大動脈弁は血流の逆流を防ぐ。

右心房と右心室の間にある房室弁を三尖弁という。
B大動脈弁は左心室と大動脈の間にあって，大動脈からの左心室への血液の逆流を防いでいる。

正誤 Check

問1　図の曲線が下線部のように**エ**から**オ**へと変化するとき，房室弁と大動脈弁はそれぞれどのような状態にあるか。「開いている」または「閉じている」のいずれかで答えよ。

エから**オ**の間には左心室容積に変化がないことから，房室弁と大動脈弁の両方が閉じていて，左心室内における血液の流入も流出もないと考えられる。

問2　ヒトの血圧は，心臓が大動脈内に血液を送り出すことに伴って上昇し，その後は降下していく。このため，心臓が収縮と弛緩を繰り返すとき，大動脈内の血圧は上昇と降下を繰り返すことになる。心臓に近接する大動脈内の血圧が最低となる時期として最も適当なものは図の**ア**～**オ**のうちどれか。

エから**イ**の間は，左心室からの血液の流出はなく，大動脈内の圧力は次第に降下し，**イ**の時点で最低となる。

67　［酸素の運搬］(p.66)

解答

問1. 鮮紅色の血液―動脈血　暗赤色の血液―静脈血

問2. 中央がくぼんだ円盤状をしており，核，その他の細胞小器官がない。

問3. 鉄

問4. 曲線ア　(理由) 胎児ヘモグロビンは，酸素との結合のしやすさが成人のヘモグロビンよりも高く，酸素濃度が低い胎盤において，母体のヘモグロビンから解離した酸素を受け取ることができると考えられるため。

問5. (1) 肺：97 %，組織：60 %　(2) 37 %　(3) 36 %　(4) 28 %
(5) BPGが存在することで，酸素濃度が低い組織でヘモグロビンが酸素を解離しやすくなる。また，BPG濃度が高地で高くなることで，酸素濃度の低い高地でも，低地の場合とほぼ同じ量の酸素を組織に供給することができるようになる。

リード文 Check

次の文章を読み，下の問いに答えよ。

ヒトの肺から取り込まれた a 酸素は血液の循環によって体内の他の組織に運搬される。血液中での酸素運搬を担うのは，b 赤血球に含まれるヘモグロビンであり，**A** 酸素濃度が高い肺の毛細血管では，酸素と結合したヘモグロビン（酸素ヘモグロビン）の割合が高くなるが，酸素濃度が低い組織では，酸素ヘモグロビンの割合が低くなる。肺と組織での酸素ヘモグロビンの割合のこうした差は，ヘモグロビンによって肺から組織へと運ばれる酸素の量に対応する。ヘモグロビンは，c ある金属元素を含むヘムと呼ばれる赤い色素と，グロビンと呼ばれるタンパク質からできているが，**B** 成人のヘモグロビンと胎児のヘモグロビンでは，その構造に違いがあり，酸素との結合のしやすさが異なる。このため，d 胎盤において胎児と母体の間で酸素の受け渡しを行う際に，母体が運んできた酸素を胎児のヘモグロビンが受け取りやすくなっている。

ベストフィット

Aヘモグロビンと酸素が結合する反応は可逆反応であり，酸素濃度が高いほど，また，二酸化炭素濃度が低いほど，酸素ヘモグロビンの割合は大きくなり，酸素濃度が低いほど，また，二酸化炭素濃度が高いほど，酸素ヘモグロビンの割合は小さくなる。
B胎児型ヘモグロビン (HbF) は，成人型ヘモグロビン (HbA) よりも酸素と結合しやすい。

正誤Check

問1　下線部**a**について，酸素を多く含む鮮紅色の血液と，酸素が少なく暗赤色の血液はそれぞれ何と呼ばれるか。

血液の色の違いは，酸素と結合したヘモグロビン（酸素ヘモグロビン）の割合の違いによる。肺静脈および動脈を流れる血液は動脈血であり，静脈および肺動脈を流れる血液は静脈血である。

問2　下線部**b**について，ヒトの赤血球の形状および内部構造の特徴を簡潔に述べよ。

ヒトの赤血球は，中央がくぼんだ円盤状の形を呈することで単位体積あたりの表面積（酸素との接触面積）が大きくなっており，それによって，ヘモグロビンによる酸素の運搬効率が高くなっている。

問3　下線部**c**について，ヘモグロビンに含まれる金属元素は何か，答えよ。

鉄はヘモグロビンのヘムと呼ばれる部分の構成要素となっており，酸素との結合において重要な働きをしている。古くなった赤血球はひ臓および肝臓で破壊され，そのときにヘモグロビンも分解されるが，鉄のほとんどは，ヘモグロビンの合成などに再び利用される。

問4　下線部**d**について，成人と胎児のヘモグロビンの性質の違いは，図のような，酸素濃度と全ヘモグロビンに対する酸素ヘモグロビンの割合との関係（酸素解離曲線）から理解できる。成人におけるヘモグロビンの酸素解離曲線が図の実線で示した曲線のようになるとき，胎児におけるヘモグロビンの酸素解離曲線と考えられるものを図中の３つの曲線**ア**，**イ**，**ウ**の中から選び，そのように考えた理由を述べよ。ただし，胎盤の酸素濃度（相対値）は約30である。

ヘモグロビンは，酸素濃度の高い肺では，そのほとんどが酸素と結合して酸素ヘモグロビンになるが，酸素濃度の低い胎盤では酸素が解離するので，酸素ヘモグロビンの割合は低下する。しかし，成人型ヘモグロビンと胎児型ヘモグロビンでは酸素との結合のしやすさが異なり，胎児型ヘモグロビンのほうが成人型ヘモグロビンよりも多くの酸素を保持することができる（図中**ア**）。そのため，母体のヘモグロビンから離れた酸素を胎児のヘモグロビンが受け取ることができる。

問5　ヘモグロビンと酸素との結合は赤血球中のBPGと呼ばれる物質によって調節されており，BPG濃度と酸素濃度，全ヘモグロビンに対する酸素ヘモグロビンの割合（％）の関係は表のようになる。ヒトの赤血球中のBPG濃度は低地（海抜0 m）では1リットルあたり1.2グラム（1.2g/L）だが，高地（海抜4500 m）では2.0g/Lである。低地での肺の酸素濃度を100，高地での肺の酸素濃度を55，低地および高地での組織の酸素濃度を30として，次の⑴～⑸に答えよ。

⑴　低地での，肺および組織における全ヘモグロビンに対する酸素ヘモグロビンの割合はそれぞれ何％か。

BPGは，酸素ヘモグロビンとの結合は弱いが，ヘモグロビンとは強く結合してその構造を安定化させ，ヘモグロビンと酸素の結合のしやすさを低下させる。そのため，BPGが存在し，酸素濃度の低いところでは，酸素と結合するヘモグロビンの割合が低下する。低地での赤血球中のBPG濃度は1.2g/Lなので，肺（酸素濃度100）では97 ％のヘモグロビンが酸素と結合しているが，酸素濃度の低い組織（酸素濃度30）では，その割合が60 ％に低下する。

⑵　低地では，全ヘモグロビンの何％が肺から組織へと運ばれる間に酸素と解離するか。

肺における酸素ヘモグロビンの割合は97 ％，組織における酸素ヘモグロビンの割合の割合は60 ％なので，その差，97 ％－60 ％＝37 ％ のヘモグロビンが酸素を解離することになる。

⑶　高地では，全ヘモグロビンの何％が肺から組織へと運ばれる間に酸素と解離するか。

高地での赤血球中のBPG濃度は2.0g/Lなので，肺（酸素濃度55）における酸素ヘモグロビンの割合は84 ％，組織（酸素濃度30）における酸素ヘモグロビンの割合は48 ％になる。したがって，その差，84 ％－48 ％＝36 ％のヘモグロビンが酸素を解離することになる。

⑷　高地でのBPG量が低地と同じ1.2 g/L だとしたら，高地では全ヘモグロビンの何％が肺から

組織へと運ばれる間に酸素と解離すると考えられるか。ただし，BPGは肺や組織の酸素濃度に影響を与えないものとする。

仮に，高地での赤血球中のBPG濃度が1.2g/Lだとすると，肺（酸素濃度55）における酸素ヘモグロビンの割合は88 %，組織（酸素濃度30）における酸素ヘモグロビンの割合は60 %になるので，その差，88 % − 60 % = 28 %のヘモグロビンが酸素を解離することになる。

(5) BPGの有無やBPGが低地と高地で変化することで，ヒトの体内でのヘモグロビンによる酸素運搬はどのように影響されると考えられるか説明せよ。

BPGが存在しないと（BPG濃度0g/L），酸素濃度（30,55,100）の違いにかかわらず，酸素ヘモグロビンの割合はいずれも99 %であり，酸素濃度の低い組織でも酸素ヘモグロビンは酸素を解離しないので，組織に酸素が供給されないことになる。また，高度の変化による酸素濃度の違いに伴ってBPG濃度が増加する（低地1.2g/L→高地2.0g/L）と，肺胞における酸素ヘモグロビンの割合は減少する（低地97 %→高地84 %）が，組織における酸素ヘモグロビンの割合も減少する（低地60 %→48 %）ので，高地でも，低地の場合とほぼ同じ量の酸素を組織に供給することが可能となる。

68 ［血液凝固］（p.67）

解答

問1. **ア**—血ぺい　**イ**—血友病　**ウ**—ヘパリン　**エ**—血栓　**オ**—心筋梗塞

問2. **カ**—カルシウム　**キ**—トロンビン　**ク**—フィブリン

問3. クエン酸ナトリウムを加える。ヘパリンを加える。低温下に置く。

リード文 Check

次の文章を読み，下の問いに答えよ。

血小板には，血管が傷ついて出血したとき，2つの方法により，傷口を塞いで止血する働きがある。血管が傷つくと，血小板はその箇所に集合して血管の内部から傷口を塞ぐ。一方，[A]血管外に出た血液は，血小板から放出された物質が血液中の他の物質と複雑に関わりながら血液凝固反応と呼ばれる化学反応を起こし，最終的に［ア］と呼ばれる凝固塊ができる。この［ア］によって血管の外から蓋をして血液の流出を止める。ヒトの中には[B]血液凝固反応に関わる因子の一部が先天的に不足しているために，けがをした際，出血が止まりにくい場合がある。こうした遺伝性の疾患は［イ］と呼ばれる。

血液中には肝臓から血液凝固を抑制する［ウ］と呼ばれる物質が分泌されているが，何らかの原因で，血管内で血小板凝集や血液凝固が起こることがある。こうしてできた塊が血管を塞いだものを［エ］という。脳の血管に［エ］が詰まって起こる障害を脳梗塞，心臓の組織に血液を供給する冠動脈に［エ］が詰まって起こる障害を［オ］と呼んでいる。

ベストフィット

[A]流出した血液の中では血液凝固反応が起こり，血ぺいが形成される。出血部位をおおうかさぶたは，血ぺいが乾燥したものである。

[B]血液凝固反応には12種類の因子（カルシウムイオンと11種類のタンパク質）が関わっている。

正誤 Check

問1 文中の**ア**～**オ**に適語を入れよ。

血液凝固反応は，その進行に関わる12種類の因子がすべてそろわないと完結せず，フィブリンが形成されない。血友病は，その中の2種類の因子（タンパク質）のうちのいずれかの合成に関わる遺伝子に変異があるために発症する。これらの遺伝子はX染色体上にあり，多くの場合，血友病は男性に現れる。

血管内の損傷箇所に形成された血小板の凝集塊や血液の凝固塊がその部位から剥がれ，それが血栓となって他の部位の血管に詰まる（梗塞）と，その先の組織に壊死などの傷害が起こる。

問2　図は，血液凝固反応の概略を示したものである。図中の**カ**～**ク**に適当な物質名を記せ。

血液凝固反応は，トロンビン（**キ**）の作用により可溶性のフィブリノーゲンから繊維状のフィブリン（**ク**）が形成されることによって完結する。不活性なプロトロンビンが酵素活性をもつトロンビンに変化する過程には，カルシウムイオン（**カ**）のほか，様々な凝固因子が働いている。

問3　血液凝固反応の進行を阻止または抑制する方法として考えられることを3つ記せ。

肝臓で作られるヘパリンには，トロンビンの活性を抑える働きがある。クエン酸ナトリウムを添加すると，血しょう中のカルシウムイオンがクエン酸カルシウムとなって除去され，トロンビンが生成されない。低温（5℃）に保つことにより，トロンビンの酵素活性が抑制される。

69 ［腎臓の働き］（p.67）

解答

問1.（1）ア―D　　イ―B　　ウ―A　　エ―C

（2）バソプレシン：脳下垂体後葉　　鉱質コルチコイド：副腎皮質

問2.（1）100mL　（2）30mg　（3）10mg　（4）2倍

ベストフィット　イヌリンは，腎小体でろ過された後，細尿管および集合管で再吸収されず，追加排出もされないので，腎小体におけるろ過量を推定するために利用される。

正誤 Check

問1　図は腎臓におけるろ過と再吸収の過程を示す模式図であり，表1は図の(A)～(D)の各部位から採取した液体の成分を示したもので，その液体中に豊富に含まれる成分を○で示している。次の(1)および(2)に答えよ。

(1)　表1の**ア**～**エ**は，それぞれ図の(A)～(D)のどの部位を流れる液体か，記号で答えよ。

アは，グルコースを含まないのでD（尿）である。**イ**は，タンパク質は含まないが，グルコースを含むのでB（原尿）である。**ウ**は，表の成分をすべて含むのでA（腎動脈の血液）である。**エ**は，尿素をほとんど含まないのでC（腎静脈の血液）である。

(2)　体液が減少したとき，水の再吸収を促すホルモンを2つあげ，それぞれを分泌する部位を答えよ。

体液の量が減少すると，脳下垂体後葉からバソプレシンが分泌され，その働きによって原尿からの水の再吸収が促進される。また，副腎皮質から分泌される鉱質コルチコイドの働きによって原尿からのナトリウムの再吸収が促進され，それに伴って水が再吸収されやすくなる。

問2　イヌリンは植物由来の水溶性の糖で，ヒトの体内では利用されず，腎小体でろ過された後，細尿管や集合管で再吸収されずに尿中に排出される。健康なヒトの静脈中にイヌリンを投与し，その後，血しょう，原尿および尿における尿素とイヌリンの濃度を調べたところ，表2に示す値が得られた。尿は1分間に1.00mL生成され，血しょう，原尿および尿の密度は1g/mLとして，次の(1)～(4)に答えよ。

(1)　1分間に生じる原尿の量は何mLか答えよ。

原尿中のイヌリンは，尿の生成の過程で100倍（1.0％/0.01％）に濃縮されている。1分間に生成する尿の量が1.00mLなので，1分間に生じる原尿の量は，1.00mL × 100 = 100mLであると考えられる。

(2)　1分間に腎小体でろ過される尿素の総量は何mgになるか答えよ。

原尿には0.030％の尿素が含まれ，1分間に生じる原尿の量は100mL，原尿の密度が1g/mLなので，1分間にろ過される尿素の量は，100mL × 1g/mL × (0.030/100) = 0.03g = 30mgになる。

(3) 尿に含まれる尿素の量を考慮すると，尿素はある程度再吸収されていることになる。1分間に再吸収される尿素の量は何mgか答えよ。

尿中の尿素の量は2.0％なので，1分間に生成する1.00mLの尿には，1.00mL × 1g/mL × (2.0/100) = 0.02g = 20mg の尿素が含まれる。したがって，1分間に再吸収される尿素の量は，30mg − 20mg = 10mgということになる。

(4) 水の再吸収率が1.0％減少すると，尿量は何倍になるか答えよ。

1分間に生成する100mLの原尿から再吸収される水の量が1.0％減少すると，100mL × (1.0/100) = 1.0mLの水がさらに尿となる計算になり，1分間の尿の生成量は，1.0mL + 1.0mL = 2.0mLに増加する。

2節 体内環境の維持のしくみ　標準問題

70 ［自律神経系］(p.72)

解答

(1) ア―交感神経　イ―副交感神経　ウ―視床下部

(2) 拮抗作用

(3) エ―促進　オ―抑制　カ―抑制　キ―促進　ク―拡張　ケ―収縮

ベストフィット 自律神経系は，交感神経と副交感神経の対抗的な作用(拮抗作用)により，各臓器の働きを無意識の中に調節している。

解説

(1) 自律神経系は，その中枢が脳幹(間脳，中脳，延髄)にあり，意思には基づかず，不随意的に各臓器に作用して，それぞれの活動を調節している。対象の臓器に直接に作用するのは神経の末端から分泌される神経伝達物質であり，交感神経の末端からはおもにノルアドレナリンが，また，副交感神経の末端からはアセチルコリンと呼ばれる神経伝達物質が分泌される。一般に，交感神経は身体の活動時に，副交感神経は安静時にそれぞれ働く傾向がある。

(2) 拮抗作用とは，ある現象に複数の要因が逆の効果をもって作用することをいう。拮抗作用は，生体における基本的な調節のしかたの一つであり，ホルモンが関係する現象においてもみられる。また，脚や腕の曲げ伸ばしに関わる伸筋と屈筋は拮抗筋と呼ばれる。

(3) 運動時など，身体的な活動が活発になると，交感神経が働いて，心拍数の増加と気管支の拡張が起こり，骨格筋へのグルコースや酸素の供給量が増大する。一方で，交感神経は，消化器に対しては，その活動を抑制し，消化器におけるエネルギーの消費を抑えるように作用する。

71 ［内分泌系］(p.72)

解答

(1) ア―血液(体液)　イ―受容体

(2) 標的細胞

(3) ウ―④　エ―③　オ―②　カ―①

(4) ウ―③，A　エ―②，B　オ―①，D　カ―④，C

(5) 電気的な変化として情報が伝えられる自律神経系では，臓器における反応は速く起こるが，作用は一過性であるのに対して，物質として情報が伝えられる内分泌系では，臓器に反応が起こるまでに時間はかかるが，作用は持続する。

ベストフィット ホルモンは内分泌腺から血液中に分泌され，そのホルモンに対する受容体をもつ標的細胞に一定の反応を引き起こさせる。

解説

(1) 細胞内で作られた物質を細胞外に放出する分泌細胞の集まりを腺といい，分泌物が体液中に分泌される腺を内分泌腺という。内分泌腺の分泌物であるホルモンは，血液によって全身の組織へ運ばれ，離れた組織や細胞の活動に一定の変化を引き起こすことから，一種の情報伝達物質と捉えることができる。

(2) ホルモンは，その分子と特異的に結合する受容体（レセプター）をもつ細胞（標的細胞）に対してのみ作用を及ぼす。受容体は，標的細胞の細胞膜または細胞内に存在する。一方，同じホルモンに対する受容体をもつ細胞であっても，ホルモンの作用によって起こる反応は，細胞の種類によって異なる。

(3)(4) **ウ.** バソプレシン：脳下垂体後葉から分泌され，腎臓の集合管に作用して，水の再吸収を促す。**エ.** パラトルモン：副甲状腺から分泌され，血液中のカルシウムイオン濃度を上昇させる。**オ.** インスリン：すい臓のランゲルハンス島のＢ細胞から分泌され，血糖濃度を低下させる働きがある。**カ.** アドレナリン：副腎髄質から分泌され，心拍数の増加や血圧の上昇，血糖濃度の上昇など，全身の活動レベルを上げる働きをもつ。

(5) 自律神経系における情報は，中枢から伸びる神経（神経繊維）を通して，興奮と呼ばれる電気的な変化として比較的速く（秒速1m程度）伝わる。しかし，対象の臓器における反応を持続させるためには，興奮を継続的に送らなければならない。他方，内分泌系における情報は，内分泌腺から分泌されるホルモンが，血流に乗って運ばれることによって伝えられる。このため，情報の伝達速度は遅いが，体液中にホルモンが残存する間は，対象の臓器における作用は持続する。

72 ［視床下部と脳下垂体］（p.73）

解答

(1) **ア**―間脳　**イ**―神経分泌　**ウ**―前葉　**エ**―放出抑制　**オ**―後葉　**カ**―アミノ酸
(2) 甲状腺刺激ホルモン

ベストフィット 内分泌系において中心的な役割を果たす脳下垂体の活動は，自律神経系の中枢である間脳視床下部の働きによって調節されている。

解説

(1) 脳下垂体前葉には腺細胞が存在し，成長ホルモンや甲状腺刺激ホルモン，副腎皮質刺激ホルモンなど，様々なホルモンが分泌される。これらのホルモンの分泌は，間脳視床下部にある神経分泌細胞から分泌される放出ホルモンや放出抑制ホルモンによる調節を受けている。一方，脳下垂体後葉には腺細胞が存在せず，バソプレシンやオキシトシンなどの後葉ホルモンは，視床下部の神経分泌細胞で作られ，後葉へ伸びる神経繊維（軸索）の末端から分泌されている。このように，前葉と後葉は構造的には異なるが，脳下垂体から出るホルモンの分泌は，直接，または間接に，視床下部の働きによって調節されている。

(2) 視床下部の神経分泌細胞で作られる放出ホルモンや放出抑制ホルモンは，視床下部と脳下垂体前葉を結ぶ血管（下垂体門脈）を流れる血液によって前葉の腺細胞へ届けられる。したがって，この血管を切断すると，前葉で作られる甲状腺刺激ホルモンや副腎皮質刺激ホルモンの分泌量が減少し，その結果，甲状腺や副腎の機能が低下することになる。

73 [ホルモン分泌の調節] (p.73)

解答

(1) **ア**—脳下垂体前葉　**イ**—糖質コルチコイド　**ウ**—放出　**エ**—副腎皮質刺激ホルモン

(2) フィードバック調節

ベストフィット ホルモンの分泌量は，フィードバック調節により調節されている。

解説

(1) 物理的(低温や紫外線)，化学的(薬剤や活性酸素)，生物的(感染や炎症)，心理的(怒りや不安)などの要因(ストレッサー)によって生体に歪み(ストレス)が生じ，バランスが崩れると，その状態から回復する過程で様々な反応(ストレス反応)が現れる。そこで重要な働きをしているのが副腎皮質から分泌される糖質コルチコイドである。糖質コルチコイド(コルチゾール，コルチコステロン，コルチゾン)には，血糖濃度の増加作用や抗炎症作用，血圧上昇作用などがあり，生体はストレスに対抗する状態に導かれる。糖質コルチコイドの作用は広範囲に及び，コルチゾールは，ヒトの遺伝子のうちの約5分の1がその影響を受けるといわれる。糖質コルチコイドの分泌は脳下垂体前葉から分泌される副腎皮質刺激ホルモンにより調節され，副腎皮質刺激ホルモンの分泌は間脳視床下部から分泌される副腎皮質刺激ホルモン放出ホルモンによって調節されている。一方，糖質コルチコイドは，脳下垂体前葉に対しては副腎皮質刺激ホルモンの分泌を，視床下部に対しては副腎皮質刺激ホルモン放出ホルモンの分泌をそれぞれ抑制するように働く。

(2) ある現象における結果がその原因となる部分に影響を及ぼすことをフィードバックという。糖質コルチコイドの分泌(結果)は，副腎皮質刺激ホルモンの分泌(原因)あるいは副腎皮質刺激ホルモン放出ホルモンの分泌(原因)を抑制するので，糖質コルチコイドの過剰な分泌は抑えられる。フィードバック調節は，生体の諸機能を調節する基本的なしくみであり，細胞内における遺伝子の発現や酵素反応など，様々な場において観察される。

74 [血糖濃度の調節] (p.74)

解答

(1) **ア**—0.1　**イ**—ランゲルハンス島　**ウ**—グルカゴン　**エ**—インスリン　**オ**—グリコーゲン
カ—視床下部　**キ**—交感神経　**ク**—副交感神経

(2) **ケ**—脳下垂体前葉　**コ**—副腎皮質　**サ**—副腎髄質　**シ**—副腎皮質刺激ホルモン
ス—アドレナリン　**セ**—糖質コルチコイド

(3) b

(4) インスリンが(ほとんど)分泌されない。

ベストフィット 血糖濃度を低下させるホルモンはインスリンのみである。

解説

(1)(2) 血糖濃度の上昇に関わるホルモンには，グルカゴンやアドレナリン，糖質コルチコイドなど，複数のものが存在するが，血糖濃度を低下させるホルモンはインスリンのみである。これは，血糖濃度の低下が生命の維持そのものを困難にすることと，かつて(地域によっては現在でも)，人類が飢餓と隣り合わせの生活を送っていたことに関わりがあると考えられる。通常，血糖濃度の維持にはグルカゴンが働くが，運動時など，消費エネルギーが増加すると，副腎髄質から分泌されるアドレナリンが働き，さらに，強いストレスにさらされたり飢餓状態に陥った場合には副腎皮質から分泌される糖質コルチコイドが働く。自律神経は，血糖濃度を調節するこれらのホルモンの分泌量を調節しており，視床下部で感知された血糖濃度の情報に基づき，血糖濃度が低下した場合には，交感神経が働いて，グルカゴンやアドレナリンの分泌を促し，血糖濃度が上昇した場合には副交感神経が働いてインスリンの分泌を促す。なお，糖質コルチコイドについては，視床下部から分泌される副腎皮質刺激ホルモン放出ホルモンの作用によって脳下垂体前葉から分泌される副腎皮質刺激ホルモンの働きによって，その分泌が促される。遺伝的な要因を背景に，肥満や生活習慣の乱れなどに起因してインスリンの分泌量が不足したり，脂肪組織や筋肉，肝臓のインスリンに対する感受性が低下（インスリン抵抗性）したりすると，血糖濃度の高い状態が持続し，腎症や網膜症，神経障害，心筋梗塞，脳梗塞などの様々な合併症を伴う糖尿病になる。

(3) 食後，血糖濃度が上昇するのに伴い，ホルモンaの血中濃度は上昇しているが，ホルモンbの血中濃度は低下している。グルカゴン（空欄**ウ**）には血糖濃度を上昇させる働きがあるので，血糖濃度が上昇する食後には，その分泌量は減少することになる。

(4) ランゲルハンス島のB細胞が免疫細胞によって破壊され，インスリンが分泌されないために糖尿病の諸症状を呈する。自己免疫疾患の一つである。若年期において比較的多く発症する。

●「臓器と臓器は会話する」～情報伝達のツールとしてのホルモンの役割～

血液検査の項目の一つにBNP値と呼ばれるものがある。この値が高いことは心臓に大きな負担がかかっていることを意味し，その場合には，心臓の精密検査が求められることになる。心不全（心臓弁や心筋，冠動脈などの異常）になると，心室の組織からBNP（脳性ナトリウム利尿ペプチド）と呼ばれる一種のホルモンが分泌される。BNPは，腎臓に作用して尿量の増加を促すとともに，血管を拡張させる。その結果，血圧は低下し，心臓にかかる負荷は軽減される。心臓からは，BNPのほかに，類似の働きをもつANP（心房性ナトリウム利尿ペプチド）やCNP（C型ナトリウム利尿ペプチド）などのホルモンが分泌されているが，これらの物質は，いずれも1980～1990年代に日本の研究者によって発見され，現在では心不全の治療薬としても使われている。一方，腎臓からは，骨髄の組織に作用して赤血球の増加を促すエリスロポエチンや血管の収縮と血圧の上昇に関わるレニンと呼ばれる物質が分泌されている。

演習問題

75 ［自律神経の働き］(p.75)

解答

問1. 延髄

問2. 洞房結節

問3. 神経X―副交感神経，神経Y―交感神経

問4. ③

リード文 Check

次の文章を読み，下の問いに答えよ。

ヒトの心臓の拍動は，右心房のある部分に生じた電気的な変化が他の部位に伝わることにより，心筋が規則的な収縮と弛緩を繰り返して起こす。心臓の拍動は，運動すると増加し，休息するともとに戻る。A この拍動数の変化は，心臓に分布する自律神経系によって調節されている。心臓の拍動に対する自律神経の影響を調べるために，カエルの心臓を用いて以下の実験を行った。

まず，2匹のカエルから取り出した心臓（心臓Aと心臓B）を，図1のように細いガラス管でつなぎ，細管を通して B 生理的塩類溶液が心臓Aから心臓Bに流れるようにした。心臓Aにはそれにつながる神経Xと神経Yを残し，それぞれに刺激電極Ⅰ，Ⅱを取りつけた。

実験1　刺激電極Ⅰを用いて心臓Aの神経Xを刺激した。そのときの C 心臓Aの拍動は図2のようになった。

実験2　刺激電極Ⅱを用いて心臓Aの神経Yを刺激した。そのときの D 心臓Aの拍動は図3のようになった。

図2と図3の1本の縦線は1回の収縮を示し，太い横線は，それぞれの神経を刺激した期間を示す。

ベストフィット

A 自律神経は右心房上部にあってペースメーカーとして働く洞房結節の心筋細胞の収縮運動を調節している。

B 体液と等しい濃度に調整した塩類溶液を生理的塩類溶液という。

C 神経Xを刺激すると，心臓Aの拍動の頻度が小さくなった。

D 神経Yを刺激すると，心臓Aの拍動の頻度が大きくなった。

正誤 Check

問1　心臓の拍動を調節している脳の部位を答えよ。

延髄は，脳の後端に位置し，肺の呼吸運動や心臓の拍動の調節のほか，嚥下（えんげ）や嘔吐（おうと）に関する中枢として働いている。

問2　文中の下線部の部位を何というか答えよ。

洞房結節にある心筋細胞群の自発的な収縮運動とともに発生する電気的な変化が，繊維状の心筋細胞からなる刺激伝導系によって心臓の他の部位に伝えられることによって，心臓の統一的な拍動が行われる。

問3　実験1と実験2の結果に基づき，神経Xおよび神経Yのそれぞれの名称を答えよ。

神経Xに電気刺激を与えると心臓Aの拍動の頻度は減少し（図2），神経Yに電気刺激を与えると心臓Aの拍動の頻度は増加している（図3）。交感神経は心臓の拍動を促進し，副交感神経は心臓の拍動を抑制するので，神経Xは副交感神経，神経Yは交感神経であると考えられる。

問4　刺激電極Ⅰで神経Xを刺激したところ，心臓Bの拍動に変化がみられた。心臓Bの拍動はどのようになると考えられるか。最も適当なものを，次の①～④のうちから一つ選べ。

心臓Aにつながる神経X（副交感神経）に電気刺激を与えると，その末端から心臓の拍動を抑制する物質が分泌され，この物質が心臓Aと心臓Bをつなぐ細管を流れて心臓Bに作用したと考えられる。したがって，神経Xに電気刺激を与えてから少し遅れて心臓Bの拍動の頻度が減少することになる。なお，神経の末端から分泌される化学物質を神経伝達物質というが，交感神経の末端からはノルアドレナリン，副交感神経の末端からはアセチルコリンと呼ばれる神経伝達物質が，それぞれ分泌される。

76 ［血糖濃度の調節］（p.75）

解答

問1. **ア**―グルカゴン　**イ**―グルコース　**ウ**―インスリン

問2. 患者Aでは，ランゲルハンス島B細胞からインスリンが分泌されない。患者Bでは，インスリンの標的細胞の受容体に何らかの変化が起こり，インスリンに対する感受性が低下している。

ベストフィット　血糖濃度は，血糖濃度の増加に関わるグルカゴンなどのホルモンと，血糖濃度の減少に関わるインスリンの拮抗作用によって調節されている。

正誤 Check

問1　右の図(1～3)は，それぞれ，健康なヒト，糖尿病患者A，糖尿病患者Bの，食事の前後における血液中の血糖，グルカゴン，インスリンの濃度の変化を示している。図中の**ア**，**イ**，**ウ**の曲線は，グルコース，グルカゴン，インスリンのうち，それぞれどれを表しているか答えよ。

食後には血糖濃度が増加するので，いずれの図においても，濃度の増加がみられる**イ**が血糖濃度の変化を表していると考えられる。また，血糖濃度が増加すると，血糖濃度を増加させるグルカゴンの分泌量は減少するので，いずれの図においても濃度の減少がみられる**ア**がグルカゴンの濃度変化を表していると考えられる。

問2　患者AおよびBの糖尿病は，それぞれどのようなメカニズムによって発症したと考えられるか。「分泌」および「受容体」の語を必ず用いて簡潔に説明せよ。

患者Aでは，血糖濃度が増加してもインスリン(**ウ**)の濃度の増加がみられないので，インスリンが分泌されないために，血糖濃度の高い状態が持続すると考えられる。患者Bでは，インスリンが十分に分泌されているにもかかわらず，血糖濃度が大きく上昇し，その後の減少のしかたも緩慢なので，インスリンの作用を受ける側の標的細胞におけるインスリンへの感受性に問題があると考えられる。

77 ［血糖濃度の調節］（p.76）

解答

問1. P―2型糖尿病マウス　Q―1型糖尿病マウス　R―正常マウス

問2. P―1　Q―3　R―2

リード文 Check

次の文章を読み，下の問いに答えよ。

ある種のA2型糖尿病ではインスリンに応答しにくくなり，インスリンが通常よりも多量に分泌されることが知られている。正常なマウスと，ヒトのB1型糖尿病と同じような病態を示すマウス(1型糖尿病マウス)，また，ヒトの2型糖尿病と同じような病態を示すマウス(2型糖尿病マウス)の合計3種類のマウスの腹部に，10％グルコース溶液を注射し，その後，30分ごとに採血して血糖濃度を測定した。その結果を図1の㋐に示す。また，同じマウスを使って，別の日に体重あたり同じ量のインスリンを腹部に注射し，同様に30分ごとに採血して血糖濃度を測定した。その相対値を図1の㋑に示す。グルコースやインスリンを注射した時間を0分とする。

ベストフィット

A 2型糖尿病では，標的細胞のインスリンに対する感受性の低下などにより，血糖濃度が高い状態が持続する。

B 1型糖尿病では，インスリンが分泌されないために，血糖濃度が高い状態が持続する。

正誤 Check

問1　この実験結果P，Q，Rは，それぞれ，正常マウス，1型糖尿病マウス，2型糖尿病マウスのうちのどのマウスのものであると考えられるか答えよ。

図1の㋐において，Rでは，PやQに比べ，グルコース注射後の血糖濃度の増加幅が小さく，増加した血糖濃度も速やかに低下している。したがって，Rは正常マウスであると考えられる。一方，図1の㋑において，インスリン投与後の血糖濃度の低下幅が，QとR（正常マウス）ではほぼ同程度であるのに対して，Pではそれよりも小さい。したがって，Qは，インスリンに対する感受性は正常であるがインスリンが分泌されない1型糖尿病マウスであり，Pは，インスリンに対する感受性が低下している2型糖尿病マウスであると考えられる。

問2　同じ3種類のマウス（P，Q，R）の腹部に10％グルコース溶液を注射し，その後30分ごとに採血して血中のインスリン濃度を測定した結果を図2に示す。P，Q，Rのマウスの測定結果として最も適当なものを，図2のグラフからそれぞれ一つずつ選び，そのグラフの番号を答えよ。

グラフ1は，グルコースの注射によって血糖濃度が上昇しても，インスリンに応答しにくくなっているためにインスリンが過剰に分泌される2型糖尿病マウスのもの，グラフ2は，グルコースの注射による血糖濃度の上昇に対応してインスリンの分泌量が増加するが，血糖濃度が低下に向かうとインスリンの分泌量も減少する正常マウスのもの，グラフ3は，血糖濃度の違いにかかわらず，インスリンが分泌されない1型糖尿病マウスのものであると考えられる。

78 ［ホルモンの働き］（p.76）

解答

問1. 食欲を抑制し，摂食量を減少させる。

問2. 系統Bのマウスは，視床下部にある食欲中枢のホルモンXに対する感受性が遺伝的に低下しており，脂肪組織から過剰な量のホルモンXが分泌されている。一方，正常マウスと系統Aのマウスは，食欲中枢は正常に働いており，B血清に含まれる過剰な量のホルモンXによって食欲が強く抑制され，摂食量が減少してやせ細った。

問3. A血清には食欲を抑制するホルモンXが含まれていないので，正常マウスと系統Bのマウスのいずれにおいても，A血清が注射されない場合と比べ，変化はみられない。

リード文 Check

次の文章を読み，下の問いに答えよ。

遺伝性の肥満を示す系統A，系統Bの2種類のマウスがいる。Aどちらの系統のマウスも，正常なマウスに比べてえさの摂取量が非常に多く，そのために肥満になる。また，B「系統Aのマウスでは，ホルモンXの遺伝子に異常があり，体内でホルモンXが生産されない」，「系統BのマウスにもホルモンXの作用に関連した遺伝的な異常がある」，「正常なマウスでは，脂肪細胞でホルモンXが生産される。」ことがすでに明らかにされている。

そこで，この「ホルモンX」の生体内での作用を明らかにするために，以下の実験を行った。

準備　系統A，系統Bおよび正常なマウスそれぞれ数匹より血液を採取し，血液を遠心分離して血清を得た。得られた血清をそれぞれ「A血清」，「B血清」および「正常血清」とした。

実験1　「正常血清」を系統Aのマウスと系統Bのマウスのそれぞれに毎日注射した。

（結果）系統Aのマウスは，血清を注射していないマウスに比べて，

ベストフィット

A系統A，系統Bのいずれのマウスも，肥満の直接の原因は，多量のえさの摂取にある。
B系統AはホルモンXを分泌せず，系統BはホルモンXを分泌する。
C系統Aのマウスの食欲を抑制する効果は，B血清のほうが正常血清よりも大きい。

えさの摂取量が明らかに減少し，体重の増加も抑制されたが，系統Bのマウスは，血清を注射していないマウスと比べて，変化はみられなかった。

実験2　「B血清」を系統Aのマウスと正常なマウスのそれぞれに毎日注射した。

（結果）C 系統Aのマウスは，えさをほとんどとらなくなって，やがてやせ細り，正常なマウスもやせ細った。

なお，**実験1**および**実験2**には，それぞれ異なる個体を用いた。また，実験に用いたマウスは，系統A，系統Bにおける遺伝的な異常を除いたすべての点において，生物学的に同等である。

正誤 Check

問1　実験の結果より，「ホルモンX」は生体内においてどのように働くと考えられるか説明せよ。

実験1において，ホルモンXを生産できないために摂食量が多く，肥満になっている系統AのマウスにホルモンXを含む正常血清を注射した結果，系統Aのマウスの摂食量が減少したことから，ホルモンXには食欲を抑え，摂食行動を抑制する作用があると考えられる。

問2　下線部に示された異常とは，どのような異常であると考えられるか。摂食行動を調節する食欲中枢が視床下部に存在することを念頭におき，**実験2**でマウスがやせ細る理由も含めて説明せよ。

食欲を抑制する働きのあるホルモンXを生産しているにもかかわらず，系統Bのマウスの摂食量が非常に多いのは，摂食行動を調節する視床下部の食欲中枢のホルモンXの受容に関わるしくみに何らかの異常があると考えられる。また，系統Bのマウスでは，食物の過剰な摂取によって，脂肪組織から正常マウスに比べて多くの量のホルモンXが分泌されている。そのため，B血清には正常血清よりも多くのホルモンXが含まれており，B血清を注射された系統Aのマウスと正常マウスの食欲が強く抑制され，いずれのマウスもやせ細ったと考えられる。

問3　正常なマウスおよび系統Bのマウスに**実験1**と同等量の「A血清」を毎日注射すると，どのような結果が得られると予想されるか。それぞれのマウスに対する結果を，理由とともに説明せよ。

系統AのマウスはホルモンXを生産することができないので，A血清はホルモンXを含まない。したがってA血清の注射は，正常マウスおよび系統Bのいずれの摂食行動にも影響を及ぼすことはない。

79 ［体温の調節］（p.77）

解答

問1. **ア**―感覚　**イ**―交感　**ウ**―収縮　**エ**―減少　**オ**―アドレナリン　**カ**―糖質コルチコイド　**キ**―ふるえ　**ク**―副交感　**ケ**―増加　**コ**―汗腺　**サ**―増加

問2. 視床下部

問3. 副腎皮質刺激ホルモン，脳下垂体前葉

問4. (1) ①　(2) (負の) フィードバック調節

問5. 体温の維持のために代謝が促進され，その結果，酸素を消費する呼吸が活発に行われるようになるから。

問6. 身体が大きいと体重に対する表面積の割合が小さくなり，体重あたりの放熱量が減少するから。

リード文 Check

次の文章を読み，下の問いに答えよ。

ヒトの体温は，脳にある a 体温調節中枢を介して，自律神経系と

ベストフィット

A 外界の温度変化は，温点，冷

ホルモンにより調節されている。周囲の環境温度が下がると，その情報が$_{A}$皮膚の温度受容器から ア 神経によって脳に伝えられる。その後，脳の体温調節中枢は自律神経系の イ 神経の活動を高め，皮膚の血管と立毛筋を ウ させ，放熱量を エ させる。ホルモンによる体温調節に関しては，副腎髄質から オ が，$_{b}$副腎皮質から カ が，それぞれ分泌され，$_{c}$甲状腺からはチロキシンが分泌されることで，$_{B}$発熱量が増加する。また，体温が大幅に低下した場合には，骨格筋で不随意的な運動である キ が生じ，発熱量がさらに増大する。なお，$_{d}$環境温度が下がると酸素消費量が増加することがわかっている。

環境温度が上がると，自律神経系の ク 神経の活動が高まり，肝臓における代謝と心臓の拍動が抑制されるとともに，皮膚の血管の血流量が ケ し，イ 神経の作用で コ における発汗が促されることによって，放熱量が サ する。

A点と呼ばれる感覚神経の末端部で受容され，その情報は電気的な変化（興奮）として，体温調節中枢へ伝えられる。
B低温環境下では，肝臓や褐色脂肪組織（脊椎の周辺に分布）の細胞内のミトコンドリアにおける有機物の分解が促進され，熱が発生する。

正誤 Check

問1 文中の**ア**～**サ**に適語を入れよ。

環境温度が下がると，交感神経が働いて代謝が促進される一方で，体表からの熱の放散が抑制される。また，環境温度が上がると，副交感神経が働いて代謝が抑制される一方で，体表からの熱の放散が促進される。なお，汗腺に対しては，副交感神経ではなく，交感神経が作用して発汗が促される。

問2 下線部**a**が存在する脳の部位の名称を答えよ。

体温の調節中枢は，間脳の視床下部にあり，体表の皮膚に分布する温度受容器からの情報および視床下部を流れる血液の温度変化に基づき，からだの各部位に適切な反応を起こさせることによって，体温を一定の範囲内に保っている。体温の上昇に対しては，体内における熱の発生を抑制するとともに体表からの熱の放散を促し，体温の低下に対しては，体内における産熱を促すとともに体表からの熱の放散を抑制することによって，体温は維持される。

問3 下線部**b**からのホルモンの分泌を調節するホルモンの名称を答えよ。また，そのホルモンを分泌する部位の名称を答えよ。

視床下部から分泌される副腎皮質刺激ホルモン放出ホルモンの作用によって脳下垂体前葉から副腎皮質刺激ホルモンが分泌され，副腎皮質刺激ホルモンの作用によって副腎皮質から糖質コルチコイドが分泌される。糖質コルチコイドには，タンパク質からの糖の合成を促して血糖濃度を上昇させ，代謝を促進するほか，免疫反応を抑制する作用がある。

問4 下線部**c**について，ある哺乳動物を通常温度（24℃）の部屋から低温室（0℃）に移した後の体温の時間変化とチロキシンの血中濃度の時間の経過に伴う変化を図1に示す。次の(1)，(2)に答えよ。

(1) それらと同時に測定された甲状腺刺激ホルモンの血中濃度の時間の経過に伴う変化を表したグラフとして最も適当なものを，図2の①～④のうちから一つ選べ。

(2) (1)で答えたようなグラフとなる生体のしくみを何というか，答えよ。

図1から，体温が低下すると，代謝を促進して熱の発生を促すチロキシンの分泌量が増加することがわかる。チロキシンの分泌は，脳下垂体前葉から分泌される甲状腺刺激ホルモンの作用によって促されるので，体温の低下に伴って甲状腺刺激ホルモンの血中濃度は増加するが，一方で，チロキシンは，視床下部と脳下垂体前葉に作用して，甲状腺刺激ホルモン放出ホルモンおよび甲状腺刺激ホルモンのそれぞれの分泌を抑制する。そのため，チロキシンの血中濃度が増加すると，そのフィードバック調節によって，やがて甲状腺刺激ホルモンの分泌量は減少する。

問5　下線部dについて，酸素消費量が増大する理由を簡潔に述べよ。

細胞内にあるミトコンドリアでは，酸素を用いて有機物を分解することによって得られるエネルギーを利用してATPが合成されるが，その反応の過程で熱が発生する。環境温度が下がって体温が低下すると，体温を維持するために，より多くの熱の産生が必要となり，呼吸が活発に行われるようになるので，酸素の消費量が増加することになる。

問6　体温調節機構は恒温動物に備わっているが，恒温動物のうち寒い地域に生息する種では，温暖地に生息する同種や近縁種に比べてからだが大きい傾向がみられる。その理由を簡潔に述べよ。

恒温動物では，同種であっても寒冷地に生息する個体ほどからだが大きく，近縁種においては寒冷地に生息するものほど大型であることが多い。このような傾向を「ベルクマンの規則」という。また，寒冷地に生息する恒温動物ほど，耳や尾などの突出部が短く，体表からの放熱量が少ないことが多い。こうした傾向は「アレンの規則」と呼ばれる。

3 節 免疫　標準問題

80 ［免疫］(p.81)

解答

(1) **ア**―化学　**イ**―リゾチーム　**ウ**―マクロファージ　**エ**―食作用　**オ**―細胞性免疫
カ―ヘルパー　**キ**―抗体　**ク**―キラー　**ケ**―自然免疫　**コ**―獲得免疫

(2) ④

(3) 骨髄，胸腺

ベストフィット　生体防御機構は，すべての多細胞動物に備わる自然免疫と，脊椎動物のみに備わる抗原特異的な獲得免疫(適応免疫)からなる。

解説

(1) かつて，「免疫」という語は，一度かかった感染症には再びかかることはない(かかりにくい)という免疫記憶に関わる獲得免疫の意味で用いられていたが，今日では自然免疫を含めてこの語は用いられている。ただし，自然免疫については，リード文中の第一の防御機構を含めないこともある。自然免疫と獲得免疫はそれぞれ独立に働くのではなく，自然免疫系における病原体の処理過程で得られた抗原情報が獲得免疫系に伝えられることによって獲得免疫は作動し，自然免疫によって病原体が処理しきれない場合に，獲得免疫は大きな効果を発揮する。

(2) 結核と破傷風の病原体は細菌。麻疹，デング熱，風疹，インフルエンザ，エボラ出血熱の病原体はウイルス。水虫の病原体は白癬菌と呼ばれる菌類(かびのなかま)。マラリアの病原体は原虫(運動性のある真核単細胞生物で寄生性のもの)。白血病は，血球の形成過程で生じたがん細胞によるものや，ウイルス感染によって発症するものがある。

(3) 赤血球や血小板などの他の血球とともに，B細胞やT細胞，NK細胞などのリンパ球も骨髄にある造血幹細胞から分化して生じる。未熟なT細胞は骨髄を出て胸腺に移動し，そこで非自己物質を認識するT細胞へと成熟する。

81 ［免疫記憶］(p.82)

解答

(1) **ア**―記憶細胞　　**イ**―免疫記憶

(2) a―一次応答　　b―二次応答

(3) ②

ベストフィット 同一抗原の再度の侵入に対しては記憶細胞がすばやく反応するので，抗原は速やかに排除される。

解説

(1) 抗原と出会って活性化したＴ細胞やＢ細胞は，抗原が排除されるとそのほとんどは死ぬが，ごく一部のものが記憶細胞として生き残り，同一の抗原の再度の侵入に備える。記憶細胞は，Ｔ細胞（ヘルパーＴ細胞，キラーＴ細胞）とＢ細胞のいずれにも生じる。なお，最近の研究により，自然免疫においても免疫記憶のしくみが存在することが明らかになっている。

(2)(3) 抗原の最初の侵入に対する反応（一次応答）はゆっくりと進み，抗体の増加速度は遅い。一方，抗原の再度の侵入に対する反応（二次応答）は速やかに起こり，短期間のうちに，多量の抗体が生産される。よって，より速やかに多量の抗体が生産されている②が答えとなる。

82 ［拒絶反応］（p.82）

解答

(1) **実験１**の拒絶反応によって生じたＢ系統のマウスの記憶細胞が，再び移植されたＡ系統のマウスの皮膚片に対して二次応答を起こしたから。

(2) **実験３**—③　**実験４**—②　理由—**実験１**で拒絶反応を示したマウスのリンパ球に含まれる記憶細胞が，移植片に対して二次応答を起こすから。

ベストフィット 自己と異なる成分をもつ非自己の組織を移植された自己の体内では，移植片を排除する拒絶反応と呼ばれる免疫反応が起こる。

解説

(1) 赤血球を除くほとんどの体細胞の表面には，ＭＨＣ（主要組織適合遺伝子複合体）と呼ばれるタンパク質分子が存在し，細胞内に侵入した異物（抗原）をＴ細胞に対して提示する装置として機能している。ＭＨＣの構造には個体差があり，自己のものと異なる構造のＭＨＣをもつ細胞は，非自己細胞（自己の感染細胞）と認識され，免疫細胞の攻撃対象となる。同じマウスであっても，系統が異なるとＭＨＣの構造が異なるために，他系統のマウスの皮膚を移植すると，おもにキラーＴ細胞による傷害（拒絶反応）が起こり，移植片は生着しない。**実験１**において，Ｂ系統のマウスに移植したＡ系統のマウスの皮膚片が脱落したのは拒絶反応が起こったからである。Ａ系統のマウスの皮膚片に対して拒絶反応を起こしたＢ系統のマウスに再びＡ系統の皮膚片を移植すると，記憶細胞による二次応答が起きるために，皮膚片が脱落するまでの日数は**実験１**の場合と比べて短くなる（**実験２**）。

(2) 血清には抗体は含まれるが記憶細胞は含まれないので，**実験３**の結果は，**実験１**の場合と同じになると考えられる。一方，**実験４**では，**実験１**で拒絶反応を起こしたＢ系統のマウスのリンパ球の中には記憶細胞が存在するので，この免疫細胞が無処理のマウスの体内で，移植されたＡ系統のマウスの皮膚片に対して二次応答を起こすことで**実験２**の場合と同じ結果になると考えられる。

83 ［免疫の異常］（p.83）

解答

(1) **ア**—アレルギー　**イ**—アレルゲン　**ウ**—抗体　**エ**—アナフィラキシー　**オ**—免疫不全　**カ**—自己免疫疾患　**キ**—関節リウマチ　**ク**—１型糖尿病

(2) 日和見感染

(3) ヘルパーT細胞
(4) 免疫寛容

ベストフィット 生体に不都合が生じる免疫の過剰反応をアレルギーという。

解説

(1) 本来，人体に対しては無害である環境中の物質が抗原（アレルゲン）となり，この物質に対して免疫系が過剰に反応することによって，健康を害する症状が現れることがある。こうした現象をアレルギーという。アレルギーによる疾患の例としては，アトピー性皮膚炎，アレルギー性鼻炎（花粉症），アレルギー性結膜炎，気管支喘息，食物アレルギー，じんましんなどがある。

(2)(3) HIVは，獲得免疫において中心的な役割を果たすヘルパーT細胞に選択的に感染し，これを破壊する。このため，HIVに感染すると免疫機能が低下し，通常ではかからないような様々な感染症にかかる（日和見感染）。

(4) 自己と非自己の識別において中心的な役割を果たすT細胞の前駆細胞は，骨髄で分化して生じた後，胸腺に移動する。そこで，自己の物質と反応する細胞は排除され，非自己物質を認識するもののみがT細胞として成熟する。そのため，通常は自己を構成する成分は免疫細胞の反応の対象とならない（免疫寛容）。

84 [免疫と医療]（p.83）

解答

(1) **ア**―予防接種　**イ**―ワクチン　**ウ**―体液　**エ**―抗体　**オ**―細胞
カ―ツベルクリン　**キ**―血清療法
(2) BCG（BCGワクチン）
(3) ヒトにとって血清療法に用いられる血清は異物であり，アナフィラキシーショックが起こる可能性がある。

ベストフィット 予防接種は，病原体の抗原などをヒトに注射して，人為的に記憶細胞を作らせることによって感染症にかかりにくくする予防法である。

解説

(1) ヒトや動物に接種して感染症の予防に用いる物質をワクチンという。ワクチンには，生ワクチン（毒性を弱めた細菌やウイルス）と不活化ワクチン（死んだ病原体の抗原）などがある。これらのワクチンの接種によって一次応答が起こる。その後，実際の病原体に感染したときに，強い二次応答が起こるので，効果的に病気を予防することができる。不活化ワクチンは，細胞への感染が起こらないために体液性免疫しか誘導することができないのに対して，生ワクチンは，体液性免疫と細胞性免疫の両方を誘導することができる。

(2) ウシに感染する結核菌の培養を長期にわたって繰り返し，作製したものをBCG（BCGワクチン）という。BCGはヒト型結核菌の予防に有効なので，生ワクチンとして結核の予防に用いられる。

(3) 血清療法に用いられるウマやウサギの血清（抗血清）には，ヒトの血液に含まれる成分（特にタンパク質）とは構造の異なるものが含まれる。このため，その投与によってアナフィラキシーショックが起こることがある。また，抗血清の投与によって記憶細胞が形成されるので，再度の投与にあたっては，さらに慎重な対応が求められる。

演習問題

85 ［自然免疫］(p.84)

解答

問1. **ア**—皮膚　**イ**—粘膜(上皮)　**ウ**—リンパ球　**エ**—B細胞　**オ**—T細胞　**カ**—好中球

問2. ⑤

問3. 細菌の細胞壁を分解して破壊する酵素のリゾチームを含む。

問4. (1) ⑤

(2) ウイルスの除去に関わるリンパ球などの食細胞以外の免疫担当細胞の働きを活性化させる。

(3) 自然免疫が過剰に働いており，活性化したマクロファージや樹状細胞などから炎症を引き起こす物質が放出され続けている。

リード文 Check

次の文章を読み，下の問に答えよ。

ヒトには，異物の侵入を阻止するとともに，侵入した異物を除去する生体防御と呼ばれるしくみが備わっている。a物理的な生体防御の例として［ア］には角質層があり，異物を通しにくい構造になっていることがあげられる。また，A気道の［イ］は粘液を分泌し，繊毛運動によって異物を排除している。一方で，b涙や汗の成分は化学的な生体防御を果たしているといえる。

生体内に侵入した異物を排除する免疫のしくみに関わる器官には，ひ臓，胸腺，リンパ節などがあり，これらの器官に存在する免疫担当細胞には，［ウ］，顆粒球，マクロファージ，樹状細胞などがある。［ウ］には，ひ臓で成熟する［エ］と胸腺で成熟する［オ］のほかにＮＫ細胞がある。また，顆粒球には様々な種類があるが，その中で最も多いのは食細胞の［カ］である。

免疫は自然免疫と獲得免疫(適応免疫)に大別される。B自然免疫は様々な生物種に普遍的に存在しているが，獲得免疫は脊椎動物に固有の免疫である。自然免疫においては，c細胞の表面にあって，細菌類やウイルスを認識する受容体であるトル様受容体(TLR)が重要な役割を果たしている。TLRにはいくつかの種類があり，その種類によって認識する成分が異なる。

ベストフィット

A気道(気管と気管支)の粘膜(上皮)から分泌される粘液には，抗菌作用をもつ物質が含まれており，化学的な防御にも関わっている。

B自然免疫は抗原非特異的な反応であるが，獲得免疫は抗原特異的な反応である。

正誤 Check

問1　文中の**ア**～**カ**に適語を入れよ。

リンパ液中に多くみられる免疫細胞であるリンパ球は，ＮＫ細胞(ナチュラルキラー細胞)，Ｔ細胞，Ｂ細胞の3種に分類される。ＮＫ細胞は，おもに自然免疫に関わり，腫瘍細胞やウイルスに感染した細胞を傷害してこれらを死に導く。Ｔ細胞とＢ細胞は，おもに獲得免疫に関わり，抗原特異的な反応によって異物を排除する。

問2　下線部**a**の例として最も適当なものを，次の①～⑤のうちから一つ選べ。

① ノルアドレナリン分泌　② 抗原抗体反応　③ 赤血球の凝集反応
④ ツベルクリン反応　⑤ 血液凝固反応

体表面の組織が傷つくと，壊れた血管から血液が流出するが，血液凝固反応によって生じた血ぺいが損傷箇所を塞ぎ，細菌やウイルスなどの病原体の侵入を防ぐ物理的な障壁として働く。

問3　下線部**b**について，その理由の一つとして弱酸性であることがあげられるが，そのほかの理由について簡潔に記せ。

涙や汗の中には，リゾチームのほか，細菌や真菌，ウイルスを破壊するディフェンシンなどの物質が含まれている。また，汗や涙は，体表面に付着した異物を流し落とすという，物理的防御にも関わっている。

問4　下線部**c**に関する以下の実験の文章を読み，下の(1)〜(3)の問いに答えよ。

正常なマウス(正常型マウス)では，病原体の感染をTLRが認識すると，感染初期にZNFと呼ばれるタンパク質(タンパク質Z)の産生量が上昇し，それが血液中に放出されることがわかっている。そこで，産生されたタンパク質Zの血中濃度を指標として，自然免疫に異常があると予想される5種類の突然変異マウスA〜Eの自然免疫への影響を調べた。正常型マウスおよび突然変異マウスA〜Eそれぞれに，ある細菌(X細菌)またはあるウイルス(Yウイルス)を感染させ，その血液を採取して血液中にあるタンパク質Zの濃度を測定した。いずれのマウスも感染3日目に最大値を示した。正常型マウスでのタンパク質Zの血中濃度を1としたときの相対的な値を図に示した。

(1)　実験結果の考察として**誤っているもの**を，次の①〜⑤のうちから一つ選べ。

① 突然変異マウスAでは，X細菌を認識するTLRに異常があると考えられる。
② 突然変異マウスBでは，X細菌とYウイルスの両方の認識に異常があると考えられる。
③ 突然変異マウスCでは，Yウイルスを認識するTLRをもっていないと考えられる。
④ 突然変異マウスDでは，自然免疫が過剰に起きていると考えられる。
⑤ 突然変異マウスEでは，Yウイルスの侵入を認識できないと考えられる。

①Aでは，X細菌に対する応答の度合いが極端に低く，X細菌を認識するTLRの異常が考えられる。②Bでは，X細菌とYウイルスの両方に対する応答の度合いが極端に低く，両者の認識に異常があると考えられる。③Cでは，Yウイルスに対する応答の度合いが極端に低く，Yウイルスを認識するTLRを欠損している可能性が考えられる。④Dでは，X細菌とYウイルスに対する応答の度合いがいずれも非常に高く，自然免疫の反応が過剰に起きていると考えられる。⑤Eでは，Yウイルスに対する応答の度合いは非常に高いが，X細菌とYウイルスの両方の存在を認識していると考えられる。

(2)　Yウイルスに感染した正常型マウスでは，感染7日目に体内のYウイルスが完全に除去されることがわかっている。しかし，Yウイルスに感染した突然変異マウスCは，感染7日目においてもウイルスが除去されなかった。また，Yウイルスに感染した突然変異マウスCは，感染10日目に致死となった。一方で，Yウイルスに感染した突然変異マウスCに，感染3日目にタンパク質Zを血管内に投与すると，感染7日目に体内のウイルスが完全に除去され，かつ，感染10日目においても致死とはならなかった。これらの結果から予想されるタンパク質Zの役割を簡潔に記せ。

Yウイルスに感染した突然変異マウスCがYウイルスを除去できなかったのは，Yウイルスを認識するTLRに異常があるかそれを欠くために，好中球やマクロファージ，樹状細胞などの食細胞による自然免疫が働かなかったからであると考えられる。しかし，タンパク質Zが投与された突然変異マウスCではYウイルスが除去されたことから，タンパク質Zが獲得免疫に関わるT細胞やB細胞などのリンパ球を活性化させ，これらの免疫細胞の働きによってYウイルスが除去されたと考えることができる。

(3)　突然変異マウスDは，X細菌やYウイルスの感染によって致死となることはなかったが，正常型マウスに比べて長期間の炎症が確認された。この理由について考えられることを簡潔に記せ。

自然免疫が活性化することにより，異物の侵入部位に現れる発赤や発熱，腫れ，痛みなどの状態を総称して炎症という。炎症は，マクロファージから分泌される物質(サイトカイン)や肥満細胞から分泌される物質(ヒスタミン)などの作用によって引き起こされる。

●「自然免疫における病原体の認識」～食細胞の目として働くTLR～

獲得免疫では，自己と非自己が厳密に区別され，病原体や毒素などの異物が抗原特異的な反応によって，効率よく排除，無害化される。それでは，体内に侵入した病原体を初めに迎え撃つ好中球やマクロファージ，樹状細胞など，自然免疫に関わる細胞は，細菌やウイルスを，どのようにして自己と区別しているのだろうか。

近年，研究の進展により，自然免疫に関わる細胞は，病原体のもつ特徴を認識する能力を備えていることが明らかになってきた。自然免疫系の細胞の表面にはToll様受容体（TLR：Toll-like receptor）と呼ばれる病原体のセンサーが存在する。ヒトには10種類のTLRがあり，自然免疫細胞は，これらのTLRによって細菌やウイルスに特有な成分を認識し，病原体の侵入を感知すると，これを速やかに取り込んで処理する。TLRは，いわば，病原体監視の目として働いているのである。また，TLRによって病原体を認識した自然免疫細胞や，その細胞から放出されるサイトカインなどの情報伝達物質は，その後の獲得免疫の発動に深く関わっていることがわかっている。

長い間，脊椎動物のみに備わる獲得免疫は高度な生体防御システムで，すべての動物がもつ自然免疫は原始的で単純なしくみであると考えられてきた。しかし，自然免疫と獲得免疫は相互に深く関わり合っており，その関係には未解明な部分が多く残されている。

86 ［獲得免疫と拒絶反応］（p.85）

解答

問1. 食作用
問2. ③，⑤
問3. c―予防接種　d―血清療法
問4. ②，⑤
問5. Y_1―①　Y_2―③　Y_3―②，④

リード文 Check

次の文章を読み，下の問いに答えよ。

免疫は，自然免疫と獲得免疫に分けられる。自然免疫では，たとえば，a マクロファージなどの白血球が異物を細胞内に取り込み，消化することによって，外部からの異物を排除している。一方，b 獲得免疫では，抗原となる異物の侵入や出現に対して，T細胞やB細胞の増殖や分化が誘導され免疫応答が生じる。このような免疫応答が，感染症の予防や治療に利用されている。たとえば，c 弱毒化した病原体やその産物を利用する方法や，d 他の動物にあらかじめ病原体を感染させ，その血液成分を利用する方法などがある。

免疫のしくみを調べるために，X系統のマウス4匹（X_1，X_2，X_3，X_4）とY系統のマウス3匹（Y_1，Y_2，Y_3）を用いて，以下の**実験1**と**実験2**を行い，（結果1）と（結果2）を得た。なお，A 同じ系統のマウスはいずれも同じ主要組織適合遺伝子複合体をもつ。

ベストフィット

A 同じ型の主要組織適合遺伝子複合体をもつ個体間の移植の場合には，移植片は生着するが，型が異なると拒絶反応が起こり，移植片は脱落する。

B Y_1，Y_2は細胞性免疫が働くが，Y_3は細胞性免疫が働かない。

C 血清は，B細胞から分化した形質細胞が分泌した抗体を含む。

D Y_1は体液性免疫が働くが，Y_2，Y_3は体液性免疫が働かない。

実験１　X_4の皮膚をY_1，Y_2，Y_3に移植し，皮膚の脱落を調べた。

（結果1）B Y_1とY_2では移植片が約10日で脱落したが，Y_3では脱落しなかった。

実験２　C ジフテリア菌を感染させたY_1，Y_2，Y_3から血清を回収し，Y_1から回収した血清をX_1に，Y_2から回収した血清をX_2に，Y_3から回収した血清をX_3に注射した。次に，X_1，X_2，X_3にジフテリア菌を接種し，ジフテリア菌に対する抵抗性を調べた。

（結果2）D Y_1の血清を注射されたX_1は，ジフテリア菌に対する抵抗性を示した。一方，Y_2とY_3の血清を注射されたX_2とX_3は，どちらも抵抗性を示さなかった。

正誤 Check

問１　下線部ａのような作用を何というか。

好中球やマクロファージなどの食細胞は，異物を細胞膜で包んで細胞内に取り込み，酵素により消化，分解することによって無害化する。

問２　下線部ｂの特徴として適当なものを，次の①～⑤のうちからすべて選べ。

① 非特異的に異物を体内から排除する免疫反応である。
② 十分な応答ができるまでの時間は，自然免疫の応答より短い。
③ 体液性免疫と細胞性免疫の２つのしくみに分けられる。
④ 同一の異物に対して応答するまでの時間は，毎回同じである。
⑤ 感染した異物の情報を記憶することができる。

①獲得免疫（適応免疫）は，抗原特異的な反応である。②獲得免疫の応答は，自然免疫による応答が生じた後に進行する。③獲得免疫は，Ｂ細胞（形質細胞）が産生した抗体による体液性免疫とキラーＴ細胞による細胞性免疫からなる。④，⑤獲得免疫においては，抗原の侵入によって記憶細胞が生じるので，同一の抗原の再度の侵入に対しては，短い時間で応答が起こる。

問３　下線部ｃとｄは，それぞれ何と呼ばれるか。

予防接種は，獲得免疫における免疫記憶を利用した感染症の予防法であり，血清療法は，病原体の感染に際して，抗体を含む血清を用いる対症療法である。

問４　**実験１**で，移植前に，Y_3にある操作をしたところ，X_4の移植片が脱落するようになった。この操作に該当するものを，次の①～⑥のうちからすべて選べ。

① Y_1から回収した血清を注射した。
② Y_1から取り出したＴ細胞を移植した。
③ Y_1から取り出したＢ細胞を移植した。
④ Y_2から回収した血清を注射した。
⑤ Y_2から取り出したＴ細胞を移植した。
⑥ Y_2から取り出したＢ細胞を移植した。

移植された皮膚が脱落するのは，自己とは異なる型の主要組織適合遺伝子複合体をもつ細胞に対して，非自己を排除する拒絶反応が起こるからである。拒絶反応は，おもにキラーＴ細胞によって起こるが，Y_3に移植したX_4の皮膚が脱落しなかったのは，Y_3がＴ細胞をもたないか，Y_3のＴ細胞が正常に働いていないからであると考えられる。したがって，Y_1またはY_2の正常に働くＴ細胞をY_3に移植すれば，Y_3に移植したX_4の皮膚は脱落するようになると考えられる。

問５　（結果1）と（結果2）から，Y_1，Y_2，Y_3は，それぞれどのような性質をもつマウスであると考えられるか。次の①～④のうちから適当なものをすべて選べ。

Y_1 ① Ｔ細胞とＢ細胞の両方をもつ。
Y_3 ② Ｔ細胞はもたないが，Ｂ細胞はもつ。
Y_2 ③ Ｔ細胞はもつが，Ｂ細胞はもたない。
Y_3 ④ Ｔ細胞とＢ細胞の両方をもたない。

ジフテリア菌に対する抵抗性は，B細胞（形質細胞）から分泌される抗体の働きによるが，B細胞が抗体を産生する形質細胞に分化するためには，ヘルパーT細胞の存在が必要である。したがって，抗体を産生するY_1は，T細胞とB細胞をもつと考えられる。一方，Y_2とY_3は抗体を作ることができないが，Y_2は，**実験1**の移植実験の結果からT細胞をもっていることがわかるので，B細胞をもたないために，抗体が産生されないと考えられる。これに対して，Y_3は，**実験1**の結果からT細胞をもたないことはわかるが，B細胞の有無については，**実験2**の結果だけでは判断することができない。

87 ［抗体産生のしくみ］（p.86）

解答

問1. 侵入した抗原に対する応答の後に，T細胞またはB細胞において，記憶細胞が形成されない。

問2. Ⅰ—④　Ⅱ—②　Ⅲ—③　Ⅳ—①

リード文 Check

次の文章を読み，下の問いに答えよ。

抗体が産生されるしくみを調べるために，マウス（ハツカネズミ）を用いて，以下の実験を行った。

実験1　物質Xを正常マウスAと，ある変異マウスBに注射した。さらに6週間後，もう一度物質Xを注射した。経時的にマウスから採血して血清を分離し，Xに対する抗体量を測定したところ，[A]図1のようなグラフを得た。

実験2　[B]4匹の正常マウスⅠ～Ⅳに，表に示すように，物質X，物質Y，またはXとYの両方（X＋Y）を注射する実験を行った。YはXとは無関係な物質である。1回目の注射から6週間後に2回目の注射を行い，2回目の注射から2週間後に採血して血清を分離し，XまたはYに対する抗体量を測定したところ，図2のようなグラフを得た。マウスⅠ～Ⅳの血清は①～④のいずれかに対応する。

ベストフィット

[A]1回目に物質Xを注射してから2週間後に抗体量は最大となり，それ以降は減少している。また，マウスAでは二次応答が起こっているが，マウスBでは二次応答が起こっていないことがわかる。

[B]物質Yを注射していないのは，マウスⅠのみである。また，マウスⅡとマウスⅢでは，物質Xと物質Yの注射の順序が逆になっている。

正誤 Check

問1　**実験1**について，マウスBではどのような障害があると考えられるか。簡潔に述べよ。

物質Xの再度の注射に対して，マウスAでは二次応答が起こっているが，マウスBでは二次応答がみられない。したがって，マウスBでは，一次応答に関わったT細胞またはB細胞の中に記憶細胞が形成されないと考えられる。

問2　**実験2**について，マウスⅠ～Ⅳの血清は，それぞれ図2の①～④のうちどれに対応するか。

マウスⅠには物質Xが再度注射され，物質Yは注射されていないので，物質Xに対する抗体量は多くなり，物質Yに対する抗体は産生されない（④）。マウスⅡには物質Xと物質Yの両方が注射されているので両方の物質に対する抗体が血中に存在するが，物質Xの注射から8週間が経過しているため，物質Xに対する抗体量は少なくなる（②）。マウスⅢでは，マウスⅡとは物質Xと物質Yの注射の順序が逆なので，その結果も，マウスⅡの場合の逆になる（③）。マウスⅣでは物質Xは2回目のみに，物質Yは2回ともに注射されているので，物質Xに対する抗体より物質Yに対する抗体のほうが多く産生される（①）。

88 ［二次応答］（p.86）

解答

問1. ア—B細胞　　イ—記憶細胞　　ウ—タンパク質（免疫グロブリン）

問2. 抗原Aと抗原Bの構造の共通性が高かったために，抗原Bが抗原Aとして認識され，抗原Aに対する抗体が速やかに生産される二次応答が起こった。

リード文 Check

次の文章を読み，下の問いに答えよ。

動物の体内に病原体などの異物（抗原）が侵入すると，リンパ球の中の特定の［ア］が活性化され，その抗原に対応する抗体を産生して抗原を排除するが，その［ア］の一部は［イ］となり，長期にわたって体液中にとどまる。そして，同じ抗原が再び侵入したとき，A［イ］は1回目よりもすばやく強い免疫反応（二次応答）を起こして速やかに抗原を排除する。

あるニワトリに，これまで体内に侵入したことのない抗原Aを注射し，その6週間後，同じニワトリに抗原Bと抗原Cを同時に注射した（抗原Aは注射していない）。Bそれぞれの注射後について，血液中の抗体量の推移を調べたところ，図のような結果が得られた（抗原Bおよび抗原Cに対する抗体の量は2回目の注射以降から測定している）。なお，抗原と［ウ］からなる抗体との結合反応は極めて特異的であり，それぞれの抗原に対してその構造に見合った特定の構造をもつ抗体が作られることが知られている。

ベストフィット

A二次応答では，一次応答と比べ，はるかに多量の抗体が短期間のうちに産生される。
B2回目には抗原Aを注射していないにもかかわらず，その後に抗原Aに対する二次応答と同様の抗体の増加がみられる。

正誤 Check

問1　文中の**ア〜ウ**に適語を入れよ。

初めの抗原の侵入によって活性化して増殖したB細胞やT細胞の一部は，記憶細胞となって，長期にわたって体液中に残る。その後，同じ抗原が再び侵入すると，記憶細胞は速やかに増殖して強い体液性免疫や細胞性免疫を示す（二次応答）。体液性免疫の二次応答において作られる抗体の量は一次応答と比べてはるかに多く，抗体の生産は持続する。抗体は免疫グロブリンと呼ばれるタンパク質でできている。

問2　2回目の注射後，血液中の抗原Aに対する抗体が急激に増加している。その理由を，「抗原」「抗体」「構造」「共通性」「二次応答」の語をすべて用いて説明せよ。

抗原と抗体との間に起こる抗原抗体反応は，特異性が極めて高い。しかし，この実験に用いられた抗原Aと抗原BにおけるヘルパーT細胞が認識する部位の構造の共通性が高いために，注射された抗原Bに対して，抗原Aに対する抗体を作る記憶細胞が反応したと考えられる。したがって，この実験では測定されなかったために図には表されていないが，1回目に抗原Aが注射された際には，抗原Bに対する抗体の増加が起こった可能性が考えられる。なお，2回目の注射で用いられた抗原Cは，このニワトリが初めて経験したものであると考えられる。

89 ［抗原抗体反応］（p.87）

解答

問. ①，⑥

リード文 Check

次の文章を読み，下の問いに答えよ。

寒天ゲルに2つの穴をあけ，それぞれ抗原溶液とその抗原に対する抗体溶液を入れて一晩静置すると，A抗原と抗体は同心円状に拡散していき，抗原と抗体が出会ったところで沈殿物を生じる。

ベストフィット

A抗原と抗体の反応は極めて特異的であり，1種類の抗体は1種類の抗原に対してのみ結合し

この沈殿物は線状に現れるので沈降線と呼ばれる(図1)。抗原抗体反応が起きなければ，沈降線は形成されないので，この方法で抗原抗体反応の有無を調べられる。

て沈殿を形成する。

正誤 Check

問 抗原溶液としてa，b，d，e，また抗体溶液としてc，fがあるとする。これらの溶液を用いて上記の方法で抗原抗体反応の有無を調べたところ，図2および図3のような結果となった。これらの結果から推論されることとして適当なものを，次の①～⑥のうちから二つ選べ。ただし，ここでは一つの抗体は一つの抗原のみを認識するものとする。また，抗原溶液は一つの抗原のみを含むが，抗体溶液に含まれる抗体は一つとは限らないものとする。

① 抗原溶液aとbは，抗体溶液cと反応する同一の抗原を含む。
② 抗原溶液aとbは，抗体溶液cと反応する互いに異なる抗原を含む。
③ 抗体溶液cは，抗原溶液aかbのいずれか一方と反応する2種類の抗体を含む。
④ 抗原溶液dとeは，抗体溶液fと反応する同一の抗原を含む。
⑤ 抗体溶液fは，1種類の抗体のみを含む。
⑥ 抗体溶液fは，抗原溶液dかeのいずれか一方と反応する2種類の抗体を含む。

図2において，抗原溶液aと抗体溶液cとの間に生じた沈降線と，抗原溶液bと抗体溶液cとの間に生じた沈降線はひとつながりになっている。このことから，抗原溶液aとbには同一の抗原が含まれていると考えることができる。したがって，②と③は誤りであり，①が正しい。また，図3において，抗原溶液dと抗体溶液fとの間の沈降線と，抗原溶液eと抗体溶液fとの間の沈降線はそれぞれ独立に生じていることから，抗原溶液dとeには異なる抗原が含まれており，抗体溶液fにはそれぞれの抗原と反応する2種類の抗体が含まれていると考えることができる。したがって，④と⑤は誤りであり，⑥が正しい。

90 [血液型と凝集反応] (p.87)

解答

問1. ア―抗原　イ―抗体　ウ―抗原抗体反応
問2. エ―β　オ―α　カ―なし　キ―α，β
問3. B型
問4.

赤血球	A型	A型	B型	B型	AB型	AB型	AB型
血　清	B型	O型	A型	O型	A型	B型	O型

リード文 Check

次の文章を読み，下の問いに答えよ。

ABO式血液型は，赤血球表面に存在する凝集原(A，B)の違いに基づき，A型，B型，AB型，O型に分けられる。一方，A血しょう中には凝集原と特異的に結合する凝集素(α，β)が存在し，凝集原Aと凝集素α，あるいは凝集原Bと凝集素βが出会うと赤血球どうしが互いに結合して塊を作る凝集反応が起こる。赤血球の凝集反応は，凝集原が［ア］，凝集素が［イ］として両者が結合する一種の［ウ］によって生じる。血管内で赤血球の凝集塊が形成されると血流が阻害されるため，輸血の際には受血者と同じ血液型の血液が用いられる。

ベストフィット

A輸血の経験がなくても，血しょう中には，一定量の凝集素が存在する。

正誤 Check

問1　文中の**ア**～**ウ**に適語を入れよ。

抗体は，抗原が侵入した後に産生される。ところが，自己がもたない抗原（凝集原）をもつ赤血球を経験していないのにもかかわらず，血しょう中には，その抗原に対する抗体（凝集素）があらかじめ存在する。その理由については，腸内に生息する細菌の中にA型物質やB型物質をもつものがあり，そのことが関係していると考えられている。

	A型	B型	AB型	O型
凝集原	A	B	A，B	なし
凝集素	**エ**	**オ**	**カ**	**キ**

問2　表は，ＡＢＯ式の血液型それぞれに含まれる凝集原と凝集素をまとめたものである。表中の**エ**～**キ**に適当な凝集素（α，β）を記せ。

自己のもつ物質と結合反応を起こす抗体は作られず，非自己の物質と結合反応を起こす抗体は作られる。したがって，凝集原Ａをもつ A型とＡＢ型のヒトの血液中には凝集素αがなく，凝集原Ｂをもつ B型とＡＢ型のヒトの血液中には凝集素βがない。

問3　ＡＢＯ式の血液型の判定には，A型の血液の血清とB型の血液の血清が用いられる。あるヒトから採取した血液を，それぞれの血清と混合したところ，A型血清でのみ凝集反応がみられた。このヒトの血液型を答えよ。

凝集素βを含むA型血清でのみ凝集反応がみられたので，この血液には，凝集原Ｂは存在するが，凝集原Ａは存在しないことがわかる。

問4　血液から赤血球と血清を分離し，血液型の異なる赤血球と血清を混合した場合，赤血球の凝集反応が起こる両者の組合せをすべてあげよ。

血清中には，自己がもたない抗原（凝集原）と結合する抗体（凝集素）が存在することを念頭において，凝集反応が起こる組合せを考えればよい。たとえば，凝集原Ａと凝集原ＢをもつＡＢ型のヒトにとって，A型のヒトがもつ凝集原Ａは自己と認識されるので，A型の赤血球とＡＢ型の血清を混合しても凝集反応は起こらない。一方，A型のヒトにとって，ＡＢ型の血液に含まれる凝集原Ｂは非自己と認識されるので，ＡＢ型の赤血球とA型の血清を混合すると凝集反応が起こることになる。

4章 | 生物の多様性と生態系

1節 植生と遷移　標準問題

91 [植生] (p.94)

解答

(1) ア―植生　イ―相観　ウ―優占種

(2) a―草原　b―荒原　c―森林

ベストフィット 植生は，樹木が優占する森林，草本が優占する草原，植物のまばらな荒原に大別される。

解説

(1) ア：植物の集団を「植生」という。イ：植生の外観を「相観」という。ウ：相観は，植生の中で大きくて数の多い植物である「優占種」の形態により決定づけられる。

(2) 植生は，森林・草原・荒原に大別される。aは草原であり，キリンやライオンの生活するサバンナやモンゴルの大草原であるステップなどが知られる。bは荒原であり，極端な乾燥地である砂漠や極端な寒冷地であるツンドラなどが知られる。cは森林であり，熱帯多雨林，亜熱帯多雨林，雨緑樹林，照葉樹林，硬葉樹林，夏緑樹林，針葉樹林などに区別される。

92 [生活形] (p.94)

解答

(1) ラウンケル

(2) ア―地上植物　イ―一年生

ベストフィット 休眠芽の位置は，寒冷や乾燥などの生育条件の厳しい環境ほど低くなる。

解説

(1)(2) デンマークのラウンケルは，生育に不適な時期の休眠芽の位置により，生活形を分類した。アは地表から30cm以上の位置に休眠芽を形成するグループで，ラウンケルの生活形の分類では地上植物という。イは厳しい寒冷や乾燥の期間を種子で過ごすグループで，一年生植物という。種子は数十年後でも発芽できるものが多い。リビアなどの砂漠でみられる植物は，イの一年生植物が最も多い。気温が極端に低いツンドラなどでは，地下茎や根に有機物を蓄えて越冬する地中植物や半地中植物が多い。

93 [森林の構造] (p.94)

解答

(1) ア―亜高木層　イ―草本層

(2) 林冠

(3) 林床

(4) 高木層の例…スダジイ，シラカシ，タブノキなどから一つ
低木層の例…アオキ，ヒサカキなどから一つ

(5) a

ベストフィット 草本層には，草本層以上の階層を形成する植物の幼植物もみられる。

解説

(1) 階層構造がみられる場合，林床から林冠に向かって地表層，草本層，低木層，亜高木層，高木層に区別する。スギやヒノキの植林地では，低木層や亜高木層はみられない。

(2)(3) 一般に，自然林では階層構造がみられる。森林の地面を林床，最上部を林冠という。

(4) 日本の照葉樹林では，高木層（スダジイ），亜高木層（ヤブツバキ），低木層（ヒサカキ，アオキ），草本層（ベニシダ）がみられる。

(5) 一般に太陽光の大半は林冠で捉えられるため，相対照度は林冠を通過すると大きく減少する。図1の右の「相対照度」をみると，亜高木層（**ア**）に入るときに相対照度は10 %，低木層に入るときに相対照度は1 %となっているので，aが適当となる。

94 ［光合成速度］（p.95）

解答

(1) ①，⑤

(2) **ア**―陽生　**イ**―陰生

(3) ①

ベストフィット 陰生植物は，陽生植物に比べ，呼吸速度，最大光合成速度，光補償点，光飽和点のすべてが低い。

解説

(1)「光合成速度＝呼吸速度」となるとき（二酸化炭素の吸収速度が0のとき）の光の強さは光補償点と呼ばれる。植物は光補償点を超える光の強さでなければ生育できない。

①：光の強さが5のとき，［イ］植物は光補償点を超えているが，［ア］植物は光補償点を超えていないため，正しい。

②：光の強さが15のとき，［ア］植物も［イ］植物も光補償点を超えているため，ともに成長できる。誤り。

③：光の強さが20のとき，［ア］植物と［イ］植物の二酸化炭素吸収速度は等しいため，理論上成長量は等しくなる。誤り。

④⑤：光の強さが30以上のとき，［ア］植物も［イ］植物も光補償点を超えているため，ともに成長できる。④が誤りで⑤は正しい。

(2) 陰生植物と陽生植物を比較すると，陰生植物は弱い光のもとで生育し，光補償点，光飽和点，呼吸速度，光飽和点に達したときの光合成速度がいずれも陽生植物より小さい。よって，**ア**が陽生植物，**イ**が陰生植物となる。

(3) 陽生植物の例として，アカマツ・イタドリ・シロザ・クロマツ・シラカンバ・ミズナラ・ススキ・ヒメジョオン・エノコログサなどがある。陰生植物の例として，エゾマツ・トドマツ・スダジイ・アラカシ・ブナ・ミズナラ・タブノキ・ヤブツバキなどがある。

［遷移］（p.95）

解答

(1) **ア**―乾性　**イ**―湿性　**ウ**―一次　**エ**―二次　**オ**―二次林

(2) a―草原　b―陽樹林　c―混交林　d―陰樹林（極相林）

(3) 極相(クライマックス)
(4) c

ベストフィット　一般に，陽樹と陰樹が混じる混交林のとき，最も生物種が多くなる。

解説

(1) 遷移は，土壌のない状態から始まる一次遷移と土壌のある状態から始まる二次遷移に区別される。一次遷移はさらに，遷移を開始するときの状態によって乾性遷移と湿性遷移に区別される。乾性遷移は，火山噴火などで生じた裸地のように陸地から遷移が始まる。湿性遷移は，湖沼が陸地化して遷移が進行する。乾性遷移は火山地帯で，湿性遷移は針葉樹林帯の湖沼地帯で多くみられる。

(2)(3) 低木や草本に代わって陽樹が優占する陽樹林になると，耐陰性の低い陽樹の稚樹は生育できなくなり，陽樹の世代交代が困難になる。そこへ耐陰性の高い陰樹の稚樹が入り込み，陰樹が草本層や低木層に混在する混交林となる。陰樹が成長して高木層に達すると，陽樹はやがて枯死し陰樹林となる。陰樹の稚樹の耐陰性は高いので，母樹から落ちた種子が発芽して母樹の下で生育し，陰樹の世代交代が続く。遷移はこれ以上進まなくなり，この状態を極相という。極相は森林とは限らず，気候によりサバンナや砂漠であることもある。日本では極相が照葉樹林や夏緑樹林であることが多い。

(4) 混交林では陽樹と陰樹の両方があるため植物の種類が多く，これらを食べる昆虫などの種類も多くなるため，一般に生物種が最も多い。

96 [土壌] (p.96)

解答

(1) ア―落葉　イ―腐植土
(2) 気温が低いと，落葉・落枝の分解速度が遅くなるので，亜寒帯の森林の土壌のほうが厚い。
(3) ③，④

ベストフィット　森林の土壌では層状の構造がみられる。

解説

(1)(2) 落葉・落枝の量は，遷移が進行するにつれて増える。これらは分解されて腐植となり，土壌動物などに撹拌されて有機物の多い腐植土層(イ層)となる。高温多湿な熱帯の森林では，菌類・細菌の活動が活発なため落葉・落枝の分解が速く，落葉層(ア層)や腐植土層(イ層)は薄い。寒冷な亜寒帯の森林では，低温のため菌類・細菌の活動が鈍く，落葉層や腐植土層は厚い傾向にある。

(3) ①遷移の進行とともに土壌はより発達していき，極相で最も発達する。また，土壌微生物の分解により土壌が減ることはない。②草原の土壌においても，落葉や遺体，それらを分解する微生物による有機物が形成される。③ミミズやシロアリなど土壌中に生息する動物も分解の過程に関わる。④土壌粒子がかたまりを形成して小粒の粒子になったものを団粒とよび，団粒がかたまりを形成した構造を団粒構造とよぶ。このとき，土壌粒子のかたまりを形成するのが土壌有機物などであるため，土壌有機物が多い土壌には団粒構造が多く形成される。

97 [湿性遷移] (p.96)

解答

(1) ②
(2) ②，④

ベストフィット 湿性遷移で草原ができた後は，乾性遷移へと移行する。

解説

(1) 湿性遷移が進行して，湖や沼沢が湿原を経て，草原が形成された後は，乾性遷移を経て極相へと向かう。

(2) 水面の位置がもとの湖や沼沢の位置にある湿原は低層湿原とよばれる。堆積した植物の枯死体が分解される環境にあれば低層湿原になる。高層湿原は，栄養塩類の乏しい，寒冷・多湿の環境で発達する湿原であり，ミズゴケ湿原ともよばれる。寒冷・多湿の環境では，植物の枯死体が分解されにくく，泥炭として堆積することでもとの水面よりも高い位置に湿原が形成される。また，高層湿原は周囲より高いため河川水が流入せず，雨水や雲霧に水を依存するが，雨水や雲霧には栄養塩類はほとんど含まれない。そのため，栄養塩類の乏しい，寒冷・多湿の環境でも生育できるミズゴケ類が植生の中心となり，ミズゴケの枯死体が泥炭として堆積し，高層湿原が発達していく。

演習問題

[遷移]（p.97）

解答

問1.(1) ⑥　(2) ⑤　問2. ⑤

問3.(1) 優占種―R　最初に消滅する種―R

(2) ⑥

リード文 Check

次の文章を読み，下の問いに答えよ。

A火山の噴火や大規模な山崩れによって生じた裸地では，時間の経過とともに植生が変化していく。この一連の変化を遷移という。遷移に要する年月は非常に長期にわたるが，伊豆諸島のa伊豆大島や三宅島などで植生の調査が行われ，火山の噴火で植生が消失してしまった場所でも，時間が経つにつれ，b裸地から荒原，草原へ，さらに低木林から高木林へと相観が変化していくことが明らかになった。遷移の初期に現れる種を先駆種と呼ぶ。遷移が進行して高木林が形成されると，B陽樹林→混交林→陰樹林と移り変わり，やがて，それ以上植生は変化しなくなる。このような状態を極相と呼ぶ。

ベストフィット

Aこのような裸地は，土壌や植物がないと考えられるため，ここから始まる遷移は一次遷移であると考えられる。

B光補償点の高い陽樹の幼木は，陽樹林の暗い林床では生育できなくなる。そこへ，光補償点の低い陰樹が入り込み，混交林となる。陰樹が成長して高木層に達し，陽樹が枯死すると陰樹林となる。陰樹の種子は暗い林床でも発芽して生育し，陰樹の世代交代が続く。

正誤 Check

問1　下線部aについて，次の(1)，(2)に答えよ。

(1) 伊豆大島の相観の異なる4地区における優占種は次のとおりであった。A～Dの地区を遷移の初期から後期へ並べた順序として最も適当なものを，次の①～⑧のうちから一つ選べ。

A地区：スダジイ，タブノキ　B地区：オオバヤシャブシ，ハコネウツギ

C地区：イタドリ，ススキ　D地区：スダジイ，オオシマザクラ

① A→B→C→D　② A→C→D→B　③ B→A→C→D　④ B→C→D→A

⑤ C→D→B→A　⑥ C→B→D→A　⑦ D→B→A→C　⑧ D→C→B→A

裸地に最初に侵入する先駆種には，草本植物のイタドリやススキ，木本植物のオオバヤシャブシなどがある。一方，スダジイ，タブノキは陰樹であり，遷移の後半の過程でみられる木本植物である。

このことから，草本植物のみが観察されたCが遷移の初期，陰樹のみが観察されたAが遷移の後期であることがわかる。

BとDを比較すると，Bのオオバヤシャブシとハコネウツギは低木であり，Dは陰樹（スダジイ）と陽樹（オオシマザクラ）の混交林であったことから，BのほうがDよりも遷移の早い段階であることがわかる。よって，C→B→D→Aの⑥が正しい。ちなみに，オオシマザクラは陽樹，ハコネウツギは低木である。

(2) 伊豆大島や三宅島が遷移の調査に適している理由として最も適当なものを，次の①～⑤のうちから一つ選べ。

① 温暖で適当な降雨量に恵まれている。

② 観光資源として人の手によって開発されてきた。

③ 海が近い。

④ 生息する動物の種類があまり多くない。

⑤ 年代のわかっている火山の噴火が過去に何度も起こっている。

伊豆大島や三宅島には活火山があり，様々な年代で噴火が起こっている。噴火から数年～数千年経った植生が一つの島の中に存在しているため，調査対象として適している。

問2 下線部bについて，遷移の初期に侵入する種を，遷移の後期に出現する種と比較したとき，遷移の初期に侵入する種の特徴として最も適当なものを，次の①～⑥のうちから一つ選べ。

① 種子が大きい。　② 明るい所での成長が遅い。

③ 寿命が長い。　④ 貧栄養への耐性が低い。

⑤ 種子の散布力が大きい。　⑥ 乾燥に弱い。

遷移初期に侵入しやすい植物の特徴として，果実や種子が軽く移動がしやすいこと，乾燥に強いことなどがあげられる。

	先駆種	極相種
種子	小さくて軽く，種子の数は多い。 風散布型で散布範囲が広い。	大きくて重く，種子の数は少ない。 重力散布型で散布範囲が狭い。
光による発芽の影響	促進される	促進されない
成長	速い	遅い
寿命	短い	長い
背丈	小形，草丈が低い	大形，草丈が高い
光補償点	高い	低い

問3 日本のある地域の森林で，個体数の多いP，Q，Rの3種類の樹木について，胸の高さにおける幹の直径を測定した結果を図に示す。なお，幹の直径が大きい個体ほど樹高が高いものとする。また，P，Q，Rはいずれも高木になる樹種である。図について，次の(1)，(2)に答えよ。

(1) この森林の優占種はどれか。また，遷移が進行したときに最初に消滅すると考えられる種はどれか。P，Q，Rの中からそれぞれ一つずつ選べ。

植生の中で，占有している空間が最も広い植物を優占種という。優占種ほど樹高が高い傾向があり，問題文より幹の直径が大きい個体ほど樹高が高いと記述されているので優占種はRとなる。また，この森林は遷移の途中段階であり，今後，R→Q→Pと優占種が入れかわっていくことが考えられる。よって，遷移が進んだ際に最初に消滅する種はRとなる。

(2) P，Q，Rの3種の光合成曲線の特徴について述べた記述として最も適当なものを，次の①～⑥のうちから一つ選べ。

(1)より，遷移はR→Q→Pと進んでいくことから，Rが陽樹，Pが陰樹と考えられる。Qが陽樹か陰樹かは問題文からはわからないが，遷移の早い段階で優占種となるQのほうが，Pより光飽和点が高いと考えられる。また，呼吸速度は，陰樹（P）よりも陽樹（R）のほうが大きいと考えられる。

① PはQよりも光飽和点が誤高い。 正低い
② PはRよりも呼吸速度が誤大きい。 正小さい
③ QはPよりも光合成速度の最大値が誤小さい。 正大きい
④ QはRよりも光補償点が誤高い。 正低い
⑤ RはQよりも光飽和点が誤低い。 正高い
⑥ RはPよりも光補償点が高い。

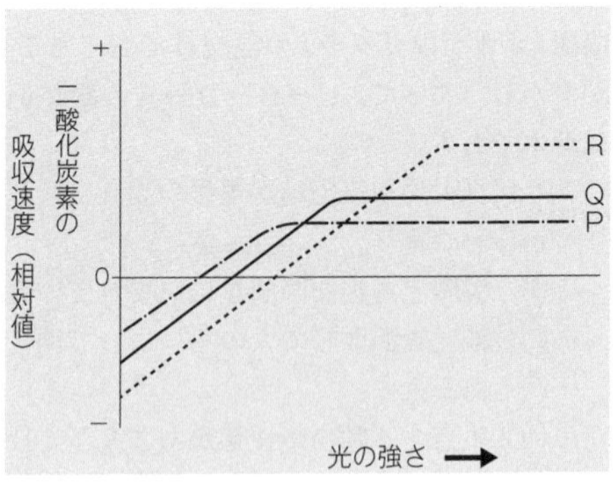

99 ［光合成速度］（p.98）

解答
問1．④　問2．③　問3．⑤

リード文 Check

植物の成長と光の関係を調べるため，次の**実験**を行った。下の問いに答えよ。

実験　ある A陽生植物と B陰生植物を用いて，光の強さと光合成速度の関係を測定したところ，図のような結果を得た。なお，光の強さの単位は［lx（ルクス）］，二酸化炭素の吸収量の単位は［$(mg/100cm^2)$／時間］である。

ベストフィット
AB陽生植物と陰生植物の比較では，呼吸量，光合成量の最大値，光補償点，光飽和点のすべてで，陽生植物の値のほうが大きい。

正誤 Check

問1　図において，陽生植物と陰生植物の両方とも生育できるが，陰生植物のほうがより成長できる光の強さの範囲の最大値（ルクス）として最も適当なものを，次の①～⑥のうちから一つ選べ。

① 0　② 500　③ 1,000　④ 1,500　⑤ 2,000　⑥ 4,000

問2　**問1**の光の強さの範囲の最小値（ルクス）として最も適当なものを，**問1**の①～⑥のうちから一つ選べ。

① 0　② 500　③ 1,000　④ 1,500　⑤ 2,000　⑥ 4,000

成長できる光の強さを考えるには，見かけの光合成量が正の値，つまり，二酸化炭素吸収量が正の値であるかを考える。陽生植物と陰生植物が両方とも成長できる光の強さは，二酸化炭素吸収量がともに正の値になる1,000ルクス以上の範囲となる。この値が，光の強さの範囲の最小値，すなわち，**問2**の解答となる。1,000～1,500ルクスの範囲では，陽生植物に比べ，陰生植物のほうが見かけの光合成量が大きい。したがって，**問1**の陰生植物のほうがより成長できる光の強さの範囲の最大値は1,500ルクスとなる。

問3　葉で吸収された22gの二酸化炭素から15gのグルコースが形成される。図における陽生植物の葉$500cm^2$が1日の間に光合成で形成するグルコースの質量として最も適当なものを，次の①～⑥のうちから一つ選べ。ただし，1日のうち半分は5,000 lx，4時間は2,000 lxの光が当たり，それ以外は暗黒とする。

① 87.3mg　② 436.4mg　③ 545.5mg　④ 640.0mg　⑤（○） 763.6mg　⑥ 938.7mg

まず，葉500cm²で吸収された二酸化炭素量を求める。図から，1時間の葉100 cm²あたりの二酸化炭素吸収量は，5,000ルクスのとき $(12+4)=16$mg，2,000ルクスのとき $(4+4)=8$mgである。1日のうち，5,000ルクスの光は12時間，2,000ルクスの光は4時間当たるので，1日の葉100 cm²あたりの二酸化炭素吸収量は，$12\times16+4\times8=224$mgとなる。葉面積500cm²では，$224\text{mg}\times5=1{,}120$mgとなる。二酸化炭素22gからグルコース15gができるということから，葉500cm²が1日に形成するグルコースの質量は，$1{,}120\text{mg}\times15\div22=763.636\cdots$mgとなる。したがって，⑤が正しい。

100 ［ギャップ］(p.98)

解答

問1. ①

問2. ③

問3. 台風や寿命などにより，林冠を形成する木が部分的に倒れ，林床にまで光が当たるようになった状態である。(49字)

リード文 Check

次の文章を読み，下の問いに答えよ。

森林の世代交代のようすを調べるため，陰樹であるブナによって構成される森林で，20m × 20mの4つの調査区a～dを設定し，樹高1m以上のすべてのブナ個体の高さを測定した。各調査区における樹高ごとの個体数を図に示す。なお，Ａ調査区aには林冠ギャップがなかったが，調査区b，c，dにはあった。

ベストフィット

Ａ調査区aは極相，c～dはギャップが修復されておらず，二次遷移が進行している。調査区a～dの低木層，高木層の個体数に着目すると，ギャップ形成がどの順番で起きたかが予測できる。

正誤 Check

問1　林冠ギャップが起こった時期が最も古いものを，次の①～③のうちから一つ選べ。

①（○） b　② c　③ d

調査区a～dの低木層と高木層の個体数に注目して考える。ギャップができた時代が最も古いのは，ギャップができてしばらく経ったため，遷移が進行し，高木層の個体数が多い調査区bとなる。また，一番新しいのは，遷移初期の植生である低木層の個体数が多い調査区cとなる。

問2　林冠ギャップが起こると，陽樹が成長することもある。陽樹の例として最も適当なものを，次の①～④のうちから一つ選べ。

① タブノキ　② スダジイ　③（○） コナラ　④ イタドリ

タブノキ，スダジイは陰樹，イタドリは草本の例である。

問3　極相林内に存在するギャップとはどのようなものか。ギャップのでき方とギャップ内の環境について50字程度で答えよ。

ギャップとは，林冠を構成する高木が，枯死したり台風で倒れたりすることで生じる空間で，林床に光が届くようになる。ギャップのでき方として，台風や枯死による倒木，ギャップ内の環境として，林床の光環境に触れて解答をまとめる。ギャップが小さいと，すぐに陰樹が成長してギャップを埋めてしまう。一方，ギャップが大きいと，光の差し込む林床で様々な植物の種子が発芽し，二次遷移が進行する。

2節 植生とバイオーム　標準問題

101 ［世界のバイオーム］(p.101)

解答

(1) a—ク　b—エ　c—コ　d—ウ　e—キ　f—カ　g—ケ　h—オ　i—イ　j—ア
(2) 年降水量1,000mm—n　年平均気温10 ℃—s
(3) サ—⑤　シ—⑥　ス—⑧　セ—⑧　ソ—③　タ—①　チ—⑦　ツ—②　テ—④
ト—⑨　ナ—⑪　ニ—⑩　ヌ—⑫

ベストフィット 気候とバイオームのグラフには規則性がある。

解説

(1)年降水量が多く年平均気温の最も高い地域の熱帯・亜熱帯多雨林(**ア**)はj，気温は高いが雨季と乾季のある地域で，乾季に落葉する雨緑樹林(**イ**)はi，さらに乾燥する草原のサバンナ(**ウ**)はd，最も乾燥した砂漠(**エ**)はbとなる。降水量が多い地域では，気温が限定要因となって植生を決定づけるので，気温の高いほうから気温の低いほうへとグラフをたどると，jの熱帯・亜熱帯多雨林(**ア**)から順に，hが照葉樹林(**オ**)，fが夏緑樹林(**カ**)，eが針葉樹林(**キ**)，aがツンドラ(**ク**)となる。このほか，降水量と気温では照葉樹林か夏緑樹林に近いが，冬季に降水量が多い地中海地方の硬葉樹林(**ケ**)はg，降水量が少なめで草原ではあるが気温がサバンナより低いステップ(**コ**)はcとなる。

(3) a(ツンドラ)にはコケ植物・地衣類(⑤)など，b(砂漠)には乾燥に強いサボテン・トウダイグサ(⑥)科の植物などが生育する。

c(ステップ)にはイネ科植物(⑧)の草原が広がる。d(サバンナ)は，ステップより高温な地域の草原で，イネ科植物(⑧)を主とするが，アカシアなどの木本植物も点在している。

e(針葉樹林)は北半球のみでみられ，耐寒性の強いエゾマツ・トドマツ(③)・シラビソなどが優占する。f(夏緑樹林)は，ブナ・ミズナラ(①)などの落葉広葉樹が優占する。g(硬葉樹林)にはコルクガシ・オリーブ(⑦)・ゲッケイジュ，h(照葉樹林)にはタブノキ・スダジイ(②)などの常緑広葉樹がみられる。i(雨緑樹林)には乾季に落葉するチーク・コクタン(④)・タケ類などが生育している。j(熱帯・亜熱帯多雨林)は，階層構造が最も発達し，多種多様な生物が生息している。つる性植物や着生植物(⑨)が多いのも特徴である。

102 ［バイオーム］(p.102)

解答

(1) h
(2) d
(3) ④
(4) ⑤

ベストフィット 年平均気温と降水量からバイオームを推測する。

解説

(1)～(3) (1)のバイオームは針葉樹林である。問題文にある8つのバイオームのうち，針葉樹林は最も年平均気温が低い地域に分布することから，図hが正しい。(2)のバイオームはサバンナであり，降水量が少ない熱帯や亜熱帯に分布する。年平均気温が高い図a，b，dのうち，最も降水量の少ない図dがサバンナである。(3)のバイオームは硬葉樹林であり，降水量が夏季に少なく冬季に多くなっている図eが正しい。その他のグラフについては，図aは１年中降水量・気温が高いことから熱帯多雨林，図bは年平均気温が高く，乾季と雨季があることから雨緑樹林，図fは年間降水量が少ないことからステップと考えられる。図gとcは特徴が似ているが年平均気温に違いがある。年平均気温が低い図gが夏緑樹林，高い図cが照葉樹林である。

⑷ 常緑広葉樹は温暖な地域に，落葉広葉樹は寒冷な地域にみられる。冷温帯に分布する夏緑樹林では落葉広葉樹が優占する。また，雨緑樹林では，厳しい乾季に適応するため，葉を落とすことで水分や有機物量の損失を防いでいる。よって，⑤が正しい。

103 ［日本のバイオーム］（p.103）

解答

⑴ **ア**―緯度　**イ**―水平分布　**ウ**―標高　**エ**―垂直分布
⑵ a―針葉樹林　b―夏緑樹林（冷温帯林）　c―照葉樹林（暖温帯林）
⑶ a―亜高山帯　b―山地帯　c―丘陵帯（低地帯）
⑷ a―①　b―③　c―⑤
⑸ a，b
⑹ 亜熱帯多雨林

ベストフィット 中部地方における「水平分布→垂直分布」の関係は，「照葉樹林→丘陵帯」，「夏緑樹林→山地帯」，「針葉樹林→亜高山帯」である。

解説

⑴ 気温に影響を及ぼす地理的条件は，おもに緯度と標高である。**ア**は，「…，バイオームは南北で異なる」の問題文から緯度であることがわかる。また，**ウ**は緯度とは別の条件であることから，標高となる。緯度に応じたバイオームの分布を水平分布（**イ**），標高に応じたバイオームの分布を垂直分布（**エ**）という。

⑵～⑹ 同じバイオームに対して，水平分布では緯度の違いに着目した名称が，垂直分布では標高の違いに着目した名称がつけられており，それぞれの呼称も一つではない。およそ次のようにまとめられる。

図中の記号	（なし：白抜き）	a	b	c	（なし）
水平分布（**イ**）での名称	高山草原	針葉樹林	夏緑樹林（冷温帯林）	照葉樹林（暖温帯林）	亜熱帯多雨林
垂直分布（**エ**）での名称	高山帯	亜高山帯	山地帯	丘陵帯（低地帯）	丘陵帯
優占種	ハイマツ・コケモモ・地衣類	トドマツ・エゾマツ・コメツガ・シラビソ	ブナ・ミズナラ・カエデ類	スダジイ・タブノキ・アラカシ・シラカシ	アコウ・ヘゴ・ガジュマル・ヒルギ類

図中の高山帯は白抜きで表現されており，該当する記号はない。高山帯は，バイオームの分類におけるツンドラに相当するが，日本ではツンドラと呼ぶことはほとんどない。それは日本のツンドラに相当する気候帯がすべて高山の頂上付近の険しく風当たりの強い場所にあり，また凍土もあまり発達していないためである。シベリアの凍土の発達したツンドラとはあまりにイメージが異なるので，高山草原の表現が定着しているものと思われる。なお，北海道の大雪山系には凍土があり，その一帯にはウルップソウという多年草の一種が分布している。

104 [垂直分布] (p.103)

解答

(1) 垂直
(2) a—丘陵帯(低地帯)　b—山地帯　c—亜高山帯　d—高山帯
(3) ④
(4) a
(5) 北側のほうが日照量が少なく，年平均気温が低くなるため。

ベストフィット 亜高山帯と高山帯の境界を森林限界という。

解説

(1) 標高差による温度変化がもたらすバイオームの分布を垂直分布という。
(2) 本州中部における垂直分布は，標高の低い方から，丘陵帯(a)，山地帯(b)，亜高山帯(c)，高山帯(d)へと移り変わる。丘陵帯は低地帯とも呼ばれる。
(3) 森林限界は，亜高山帯の針葉樹林と高山帯の高山草原(お花畑)などとの境界をいう。すなわち，「cとdの境界」である。森林限界を超えると急に視界が開ける。
(4) 北海道には，中部地方の丘陵帯(a)を構成する照葉樹林が分布しておらず，海岸部などの低地から山地帯や亜高山帯が分布する。
(5) ある一つの山において，北斜面と南斜面では，北斜面のほうが日照量が少なく，積算温度が低い。そのため，日本の垂直分布の境界線の標高は，南側より北側のほうが低くなる。

演習問題

105 [バイオーム] (p.104)

解答

問1. ア—③　イ—⑦
問2. ウ—サバンナ　エ—ステップ　オ—熱帯多雨林　カ—雨緑樹林　キ—水平分布
　ク—垂直分布　ケ—亜熱帯多雨林　コ—照葉樹林　サ—夏緑樹林　シ—針葉樹林
問3. 標高が高くなるほど年平均気温が低くなるため。
問4. ③，⑥
問5. ④

リード文 Check

次の文章を読み，下の問いに答えよ。

バイオームを決める気候条件として ア と イ があげられる。 ア が少ない地域では森林が形成されず，熱帯では ウ ，温帯では エ と呼ばれる草原となる。熱帯で形成される森林として， ア が豊富な地域には オ が分布し，乾季と雨季がある地域には カ が分布する。そのうち オ は[A]バイオームの中で最も植物の現存量が大きい。

日本の森林の分布には，緯度によって変化する キ と呼ばれる分布と，標高によって変化する ク と呼ばれる分布がある。 キ では，南から順にマングローブなどがみられる ケ ，次にスダジイ，タブノキ，カシ類などがみられる コ ，ブナ，ミズナラなどがみられる サ ，エゾマツ，トドマツなどがみられ

ベストフィット

[A]現存量が最も大きくなることから，太い幹や多くの枝，光合成を行う大量の葉が存在する熱帯多雨林であることがわかる。

る シ がある。

下図は，日本のバイオームの ク を表す。 ク は標高の高い順に図のA～Eに分けることができ，それぞれ異なった森林がみられる。

正誤 Check

問1 文中の**ア**と**イ**に入る最も適当な用語を，次の①～⑧のうちから一つずつ選べ。

① 年平均湿度 ② 年平均気圧 ア③ 年降水量 ④ 年平均日照時間
⑤ 年最大気温 ⑥ 年最低気温 イ⑦ 年平均気温 ⑧ 年較差

問2 文中の**ウ**～**シ**に適語を入れよ。

年降水量が少ない熱帯地域では，少ない降水量でも生育できる草本や低木が主体のサバンナ(**ウ**)が極相となる。また，それよりも温度の低い温帯地方だと，草原のみのステップ(**エ**)が極相となる。一方，熱帯地域において十分な降水量がある場合，極相として常緑広葉樹林である熱帯多雨林(**オ**)からなるバイオームが形成される。降水量が減り，乾季と雨季のある地域では，常緑広葉樹林は生育できず，乾季に落葉する雨緑樹林(**カ**)が形成される。

日本は年降水量が十分に多いため，基本的に森林が形成され，バイオームの変化は気温に依存する。日本列島は南北に細長く，平地では高緯度になるほど年平均気温が低下するので，南北方向にバイオームが変化する水平分布(**キ**)がみられる。

屋久島より南の島々では，亜熱帯多雨林(**ケ**)が多くみられ，九州から関東にかけては照葉樹林(**コ**)となる。中部地方から北海道南部では夏緑樹林(**サ**)となり，北海道北東部では針葉樹林(**シ**)となる。

気温は，標高が高くなることでも低下し，それに応じてバイオームも変化する。このような標高に応じたバイオームの変化を垂直分布(**ク**)という。

問3 下線部について，標高によって分布が変化する理由を簡潔に述べよ。

標高が100m高くなるにつれて，気温は約0.6℃低くなる。高山帯では，低温と強風のため森林が形成されない。この森林形成の境目を森林限界という。

問4 ク を示す図について，Aでみられる植物はどれか。次の①～⑩のうちから二つ選べ。

① スダジイ ② コメツガ ③ ハイマツ
④ エゾマツ ⑤ ガジュマル ⑥ クロユリ
⑦ オオシラビソ ⑧ アカマツ ⑨ アラカシ ⑩ ミズナラ

図のAは高山帯，Bは亜高山帯，Cは山地帯，Dは丘陵帯(低地帯)である。高山帯ではハイマツやクロユリのほかに，コマクサやコケモモ，シナノキンバイなどが分布し，お花畑を形成している。

問5 ク を示す図に関する説明として**誤っている**ものを，次の①～⑤のうちから一つ選べ。

① AとBの境界を森林限界といい，Aより標高が高い場所では森林が形成されない。
② Bの植生の相観は森林に属する。
③ Cの気候は冷温帯である。
④ Dでは硬くて小さい葉をもつ常緑広葉樹が優占している。
⑤ Eではヒルギ類によるマングローブの形成がみられる。

Bでは針葉樹林，Cでは夏緑樹林，Dでは光沢のある葉をつける常緑広葉樹である照葉樹林，Eでは亜熱帯多雨林が形成される。

3 節 生態系と生物の多様性　標準問題

106 [生態系] (p.108)

解答

(1) ア―非生物的　イ―生物的　ウ―環境形成　エ―生産者　オ―消費者　カ―分解者

(2) ①

ベストフィット 生態系を構成する生物は，独立栄養の生産者と従属栄養の消費者に大別される。

解説

(1) 光，水，土壌，大気などの非生物的環境が生物的環境に及ぼす影響を作用といい，生物的環境が非生物的環境に及ぼす影響を環境形成作用という。

(2) ①は二酸化炭素濃度の上昇，つまり非生物的環境の変化が生物に影響を及ぼし，生物の分布域を変化させている。②③④は環境形成作用の例。

107 [被食者捕食者相互関係] (p.108)

解答

⑤

ベストフィット 生態系において，被食者と捕食者は周期的に個体数を変動させる。

解説

① 捕食者が被食者を食べることで捕食者の個体数は増えるため，まず被食者の個体数増加が先である。誤り。

② 個体数の変化はおもに被食者と捕食者の「食う－食われる」の関係による。また，オレンジの量はグラフからは読み取れない。誤り。

③ 個体数の変化はおもに被食者と捕食者の「食う－食われる」の関係による。また，グラフから環境中の老廃物の蓄積については読み取れない。誤り。

④ 被食者であるコウノシロハダニを取り除くと，捕食者であるカブリダニは減少する。誤り。

⑤ 避難場所を作らない場合，捕食者は被食者を食べつくし，やがて捕食者も死に絶える可能性が高くなる。正しい。

108 [生態ピラミッド] (p.109)

解答

(1) ⑤　(2) A，E　(3) ②

ベストフィット 個体数・現存量ピラミッドは逆転することがある。

解説

(1) タカはイタチを捕食するので⑤が誤り。ケラはバッタ目に属する昆虫で，ミミズやほかの昆虫を捕食する。モズはスズメ目に属する鳥類で，カエルやバッタを捕食する。

(2) 8種の生物のうち，C，B，D，Hはほかの生物を捕食しており，消費者であることがわかる。また，EはFとGに食べられることから，FとGも消費者である。よって，残りのAとEが生産者である。

(3) 生態系ピラミッドには，個体数ピラミッド，現存量ピラミッド，生産量ピラミッドがある。個体数ピラミッドでは，樹木とその葉を食べるチョウのように，生産者よりも消費者のほうが個体数が多く，ピラミッド型にならない場合がある。現存量ピラミッドも同様に逆転することがある。生産量ピラミッドは，単位面積・単位時間あたりの光合成量または消化・吸収量を積み重ねたものであり，逆転することはない。

109 ［キーストーン種］(p.109)

解答

(1) ヒトデがいなくなったことで，Eの個体数が増え，岩礁をEが覆うようになった。その結果，岩に生える藻類が減少し，AとBはえさが不足することで個体数が減少した。

(2) ①，②，④

(3) キーストーン種

ベストフィット キーストーン種は食物連鎖の上位の捕食者で，個体数は少ないが生態系のバランスに大きな影響を与えている。

解説

(1) ヒトデが捕食した生物はEが63％と多いため，ヒトデを除去すると生物種Eが増加すると考えられる。問題文より，Eは固着性とあるので，岩に生える藻類とは生息域が競合する関係にある。AとBの個体数が減少する理由として，生息域の奪い合いにより岩に生える藻類が減少したためであると考えられる。

(2) ③ 高次の生物ほど個体数が少なくなる傾向にある。

(3) キーストーン種が除去されると，生態系が単純化されることがある。

演習問題

110 ［多様度指数］(p.110)

解答

問1．図1－2.88　図2－4　問2．①，③

リード文 Check

次の文章を読み，下の問いに答えよ。

生物多様性のとらえ方の一つに，種の多様性がある。種の多様性を数値化したものにA多様度指数があり，群集の単純度の逆数で表すことができる。そして，群集の単純度は，B群集の中から二つの個体を無作為に復元抽出（取り出した標本を母集団に戻してから，次の標本を取り出す）したとき，その2個体が同じ種となる確率で表すことができる。

ベストフィット

A 多様度指数＝$\frac{1}{\text{群集の単純度}}$

B 群集の単純度は，1度目に抽出した個体を戻し，2度目に抽出したとき，どちらも同じ種である確率。

正誤 Check

問1 図1，2に示される樹木の群集の多様度指数をそれぞれ答えよ。

問題文より，多様度指数は群集の単純度の逆数で表される。また，群集の単純度は，1度目に抽出した個体を戻し，2度目に抽出したときに，どちらも同じ種となる確率で表される。図1，2の群集には，ともに4種類の樹木が合計12本ある。図1の樹木を個体数の少ない順にa～dとすると，図1，図2の群集の単純度，多様度指数は次のように求められる。

図1の単純度：$(1/12)^2+(2/12)^2+(3/12)^2+(6/12)^2=(1+4+9+36)/144=50/144$

※＿＿：2個体とも樹木aが抽出される確率　＿＿：2個体とも樹木bが抽出される確率

※＿＿：2個体とも樹木cが抽出される確率　＿＿：2個体とも樹木dが抽出される確率

図1の多様度指数 = 144/50=2.88

図2の単純度：$(3/12)^2 + (3/12)^2 + (3/12)^2 + (3/12)^2 = 36/144$

図2の多様度指数 = 144/36 = 4

問2　問1の多様度指数の性質について述べた次の①～③の文のうちから，適当なものをすべて選べ。

①　群集に含まれる種ごとの個体数に偏りが大きいほど，多様度指数は小さくなる。

②　種数の違う群集どうしの多様度指数を比べたとき，種数のより大きな群集の方が，多様度指数が高くなる。

③　特定の群集における多様度指数が最大となるのは，群集に含まれるすべての種の個体数が同じときで，最大値は群集の種数に等しくなる。

多様度指数の定義より，種の個体数が均等であるほど多様度指数は大きくなる。また，種の個体数が同じであれば，種数が多いほど多様度指数は大きくなる。よって①と③は正しい。また，図1の，種数が4のときの多様度指数が2.88で，種数が3のときの最大値は$3((4/12)^2 + (4/12)^2 + (4/12)^2)$なので，必ずしも種数が多い方が高くなるとは限らない。よって②は誤り。

111 [生態系] (p.110)

解答

問1. アー② イー⑤ ウー⑧ エー③ オー⑫

問2. ③

問3. (1) ⑦　(2) ④

リード文 Check

次の文章を読み，下の問いに答えよ。

生態系を構成する生物には，光合成を行う植物である［ア］，［ア］を食べる植食性動物および植食性動物を食べる肉食動物である［イ］や，さらにこれらを食べる高次の［イ］が存在している。このような被食者と捕食者の連続的なつながりは［ウ］と呼ばれており，栄養分の摂り方によって生物を段階的に分けるとき，これを［エ］という。実際の生態系においては，多くの生物は複数種類の生物を食べ，また複数種類の生物に捕食されている。このようなA被食者－捕食者の相互関係に注目して，群集の全体像を表現したものを［オ］という。［オ］を中心とした生物群集に関する概念は，人間活動と自然環境の間で生じている様々な問題のメカニズムを解明する上で有効である。たとえば，近年，水産資源の持続可能な利用の重要性が増しており，人間による漁業活動が生態系に与える影響の評価が注目を集めている。

北太平洋に多数生息していたラッコは，毛皮貿易のための乱獲によって20世紀初頭には絶滅寸前にまで激減した。その後の乱獲禁止の国際的な取組みの結果，1970年代には個体数が回復した。しかし，1990年代には再びラッコの個体数が急減し，それと同時にラッコの生息場所でもある巨大な海藻ジャイアントケルプ(コンブの一種)の個体数も急減した。このようなラッコを取り巻く生物群集の個体群変動の一要因として，近年に活発化した人間による沖合での漁業活動の影響が指摘されている。これは，海洋では陸域に

ベストフィット

A被食者捕食者相互関係において，一つの栄養段階の個体数に変化が起こった場合，すべての栄養段階の個体数に変化が起こる可能性がある。

比べて，生物や物質の移動する空間スケールが大きいため，被食者－捕食者の相互関係を介して，人間活動の影響がより広範囲に及ぶ可能性を示す一例である。

正誤 Check

問2　下線部で示されるラッコの個体数変動が人間による魚類を対象とした漁業活動によって引き起こされたと仮定した場合に，図のA～Eにあてはまる生物名の組合せとして最も適当なものを，次の①～⑧のうちから一つ選べ。

	A	B	C	D	E
①	ウニ	シャチ	アザラシ類	ラッコ	ジャイアントケルプ
②	アザラシ類	ラッコ	シャチ	ウニ	ジャイアントケルプ
③	アザラシ類	シャチ	ラッコ	ウニ	ジャイアントケルプ
④	ラッコ	アザラシ類	シャチ	ジャイアントケルプ	ウニ
⑤	シャチ	ラッコ	アザラシ類	ウニ	ジャイアントケルプ
⑥	シャチ	ラッコ	アザラシ類	ジャイアントケルプ	ウニ
⑦	アザラシ類	シャチ	ラッコ	ジャイアントケルプ	ウニ
⑧	ウニ	アザラシ類	シャチ	ラッコ	ジャイアントケルプ

選択肢の生物名の中で，栄養段階が一番高いシャチがBとなる。また，生産者であるジャイアントケルプはEであり，植物食性動物であるウニがD，ウニを捕食するラッコがCだと考えられる。よってアザラシ類はAとなり，③が最も適当である。

問3　図に示された群集構成種の個体数変動の要因が，図中に示してある被食－捕食関係だけと仮定して，次の⑴，⑵に答えよ。

⑴　シャチ個体群が絶滅した場合に予想される魚類個体群とウニ，ジャイアントケルプ個体数の変化を表したものとして最も適当なものを，次の①～⑧のうちから一つ選べ。

	魚類個体群	ウニ	ジャイアントケルプ
①	増加する	増加する	増加する
②	増加する	増加する	減少する
③	増加する	減少する	増加する
④	増加する	減少する	減少する
⑤	減少する	増加する	増加する
⑥	減少する	増加する	減少する
⑦	減少する	減少する	増加する
⑧	減少する	減少する	減少する

シャチ個体群が絶滅すると，アザラシ類とラッコの個体数が増加する。その結果，アザラシ類に捕食される魚類と，ラッコに捕食されるウニは減少する。ウニが減少することで，ジャイアントケルプは増加すると考えられる。

⑵　人間による漁業活動の縮小が被食者－捕食者の相互関係を介して，Eの個体数を増加させた場合のA～Dの生物の応答として最も適当なものを，次の①～⑥のうちから一つ選べ。

① Aは誤減少し，Bは個体数の多いCを集中的に捕食するようになった結果として，Cは誤減少し，Dは誤増加した。

② Aは増加し，Bは個体数の多いAを集中的に捕食するようになった結果として，Cは増加し，Dも誤増加した。

③　Aは誤減少し，Bは個体数の多いCを集中的に捕食するようになった結果として，Cは誤減少し，Dも減少した。

④　Aは増加し，Bは個体数の多いAを集中的に捕食するようになった結果として，Cは増加し，Dは減少した。

⑤　Aは誤減少し，Bは個体数の多いCを集中的に捕食するようになった結果として，Cは増加し，Dは減少した。

⑥　Aは増加し，Bは個体数の多いAを集中的に捕食するようになった結果として，Cは誤減少し，Dは誤増加した。

人間の漁業活動の縮小に伴い魚類が増加すると，魚類を捕食するAは増加する。Aが増加するとBは集中的にAを捕食するため，Cは増加する。Cが増加した結果，Dは捕食され減少する。よってEは増加する。

112 [被食者捕食者相互関係] (p.111)

解答

問1.⑥　問2.⑦　問3.①　問4.③

リード文 Check

次の文章を読み，下の問いに答えよ。

動物は食物を食べなければ生きていけない。食うほうの生物を［ア］，食われるほうの生物を［イ］と呼び，両者の個体数は図1のように[A]周期的に変動することが多い。このとき，［ア］は図1の［ウ］，［イ］は図1の［エ］に相当する。この周期的変動について，種aの個体数を横軸，種bの個体数を縦軸として模式的に表すと［オ］のように示すことができる。図2～5の矢印は種a, bの個体数変化を示しており，その変化は矢印❶～❹の順に起こる。たとえば，［オ］の矢印❷のような個体数変化は，図1に示した［カ］の時間に生じている。

ベストフィット

[A]被食者の個体数変化の後に捕食者の個体数変化が起こる。

正誤 Check

問1　文中の**ア**，**ウ**に入る語の組合せとして最も適当なものを，次の①～⑧のうちから一つ選べ。

①　分解者，種a　②　分解者，種b　③　生産者，種a　④　生産者，種b
⑤　捕食者，種a　⑥　捕食者，種b　⑦　被食者，種a　⑧　被食者，種b

問2　文中の**イ**，**エ**に入る語の組合せとして最も適当なものを，次の①～⑧のうちから一つ選べ。

①　分解者，種a　②　分解者，種b　③　生産者，種a　④　生産者，種b
⑤　捕食者，種a　⑥　捕食者，種b　⑦　被食者，種a　⑧　被食者，種b

先に増減を示すほうが被食者となるので，食うほうの生物(＝捕食者)のグラフは種b，食われるほう(＝被食者)のグラフは種aとなる。

問3　文中の**オ**に入るものとして最も適当なものを，次の①～④のうちから一つ選べ。

①　図2　②　図3　③　図4　④　図5

問4　文中の**カ**に入るものとして最も適当なものを，次の①～④のうちから一つ選べ。

①　w　②　x　③　y　④　z

種aの個体数を横軸，種bの個体数を縦軸として模式的に表した図は図2となる。図1と対応させたとき，捕食者も被食者もともに減少している矢印❷は，図1のyと一致する。

4節 生態系のバランスと保全　標準問題

113 [生態系のバランス] (p.116)

解答

(1) ア—砂漠化　イ—フロン　ウ—オゾン層　エ—オゾンホール　オ—DNA (遺伝子)
(2) 皮膚がん，白内障 (結膜炎でも可)

ベストフィット 強い紫外線は，DNAに損傷を与え，皮膚がんや白内障などの病気を引き起こす。

解説

(1)(2) フロンは，かつては冷蔵庫やエアコンの冷媒などに盛んに用いられてきた人工物質であり，1928年に開発された。しかし，1970年代にフロンなどの塩素を含む物質がオゾンを分解することが指摘され，1985年に南極上空におけるオゾンホールの形成が報告された。紫外線の直射によって，生物のDNAが損傷を受け皮膚がんの発症率が上昇したり，白内障や結膜炎など目の病気が増加したりすることなどが懸念されている。しかし，1985年にウィーン条約 (1988年発効) が，また，1987年にはモントリオール議定書がそれぞれ採択され，フロンの排出規制が開始されたことでオゾン層は回復傾向にあり，2050年頃には南極上空のオゾンホールが消失するとの予測もある。

114 [地球温暖化] (p.116)

解答

(1) メタン，一酸化二窒素 (大気中の水蒸気，フロンでも可)
(2) ③

ベストフィット 落葉広葉樹では，葉が茂る時期は二酸化炭素吸収量が大きく，落葉した時期は二酸化炭素吸収量が小さくなる。

解説

(1) 温室効果ガスには，二酸化炭素のほか，メタン (CH_4)，一酸化二窒素 (N_2O)，大気中の水蒸気，フロンなどがある。メタンは，メタン生成菌の活動により自然界に広く分布する。ウシなどの草食動物のゲップや糞には大量のメタンが含まれており，温暖化の一因になっている。一酸化二窒素は，化石燃料の燃焼や窒素肥料の使用，微生物による有機物の分解などによって発生する。オゾン層を破壊する物質としてよく知られるフロンには，温室効果もある。

(2) **ア**　図1より，2000～2010年と1960～1970年のグラフの傾きを比較すると，2000～2010年のほうが二酸化炭素濃度のグラフの傾きが大きいことがわかる。

イ・ウ　図2の1月と7月に着目すると，二酸化炭素濃度の季節変動は，与那国島より綾里のほうが大きいことがわかる。これは，冷温帯である綾里では落葉広葉樹が広がるため，亜熱帯で常緑広葉樹葉が広がる与那覇国と比較すると光合成を行う期間が短いためであると考えられる。

115 [自然浄化] (p.117)

解答

(1) ア—③　イ—⑭　ウ—⑦　エ—⑫　オ—③
(2) 水の華 (アオコ)

ベストフィット 生物学的酸素要求量 (BOD) の値が大きいほど，水質の汚染の度合いも大きい。

解説

(1) 下水中の汚濁物質は，水中で希釈され，微生物に分解されてやがて減少する。この働きを自然浄化という。この自然浄化能力を超えた汚濁物質が河川や湖沼に流入すると，水質が悪化する。生物学的酸素要求量（BOD）は，微生物が水中の有機物を分解するときに必要な酸素（**ア**）の消費量を示す数値である。したがって，BODが大きいほど水が汚れている（**イ**）ことがわかる。窒素やリン酸が必要以上に流入すると，栄養塩類が増加した富栄養化（**ウ**）が進む。その結果，光の当たる表層部では植物プランクトンのシアノバクテリア（**エ**）が大量発生し，これらの死骸を分解する微生物によって大量の酸素が消費されるため極端な低酸素（**オ**）環境になる。

(2) 淡水の湖沼の富栄養化によりシアノバクテリアなどの植物プランクトンが異常繁殖し，水面が青緑色になる現象を水の華（アオコ）という。なお，内湾などの海域の富栄養化によりプランクトンが異常繁殖し，水面が赤褐色になる現象を赤潮という。

116 ［生物濃縮］(p.117)

解答

(1) ③　(2) ②　(3) ①，②，⑤　(4) ②

ベストフィット 体外に排出されにくい有害物質は，食物連鎖に伴い高次消費者に濃縮される。

解説

(1) 植物プランクトンは生産者であるが，動物プランクトンは消費者である。表のプランクトンには両者が含まれている。

(2) 濃度上昇の割合（濃縮率）は，栄養段階上位の物質濃度を栄養段階下位の物質濃度で割ることによって求められる。プランクトンからイワシへの濃縮率は68 ÷ 48 ≒ 1.4（倍），イワシからイルカへの濃縮率は3700 ÷ 68 ≒ 54.4（倍）であり，濃縮率は一定ではない。

(3) 水銀は日本では水俣病の原因となった。HFCやSF_6は代替フロンの一種である。

(4) 1トン = 10^9mgである。よって3,700（mg）/10^9（mg）× 100（%）= 3.7×10^{-4}（%）となる。問題文より，1ppmは0.0001（10^{-4}）%なので，3.7ppmとなる。

117 ［生物多様性の保全］(p.118)

解答

(1) ②　(2) **ア**―捕食　**イ**―病気（感染症）　**ウ**―特定外来生物　(3) ④
(4) **エ**―フロン　**オ**―二酸化炭素　**カ**―メタン　(5) 絶滅危惧種　(6) ⑤
(7) 生物の多様性に関する条約（生物多様性条約）　(8) SDGs

ベストフィット 生物多様性には，生態系，種，遺伝子の3つの階層があり，これらを保護する目的として生物多様性条約が1992年に採択された。

解説

(1) 生物多様性条約では，生態系，種，遺伝子の3つの階層のすべてを保全することを目的としている。

(2) 人類の活動に伴って，本来の生息地から運び込まれて定着した生物を外来生物という。以前は帰化生物という用語も使われていたが，同じ国内での移入であっても生態系に影響を及ぼすことがあるため，外来生物という用語が定着している。

(3) キタキツネは北海道の在来生物である。選択肢の生物以外にも，アライグマ，オオクチバス，マングースなどが日本に定着し，在来生物を圧迫している。

(7) この条約は，生物の多様性の保全，生物の多様性の持続可能な利用，遺伝資源の利用から生じる利益の公正かつ衡平な配分を目的としている。

118 [生態系サービス] (p.119)

解答

(1) 生物群集　(2) ①，③，④　(3) ④　(4) ①，②，③

ベストフィット 人間生活において，生態系から受ける様々な恩恵のことを生態系サービスといい，おもに基盤サービス，供給サービス，調整サービス，文化的サービスの4つに分けることができる。

解説

(1) 生態系の中で，様々な生物種から構成された集団を生物群集という。

(2) 生態系に大きな影響を与える人間の行為として，1. 開発など，人間活動によるもの，2. 自然に対する働きかけの縮小によるもの，3. 人間によりもち込まれたものによるもの，4. 地球環境の変化によるもの，の4つがおもな原因となる。

それぞれの例として，1. 市街地化や森林伐採，河川改修や埋め立て，2. 手入れされなくなった里山の極相化，3. 外来生物の導入や野生化，4. 地球温暖化による環境の変化，などがある。

(3) それぞれの生態系サービスをまとめると以下のようになる。

供給サービス…人間の生活に必要な食料，木材，医薬品などを供給する。a(食料)，c(木材)，f(燃料)，i(飲料水)がこれに相当する。

調整サービス…森林があることによって気候変動が緩和されたり，洪水が起こりにくくなったりするなど，環境を制御する。b(気候制御)，e(水の浄化)，g(治水)がこれに相当する。

文化的サービス…精神的充足，レクリエーションの機会などを与える。d(精神)，h(教育)，j(レクリエーション)がこれに相当する。

(4) 生態系サービスのすべての要素は生物多様性と関係している。

演習問題

119 [生物濃縮] (p.120)

解答

問1. アー生物濃縮　イー食物連鎖

問2. ②

問3. 44倍

問4. DDTは脂溶性の物質である。そのため，脂肪の割合が高い肝臓のほうが，DDT含有量が多くなると考えられる。

問5. 湿地は，湖底に比べ外気と接しており，土壌中の水分が蒸発することによるDDT濃縮が起こるため。

リード文 Check

次の文章を読み，下の問いに答えよ。

化学物質の中には，自然環境中に放出された後に生態系の中で残存し，問題となるものがある。生物が外界から取り込んだ[A]特定の化学物質が，通常の代謝を受けることなく，あるいは分解や排出を

ベストフィット

[A]生物濃縮を起こしやすい物質は脂溶性であることが多いため，脂肪に蓄積され，体外に排出さ

されないために体内に蓄積して環境中よりも高濃度になることを，［ア］という。また，そのような物質を蓄積した生物を捕食する，より上位の消費者では，さらに体内の濃度が上昇することがある。このように生物間で被食者と捕食者が作る一連の生物のつながりを［イ］という。

このような生態系における化学物質の分布を調べるため，図に示すような，ある地域を流れて湖に注ぐ河川の河口付近を選んだ。この河川は絶えずゆるやかに流れて水深の浅い湖に注ぎ，湖内に流入物を堆積させている。河口付近では土砂が堆積し，その上層には湖の周辺に比べて非常に多くの微生物を含む泥層が形成されている。また，河口周辺の湖岸には(B)湿地が広がっており，様々な生物が棲息している。表は，殺虫剤のDDTが，図中の湖周辺の生態系においてどのような分布をするのか，被食と捕食の関係にある生物の種類とともに含有量を示したものである。

れにくい。また，水分の蒸発によっても濃縮しやすい。
B 海水や淡水により冠水する，湿気が多い低地のこと。

正誤 Check

問2 文中の下線部の物質の溶解性には，どのような性質があるか。最も適当なものを，次の①～③のうちから一つ選べ。

① 水溶性（水に溶けやすい）
② 脂溶性（油に溶けやすい）
③ 両親媒性（水にも油にも溶けやすい）

生物濃縮で問題となる物質は脂溶性であることが多く，細胞膜の中に入り込みやすく，排出されにくい性質がある。

問3 表中の生物間の関係において，DDTはシオグサからアオサギまで，何倍濃縮されたか。小数点以下を四捨五入した値を答えよ。

$3.54 \div 0.080 = 44.25$　小数点以下を四捨五入するので，44倍。

問4 表中のアオサギの肝臓と筋肉をハサミで細切した後，細胞破砕液（ホモジェネート）を調製し，1グラムあたりに含まれるDDTの含有量を測定した。その結果，どちらの臓器のDDT含有量が多かったか。理由とともに答えよ。

DDTは脂溶性であり，より脂肪分を多く含む器官に蓄積されやすい傾向がある。

問5 図に示す河口付近において，湿地と湖底の泥層からそれぞれ土壌を採取してDDTの含有量を測定した結果，湿地のほうが湖底よりも40倍以上高い値を示した。この結果について，河川から生物の死骸を含む多くの堆積物が運ばれる湖底に比べ，なぜ湿地の土壌のほうが高い値を示したのか。考えられる理由を簡潔に述べよ。

DDTは水分が蒸発することでより高濃度に蓄積する傾向がある。

120 ［自然浄化］（p.121）

解答

問1. ③
問2. 指標生物
問3. (1)富栄養化
(2)プランクトンが異常に繁殖し赤潮が発生する。さらに，水中の酸素濃度が著しく低下し，魚介類の多くが酸欠で死んでしまう。（57字）

リード文 Check

次の文章を読み，下の問いに答えよ。

河川に有機物の豊富な汚水が流れ込んだ場合，a ある程度の量であれば，上流から下流へと流れるにしたがって，微生物などの働きにより自然浄化されていく。この過程において，A 有機窒素化合物は分解され，無機窒素化合物であるアンモニウムイオンが生じる。このアンモニウムイオンは B 硝化という作用により酸化される。b これら無機窒素化合物やリン酸塩は，農業で使われる肥料などからも水域に流れ込み，最終的には海洋に到達する。

ベストフィット

A 汚水に含まれる有機物のうち，窒素を含む有機物を有機窒素化合物とよぶ。

B 有機物が分解されて増加したアンモニウムイオン(NH_4^+)が，細菌の働きによって酸化され硝酸イオン(NO_3^-)にかえられる反応。生じた硝酸イオンは藻類に利用される。

正誤 Check

問1 下線部aの過程において，好気性の従属栄養細菌(ここでは細菌と呼ぶ)や原生生物，藻類は特徴的な増減を示す。図1，2は，生物の個体数と物質濃度の上流から下流への相対的な変化を，汚水の流入点とともに示したものである。図のⒶ～Ⓔに入る語句の組合せとして最も適当なものを，①～⑤のうちから一つ選べ。

	Ⓐ	Ⓑ	Ⓒ	Ⓓ	Ⓔ
①	藻類	細菌類	原生生物	無機窒素化合物	酸素
②	細菌類	原生生物	藻類	無機窒素化合物	酸素
◎③	藻類	細菌類	原生生物	酸素	無機窒素化合物
④	細菌類	原生生物	藻類	酸素	無機窒素化合物
⑤	藻類	原生生物	細菌類	酸素	無機窒素化合物

図2をみると，汚水流入後にⒺが増加し，それに伴い図1のⒷが増加している。Ⓔは選択肢より，酸素か無機窒素化合物のどちらかであるが，汚水の流入で増加する物質であることから，汚水に含まれる有機窒素化合物が分解されて生じたアンモニウムイオンなどの無機窒素化合物Ⓔであり，Ⓑはそれらを分解する細菌類であると判断できる。細菌類の増加に伴い，それを食べる原生生物が徐々に増加するためⒸが原生生物となる。有機窒素化合物が分解されて発生したアンモニウムイオンや硝酸イオンは藻類に利用され，また汚水による濁りが軽減していくと藻類が増加していくためⒶは藻類となる。藻類増加に伴い光合成によって酸素Ⓓが増加していく。

問2 河川の汚染の程度は，水生昆虫などの生物相の変化によって表すことができる。このような生物を何というか。

汚濁への強さにより生物種は変化する。特定の環境に生息し，環境条件の指標となる生物を指標生物という。指標生物を調べることで水質の汚染具合を調べることができる。ユスリカ類，イトミミズ類，ミズムシ，アメリカザリガニがみられる水域の水質は悪い。一方，ヘビトンボやカワゲラ類，サワガニなどは清水性動物と呼ばれ，汚い水の中では生息できず，これらが生息する水域の水質はよい。

問3 下線部bについて，次の(1)，(2)に答えよ。

(1) 栄養塩類が水界で増加することを何というか答えよ。

(2) 海洋の沿岸部の栄養塩類が過剰に増加すると，どのような問題を起こすと予想されるか。60字以内で述べよ。

湖沼などにおいて，長い年月とともに土砂や落葉・落枝などが流入し，水中の栄養塩類の濃度が少しずつ高くなっていく現象を富栄養化という。富栄養化が進むと，植物プランクトンやそれを捕食する動物プランクトン，魚介類が増加し，生態系がより豊かになる。

しかし，生活排水などが流入し，富栄養化が急速に進行すると，プランクトンが大量発生し，淡水では水の華(アオコ)，海洋では赤潮などが発生する。このとき，大量発生したプランクトンの呼吸や死骸の分解などにより多くの酸素が消費され，酸素欠乏状態となる。また，大量発生したプランクトンの中には毒素をもつ種もあり，魚介類などの大量死が起こる可能性がある。

大学入学共通テスト特別演習

[大学入試共通テスト特別演習(1)](p.122 ~ 127)　解答の( )は配点を示す。

第1問　次の文章(A・B)を読み，下の問い(**問1 ~ 6**)に答えよ。(配点19点)

解答

問1. ④(3)　問2. ⑥(4)　問3. ⑦(3)　問4. ④(3)　問5. ⑤(3)　問6. ③(3)

リード文 Check

A　すべての生物は，そのからだが細胞からできているという共通の特徴をもつ。[A]動物や植物のからだをつくる細胞には，$_a$種々の構造体が存在する。

細胞内では様々な化学反応が行われており，これらの化学反応をまとめて代謝という。[B]個々の代謝の過程は，$_b$連続した反応から成り立っていることが多く，それらの一連の反応によって$_c$生命活動に必要な物質の合成，あるいは必要に応じて有機物の分解が行われる。

ある原核生物では，図1に示す反応系により，物質Aから，生育に必要な物質が合成される。この過程には，酵素X，Y，およびZが働いている。通常，この原核生物は，培養液に物質Aを加えておくと生育できる。一方，酵素X，YまたはZのいずれか一つが働かなくなったもの(以後，変異体と呼ぶ)では，物質Aを加えても生育できない。そこで，これらの変異体を用いて，[ア] ~ [ウ] の物質を加えたときに，生育できるかどうかを調べたところ，下の結果Ⅰ～Ⅲが得られた。ただし，[ア] ~ [ウ] には物質B，CまたはDのいずれかが，[エ] ~ [カ] には酵素X，YまたはZのいずれかが入る。

結果

[C]Ⅰ：酵素Xが働かなくなった変異体の場合，物質Bを加えたときのみ生育できる。

[D]Ⅱ：酵素Yが働かなくなった変異体の場合，物質B，C，またはDのいずれか一つを加えておくと生育できる。

Ⅲ：酵素Zが働かなくなった変異体の場合，物質BまたはCを加えると生育できる。

ベストフィット

[A]動物細胞や植物細胞などの真核細胞の内部には，ミトコンドリアや葉緑体などの種々の細胞小器官が存在する。

[B]細胞内における個々の化学反応は，酵素が作用することによって進められる。

[C]この結果から，物質Bは，この反応系における最終産物である [ウ] であること，また，酵素Xは，[イ] から [ウ] (B)への反応を触媒する [カ] であることがわかる。

[D]この結果から，物質Aから [ア] への反応を触媒する [エ] は酵素Yであることがわかる。したがって，[オ] は酵素Zということになる。

正誤 Check

問1　下線部aに関連して，ミトコンドリアに関する記述として最も適当なものを，次の①～⑤のうちから一つ選べ。

① ミトコンドリアの内部の構造は，光学顕微鏡によって観察することができる。

② ミトコンドリアは，動物細胞にはみられるが，植物細胞にはみられない。

③ ミトコンドリアは呼吸に関係する酵素を含み，有機物を取り込み分解することで酸素を作り出す。

④ ミトコンドリア内で起こる反応では水(H_2O)が生じる。

⑤ ミトコンドリアでは，光エネルギーを利用してATPが作られる。

①(×)ミトコンドリアの内部構造の観察には電子顕微鏡を用いる必要がある。②(×)ミトコンド

リアは，植物細胞にもみられる。③（×）ミトコンドリアで行われる呼吸には酸素が必要であるが，呼吸によって酸素が生じることはない。④（○）ミトコンドリアで行われる呼吸によって水と二酸化炭素が生じる。⑤（×）ミトコンドリアでは，化学エネルギーを利用してATPが作られる。

問2 下線部bに関連した実験の結果から，図1中の［ア］，［エ］，および［オ］に入る物質と酵素の組合せとして最も適当なものを，次の①〜⑥のうちから一つ選べ。

	ア	エ	オ		ア	エ	オ		ア	エ	オ
①	B	X	Y	②	B	Y	Z	③	C	X	Y
④	C	Y	Z	⑤	D	X	Y	⑥	D	Y	Z

［ウ］は物質Bなので，この結果から［イ］は物質Cであることがわかる。したがって，［ア］は，物質Dということになる。

問3 下線部cに関連して，次の物質ⓐ〜ⓒのうち，リンを構成元素としてもつ物質を過不足なく含むものを，次の①〜⑦のうちから一つ選べ。

ⓐ ATP　　ⓑ DNA　　ⓒ RNA

① ⓐ　② ⓑ　③ ⓒ　④ ⓐ，ⓑ　⑤ ⓐ，ⓒ
⑥ ⓑ，ⓒ　⑦ ⓐ，ⓑ，ⓒ

糖と塩基，リン酸からなる物質をヌクレオチドという。ATPは，リボース（糖）とアデニン（塩基）からなるアデノシンに3分子のリン酸が結合したヌクレオチドである。また，DNAはデオキシリボース（糖）を含むデオキシリボヌクレオチドが多数結合した高分子であり，RNAはリボース（糖）を含むリボヌクレオチドが多数結合した高分子である。したがって，選択肢のすべてにリンが含まれる。

リード文 Check

B DNAの遺伝情報に基づいてタンパク質を合成する過程は，dDNAの遺伝情報をもとにmRNAを合成する転写とemRNAをもとにタンパク質を合成する翻訳とのA2つからなる。

ベストフィット

A DNAの遺伝情報に基づき，転写と翻訳を経てタンパク質が合成されるまでの反応の流れをセントラルドグマという。

正誤 Check

問4 下線部dに関連して，転写においては，遺伝情報を含むDNAが必要である。それ以外に必要な物質と必要でない物質との組合せとして最も適当なものを，次の①〜④のうちから一つ選べ。

	DNAのヌクレオチド	RNAのヌクレオチド	DNAを合成する酵素	mRNAを合成する酵素
①	○	×	○	×
②	○	×	×	○
③	×	○	○	×
④	×	○	×	○

（注：○は必要な物質を，×は必要でない物質を示す。）

DNAの遺伝情報に基づいてmRNAを合成するためには，RNAの構成要素であるヌクレオチド（リボヌクレオチド）とリボヌクレオチドの重合を触媒するRNA合成酵素（RNAポリメラーゼ）が必要である。

問5 下線部eに関連して，翻訳では，mRNAの3つの塩基の並びから1つアミノ酸が指定される。この塩基の並びが「○○C」の場合，計算上，最大何種類のアミノ酸を指定することができるか。その数値として最も適当なものを，次の①〜⑨のうちから一つ選べ。ただし，○はmRNAの塩基のいずれかを，Cはシトシンを示す。

① 4　② 8　③ 9　④ 12　⑤ 16

⑥　20　　⑦　25　　⑧　27　　⑨　64

RNAの塩基には，アデニン(A)，ウラシル(U)，グアニン(G)，シトシン(C)の4種類がある。3塩基の並びの3番目がCとなる3塩基の並び方としては，4×4×1＝16通りが考えられる。

問6　下線部eに関連して，転写と翻訳の過程を試験管内で再現できる実験キットが市販されている。この実験キットでは，まず，タンパク質Gの遺伝情報をもつDNAから転写を行う。次に，転写を行った溶液に，翻訳に必要な物質を加えて反応させ，タンパク質Gを合成する。タンパク質Gは，紫外線を照射すると緑色光を発する。mRNAをもとに翻訳が起こるかを検証するため，この実験キットを用いて，図2のような実験を計画した。図2の［キ］～［ケ］に入る語句の組合せとして最も適当なものを，次の①～⑥のうちから一つ選べ。

	キ	ク	ケ
①	DNAを分解する酵素	される	されない
②	DNAを分解する酵素	されない	される
③	mRNAを分解する酵素	される	されない
④	mRNAを分解する酵素	されない	される
⑤	mRNAを合成する酵素	される	されない
⑥	mRNAを合成する酵素	されない	される

転写を行った溶液にはmRNAが含まれる。この実験の目的は，タンパク質の合成(翻訳)にmRNAが必要であるか否かを確かめることにあるので，一方の溶液にはmRNAを分解する酵素を加え，他方にはその酵素を加えずに反応させ，それぞれにおいてタンパク質が合成される(緑色光が確認される)か否かを調べることになる。mRNAが存在する溶液の側で緑色光が確認され，mRNAが分解された溶液の側では緑色光が確認されなければ，タンパク質の合成にはmRNAが必要であると判断することができる。

第2問　次の文章(A・B)を読み，下の問い(**問1～6**)に答えよ。(配点17点)

解答

問1.⑥(2)　**問2.**④(2)　**問3.**⑤(2)　**問4.**⑧(4)　**問5.**③(3)　**問6.**①(2)，④(2)

リード文 Check

A　ヒトの[A]体液には，細胞を取り巻く組織液，血管内を流れる a血液，リンパ管内を流れるリンパ液が含まれる。体液は b循環系によって循環し，c体内環境を一定の状態に維持する。

ベストフィット

[A]体液は，体内環境として，恒常性の維持に寄与している。

正誤 Check

問1　下線部aに関する記述として最も適当なものを，次の①～⑥のうちから一つ選べ。

① 酸素は，大部分が血しょうに溶解して運搬される。
② 血しょうは，グルコースや無機塩類を含むが，タンパク質は含まれない。
③ フィブリンが分解して，血ぺいができる。
④ 血小板は，二酸化炭素を運搬する。
⑤ 白血球は，ヘモグロビンを多量に含む。
⑥ 酸素濃度(酸素分圧)が上昇すると，より多くのヘモグロビンが酸素と結合する。

①(×)血しょうに溶けて運ばれる酸素の割合は小さく，大部分の酸素は赤血球に含まれるヘモグロビンによって運搬される。②(×)血しょうには，アルブミンやフィブリノーゲンなどのタンパク質が7～8％含まれている。③(×)可溶性のフィブリノーゲンが繊維状で不溶のフィブリンに変化

することにより，血ぺいが形成される。④(×) 二酸化炭素は，赤血球に含まれる酵素の作用によって炭酸となり，血しょうに溶けて運搬される。⑤(×) ヘモグロビンは赤血球に含まれる。⑥(○) ヘモグロビンは，酸素濃度の高い肺胞で多くの酸素と結合し，酸素濃度の低い組織では酸素を離して細胞に供給する。

問2 下線部**b**に関連して，ヒトにおける血液の循環に関する記述として最も適当なものを，次の①～⑥のうちから一つ選べ。

① 運動すると，筋肉に流入する血液の量は減少する。
② 交感神経が心臓に作用すると，心拍数は減少する。
③ 肺動脈を流れる血液は動脈血である。
④ 毛細血管では，血しょうの一部がしみ出し，組織液に加わる。
⑤ 腎静脈を流れる血液には，腎動脈を流れる血液よりも多くの酸素が含まれる。
⑥ 静脈からリンパ管に血液が流入する。

①(×) 運動時には，筋肉における酸素やエネルギーの消費量が増えるので，血流量も増加する。②(×) 心臓に交感神経が作用すると，心拍数は増加する。③(×) 肺動脈を流れるのは，酸素の乏しい静脈血である。④(○) 毛細血管を形成する内皮細胞間の隙間を通って，分子量の大きいタンパク質を除く血しょうの成分が組織中へしみ出し，組織液となる。⑤(×) 肺動脈，肺静脈を除き，動脈には酸素を多く含む動脈血，静脈には二酸化炭素を多く含む静脈血が流れる。⑥(×) リンパ管は鎖骨下静脈や内頸静脈に接続しているが，両者の間には弁があるので，血液がリンパ管に流入することはない。

問3 下線部**c**に関連して，肝臓に関する記述として**誤っているもの**を，次の①～⑥のうちから一つ選べ。

① 肝臓では，アンモニアから尿素が生成される。
② 肝臓には，肝動脈と肝門脈から血液が流入する。
③ 肝臓には高い再生能力があるので，生体からの肝臓移植が可能である。
④ 肝臓には，有害な物質を無害なものに変える解毒作用がある。
⑤ 肝臓から十二指腸に分泌される胆汁には，脂肪を分解する酵素が含まれる。
⑥ 肝臓では，活発な代謝に伴って多量の熱が発生する。

①④(○) 肝臓には，オルニチン回路と呼ばれる反応系によって，毒性の高いアンモニアと二酸化炭素から，毒性のない尿素を生成する解毒作用がある。②(○) 肝臓には，酸素を豊富に含む血液が肝動脈を経て流れ込むとともに，消化管で栄養分を吸収した血液が肝門脈を経て流入する。③(○) 肝臓は，ヒトの臓器の中で唯一再生可能な臓器であり，肝臓移植のためにその3分の2が切除された提供者(ドナー)の肝臓は，細胞分裂と細胞の肥大によって，やがてもとの大きさにまで回復する。⑤(×) 胆汁には，脂肪を乳化して消化酵素(リパーゼ)の作用を受けやすくする胆汁酸が含まれるが，消化酵素そのものはない。⑥(○) 肝臓で生じる熱は，体温の維持に役立てられている。

リード文 Check

B ヒトは食事をすると，［ア］が血液中に取り込まれ，血糖濃度が上昇する。Ａ間脳の［イ］などが，血糖濃度の上昇を感知すると，［ウ］のランゲルハンス島に指令を出し，インスリンの分泌を促進する。Ｂインスリンや様々なホルモンなどによって，d血糖濃度は調節される。血糖濃度を下げるしくみが働かないと，常に高い血糖濃度となる。この病気を糖尿病という。糖尿病は大きく二つに分けられる。一つは，1型糖尿病と呼ばれ，インスリ

ベストフィット

Ａ血糖濃度の調節中枢は間脳の視床下部に存在する。
Ｂ血糖濃度を上昇させる作用をもつホルモンは複数存在するが，血糖濃度を低下させるホルモンはインスリンのみである。

ンを分泌する細胞が破壊されて，インスリンがほとんど分泌されない。もう一つは，2型糖尿病と呼ばれ，インスリンの分泌が減少したり，標的細胞へのインスリンの作用が低下する場合で，生活習慣病の一つである。

正誤 Check

問4 上の文中の［ア］～［ウ］に入る語の組合せとして最も適当なものを，次の①～⑧のうちから一つ選べ。

	ア	イ	ウ		ア	イ	ウ
①	グリコーゲン	延髄	肝臓	②	グリコーゲン	延髄	すい臓
③	グリコーゲン	視床下部	肝臓	④	グリコーゲン	視床下部	すい臓
⑤	グルコース	延髄	肝臓	⑥	グルコース	延髄	すい臓
⑦	グルコース	視床下部	肝臓	(⑧)	グルコース	視床下部	すい臓

間脳の視床下部を流れる血液中のグルコースの濃度（血糖濃度）が上昇すると，それを感知した視床下部の指令によってすい臓のランゲルハンス島B細胞からインスリンが分泌される。インスリンは，肝臓におけるグルコースからのグリコーゲンの合成を促進するとともに，各組織の細胞におけるグルコースの吸収を促すことによって，血糖濃度を低下させる。

問5 下線部dに関する記述として**誤っているもの**を，次の①～⑤のうちから一つ選べ。

① インスリンは，細胞へのグルコースの取り込みを促進する。
② グルカゴンは，肝臓の細胞に作用して，血糖濃度を上昇させる。
(③) アドレナリンは，肝臓におけるグリコーゲンの合成を促進し，血糖濃度を上昇させる。
④ 副腎皮質刺激ホルモンは，糖質コルチコイドの分泌を促進する。
⑤ 糖質コルチコイドは，タンパク質からグルコースの合成を促進し，血糖濃度を上昇させる。

①（○）インスリンは，細胞におけるグルコースの吸収を促すとともに，肝細胞におけるグリコーゲンの合成を促すことにより血糖濃度を低下させる。②（○）グルカゴンは，肝細胞におけるグリコーゲンの合成・分解反応に対してインスリンと拮抗的に作用し，血糖濃度を維持する。③（×）アドレナリンには，肝臓におけるグリコーゲンの分解を促進する働きがある。④（○）脳下垂体前葉から分泌される副腎皮質刺激ホルモンの働きによって，副腎皮質から糖質コルチコイドが分泌される。⑤（○）糖質コルチコイドは肝臓におけるタンパク質からグルコースへの変換の反応を促す。

問6 健康な人，糖尿病患者Aおよび糖尿病患者Bにおける，食事開始前後の血糖濃度と血中インスリン濃度の時間変化を図に示した。図から導かれる記述として適当なものを，次の①～⑥のうちから二つ選べ。

(①) 健康な人では，食事開始から2時間の時点で，血中インスリン濃度は食事開始前に比べて高く，血糖濃度は食事開始前の値に近づく。
② 健康な人では，血糖濃度が増加すると血中のインスリン濃度は低下する。
③ 糖尿病患者Aにおける食事開始後の血中インスリン濃度は，健康な人の食事開始後の血中インスリン濃度と比較して急激に上昇する。
(④) 糖尿病患者Aは，血糖濃度と血中インスリン濃度の推移から判断して，2型糖尿病と考えられる。
⑤ 糖尿病患者Bでは，食事開始後に血糖濃度の上昇がみられないため，インスリンが分泌されないと考えられる。
⑥ 糖尿病患者Bでは，食事開始から2時間の時点での血糖濃度は高いが，食事開始から4時間の時点では低下して，健康な人の血糖濃度よりも低くなる。

①（○）健康な人では，食事開始後に血糖濃度が上昇するが，血中インスリン濃度の上昇に伴い，

血糖濃度は速やかに低下に転じる。②(×)健康な人では，食事開始後，血糖濃度が上昇するが，それに伴って血中インスリン濃度も上昇する。③(×)糖尿病患者Aでは，食事開始後に血中インスリン濃度が上昇しているが，その上昇の度合いはそれぞれのグラフの傾きから，健康な人と比べるとゆるやかであると判断できる。④(○)糖尿病患者Aは，インスリンの分泌が認められるが，血糖濃度の減少が緩慢であるため，2型糖尿病と判断される。⑤(×)糖尿病患者Bでは，食事開始後に血糖濃度が急激に上昇している。⑥(×)糖尿病患者Bでは，食事開始2時間後に高い値になった血糖濃度が，食事開始4時間後には低下しているが，健康な人と比べると，その値は高い状態になっている。

第3問　次の文章(A・B)を読み，下の問い(**問1～4**)に答えよ。(配点14点)

解答

問1.⑤(3)　**問2.**④(2)，⑦(2)　**問3.**④(3)　**問4.**②(2)，⑤(2)

リード文 Check

A　火山活動が活発なハワイ島には，狭い地域の中に，過去の噴火によって形成された多数の溶岩台地がある。形成後の年数(古さ)が異なる溶岩台地の間で，台地上の植生や土壌の状態を比較することによって，A遷移の過程を調べることができる。古さが異なる溶岩台地における植生の状態を調べたところ，表の結果が得られた。

ベストフィット

A溶岩形成後に始まる遷移は，有機物が存在しない状態から始まる一次遷移である。

正誤 Check

問1　表の各調査地において土壌の深さを調べたとき，溶岩台地の古さ(横軸)と土壌の深さ(縦軸)との関係を示すグラフとして最も適当なものを，次の①～⑥のうちから一つ選べ。

溶岩台地形成直後には土壌は存在しないので，②，④，⑥は不適当。溶岩台地形成50年後には樹木が生育しており，土壌は存在するはずなので，①は不適当。③は時間の経過とともに植生は発達しているのにもかかわらず，土壌の深さが減少しているので不適当。溶岩台地形成時には土壌がなく，時間が経過し，遷移が進むのに伴って，しだいに土壌が深くなっている⑤が最も適当であると考えられる。

問2　表の結果から導かれる，この調査地における遷移についての説明として適当なものを，次の①～⑧のうちから二つ選べ。

① 極相種は高木Cである。
② 遷移の進行に伴い，優占種は草本→シダ→低木→高木の順に移り変わる。
③ 遷移の進行に伴い，シダ植物は減少していく。
④ 植物の種数は，最初の300年間は，遷移の進行に伴い増加する。
⑤ 植物の種数は，植被率(おもな植物種の被度の合計)が大きいほど減少する。
⑥ 植物の種数は，群落高に比例して増加する。
⑦ 植被率は，遷移開始から約50年後より，約300年後のほうが大きい。
⑧ 群落高は，遷移開始から約300年で最大値に達する。

①(×)3000年経過後の溶岩台地では，高木Cはみられない。②(×)3000年経過後の溶岩台地では，木生シダFが優占種となっている。また，低木が優占種となる年代は表からは認められない。③(×)遷移の進行に伴って，木生シダFの被度は増加している。④(○)300年経過後以降の種数には大きな違いがみられないが，遷移開始から300年後までの間は，種数は増え続けている。⑤(×)たとえば，1400年経過後の溶岩台地における植被率(140.1 %)は，140年経過後の溶岩台地における植被率(117.7 %)よりも大きいが，種数も前者(62種)のほうが後者(36種)よりも多くなっている。⑥(×)たとえば，

1400年経過後の溶岩台地における群落高(22m)は，300年経過後の溶岩台地における群落高(10m)の約2倍になっているが，それぞれにおける種数(64種と62種)はほぼ同じである。⑦(○)300年経過後の溶岩台地における植被率(113.1％)は，50年経過後の溶岩台地における植被率(36.8％)よりも大きい。⑧(×)1400年経過後の溶岩台地における群落高(22m)が最大となっている。

リード文 Check

B　外来生物は，[A]在来生物を捕食したり食物や生息場所を奪ったりすることで，在来生物の個体数を減少させ，絶滅させることもある。そのため，外来生物は生態系を乱し，生物多様性に大きな影響を与えうる。

ベストフィット

[A]従来からその地域に生息，生育する生物種を在来種，元々その地域にはおらず，ほかの地域から人為的にもち込まれた生物種を外来種という。

正誤 Check

問3　下線部に関する記述として最も適当なものを，次の①～⑤のうちから一つ選べ。

① 捕食性の生物であり，それ以外の生物を含まない。
② 国外から移入された生物であり，同一国内の他地域から移入された生物を含まない。
③ 移入先の生態系に大きな影響を及ぼす生物であり，移入先の在来生物に影響しない生物を含まない。
④ 人間の活動によって移入された生物であり，自然現象に伴って移動した生物を含まない。
⑤ 移入先に天敵がいない場合であり，移入先に天敵がいるため増殖が抑えられている生物を含まない。

2005年に施行された「特定外来生物による生態系等に係る被害の防止に関する法律」(外来生物法)に関わって，環境省が示している用語集によると，外来種(外来生物)を「導入(意図的・非意図的を問わず人為的に，過去あるいは現在の自然分布域外へ移動させること。導入の時期は問わない。)により，その自然分布域(その生物が本来有する能力で移動できる範囲により定まる地域)の外に生育または生息する生物種(分類学的に異なる集団とされる，亜種，変種を含む。)」と定義している。

問4　図は在来種であるコイ・フナ類，モツゴ類，およびタナゴ類が生息するある沼に，肉食性(動物食性)の外来魚であるオオクチバスが移入される前と，その後の魚類の生物量(現存量)の変化を調査した結果である。この結果に関する記述として適当なものを，次の①～⑥のうちから二つ選べ。

① オオクチバスの移入後，魚類全体の生物量(現存量)は，2000年には移入前の3分の2まで減少した。
② オオクチバスの移入後の生物量(現存量)の変化は，在来魚の種類によって異なった。
③ オオクチバスは，移入後に一次消費者になった。
④ オオクチバスの移入後に，魚類全体の生物量(現存量)が減少したが，在来魚の多様性は増加した。
⑤ オオクチバスの生物量(現存量)は，在来魚の生物量(現存量)の減少がすべて捕食によるとしても，その減少量ほどには増えなかった。
⑥ オオクチバスの移入後，沼の生態系の栄養段階の数は減少した。

①(×)オオクチバスが移入される以前の1995年までの生物量に比べ，2000年の生物量は半分以下に減少している。②(○)オオクチバスの移入後，在来魚の生物量は減少しているが，コイ・フナ類の減少幅に比べて，モツゴ類やタナゴ類の減少幅は非常に大きい。③(×)オオクチバスの移入後にモツゴ類やタナゴ類の生物量が激減していることから，これらの魚種はオオクチバスの捕食の対象となったと考えられる。④(×)オオクチバスの移入後に，モツゴ類やタナゴ類が激減しており，多様

性は減少している。⑤(○)魚類全体の生物量は，オオクチバスの移入後には，それ以前の半分以下に減少しているが，オオクチバスの生物量は，その減少分ほどには増加していない。⑥(×)動物食性のオオクチバスが移入されたことにより，栄養段階の数はむしろ増加した。

大学入試共通テスト特別演習(2)(p.128～133)

第1問　次の文章(A・B)を読み，下の問い(**問1～6**)に答えよ。(配点19点)

解答

問1.⑦(3)　問2.⑧(3)　問3.②(3)　問4.①(3)　問5.⑤(3)　問6.①(4)

リード文 Check

A　生物のからだは，細胞からできている。細胞には a 顕微鏡を使用しなければ観察できないものから，肉眼でも観察できるものまで，b 様々な大きさのものが存在する。[A] 真核生物の細胞内には複雑な構造体が存在しており，生命活動に必要な物質の合成などが行われている。植物細胞内で起こるデンプン合成のようすを調べるため，次の**実験**を行った。

実験　アジサイの葉の半分程度をアルミニウム箔で覆って遮光した後，直射日光が当たる場所で6時間放置した。[B] 湯せんで温めたエタノール中で葉を脱色処理した後，薄めたヨウ素液で染色したところ，アルミニウム箔で覆わなかった部分は濃く染まったが，アルミニウム箔で遮光した部分は染まらなかった。

ベストフィット

[A]細胞小器官では，それを囲む膜によって物質の拡散が妨げられ，その内部での反応が効率よく進められている。

[B]加熱することにより細胞の活動を止めるとともに，クロロフィルが葉緑体からエタノール中に溶出しやすくする。

正誤 Check

問1　次の文章は，光合成反応のしくみ，および**実験**に関する記述である。文章中の[ア]・[イ]に入る語句の組合せとして最も適当なものを，下の①～⑧のうちから一つ選べ。

植物は，葉緑体で光合成を行っている。葉緑体で光エネルギーが吸収されると，そのエネルギーを利用してATPが合成される。このATPを用いて，[ア]からデンプンなどの有機物を合成する化学反応が進行する。アジサイの斑入りの葉(緑と白のまだら模様の葉)を用いて，**実験**と同様の操作を行ったところ，アルミニウム箔で[イ]の部分だけが濃く染まった。これは，葉の一部分のみが正常な葉緑体をもち，光合成によってデンプンを蓄積したためと考えられる。

	ア	イ		ア	イ
①	O_2	覆った側の緑	②	O_2	覆った側の白
③	O_2	覆わなかった側の緑	④	O_2	覆わなかった側の白
⑤	CO_2	覆った側の緑	⑥	CO_2	覆った側の白
(⑦)	CO_2	覆わなかった側の緑	⑧	CO_2	覆わなかった側の白

葉緑体では，二酸化炭素と水から，光エネルギーを用いて作られたATPのエネルギーを使って糖などの有機物が合成され，それが一時的にデンプンとして貯蔵される。斑入りの葉の白い部分の細胞には，光合成で働くクロロフィル(葉緑素)を含有する葉緑体がないために光合成が行われない。

問2　下線部aに関連して，図は，10倍の接眼レンズと10倍の対物レンズを用いて，文字と格子状の線が印刷されたスライドガラスを，光学顕微鏡で観察したときの視野のようすを示している。同じスライドガラスを高倍率で観察するため，レボルバーを回して対物レンズを40倍に変えてピントを合わせたとき，観察される視野のようすとして最も適当なものを，次の①～⑧のうちから一つ選べ。ただし，しぼりや反射鏡などの明るさに関わる部品については，対物レンズの倍率を変える前と同じ状態であったものとする。

顕微鏡で観察する倍率を高くすると，視野の面積が小さくなり，目に入る光量が減少するために視野は暗くなる。また，対物レンズを10倍のものから40倍のものに変えると，視野中の物体の長さは4倍(40÷10)長くなってみえる。なお，対物レンズの倍率を変えても，視野の中の像の向きは変わらない。よって，⑧が適当となる。

問3 下線部bに関連して，次のⓐ～ⓓのうち，ヒトの赤血球よりも小さなものの組合せとして最も適当なものを，下の①～⑥のうちから一つ選べ。

ⓐ 大腸菌　　ⓑ タマネギの根端細胞
ⓒ バクテリオファージ(T_2ファージ)　　ⓓ ヒトの卵

① ⓐ，ⓑ　②(○) ⓐ，ⓒ　③ ⓐ，ⓓ　④ ⓑ，ⓒ　⑤ ⓑ，ⓓ　⑥ ⓒ，ⓓ

それぞれの大きさ(長径)は，ヒトの赤血球：約8μm，大腸菌：約2μm，タマネギの根端細胞：数十μm，T_2ファージ：約200nm，ヒトの卵：約140μm。

リード文 Check

B 遺伝情報を担う物質として，どの生物も c DNAをもっている。それぞれの生物がもつ遺伝情報全体を d ゲノムと呼び，**A** 動植物では生殖細胞(配偶子)に含まれる一組の染色体を単位とする。また，DNAの塩基配列のうえでは，e ゲノムは「遺伝子として働く部分」と「遺伝子として働かない部分」とからなっている。

ベストフィット

A 体細胞には同形同大の相同染色体が対になって存在するが，減数分裂の結果生じる配偶子には相同染色体の一方の染色体のみが存在する。

正誤 Check

問4 下線部cに関連して，DNAを抽出するための生物材料として適当でないものを，次の①～⑥のうちから一つ選べ。

①(○) ニワトリの卵白　② タマネギの根　③ アスパラガスの若い芽
④ バナナの果実　⑤ ブロッコリーの花芽　⑥ ブタの肝臓

卵黄の部分は受精卵(卵)に由来するが，卵白は，受精卵が輸卵管を降下する過程で付加された物質(おもに水とタンパク質)であり，DNAは存在しない。

問5 下線部dに関する記述として最も適当なものを，次の①～⑤のうちから一つ選べ。

① ヒトのどの個々人の間でも，ゲノムの塩基配列は同一である。
② 受精卵と分化した細胞では，ゲノムの塩基配列が著しく異なる。
③ ゲノムの遺伝情報は，分裂期の前期に2倍になる。
④ ハエのだ腺染色体は，ゲノムの全遺伝情報を活発に転写して膨らみ，パフを形成する。
⑤(○) 神経の細胞と肝臓の細胞とで，ゲノムから発現される遺伝子の情報は大きく異なる。

①(×)一つの受精卵に由来する一卵性双生児を除き，ゲノムの塩基配列は個人それぞれで異なる。②(×)分化の過程でゲノムの塩基配列の一部に変化が起こることもあるが，受精卵と分化した細胞の間にゲノムの塩基配列の違いはほとんどない。③(×)細胞分裂の過程で，ゲノムの遺伝情報の増減が起こることはない。④(×)ハエのだ腺染色体のパフは，遺伝情報の転写が活発に行われている特定の部位にのみ現れ，その箇所は発生の過程に応じて変化する。⑤(○)神経の細胞と肝臓の細胞とでは，発現している遺伝子が異なるために，その形態や性質に違いがみられる。

問6 下線部eに関連する次の文章中の［ウ］・［エ］に入る数値の組合せとして最も適当なものを，下の①～⑧のうちから一つ選べ。

ヒトのゲノムは約30億塩基対からなっている。タンパク質のアミノ酸配列を指定する部分（以後，翻訳領域と呼ぶ）は，ゲノムのわずか1.5％程度と推定されているので，ヒトのゲノム中の個々の遺伝子の翻訳領域の長さは，平均して約 ウ 塩基対だと考えられる。また，ゲノム中では平均して約 エ 塩基対ごとに一つの遺伝子（翻訳領域）があることになり，ゲノム上では遺伝子として働く部分は飛び飛びにしか存在しないことになる。

	ウ	エ		ウ	エ		ウ	エ		ウ	エ
⓵	2千	15万	②	2千	30万	③	4千	15万	④	4千	30万
⑤	2万	150万	⑥	2万	300万	⑦	4万	150万	⑧	4万	300万

ヒトの遺伝子の数は約2万個といわれる。したがって，一つの遺伝子の平均的な長さ（**ウ**）は，$((3 \times 10^9)$ 塩基対 $\times 0.015) \div (2 \times 10^4)$ 個 $= 2{,}250$ 塩基対，また，遺伝子間の平均的な距離（**エ**）は，(3×10^9) 塩基対 $\div (2 \times 10^4)$ 個 $= 150{,}000$ 塩基対となる。

第2問　次の文章（A・B）を読み，下の問い（問1～5）に答えよ。（配点16点）

解答

問1.④（3）　**問2.**④（3）　**問3.**①（3）　**問4.**⑧（4）　**問5.**④（3）

リード文 Check

A　腎臓では，まず$_a$血液が糸球体でろ過されて原尿が生成する。その後，水分や塩分など多くの物質が血中に再吸収されることで，尿が生じる。その際，尿中の様々な物質は濃縮されるが，その割合は物質の種類によって大きく異なっている。表は，健康なヒトの$_A$静脈に多糖類の一種であるイヌリンを注射した後の，血しょう，原尿，および尿中のおもな成分の質量パーセント濃度を示している。

$_b$副腎皮質から分泌された鉱質コルチコイドが働くと，原尿からのナトリウムイオンの再吸収が促進され，恒常性が維持されている。なお，イヌリンは，すべて糸球体でろ過されると，細尿管では分解も再吸収もされない。また，尿は毎分1mL生成され，血しょう，原尿，および尿の密度は，いずれも1g/mLとする。

ベストフィット

Aイヌリンは細胞で利用されることなく，腎臓から尿中へ排出される。

正誤 Check

問1　下線部**a**について，表から導かれる，1分間あたりに生成する原尿の量として最も適当な値を，次の①～⑤のうちから一つ選べ。

① 0.008 mL　② 1 mL　③ 60 mL　⓸ 120 mL　⑤ 360 mL

イヌリンの濃度は，原尿中0.01％，尿中1.2％なので，細尿管および集合管における水などの再吸収によってイヌリンは1.2％÷0.01％＝120倍に濃縮されていることになる。尿の生成量は毎分1mLなので，1分間に生じる原尿の量は，1mL×120＝120mLということになる。

問2　下線部**b**について，表から導かれる，1分間あたりに再吸収されるナトリウムイオンの量として最も適当な数値を，次の①～⑤のうちから一つ選べ。

① 1 mg　② 60 mg　③ 118 mg　⓸ 357 mg　⑤ 420 mg

1分間に生じる原尿（120mL）に含まれるナトリウムイオンの量は，(1g/mL × 120mL) × 0.003 = 0.36g。一方，1分間に生成する尿（1mL）に含まれるナトリウムイオンの量は，(1g/mL × 1mL) × 0.003 = 0.003g。したがって，1分間に細尿管で再吸収されるナトリウムイオンの量は，0.36g − 0.003g = 0.357g（357mg）ということになる。

問3　下線部bに関連して，鉱質コルチコイドの作用に関する次の文章中の［ア］～［ウ］に入る語句の組合せとして最も適当なものを，下の①～⑧のうちから一つ選べ。

鉱質コルチコイドの作用でナトリウムイオンの再吸収が促進されると，尿中のナトリウムイオン濃度は［ア］なる。このとき，腎臓での水の再吸収量が［イ］してくると，体内の細胞外のナトリウムイオン濃度が維持される。その結果，徐々に体内の細胞外液（体液）の量が［ウ］し，それに伴って血圧が上昇してくると考えられる。

	ア	イ	ウ		ア	イ	ウ
(①)	低く	増加	増加	②	低く	増加	減少
③	低く	減少	増加	④	低く	減少	減少
⑤	高く	増加	増加	⑥	高く	増加	減少
⑦	高く	減少	増加	⑧	高く	減少	減少

鉱質コルチコイドが細尿管に作用してナトリウムイオンの再吸収が促進されると，尿中に排出されるナトリウムイオンの量は減少するが，血液の塩類濃度は上昇する。血液の塩類濃度が上昇すると，それに伴って水の再吸収量が増加し，その結果，血液（体液）の塩類濃度は維持されるが，血液の循環量が増えるので，血圧が上昇する。

リード文 Check

B　[A]獲得免疫には，c細胞性免疫と，抗体の働きによるd体液性免疫があり，体内から毒物を排除している。

ベストフィット

[A]獲得免疫（適応免疫）は，脊椎動物にのみ備わる抗原特異的な生体防御法であり，再度侵入した抗原を効率よく排除する。

正誤 Check

問4　下線部cに関連して，次の文章中の［エ］～［カ］に入る語句の組合せとして最も適当なものを，下の①～⑧のうちから一つ選べ。

体内に侵入した抗原は図1に示すように，免疫細胞Pに取り込まれて分解される。免疫細胞QおよびRは抗原の情報を受け取り活性化し，免疫細胞Qは別の免疫細胞Sの食作用を刺激して病原体を排除し，免疫細胞Rは感染細胞を直接排除する。免疫細胞の一部は記憶細胞の一部となり，再び同じ抗原が体内に侵入すると急速で強い免疫応答が起きる。免疫細胞Pは［エ］であり，免疫細胞Qは［オ］である。免疫細胞P～Sのうち記憶細胞になるのは［カ］である。

	エ	オ	カ
①	マクロファージ	キラーT細胞	PとS
②	マクロファージ	キラーT細胞	QとR
③	マクロファージ	ヘルパーT細胞	PとS
④	マクロファージ	ヘルパーT細胞	QとR
⑤	樹状細胞	キラーT細胞	PとS
⑥	樹状細胞	キラーT細胞	QとR
⑦	樹状細胞	ヘルパーT細胞	PとS
(⑧)	樹状細胞	ヘルパーT細胞	QとR

体内に侵入した異物（病原体）は樹状細胞（P）に取り込まれて分解され，病原体の抗原は細胞の表面に提示（抗原提示）される。提示された抗原の情報を受け取ったヘルパーT細胞（Q）は，サイトカインを放出してマクロファージ（S）の食作用を促す。一方，抗原の情報を受け取ったキラーT細胞（R）

は，活性化して，病原体に感染した細胞を破壊し，病原体が食細胞や抗体の作用を受けやすくする。その後，ヘルパーT細胞（Q）とキラーT細胞（R）の一部は記憶細胞として生き残り，同じ病原体の再度の侵入に備える。

問5　下線部**d**に関連して，抗体の産生に至る免疫細胞間の相互作用を調べるため，**実験**を行った。**実験**の結果の説明として最も適当なものを，下の①～⑤のうちから一つ選べ。

実験　マウスからリンパ球を採取し，その一部をB細胞およびB細胞を除いたリンパ球に分離した。これらと抗原とを図2の培養の条件のように組合せて，それぞれに抗原提示細胞（抗原の情報をリンパ球に提供する細胞）を加えた後，含まれるリンパ球の数が同じになるようにして，培養した。4日後に細胞を回収し，抗原に結合する抗体を産生している細胞の数を数えたところ，図2の結果が得られた。

① B細胞は，抗原が存在しなくても抗体産生細胞に分化する。
② B細胞の抗体産生細胞への分化には，B細胞以外のリンパ球は関与しない。
③ B細胞を除いたリンパ球には，抗体産生細胞に分化する細胞が含まれる。
④ B細胞を除いたリンパ球には，B細胞を抗体産生細胞に分化させる細胞が含まれる。
⑤ B細胞を除いたリンパ球には，B細胞が抗体産生細胞に分化するのを妨げる細胞が含まれる。

①（×）B細胞があっても，抗原のない条件のもとでは，抗体産生細胞は観察されない。②（×）B細胞と抗原がある条件で，B細胞以外のリンパ球が存在する場合と存在しない場合を比較すると，B細胞以外のリンパ球が存在する場合のほうが，多くの抗体産生細胞が観察される。③（×）抗原の有無にかかわらず，B細胞を除いたリンパ球を培養しても，抗体産生細胞は観察されない。④（○）B細胞に抗原を加えた条件で生じる抗体産生細胞の数は比較的少ないが，これらにB細胞以外のリンパ球が加わった条件では，比較的多くの数の抗体産生細胞が生じている。⑤（×）B細胞を除いたリンパ球の中に，B細胞が抗体産生細胞に分化するのを妨げる細胞が存在するか否かについては，この実験の結果からはわからない。

第3問　次の文章（A・B）を読み，下の問い（問1～5）に答えよ。（配点15点）

解答

問1. ①（3）　**問2.** ②（3）　**問3.** ⑦（3）　**問4.** ⑤（3）　**問5.** ⑦（3）

リード文 Check

A　図1は，世界の気候とバイオームを示す図中に，A日本の4都市（青森，仙台，東京，大阪）と，2つの気象観測点XとYが占める位置を書き入れたものである。図中のQとRは，それぞれの矢印がさす位置の気候に相当するバイオームの名称である。

ベストフィット
A日本列島は，基本的には森林が形成される気候条件にある。

正誤 Check

問1　図1の点線Pに関する記述として最も適当なものを，次の①～⑤のうちから一つ選べ。

① 点線Pより上側では，森林が発達しやすい。
② 点線Pより上側では，雨季と乾季がある。
③ 点線Pより上側では，常緑樹が優占しやすい。
④ 点線Pより下側では，樹木が生育できない。
⑤ 点線Pより下側では，サボテンやコケの仲間しか生育できない。

①（○）一定以上の気温と降水量がある点線Pより上側の地域では，草本植物に比べて生育の遅い樹木が生育することができるので，森林のバイオームが形成される。②（×）たとえば，本来，点線Pより上側の森林のバイオームが形成される日本列島に，雨季と乾季はない。③（×）点線Pより上側

のバイオームの中には，乾季に落葉する雨緑樹林や冬季に落葉する夏緑樹林がある。④（×）点線Pより下側のバイオームの中のサバンナでは，まばらではあるが，樹木の生育が観察される。⑤（×）点線Pより下側のバイオームには，草本を優占種とするサバンナやステップなどのバイオームがある。

問2　図1に示した気象観測点XとYは，同じ地域の異なる標高にあり，それぞれの気候から想定される典型的なバイオームが存在する。次の文章は，今後，地球温暖化が進行した場合の，観測点XまたはYの周辺で生じるバイオームの変化についての予測である。文章中の ア ～ ウ に入る語句の組合せとして最も適当なものを，下の①～⑧のうちから一つ選べ。

地球温暖化が進行したときの降水量の変化が小さければ，気象観測点 ア の周辺において，イ を主体とするバイオームから ウ を主体とするバイオームに変化すると考えられる。

	ア	イ	ウ
①	X	常緑針葉樹	落葉広葉樹
②	X	落葉広葉樹	常緑広葉樹
③	X	落葉広葉樹	常緑針葉樹
④	X	常緑広葉樹	落葉広葉樹
⑤	Y	常緑針葉樹	落葉広葉樹
⑥	Y	落葉広葉樹	常緑広葉樹
⑦	Y	落葉広葉樹	常緑針葉樹
⑧	Y	常緑広葉樹	落葉広葉樹

現在，観測点Xは，落葉広葉樹からなる夏緑樹林が形成される気候条件のもとにあるが，今後，気温の上昇が進むと，常緑広葉樹からなる照葉樹林のバイオームに移行するものと予想される。

問3　青森と仙台は，図1ではバイオームQの分布域に入っているが，実際にはバイオームRが成立しており，日本ではバイオームQはみられない。このバイオームQの特徴を調べるため，青森，仙台，およびバイオームQが分布するローマとロサンゼルスについて，それぞれの夏季（6～8月）と冬季（12月～2月）の降水量（降雪量を含む）と平均気温を比較した図2と図3を作成した。図1，図2，および図3をもとに，バイオームQの特徴をまとめた下の文章中の エ ～ カ に入る語句の組合せとして最も適当なものを，下の①～⑧のうちから一つ選べ。

バイオームQは エ であり，オリーブやゲッケイジュなどの樹木が優占する。このバイオームの分布域では，夏の降水量が オ ことが特徴である。また，冬は比較的気温が高いため，カ ことも気候的な特徴である。

	エ	オ	カ
①	雨緑樹林	多　い	降雪がほぼみられず湿潤である
②	雨緑樹林	多　い	降雨が蒸発しやすく乾燥する
③	雨緑樹林	少ない	降雪がほぼみられず湿潤である
④	雨緑樹林	少ない	降雨が蒸発しやすく乾燥する
⑤	硬葉樹林	多　い	降雪がほぼみられず湿潤である
⑥	硬葉樹林	多　い	降雨が蒸発しやすく乾燥する
⑦	硬葉樹林	少ない	降雪がほぼみられず湿潤である
⑧	硬葉樹林	少ない	降雨が蒸発しやすく乾燥する

青森や仙台には，円滑な代謝や吸水が困難な低温環境にある冬季を，葉を落とすことによって過ごす落葉広葉樹を主体とする夏緑樹林のバイオームが成立する。これに対して，ローマやロサンゼルスには，比較的温暖で降水量の多い冬季は葉を落とさずに生育するが，夏季の降水量は少ないので，その乾燥した環境に適応したクチクラ層が厚く，小さな葉をつける樹木を主体とする硬葉樹林のバイオームが成立する。

リード文 Check

B　自然の生態系では，a構成する生物の種類や個体数，非生物的環境などが，A短期間でみれば大きく変動しながらも，長期間でみれば一定の範囲内に保たれていることが多い。しかし近年，b人間の様々な活動により，生態系のバランスが崩れつつある。

ベストフィット
A異種生物間の捕食－被食などの相互作用によって，個体数は周期的に変動する。

正誤 Check

問4　下線部aに関連して，図4は，ある草原で単位面積あたりのヤチネズミの捕獲個体数を20年以上にわたって調べたものである。このようにヤチネズミの個体数が一定の範囲内に保たれた原因として**考えられないもの**を，次の①～⑥のうちから一つ選べ。

① ヤチネズミが増えると，一部のヤチネズミが別の草原を求めて移動した。
② ヤチネズミが増えると，捕食者であるワシやタカの個体数が増えた。
③ ヤチネズミが増えると，ヤチネズミの子が病気などで死亡する率が高まった。
④ ヤチネズミが減ると，ヤチネズミのおもな食物であるカヤツリグサが増えた。
⑤ ヤチネズミが減ると，別種のネズミが侵入してヤチネズミの資源を消費した。
⑥ ヤチネズミが減ると，個体あたりの資源が増加し，出生率が高まった。

①(○) 個体数の増加に伴う競争の激化を回避するために，一部の個体が他の地域に移動(移出)することによって，その地域の個体数の増加が抑えられる。②(○) 個体数の増加に伴って増えた捕食者による捕食によってヤチネズミの個体数の増加が抑えられる。③(○) 個体数が増加すると，食物の摂取量が減少して体力が低下するとともに，個体どうしが接触する機会が増えて感染症の感染率が高まる。その結果，感染症に感染して死亡する子が増えることによって，個体数の増加が抑えられる。④(○) 個体数が減少すると，主食となる食草が増えて食物の確保が容易になり，個体の生存率が向上するので個体数が増加する。⑤(×) ヤチネズミが減少したときに，別種のネズミが侵入して資源の奪い合いが起こると，ヤチネズミの個体数はさらに減少し，一定の個体数を維持することが困難になる。⑥(○) 個体数が減少すると，個体間の競争が緩和され，多くの食物を得ることができるようになるので，出生率が高まり，個体数が増加する。

問5　下線部bに関する次の記述ⓐ～ⓔのうち，正しい記述の組合せとして最も適当なものを，下の①～⑧のうちから一つ選べ。

ⓐ 人間が放牧を行った土地では，降水量が多くても森林が発達せず，一次遷移のごく初期に現れるコケ植物しか生育できない。
ⓑ 人間が草刈りや，落ち葉かき，伐採などによって維持している里山の雑木林では，遷移の最終段階に出現する陰樹が優占する。
ⓒ 人間によってもち込まれたオオクチバス(ブラックバス)が湖沼に棲む在来の小型魚を捕食し，激減させることがある。
ⓓ 人間がおもな居住地として利用する平地や低地とは異なり，高山帯には人間が居住しないため，ハイマツなどからなる低木林しかみられない。
ⓔ 石油などの化石燃料の大量消費は，大気中に占める二酸化炭素の割合を増やし，地球温暖化や気候変動を引き起こすと考えられる。

① ⓐ，ⓑ　② ⓐ，ⓒ　③ ⓐ，ⓔ　④ ⓑ，ⓒ
⑤ ⓑ，ⓓ　⑥ ⓒ，ⓓ　⑦ ⓒ，ⓔ　⑧ ⓓ，ⓔ

ⓐ(×) 成長に時間のかかる樹木は，その芽生えや幼木が家畜によって捕食されて育ちにくいが，成長の早い草本植物は植生を更新することができる。ⓑ(×) 里山の雑木林では定期的に伐採や枝打ちが行われるので，林床は明るく，陰樹は育ちにくい。ⓒ(○) 動物食性のオオクチバスがもち込ま

れると，小型魚は捕食され，激減することがある。ⓓ（×）高山帯の植生は，人間が居住することとは無関係に，低温条件により成立する。ⓔ（○）石油や石炭，天然ガスなどの化石燃料の燃焼によって発生する二酸化炭素には温室効果の性質があるために，その大量消費は，大気の温度上昇を招くと考えられる。

年　　　組　　　番